Vaikunthanath Das Kaviraj

Homöopathie für Garten und Landwirtschaft

„Und so wurde diese höchste aller Wissenschaften empfangen
durch die Nachfolge der Schüler
und die heiligen Könige verstanden, dass es so war."

(K. D. Vyasa, Bhagavad Gita 4/2)

„Oh gute Seele, heilt nicht das,
was zum Heilen verabreicht wird, eine Krankheit,
die von demselben verursacht wurde?"

(K.D. Vyasa, Bhagavad Purana 1/5/33)

„Menschen mit einer neuen Idee gelten so lange als Spinner,
bis sich die Sache durchgesetzt hat."

(Mark Twain)

Vaikunthanath Das Kaviraj

Homöopathie für Garten und Landwirtschaft

Die homöopathische Behandlung von Pflanzen

Narayana Verlag

Vaikunthanath Das Kaviraj
Homöopathie für Garten und Landwirtschaft
Die homöopathische Behandlung von Pflanzen

Titel der englischen Original-Ausgabe:
Homoeopathy for Farm and Garden -
Plant and Soil Problems and their Remedies, 2nd edition 2008

1. deutsche Ausgabe 2009
2. aktualisierte Ausgabe 2009
3. aktualisierte Ausgabe 2010
4. deutsche Ausgabe 2014
5. aktualisierte Ausgabe 2015
6. deutsche Ausgabe 2017
7. deutsche Ausgabe 2021
8. deutsche Ausgabe 2024

ISBN 978-3-939931-62-1
Übersetzt von Sabine Rickert

Herausgeber:
Narayana Verlag GmbH, Blumenplatz 2, 79400 Kandern
Tel.: +49 7626 974970-0
E-Mail: info@narayana-verlag.de
www.narayana-verlag.de

Inhaltsverzeichnis

Vorwort zur 3. Auflage

Mit seinem zunächst in Australien erschienenen Buch beschreitet Herr Kaviraj völlig neue Wege im Pflanzenschutz. Aus seinen langjährigen Erfahrungen als Homöopath zog er Parallelen zwischen Mensch und Pflanze und übertrug seine Kenntnisse auf die Behandlung von Pflanzen. Erstaunliche Erfolge führten ihn zu weiteren Studien und Recherchen in diesem Gebiet, deren Ergebnis das vorliegende Buch ist. Auf diese Weise konnte er für viele Problembereiche des landwirtschaftlichen Anbaus passende Mittel finden, durch die Herbizide und Insektizide eingespart oder gar überflüssig werden. Die Gesundheit des pflanzlichen Organismus wird offenbar gestärkt und dadurch gegen den Befall „immun", wie zahlreiche Versuche, auch in Südamerika, gezeigt haben. Der Ertrag wird gesteigert und somit kann auch die künstliche Düngung reduziert bzw. weggelassen werden. Weitere Mittel ergaben sich aus der Ableitung von ähnlichen, erfolgreich angewandten Mitteln und aus Beobachtungen. Nicht alles konnte bereits im Großversuch belegt werden, aber ein Anfang ist gemacht und die Forschung wird weitergehen. So ist der Leser eingeladen, die Wirksamkeit der Mittel selbst zu überprüfen, eigene Versuche zu starten, weitere, neue Mittel auszuprobieren und seine Erfahrungen zu teilen, damit dieses Buch und damit das Wissen um homöopathischen Pflanzenschutz wachsen kann. Sie halten also kein fertiges, d.h. abgeschlossenes Werk in Händen, sondern die Keimzelle, aus der sich weitere Erkenntnisse entwickeln und entfalten sollen. Die im Buch beschriebenen homöopathischen Präparate zur Behandlung von Pflanzen und Boden sind einzeln oder als Set beim Narayana Verlag zu beziehen.

Vor dem Hintergrund zunehmender Pestizidbelastung der Nahrungsmittel und Gewässer und der fortschreitenden Auslaugung der Böden könnte diese Nutzbarmachung der Homöopathie für Ackerbau und Garten in jedem Fall eine „sanfte" Revolution und echte Alternative zu dem herkömmlichen Pestizid- und Düngereinsatz darstellen. Angefangen bei Pflanzenkrankheiten durch Bakterien, Viren oder Pilze, über Schädlingsbefall bis hin zu Verletzungen der Pflanzen durch z.B. Umpflanzung etc. sind Behandlungen mit homöopathischen Mitteln möglich. Mit diesem neuartigen Ansatz eröffnen sich nicht nur für den großen Agrarbetrieb kostengünstige und umweltschonende Möglichkeiten, die Pflanzen effektiv zu schützen, auch der Hobbygärtner wird in diesem erstaunlichen Fundus an homöopathischen „Pflanzenschutzmitteln" das Entsprechende für sein Gartenproblem finden, vom Blattlausbefall bis zur Pilzerkrankung bei Obstbäumen und vieles mehr ...

Für einen Erfahrungsaustausch über die Anwendung der im Buch beschriebenen homöopathischen Präparate, haben wir auf unserer Webseite ein Forum eingerichtet: www.narayana-verlag.de

Die Herausgeber

1. Einleitung

Mehr als jede andere Methode bringt die Homöopathie Vorteile für die Landwirtschaft, die vielleicht nicht auf den ersten Blick zu erkennen sind. Ein Wechsel zur Homöopathie bedeutet, dass man überwiegend auf den Konsum von fossilen Brennstoffen verzichten sollte. Daher kann man eine solche Umstellung als bewusste ökologische Entscheidung bezeichnen. Wir leben in einer Zeit, in der das ökologisch orientierte Denken bei den Konsumenten langsam wächst, aber noch nicht in das Bewusstsein der Produzenten vorgedrungen ist. Auch für die Landwirte, die sich mit dieser Thematik schon auseinandersetzen, konnte bis jetzt keine adäquate Lösung gefunden werden. Schon allein die logistischen Schwierigkeiten eines solchen Umschwungs scheinen unüberwindbar zu sein. Um das zu leisten, bedarf es eines radikalen Sinneswandels – allein der Gedanke daran lässt einen erschauern. Vor allem müssen wir einen riesigen Schritt zurückgehen – und das sehr schnell. Wir brauchen wieder kleinere Bauernhöfe, Zugtiere, manuelle Arbeitskräfte, also allgemein ein langsameres Tempo. Manchen Ländern wird ein solcher Übergang nicht schwer fallen, weil sie sich vom wirtschaftlichen Standpunkt her größtenteils noch in diesem „primitiven" Zustand befinden. Länder, die schon stark von fossilen Brennstoffen abhängig sind, werden damit größere Probleme haben. Sie haben nicht genug Arbeitstiere, auf die sie schnell und unkompliziert zurückgreifen können. Außerdem fehlt ihnen das nötige Wissen, um diese Ressource einsetzen zu können. Anhand der Beispiele Indiens, Europas und der USA wollen wir uns die Problematik einmal anschauen.

In Indien werden noch 80% aller Kurzstreckentransporte mit Zugtieren abgewickelt. Die landwirtschaftlichen Betriebe sind klein und versorgen vorwiegend einen regionalen Markt. Die Bauern setzen für die schweren Arbeiten wie Pflügen, Transporte oder Erntearbeiten oft noch Zugtiere ein. Die Gesellschaft hier kann sich schon allein aus diesem Grund relativ leicht auf ein Leben ohne fossile Brennstoffe umstellen.

Für Europa wird diese Umstellung schon schwieriger sein, weil der westliche Teil Europas sehr stark von fossilen Brennstoffen abhängig ist. Andererseits werden in den neuen, osteuropäischen EU-Staaten noch häufig Zugtiere in der Landwirtschaft eingesetzt und viel Wissen über alte landwirtschaftliche Methoden ist vorhanden. Von diesen Ländern kann Westeuropa noch sehr viel lernen. Obwohl die ersten 15–20 Jahre vor allem für den westlichen Teil Europas sehr schwer sein werden, kann man die damit verbundenen Probleme doch relativ leicht bewältigen.

Die Lage der Vereinigten Staaten dagegen ist prekär, weil dort die gesamte landwirtschaftliche Produktion vom Einsatz fossiler Brennstoffe abhängig ist. Es gibt hier weder Zugtiere noch Fachleute, die die alten landwirtschaftlichen Methoden anwenden könnten. Davon abgesehen sind die landwirtschaftlichen Betriebe zu groß, um ohne diese Brennstoffe geführt werden zu können. Von allen Ländern dieser Erde wird es sie am schlimmsten treffen.

Agribusiness und Toxizität

Die Abhängigkeit von fossilen Brennstoffen ist der Fluch der modernen Landwirtschaft. Der Geologe Dale Allen Pfeiffer schreibt in seinem Artikel „Eating Fossil Fuels“, dass für jede Kilokalorie, die in den USA mit der Nahrung verzehrt wird, zehn Kilokalorien fossiler Brennstoffe verbraucht werden. Das Größenverhältnis kann man damit erklären, dass in der modernen Lebensmittelverarbeitung für jeden Schritt fossile Brennstoffe bzw. Petrochemikalien benötigt werden: Der Ausgangsstoff für viele Pestizide ist Erdöl und kommerzielle Dünger enthalten Ammoniak, welches aus natürlichem Gas hergestellt wird. Unsere Erdgasreserven werden ungefähr zehn Jahre nach den Erdölreserven erschöpft sein.

Mit der Ausnahme einiger weniger experimenteller Prototypen werden alle landwirtschaftlichen Geräte wie Traktoren und Zugmaschinen unter Verwendung von Erdölprodukten hergestellt und betrieben. Auch die Gerätschaften zur Lagerung unserer Nahrungsmittel werden mit Hilfe von Erdöl hergestellt, transportiert und mit Strom am Laufen gehalten. Dieser Strom wiederum wird häufig aus Erdgas oder Kohle gewonnen.

In den USA legen Nahrungsmittel durchschnittlich 2.400 km zurück, bevor sie auf dem Teller landen. In Kanada reisen sie noch etwas weiter, nämlich um die 8.000 km. Fisch wird von Pakistan nach Großbritannien eingeflogen und anschließend mit dem Lastwagen von London nach Cornwall transportiert. Dort wird er gereinigt und in Dosen verpackt, um dann in Londoner Supermärkten verkauft zu werden. Heutzutage kann man Nudeln kaufen, die im westlichen China produziert, in Shanghai verladen und nach Europa oder in die USA verschifft werden. Diese Nudeln sind dann um die halbe Welt gereist, bevor sie von uns verzehrt werden.

Die Organic Trade Association (OTA) hat ausgerechnet, dass zur Herstellung einer einzigen Jeans durchschnittlich 750 g Düngemittel und Pestizide benötigt werden. Kurz gesagt, wir Menschen fressen Öl wie zweibeinige SUVs (Sport Utility Vehicles).

Wahrscheinlich ist die Landwirtschaft der wichtigste Industriezweig, den wir Menschen haben, da sie uns mit allen Lebensmitteln versorgt, die wir brauchen. Und doch wird die eigentliche Landwirtschaft vom Agribusiness vernachlässigt und werden die Landwirte als billige Ware behandelt, mit denen man tun und lassen kann, was man will. Das Agribusiness ist nicht daran interessiert, uns Menschen mit Lebensmitteln zu versorgen, sondern riesige Profite einzufahren und die Interessen ihrer Aktionäre zu befriedigen; wenn es sein muss, dann auch auf Kosten der Bauern. Die Macht über die Produktion unserer Lebensmittel gehört nicht in die Hände des Agribusiness und muss unbedingt wieder an die Landwirte zurückgehen. Sollte das nicht passieren, werden einschlägige Geschäftsinteressen weiterhin bestimmen, was von Landwirten angebaut und von uns Konsumenten gegessen werden soll. Sie allein werden entscheiden, was den größten Gewinn abwirft und somit angebaut werden darf. Hier ein Beispiel:

Der Anbau von Getreide, Raps und anderen ölhaltigen Kulturpflanzen zur Gewinnung von Sprit wird generell als umweltfreundlich, CO_2-

neutral oder nachhaltig bezeichnet. Das ist irreführend und ein Widerspruch in sich. Biodiesel trägt nichts zum Umweltschutz bei, sondern nimmt wertvolles Ackerland von der Lebensmittelproduktion weg und treibt die Lebensmittelpreise so stark in die Höhe, dass sie für viele arme Menschen unerschwinglich werden. Diese Entwicklung ist antisozial und stellt eine Verletzung der Menschenrechte dar, die es ganz entschieden zu verurteilen gilt. Die Landwirtschaft, wie wir sie kennen, ist an einem absoluten Tiefpunkt angelangt, nicht nur, weil sie wertvolle Rohstoffe verschwendet, sondern auch, weil sie die Umwelt und insbesondere das Grundwasser verschmutzt. Es ist höchste Zeit für eine gründliche Überholung.

Die moderne Landwirtschaft verursacht wahrscheinlich mehr Verschmutzung als alle anderen Industriezweige, nicht zuletzt deshalb, weil vor allem hochgiftige Präparate direkt auf dem Acker eingesetzt werden. Noch dazu werden zehn Liter fossile Brennstoffe, 100.000 Liter Wasser und 16 Kilogramm Getreide benötigt, um ein Kilogramm Fleisch zu produzieren. Neben künstlichen Düngemitteln setzen die Landwirte zahlreiche giftige Herbizide, Pestizide und Fungizide ein, um ihre schwachen und in der Regel aufgeschwemmten Pflanzen gegen Schädlinge und Krankheiten zu schützen. Viele dieser Präparate werden aus Erdöl hergestellt und verursachen viele Umweltschäden durch Versickerung ins Grundwasser und in Flüsse. Über diese Wege gelangen die schädlichen Stoffe ins Meer, wo sie Korallenbänke, Fische und Schalentiere vergiften.

Auch die nützlichen Insekten kommen auf diese Art und Weise zu Schaden, vergiften ihrerseits Vögel und kleine Raubtiere und gelangen so in die Nahrungsmittelkette. Niemand kann genau sagen, wie viele unserer modernen Krankheiten auf die Giftstoffe in unserer Nahrung zurückzuführen sind. Erste Versuche, auf diesem Gebiet systematisch zu forschen und die Gifte bestimmten Krankheiten zuzuordnen, laufen nur zögerlich an. Wenn wir so weitermachen, wird uns bald eine Welle neuer Krankheiten überrollen. Die Schulmedizin wird sich dann wieder auf die Jagd machen nach den zugehörigen Keimen, versuchen diese auszumerzen und dabei nur noch mehr Leid verursachen.

Auch der moderne Trend zur Gentechnik ist außerordentlich töricht, weil die neu erfundenen „Pestizid-Pflanzen“ nicht nur Ungeziefer abtöten, sondern auch die nützlichen Bienen, die immer noch die größte Bestäubungsarbeit leisten. Denn der Blütenstaub dieser Pflanzen ist besonders für die Bienen giftig. Manche genetisch veränderte Pflanzen vergiften Raupen, die sich dann nicht mehr zu Schmetterlingen weiterentwickeln können. Schmetterlinge zählen aber auch zu den wichtigsten Bestäubern unserer Nutzpflanzen. Wir sind auf die Bestäubung unserer Kulturpflanzen angewiesen. Wenn wir durch die moderne landwirtschaftliche Praxis diese Insekten verlieren, können wir davon ausgehen, dass sich die Hungersnot auf unserem Globus rapide ausbreiten wird.

Kranke Pflanzen können ihre Kapazität, CO_2 aufzunehmen, nicht voll ausschöpfen, weil die CO_2-Aufnahme in geschwächtem Pflanzengewebe um bis zu 50% reduziert wird. Werden Pflanzen mit Pestiziden und Fungiziden behandelt, reduziert sich die Aufnahme von CO_2 nochmals um 30%. Wenn wir uns überlegen, dass weltweit 30% der Ernte auf diese Weise verloren gehen, versteht es sich fast von selbst, dass das auch Auswirkungen auf das globale Klima hat. Der Integrierte Pflanzenschutz (IPS) zeigt uns, dass Pflanzen, die mit ungiftigen und unschädlichen Methoden angebaut werden, schneller und kräftiger wachsen als ihre chemisch behandelten Vettern.

Wenn wir also die Treibhausgase reduzieren wollen, müssen wir unseren Verbrauch von fossilen Brennstoffen senken. Unsere Similicure-Methode kann in der Landwirtschaft Pestizide, Fungizide, Herbizide und Düngemittel ersetzen und somit den direkten Verbrauch von fossilen Brennstoffen um 50% reduzieren. Ein solcher Prozentsatz ist phänomenal und drückt die CO_2-Produktion erheblich. Eine Umstellung auf die Similicure-Methode wirkt sich aber auch indirekt auf den Treibhauseffekt aus. Wenn wir alle Faktoren mit einbeziehen, könnten unterm Strich ca. 200% weniger CO_2 ausgestoßen werden.

Ein Quantensprung

Um das zu erreichen, ist eine Revolutionierung unseres Denkens notwendig. Wir müssen unseren Tunnelblick ablegen und lernen, über den eigenen Tellerrand hinauszusehen. Wir müssen lernen, dass alles ein Teil eines großen Ganzen ist und somit miteinander verbunden. Wir Menschen gehören, wie alles andere auch, ebenfalls zu diesem Ganzen und was wir Teilen davon zufügen, fügen wir uns selbst zu. Wir müssen einsehen, dass wir uns selbst Schaden zufügen, wenn wir unsere Nahrung vergiften – du bist, was du isst. Dieser kleine Spruch ist mehr als nur ein Motto, er ist eine tief greifende Einsicht in das Leben. Wie möchten Sie sein? Vergiftet oder gesund? Als Konsumenten haben Sie die Wahl. Die Konsumenten sind eine der größten Interessengruppen und können Gesetzesänderungen erzwingen, wie zum Beispiel in Kalifornien, wo nach einem öffentlichen Aufschrei über 200 gefährliche Pestizide verboten wurden.

Die Natur entsteht und lebt in Harmonie – den sprichwörtlichen Kampf ums Überleben gibt es nicht. Natürlich ist das Prinzip „friss oder werde gefressen" Teil des natürlichen Gleichgewichts, aber es existiert niemals im Überschuss – das gibt es nur in künstlich geschaffenen Situationen, z. B. unserer Landwirtschaft. Unsere Anbaumethoden sind von Grund auf unnatürlich. In der Natur gibt es keinen Überschuss. Sie stellt in jedem Fall das gesunde Gleichgewicht wieder her, indem überschüssiges Leben abstirbt – durch Krankheit oder Schädlingsbefall. Wenn wir gesunde Kulturen anbauen wollen, müssen wir die Natur nachahmen und ein gesundes Gleichgewicht imitieren. Genau aus diesem Grund werden schon seit Urzeiten bestimmte Pflanzen miteinander angebaut, um sich gegenseitig zu stärken und zu stützen, z. B. Tomaten und Basilikum, Bohnen und Kartoffeln, Mais und Kartoffeln usw. Den gleichen Effekt erreicht man, wenn diese Pflanzen als homöopathische Mittel eingesetzt werden.

Das Ähnlichkeitsgesetz kann man überall in der Natur anwenden. Ähnliches bringt Ähnliches hervor, Ähnliches heilt Ähnliches und Ähnliches zieht Ähnliches in jeder Hinsicht an. Deshalb sollte auch leicht verständlich sein, dass Ähnliches das Ähnliche imitiert und

Ähnliches das Ähnliche neutralisiert. Wenn man diese Prinzipien auf die Landwirtschaft bezieht, kann man davon ausgehen, dass das, was in der Natur gut miteinander wächst, auch in potenzierter Form gegeben werden kann. Auch die nützlichen Räuber können auf diese Weise eingesetzt werden. Das gleiche gilt für die Pheromone und die Allelopathie mit ihren allelopathischen Substanzen, ebenso für die Pilze und Bakterien. Wir haben also eine große Anzahl von spezifischen Mitteln zur Schädlings- und Krankheitsbekämpfung zur Verfügung, ohne die Nachteile, die Resistenzen, Umweltverschmutzung, Gifte und deren tödlicher Kreislauf mit sich bringen.

Es folgt, dass die Pflanzen durch die homöopathischen Mittel gesünder werden, mehr CO_2 aufnehmen können und auch im Wuchs kräftiger und größer werden. So kann besonders die CO_2-Aufnahme bei unseren Kultur- und Nutzpflanzen erhöht werden. Auf diese Art und Weise können wir bei der CO_2-Aufnahme insgesamt eine Steigerung von 100 % erreichen. Wenn der Verbrauch von fossilen Brennstoffen dann noch sinkt, könnte der Ausstoß von Treibhausgasen um ca. 200 % verringert werden. Zusammen mit dem Projekt zur Begrünung der Wüste, das ich an einer anderen Stelle beschreiben werde, ist es die beste Lösung, die CO_2-Produktion zu reduzieren. Wenn es uns gelingt, auf 25 % der Erdoberfläche die CO_2-Aufnahme um 200 % zu steigern und auf weiteren 25 % die Wälder wieder aufzuforsten und gesund zu machen, hätten wir schon einen enormen Vorteil gewonnen.

In Kombination mit dem Projekt „Begrünung der Wüste“ können wir den Anteil an fruchtbarem Boden erhöhen. Wälder müssen aufgeforstet werden, damit genügend Regen fällt, um die Felder bewässern zu können und die CO_2-Aufnahme noch weiter zu erhöhen. Es versteht sich von selbst, dass wir unbedingt und sofort dem Raubbau an unseren Wäldern ein Ende setzen müssen – nicht nur im Amazonas, sondern auch in Australien, den USA, in Kanada und Südostasien. Alle abgeholzten Wälder müssen wieder aufgeforstet werden, was im Falle des Amazonas eine enorme Herausforderung sein wird. Wenn dies nicht geschieht, wird jede Maßnahme, das CO_2 zu verringern, sinnlos sein.

Ich werde an entsprechender Stelle ausführlich erörtern, warum eine minimale Dosierung der Mittel wichtig ist und welche Vorteile es bringt, die passenden Mittel für die Symptomenbilder, die man vorliegen hat, zu geben. Wir haben es hier mit einem völlig neuen Konzept zu tun, bei dem das Ganze wichtiger ist als seine Teile. Wir müssen vom Allgemeinen zum Spezifischen gehen, da wir erst das Ganze verstehen müssen, bevor wir verstehen können, wie die einzelnen Teile funktionieren. Wenn wir uns zum Beispiel in der Natur umschauen, dann sehen wir, dass die Bäume sich gegenseitig genug Platz zum Wachsen lassen – sie wachsen mit ihren Zweigen einfach woanders hin, weg von ihren Nachbarn. Jede Pflanze schafft einen Lebensraum für die andere und die, die durch ihre medizinischen Eigenschaften, ihre Pheromone, ihre allelopathischen Substanzen, ihren Geschmack oder andere Ähnlichkeiten miteinander verwandt sind, suchen und finden sich in aller Regel. Aus diesen Beziehungen können wir lernen, wie alles als Ganzes funktioniert und welchen Platz jede Kreatur in diesem Zyklus innehat.

Bodenverbesserer kennt man in der Landwirtschaft als Mist, Kompost oder Gülle. Diese wurden ursprünglich auf dem Hof produziert und auf dem Acker verteilt. Es blieb dann den Würmern überlassen, das Ganze in den Boden einzuarbeiten, und der Boden blieb gesund.

Im Zuge der so genannten landwirtschaftlichen Revolution wurden chemische Dünger eingeführt, was scheinbar den Gestank und die Fliegen beseitigte, die als Nebenwirkung von Kompost und Mist bis dahin in Kauf genommen werden mussten. Es hatte auch den Anschein, dass die Pflanzen durch das regelmäßige Düngen gedeihen und die Düngemittel gut an den Lebenszyklus der Pflanzen angepasst waren.

Durch die Gabe von Kalium und Stickstoff während der Wachstumsphase wurden die Pflanzen größer und kräftiger. Die Gabe von Phosphor während der Blüte und des Fruchtansatzes schien größere und schönere Blumen und Früchte zu produzieren. Damit verbunden war allerdings ein zunehmender Geschmacksverlust. Die Nahrung war nun nicht mehr gesund. Ähnlich wie wir Menschen durch Fast Food übergewichtig werden, wurden auch die Pflanzen einfach zu fett.

Als dann auch noch immer größere Mengen an Gift nötig waren, um die zunehmenden Krankheiten und Schädlinge zu bekämpfen, wurden die Lebensmittel schlichtweg ungenießbar und gefährlich. Wir nahmen nicht nur große Mengen Krebs erregenden Stickstoffs zu uns, sondern auch große Mengen anderer Giftstoffe wie DDT und Organochloride. Das geschah trotz Lagerungszeiten für die Gifte und der Empfehlung, Obst und Gemüse vor dem Verzehr gründlich zu waschen.

Rudolf Steiner war der Erste, der erkannte, dass die heute gängige Anbaumethode – auf kargem Boden und unter Einsatz von chemischen Düngern – nicht der richtige Weg sein kann. Er entwickelte mehrere Präparate auf der Basis von Kuhmist (B500 und B501/reines Silicea), die als Bodenverbesserer und ohne Fliegen und Gestank eingesetzt werden konnten. Seine Präparate regenerieren die Mikroben im Boden, liefern den Pflanzen gut verwertbare Nährstoffe und verbessern die Bodenstruktur.

Wir möchten in diesem Buch einige seiner Errungenschaften vorstellen und auch der breiten Öffentlichkeit die Möglichkeit geben, bei der Garten- und Ackerpflege ganz und gar auf Chemikalien verzichten zu können.

Bewusstsein – das fehlende Bindeglied

Da das Bewusstsein die Wurzel allen Lebens ist, vom Elementaren bis hin zum Komplexen, müssen wir auch den Pflanzenanbau mit diesem Bewusstsein angehen. In den Puranas (hinduistische Schriften) wird beschrieben, wie sich das Bewusstsein der Lebewesen in vier Stadien entwickelt.

Das Bewusstsein der Steine und Felsen ist wie ein Samenkorn. Diamanten sind Kristalle, die wachsen, und Wachstum ist ohne Bewusstsein nicht möglich.

Bei den Pflanzen kann man das Bewusstsein mit einem Sämling vergleichen. Auch hier dominiert das Wachstum die Bewusstseinsebene.

Das Bewusstsein der Tiere gleicht einer ausgewachsenen Pflanze, bevor die Blüte erreicht ist. Tiere haben eine Persönlichkeit und besitzen die Fähigkeit zum Lernen, aber nicht zum philosophischen oder abstrakten Denken.

Das Bewusstsein der Menschen ist vergleichbar mit einer Pflanze, die Knospen trägt. Wenn Menschen den Zustand der Selbsterkenntnis und bedingungslosen Liebe erreicht haben, beginnt diese Knospe zu blühen.

Denjenigen, die argumentieren, dass die niedrigen Lebensformen keine Seele und damit kein Bewusstsein besitzen, möchten wir folgende Konversation, aus der Mahabharata (indisches Heldenepos auf Sanskrit, das dem Weisen Vyasa zugeschrieben wird und auch die Bhagavad Gita beinhaltet.) adaptiert, nahe legen:

> *„Die Parallelen liegen viel näher beieinander, als man zuerst vermuten mag. Ich meine, wie kann das, was in der menschlichen Materia Medica steht, sich auf die Pflanzen auswirken? Der Mund einer Pflanze befindet sich in der Erde – das sind die Wurzeln. Am Übergang zwischen Wurzel und Stängel, da wo die erstere in den letzteren übergeht, befindet sich das Herz und damit das Zentrum des Kreislaufes, der Stickstoff nach oben und Zucker nach unten transportiert. Die Verdauung, Atmung, das Sehen, die Harnorgane und die Schweißdrüsen befinden sich alle in den Blättern. Die Pflanze ist in vielerlei Hinsicht dem Menschen sehr ähnlich und leidet unter ähnlichen Krankheiten und Schädlingen.“*
>
> *„Als nächstes wirst du mir erzählen wollen, dass eine Pflanze auch ein Bewusstsein besitzt. Bäume leben, aber sie müssen blind und taub sein, ohne Geruchs- und Geschmackssinn, ohne Tastsinn.“*
>
> *„Du sprichst von der Summe der fünf Mächtigen Kreaturen, aus denen die materielle Welt entsteht und die über die dazugehörigen Sinne herrschen. In der Mahabharata gibt es eine schöne Geschichte, die verdeutlicht, warum die Pflanzen uns ähnlicher sind, als du glaubst.“*
>
> *König Bharadwaja fragte den Weisen Bhrigu nach den Sinnen und den Elementen, die zu ihnen gehören.*
>
> *„Das Ohr gehört zu dem Element des Raumes, die Nase zur Erde, die Zunge zum Wasser, der Tastsinn zur Luft oder zu den Winden und die Augen zum Element des Lichtes oder des Feuers. Alle Kreaturen, beweglich oder unbeweglich, sind aus diesen fünf Mächtigen Kreaturen zusammengesetzt.“*
>
> *Bharadwaja zweifelte am Wahrheitsgehalt dieser Geschichte und fragte, warum diese Elemente in den fest gewachsenen Kreaturen nicht zu sehen seien.*
>
> *„Die Bäume haben keine Wärme in ihren Körpern. Sie können sich nicht bewegen und bestehen aus dichten Teilchen. Man kann die fünf Elemente nicht in ihnen erkennen. Bäume können nicht sehen, hören, riechen oder schmecken und können nichts berühren.“*
>
> *„Genau. Das denke ich auch. Aber du weißt genauso gut wie ich, dass es in den*

Bäumen viel Raum gibt in den inter- und intrazellulären Zwischenräumen. Sie produzieren immerzu Blätter, Früchte und Blüten und haben deshalb auch Wärme in ihnen, die dazu führt, dass die Bäume ihre Blätter abwerfen. Auch können sie krank werden, sie welken und trocknen aus, was zeigt, dass sie durchaus einen Tastsinn besitzen. Wie sonst könnten sie von Krankheit ‚berührt' werden? Durch das Geräusch des Windes, des Donners und des Feuers fallen Früchte und Blätter ab, also müssen die Bäume Ohren haben und hören. Was soll ich sonst noch dazu sagen? Es gibt sogar ein Buch, ‚Das geheime Leben der Pflanzen', in dem dieses Bewusstsein beschrieben wird."

Bhrigu hatte noch mehr zu sagen:

„Eine Schlingpflanze klettert immer weiter an einem Baum hoch, selbst wenn sie ein Stück weit vom Baum weg gewachsen ist. Sie wird sich immer und unfehlbar einen Baum suchen und daran hoch klettern. Blinde Dinge können niemals ihren Weg finden, also beweist es, dass die Pflanzen sehen können. Auch drehen sich die Blätter und Blüten mit der Sonne, um tagsüber so viel Licht wie möglich aufzunehmen, das beweist, dass auch die Bäume sehen und sich bewegen können. Sie reagieren auf Gerüche, wie zum Beispiel Räucherstäbchen, indem sie Blüten bilden. Sie trinken Wasser mit ihren Wurzeln und können Krankheiten haben, die auf verschiedenste Weise geheilt werden können. Das zeigt, dass auch sie einen Geschmackssinn besitzen. Sie reagieren empfindlich auf Lust und Schmerz, der ihnen von Mensch oder Wetter zugefügt wird, indem man sie beschneidet oder zerbricht. Dann beginnen sie erneut zu wachsen und zeigen so, dass sie Leben in sich haben. Sie saugen Wasser auf, wachsen und werden grün. Wenn es kein Wasser in den Bäumen gäbe, woher kommt es dann, dass grünes, frisches Holz nicht brennt? Hier kannst du sehen, dass die fest gewachsenen Kreaturen alle Eigenschaften besitzen, die bei allen anderen Kreaturen auch zu finden sind. Deshalb sage ich, dass sie nicht viel anders sind als wir Menschen, obwohl Zustände, die sich im Grunde sehr ähnlich sind, bei beiden sehr unterschiedlich aussehen können."

Das ist eine sehr freie Wiedergabe der Argumente des Königs und des Weisen, in die moderne Ansichten mit eingeflochten wurden, wie z. B. aus dem Buch „Das geheime Leben der Pflanzen" (1973). Während die Worte, die Bhrigu wählt, um seine Argumente darzustellen, von der modernen Wissenschaft nicht akzeptiert werden würden, sind seine Ausführungen meiner Ansicht nach sehr wissenschaftlich. Wir werfen Newton ja auch nicht vor, er hätte unwissenschaftliche Begriffe verwendet, nur weil eine moderne Formulierung seines Gesetzes der Schwerkraft sich heute anders anhören würde. Die wissenschaftliche Sprache hat sich mit der Zeit ebenfalls entwickelt. Wir müssen uns nur Blacks medizinisches Wörterbuch anschauen, um zu sehen, wie sich die Begriffe in den letzten 50 Jahren verändert haben. Dass das auf die verfeinerten Methoden zurückzuführen ist, die uns zur wissenschaftlichen Beobachtung zur Verfügung stehen, und weniger auf ein besseres Verständnis der Dinge, wird nur allzu gerne vergessen. Aber genauso, wie wir die Methodik zur wissenschaftlichen Beobachtung in höchstem Maße verfeinert haben, konnten schon die vedischen Seher (indische Priester in der Tradition des Veda) die Zeit mit einer Genauigkeit berechnen, die wir bis heute nicht erreichen können.

Das Bewusstsein ist in allen Dingen präsent, auch in dem, was Sie und ich als tote oder inaktive Masse bezeichnen würden. Es kann deshalb als der vereinigende Faktor bezeichnet werden. Auch tote Materie ist das Produkt des Bewusstseins, ein Auto ebenso wie ein Tisch oder ein Stuhl.

Wenn wir eine elementare oder pflanzliche Substanz nach homöopathischen Regeln oder nach der Steiner-Methode verarbeiten, können wir beobachten, wie das spezifische Bewusstsein des jeweiligen Stoffes freigesetzt wird. Wenn man diese Präparate dann dem Boden zuführt, entsteht daraus ein lebendiger, harmonischer Organismus, der diese Harmonie an die Pflanzen, die dort wachsen, weitergibt. Die Früchte, die wir von solchen Pflanzen ernten, werden sich auch auf uns positiv auswirken.

Gesund leben heißt nicht nur gesunde Lebensmittel zu verwenden. Es ist ein komplettes und allumfassendes Konzept, zu dem auch unser Lebensstil und unsere Anbaumethoden gehören. Unser Land im Einklang mit der Natur zu nutzen – egal ob wir darauf wohnen, es bewirtschaften oder der Wildnis überlassen – hat allerhöchste Priorität, wenn wir selbst überleben wollen. Mit diesen Präparaten können wir optimale Voraussetzungen schaffen für die Landwirtschaft und damit für ein harmonisches, gesundes Leben. Es gibt uns Zeit zu verstehen, warum wir überhaupt hier auf der Erde sind, und es in der Praxis umzusetzen.

Schon Steiner schrieb, dass „die biodynamischen Präparate die Aufgabe haben, die Konstitution einer Pflanze zu stärken." Es scheint, dass er die Konstitution einer Pflanze als eigenständige Einheit ansah, die bei allen Pflanzen gleichermaßen vorhanden ist. Diese Einheit kann man vielleicht vergleichen mit der Bewusstseinsebene – eines Sämlings –, die die Konstitution als Ganzes beeinflusst. Man kann ja dasselbe bei Tieren und bei Menschen beobachten, deren eigene Bewusstseinsebene beeinflusst, für welche Krankheiten sie konstitutionell anfällig sind. Allerdings gibt es innerhalb dieses konstitutionellen Bewusstseins weitere Unterteilungen, wie man schon anhand der enorm großen Differenzierungen innerhalb des Pflanzen- und Tierreichs sehen kann.

2. Einleitung zur zweiten Auflage

Die Begeisterung, mit der die erste Auflage[1] von der Öffentlichkeit aufgenommen wurde – wir erhielten schon Bestellungen, bevor das Buch gedruckt war –, hat uns dazu angeregt, es nicht bei der Träumerei eines einfachen Homöopathen zu belassen, sondern uns selbst zu übertreffen und die Idee dahinter weiterzuentwickeln.

Wir freuten uns sehr, die zweite Auflage von „Homöopathie für Garten und Landwirtschaft" zu veröffentlichen. Für uns bedeutete es einen großen Erfolg, diesen für die Landwirtschaft revolutionären Ansatz der Öffentlichkeit vorstellen zu können, denn wir waren der Meinung, dass der Bedarf dafür sehr groß ist.

Nachdem ich das Buch schon eine ganze Weile im Rahmen meiner Lehrtätigkeit und Forschung an der „Similicure School of Homeopathy Research Dept." benutzt hatte, kam mir der Gedanke, dass wir ja über uns hinauswachsen könnten, indem wir die zweite Ausgabe etwas praktischer gestalten. Die alphabetische Gliederung entpuppte sich im Laufe der Zeit als unpraktisch, da man jedes Mal umständlich im Buch suchen musste, bis man das richtige Mittel für ein bestimmtes Problem gefunden hatte. Das machte die Anwendung des Buches etwas mühselig, noch dazu war die Fülle der vorhandenen Information unübersichtlich und konnte besser strukturiert sein.

Aus diesem Grund baten wir unseren Verleger, das Layout des Buches von Grund auf zu ändern, um ein gutes Nachschlagewerk für die Anwendung in der Praxis anbieten zu können. Auch das beste Layout kann nicht perfekt sein, aber unsere neue Ausgabe ist handlicher und praktischer als zuvor. In diesem Buch sind viele neue Mittel beschrieben, was unseren Lesern eine größere Auswahl und damit bessere, weil spezifischere, Behandlungsmöglichkeiten geben wird.

Wir haben den Text mit Farbfotos von Krankheitszuständen, Schädlingen und Nährstoffproblemen ergänzt, um die Identifikation eines bestimmten Problems einfacher zu machen. Eine detaillierte Beschreibung der einzelnen Probleme haben wir auch hinzugefügt.

Natürlich gibt es auch Schädlinge, die auf mehreren Pflanzenarten zu finden sind. Die Blattlaus ist wohl das beste Beispiel hierfür. Es gibt Blattläuse, die fast durchsichtig erscheinen, manche schimmern grün, andere wiederum sind blass grün, zitronenfarben, gelb, hellbraun, pfirsichfarben, pink, blass rot, blau, weiß oder schwarz. Es gibt sie überall. Es gibt allein zwölf verschiedene Arten von Blattläusen, die auf das Mittel *Coccinella* ansprechen.

1 Die erste Auflage ist nur im Englischen unter dem Titel „Homoeopathy for Farm and Garden" erschienen.

Es gibt allerdings auch Räuber, die auf Insekten spezialisiert sind, die auf bestimmten Pflanzen leben – es gibt zum Beispiel verschiedene Arten von Florfliegen, die alle von verschiedenen Arten von Weißen Fliegen leben. Das Mittel, das aus einer dieser Arten hergestellt wurde, wirkt bei allen Weißen Fliegen, ist aber spezifisch nur für die eine. Deshalb sollte man zur Bekämpfung der Kohlfliege ein anderes Florfliegenmittel einsetzen als zur Bekämpfung der Möhrenfliege, für die es andere, spezifische Räuber gibt.

Dieses Beispiel macht deutlich, dass es mit Hilfe der neuen Auflage möglich sein wird, gezielter gegen Pflanzenkrankheiten und Schädlinge vorgehen zu können, als es bislang mit konventionellen Methoden der Fall ist. Wir hoffen, dass unser Buch Profis und Hobbygärtner gleichermaßen ermutigen wird, sich diese Vorteile zunutze zu machen.

Wir haben jetzt ganz offensichtlich ein robusteres Werk vor uns als die schlanke Ausgabe, die zuerst geplant war. Wo wir uns bei der ersten Ausgabe noch auf konventionelle Berichte und Abhandlungen verlassen mussten, können wir hier die Früchte unserer eigenen Versuche ernten und die Erfahrungswerte aller jener mit einbeziehen, die uns wertvolle Informationen geben konnten.

Wir möchten außerdem darauf hinweisen, dass manche homöopathischen Mittel in allen oder mehreren Kapiteln erwähnt werden. Das ist keine sinnlose Wiederholung, sondern soll verdeutlichen, dass wir für dieses Mittel viele Informationen über unterschiedliche Anwendungsgebiete zusammengetragen haben.

Solche Mittel sind die so genannten Polychreste, da sie ein sehr großes Wirkspektrum haben und oft sogar gegensätzliche Symptombilder abdecken. Die Polychreste sind vorwiegend unter den elementaren Substanzen zu finden, aber einige wenige auch bei den Säuren und deren Salzen.

Silicea ist ein solches Polychrest und kann gegen Pilze, Schädlinge und bei Verletzungen eingesetzt werden. Es ist ein gutes Mittel zur Unkrautvernichtung und zur Gründüngung geeignet. *Silicea* ist Ihnen vielleicht schon aus der ersten Ausgabe unseres Buches bekannt, jetzt wird es im Rahmen der verschiedenen Kapitel beschrieben, d. h. in jedem Kapitel erörtern wir einen anderen Aspekt dieses Mittels. Auf diese Art und Weise haben wir mehrere Mittel, die in der Landwirtschaft ganz unterschiedlich eingesetzt werden können, aufgeteilt und an unterschiedlichen Stellen des Buches besprochen.

Für andere Mittel wiederum gibt es nur ein einziges Anwendungsgebiet. Manche können zur Bekämpfung von Schädlingen und gegen Krankheiten eingesetzt werden, andere Mittel sind zusätzlich bei Nährstoffproblemen sehr nützlich oder können als Unkrautvernichter oder Bodenverbesserer eingesetzt werden.

Wir haben auch viele neue Mittel gegen Schädlinge eingeführt, wobei wir die meisten aus dem Integrierten Pflanzenschutz (IPS) abgeleitet haben. Diese Mittel können ohne die Nachteile und für einen Bruchteil der Kosten, die üblicherweise mit der biologischen Schädlingsbekämpfung verbunden sind, eingesetzt werden. Wir können nun spezifische Mittel gegen Schädlinge wie Weiße Fliegen, Kohlfliege, Spinnmilbe und *Halotydeus destructor* anbieten, mit denen wir ausgezeichnete Erfahrungen gemacht haben.

Das Thema Unkrautvernichtung hatten wir in unserer ersten Ausgabe etwas vernachlässigt, haben aber jetzt einige neue Mittel eingeführt, die wir zur Unkrautbekämpfung empfehlen können. Da Unkräuter ein großes Problem für alle Bauern darstellen, aber ganz besonders für biologisch und biodynamisch arbeitende Landwirte, haben wir auf diesem Gebiet umfangreich geforscht. Während Unkräuter bislang mühsam per Hand entfernt werden mussten, kann man sich jetzt durch den Einsatz dieser ausgezeichneten Mittel viel Zeit und Mühe sparen.

Eine weitere wichtige Entwicklung betrifft die Klassifizierung der Mittel. Während wir am Anfang unserer Forschung die Mittel aus der menschlichen Materia Medica auf Pflanzen übertrugen, konnten wir sehr bald erkennen, dass wir einen anderen, neuen Ansatz brauchen.

Die Problematik der Pflanzen unterscheidet sich grundlegend von der der Menschen. Schon bald zeigte sich, dass wir für die Behandlung von Pflanzen völlig andere Mittel benötigen. Natürlich bleiben uns einige Mittel aus unserer Materia Medica erhalten, die mit großem Erfolg bei Pflanzen angewendet werden können, wie ja schon aus unseren ersten Versuchen zu erkennen war. Aber es gibt zum Beispiel ganz spezifische Schädlinge, die wir beim Menschen nicht finden.

Um noch einmal ganz von vorne anzufangen: Durch den ersten natürlichen Räuber, den wir zu einem homöopathischen Mittel verarbeiteten – nämlich *Coccinella* – kamen wir auf die Idee, weitere Mittel auf diese Art und Weise auszuprobieren. Wir Menschen haben ja auch ganz spezifische Mittel für bestimmte Krankheiten, wie z. B. Cholera und Scharlach, um nur zwei davon zu nennen. Pflanzen werden auch von Epidemien heimgesucht, nämlich durch Schädlinge, die die Pflanzen in großen Mengen befallen können. Diese Schädlinge können bei den einzelnen Pflanzenfamilien sehr unterschiedlich sein.

Ähnlich wie bei den Schädlingen können auch die Pflanzenkrankheiten auf verschiedenen Pflanzen ganz unterschiedliche Formen annehmen. Manche Krankheiten breiten sich über viele Pflanzenfamilien hinweg aus, andere findet man nur auf einer bestimmten Pflanzenart. Das hat uns dazu bewogen, die Pflanzen in Konstitutionstypen einzuordnen. Diese Konstitutionstypen orientieren sich an den jeweiligen Pflanzenfamilien, d. h. die Kreuzblütengewächse (*Brassicaceae*) und Süßgräser (*Graminae*) stellen ganz unterschiedliche Konstitutionstypen dar. Dementsprechend äußert sich auch ihre Anfälligkeit für Schädlinge und Krankheiten, abhängig von der Bodenbeschaffenheit und den klimatischen Verhältnissen des Bioms, in dem sie wachsen. Beide Familien sind anfällig für Blattläuse, aber die Kreuzblütengewächse sind häufiger vom Mosaikvirus betroffen, während die Süßgräser empfindlicher sind gegen den Gelbverzwergungsvirus, die Blatt- (Netzfleckenkrankheit) und Spelzenbräune sowie Mutterkorn oder Maisbeulenbrand.

Für jede Pflanzenfamilie gibt es spezifische homöopathische Mittel. Manche dieser Mittel – genau wie manche Krankheiten – beschränken sich in ihrer Wirkung jedoch nicht auf eine Familie.

Wir Menschen beschränken uns beim Anbau von Nutz- und Nahrungspflanzen vorwiegend auf einige wenige Pflanzenfamilien. Zu diesen gehören:

Kreuzblütengewächse

Kürbisgewächse

Süßgräser

Lippenblütengewächse

Hülsenfrüchte

Pfeffergewächse

Rosengewächse

Nachtschattengewächse

Zusätzlich verwenden wir Kräuter aus unterschiedlichen Familien. Von besonderer Bedeutung sind hier die Lippenblütengewächse. Unsere Früchte kommen hauptsächlich aus der Rosenfamilie.

Wir haben es daher mit einer begrenzten Anzahl von Konstitutionsmitteln zu tun, was die Arbeit mit den Pflanzen wesentlich einfacher macht, als es zuerst den Anschein hatte. Die Vorstellung, eine solche Fülle an potenziellen Mitteln für unsere verschiedenen Nutzpflanzen zu sichten und zu ordnen, war anfangs Furcht einflößend und die Aufgabe schien einfach nicht lösbar zu sein. In unserer ersten Ausgabe konnten wir die Konzepte, die wir in diesem Band einigermaßen schlüssig formulieren können, lediglich andeuten.

Wir gingen davon aus, dass auch in diesem Kontext das Ähnlichkeitsprinzip greift. Wir kamen zu dem Schluss, dass die Mittel, die aus einer bestimmten Pflanzenfamilie gewonnen werden, auch zur Behandlung von Nutzpflanzen, die dieser Familie angehören, geeignet sind. Diese Vermutung wurde von unseren Feldstudien bestätigt, was uns die Suche nach dem richtigen Mittel für ein bestimmtes Problem noch einmal erleichterte. Was uns zuerst sehr schwierig zu sein schien, wurde durch die konsequente Anwendung des Ähnlichkeitsprinzips wesentlich vereinfacht.

Wir haben gesehen, dass die Krankheiten und Schädlinge, die unsere Kulturpflanzen befallen, sich bei den einzelnen Pflanzenfamilien grundlegend unterscheiden. Daher ist es möglich, über eine bestimmte Problematik ganz präzise die passenden Mittel abzuleiten.

Arzneimittelbeziehungen

Schließlich haben wir in der neuen Ausgabe, soweit bekannt, für jedes Mittel die Arzneimittelbeziehungen aufgeführt. Wir haben diese nach folgenden Kriterien aufgeteilt:

Mittel. Ergänzend. Folgemittel. Vorhergehendes Mittel. Ähnlich/Vergleiche. Unverträglich. Wird antidotiert von. Antidotiert. Wirkdauer.

Unter **Mittel** wird der Name des besprochenen Mittels aufgeführt.

Ergänzende Mittel sind indiziert, wenn ein bestimmtes Problem nicht durch ein Mittel allein behoben werden kann oder eine konstitutionelle Behandlung erforderlich ist. Die Voraussetzung ist immer, dass die Symptome mit dem Mittel übereinstimmen. Die Ähnlichkeit der Symptome muss unter allen Umständen und bei allen Mitteln, die in diesem Zusammenhang erwähnt werden, berücksichtigt werden.

Das **Folgemittel** kann auf ein gegebenes Arzneimittel gut folgen und die Heilung fortführen.

Das **vorhergehende Mittel** kann ein beliebiges Mittel aus den verschiedenen Kategorien sein. Es wurde unmittelbar vor dem Mittel, das zur Behandlung in Betracht gezogen wird, gegeben.

Ein **ähnliches/vergleichbares Mittel** hat eine vergleichbare Wirkung zu dem besprochenen Mittel. Es ist oft auch das Antidot.

Ein **unverträgliches Mittel** ruft negative Reaktionen hervor, wenn es direkt nach dem besprochenen Mittel gegeben wird. Das sollte unter allen Umständen vermieden werden.

Das Mittel kann von anderen Mitteln antidotiert werden. Diese Mittel sind unter dem Stichwort **wird antidotiert von** aufgeführt. Auch hier müssen die Symptome berücksichtigt werden.

Das Mittel selbst kann andere Mittel antidotieren. Diese Mittel sind unter dem Stichwort **antidotiert** aufgeführt. Auch hier müssen die Symptome berücksichtigt werden.

Die **Wirkdauer** gibt an, wie lange eine Pflanze von diesem Mittel profitiert. Ein- bis zweijährige Pflanzen sind in der Regel über den gesamten Lebenszyklus hinweg geschützt. Bei Bäumen und Sträuchern muss man die Mittel eventuell alle paar Jahre wiederholen.

Feedback

Wir möchten alle Leser ermutigen, ihre eigenen Erfahrungen festzuhalten und uns mitzuteilen. Der gesammelte Erfahrungs- und Wissensschatz hilft uns, zukünftige Auflagen zu erweitern und zu ergänzen.

Wir stehen am Anfang einer kosmischen Landwirtschaft und haben enorm vielversprechende Entwicklungsmöglichkeiten vor uns. Wir bemühen uns sehr, die Indikationen, die wir hier in der zweiten Auflage unseres Buches besprechen, auch in groß angelegten Feldversuchen und unter den unterschiedlichsten Bedingungen weiter zu prüfen und zu verifizieren. Wir sind der Meinung, dass die Mittel alle wichtigen Eigenschaften besitzen, die sie von der chemischen Landwirtschaft unterscheiden – sie sind effizient, zuverlässig, umweltschonend und lassen bei den Pflanzen keine Resistenzen entstehen. Außerdem sind sie eine extrem kostengünstige Alternative, um in der Landwirtschaft oder im eigenen Garten optimale Bedingungen für gesunde, kräftige Pflanzen zu schaffen.

Natürlich ist dieses Buch umfangreicher und damit auch teurer geworden. Wir denken, dass sich diese Investition in jedem Falle lohnt. Das Buch ist einfacher zu handhaben, enthält viele neue Erkenntnisse und damit auch viele neue Mittel.

Zuletzt möchte ich mich für alle Fehler oder Diskrepanzen, die sich trotz gewissenhafter Bearbeitung eingeschlichen haben, entschuldigen. Ich hoffe sehr, dass dieses Buch allen Homöopathen und denen, die sich für Pflanzen interessieren (sei es beruflich oder zum Vergnügen), im wahren Sinne der Homöopathie dienen wird.

3. Grundlagen

Zum Verständnis der homöopathischen Theorie

Um verstehen zu können, worum es in der Homöopathie eigentlich geht, ist es dringend erforderlich, die grundlegenden Prinzipien dieser Therapie zu kennen. Im folgenden Kapitel werde ich diese Grundlagen erörtern, so dass sie Ihnen, liebe Leser, bei der Therapie für Pflanzen als Orientierungshilfe dienen können. Die homöopathischen Grundlagen sind bei der Behandlung von Mensch, Tier und Pflanze dieselben, da sie aus den Gesetzen der Natur heraus entstanden sind und somit in der Natur und all ihren vielfältigen Kreaturen universell angewendet werden können. Mutter Natur selbst kann behandelt werden, ihre Größe und ihr Umfang verlangen von uns jedoch einen Ansatz, der sich jeweils mit dem spezifischen Lebensraum vor Ort befasst.

Diese grundlegenden Konzepte sind leicht verständlich und untermauern die praktischen, auf Erfahrung basierenden, Beispiele, die in den Kapiteln über die konkreten homöopathischen Behandlungsansätze erörtert werden. Sie reihen sich ein in die Kreisläufe der Natur und beziehen deren ureigene Intelligenz mit ein. Sie vermitteln Wahrheiten, die auf wissenschaftlichen Erkenntnissen gründen und keine Hypothesen, die lediglich auf Vermutungen ruhen. Sie haben nichts an Gültigkeit verloren seit Samuel Hahnemann, der Begründer der Homöopathie, sie erstmals formulierte. Dieser deutsche Arzt trat in die Fußstapfen dreier Weg weisenden Persönlichkeiten in der Geschichte der Medizin. Lassen Sie uns diese vier herausragenden Persönlichkeiten einmal als die Acharyas der Medizin bezeichnen, ein Begriff aus der vedischen Kultur und heißt so viel wie „spiritueller Lehrer".

Hippokrates war der Beobachter, der die Kunst der eingehenden klinischen Beobachtung als notwendige Grundlage für eine pathologische Diagnose einführte. Galenius, der Verbreiter, trug mit ungeheurer Autorität die Lehren des Hippokrates hinaus in die medizinische Welt.

Paracelsus, der Kritiker, stellte die schlampige Ausübung der medizinischen Kunst in Frage und führte die chemische und physische Analyse in die medizinische Praxis ein.

„Hahnemann, der Experimentierfreudige, entdeckte das Symptomenbild als Grundlage der pathologischen und therapeutischen Diagnose. Er machte uns bei weitem das größte Geschenk -ein voll entwickeltes, wissenschaftlich fundiertes System des Heilens, welches den Quantensprung der Vision und den dafür notwendigen Paradigmenwechsel beinhaltet." (Source: http://drsshealthcare.com/faq.php) Dieses Konzept wurde bereits in der Einleitung erwähnt und wird in den folgenden Kapiteln noch ausführlich erörtern werden.

Wenn Sie sich bewusst mit den folgenden sechs grundlegenden Konzepten befassen und ein Verständnis für dieselben entwickeln, dann können Sie diese erfolgreich für die Behandlung von Pflanzen einsetzen:

A. Die Ursache und Behandlung der Krankheiten
B. Das Ähnlichkeitsprinzip
C. Das individuelle Arzneimittel
D. Die kleinstmögliche Dosis
E. Die Kunst der richtigen Diagnose
F. Die Gesamtheit der Symptome

Diese allgemein gültigen Richtlinien sollen hier vorgestellt und in Verbindung mit ihrer Anwendung bei der Behandlung von Pflanzen ausführlich erklärt werden. Eine Zusammenfassung der homöopathischen Methode rundet diesen Teil des Buches ab. Im zweiten Teil des Kapitels werden weitere Grundsatzfragen zum Thema Homöopathie und zur Behandlung von Pflanzen erörtert.

A. Die Ursache und Behandlung der Krankheiten

Hahnemann fasst die Ziele seines ganzheitlichen und rationalen Ansatzes wie folgt zusammen[1]:

> *Der einzige und höchste Beruf des Arztes ist, kranke Menschen gesund zu machen, was man Heilen nennt.*
>
> *Das höchste Ideal der Heilung ist schnelle, sanfte, dauerhafte Wiederherstellung der Gesundheit oder Hebung und Vernichtung der Krankheit in ihrem ganzen Umfange auf dem kürzesten, zuverlässigsten, unnachteiligsten Wege, nach deutlich einzusehenden Gründen.*
>
> (Organon §§ 1-2)

Er erklärt, dass der „echte Heilkünstler“ folgende Dinge wissen muss:

- Was an jedem einzelnen Krankheitsfalle insbesondere zu heilen ist – Krankheitserkenntnis, Indikator
- Was an jeder Arznei insbesondere das Heilende ist – Kenntnis der Arzneikräfte
- Wie er das Heilende der Arzneien dem, was er Krankhaftes erkannt hat, so anpasst, dass Genesung erfolgen muss – klare Prinzipien
- Die für den Fall nach ihrer Wirkungsart geeignetste Arznei – Wahl des Heilmittels, Indikat)
- Die genau erforderliche Zubereitung und Menge des Arzneimittels und der gehörigen Wiederholung – richtige Gabe und korrekter Zeitabstand
- Die Hindernisse der Genesung in jedem Falle und wie sie beseitigt werden können
- Die Gesundheit störenden und Krankheit erzeugenden und unterhaltenden Dinge und wie sie von den gesunden Menschen zu entfernen sind

> *Kennt er endlich die Hindernisse der Genesung in jedem Falle und weiß sie hinwegzuräumen, damit die Herstellung von Dauer sei: so versteht er zweckmäßig und gründlich zu handeln und ist ein echter Heilkünstler.*
>
> *Er ist zugleich ein Gesundheit-Erhalter, wenn er die Gesundheit störenden und Krankheit erzeugenden und unterhaltenden Dinge kennt und sie von den gesunden Menschen zu entfernen weiß.*
>
> (Organon §§ 3-4)

1 Organon der Heilkunst, 6. Auflage

Hahnemann und Kent betonen, dass wir die eigentlichen Ursachen der Krankheit nicht sehen können, unseren Augen bleiben sie unweigerlich verborgen:

> *Die Ursachen sind so subtil, dass sie nicht mit dem bloßen Auge gesehen werden können. Es gibt keine Krankheit, deren Ursache der Mensch mit bloßem Auge oder mit dem Mikroskop sehen kann. Diese Ursachen sind so unendlich fein, als dass man sie mit Präzisionswerkzeugenbeobachten könnte. Sie sind so unstofflich, dass sie der innersten Natur des Menschen entsprechen und hier ihre Wirkung tun. Nur die daraus folgenden Veränderungen in den Geweben und Funktionen des Körpers können letzten Endes mit dem bloßen Auge erkannt werden.*
>
> (Kent, J. T., Prinzipien der Homöopathie)

> *Daher ist Krankheit keineswegs wie von den Allöopathen geschieht, als ein vom lebenden Ganzen, vom Organismus und von der ihn belebenden Dynamis gesondertes, innerlich verborgenes, obgleich noch so fein gedachtes Wesen (ein Unding, was bloß in materiellen Köpfen entstehen konnte und der bisherigen Medizin seit Jahrtausenden alle die verderblichen Richtungen gegeben hat, die sie zu einer wahren Unheilkunst schufen) zu betrachten.*
>
> (Organon § 13)

Folglich ist Krankheit nicht als eine gesonderte Einheit zu betrachten, sondern entsteht dann, wenn die Lebensenergie des Organismus gestört ist:

> *Die natürliche Krankheit ist nie als eine irgendwo, im Inneren oder Äußeren des Menschen sitzende, schädliche Materie anzusehen …*
>
> (Organon § 148)

Der konventionelle Ansatz hat zum Ziel, die Krankheit direkt zu bekämpfen, da sie als getrennte Einheit und somit als direkt ursächlich betrachtet wird.

In der „chemisch orientierten Landwirtschaft", wie ich es nenne, werden enorme Mengen hochgiftiger Substanzen zur Schädlings- und Krankheitsbekämpfung eingesetzt. Über solche Praktiken, auch „antipathische Behandlung" oder „opponierte Arzneianwendung" genannt, schreibt Hahnemann Folgendes:

> *Wenn ich auch bei Beurteilung dieser Arznei-Anwendung den Umstand übergehen wollte, dass hierbei sehr fehlerhaft, bloß symptomatisch verfahren, d. i. nur einseitig für ein einzelnes Symptom, also nur für einen kleinen Teil des Ganzen gesorgt wird, wovon offenbar nicht Hilfe für das Total der Krankheit, …, zu erwarten ist …*
>
> (Organon, § 58)

Und weiter:

> *Wären die Ärzte fähig gewesen, über solche traurige Erfolge von opponierter Arzneianwendung nachzudenken, so würden sie schon längst die große Wahrheit gefunden haben, dass im geraden Gegenteile von solcher antipathischen Behandlung der Krankheitssymptome, die wahre, dauerhafte Heilart zu finden sein müsse.*
>
> (Organon § 61)

Hahnemann schreibt in diesem Paragraphen auch, dass eine symptomatische Behandlung lediglich zu einer vorübergehenden Linderung führen kann. Die Ergebnisse, die uns die modernen landwirtschaftlichen Methoden liefern, können die Beobachtungen Hahnemanns nur bestätigen. Es werden enorme Mengen von Chemikalien eingesetzt und die zunehmende Resistenz der Krankheiten und Schädlinge ist nur eine Folge davon. Von diesem Standpunkt aus betrachtet, erscheinen die in der Agrarwissenschaft dominierenden Konzepte nicht nur unlogisch, sondern im schlimmsten Fall sogar schlichtweg falsch.

Kent schreibt in seinen philosophischen Vorlesungen:

> *Wir sehen täglich, dass die antipathischen und heteropathischen Methoden nicht von Dauer sind. Mit diesen Mitteln können Veränderungen im Körper und der Symptome bewirkt werden, aber keine dauerhafte Heilung. Tendenziell verursachen sie nur eine andere Krankheit, die oft schlimmer ist als die erste, und das, ohne dieselbe ausgemerzt zu haben.*
>
> (Kent, J. T., Prinzipien der Homöopathie)

Im Gegensatz dazu richtet die Homöopathie den Fokus auf die störenden Einflüsse, die den Pflanzen schaden. Wir müssen quer denken und das Problem von allen Seiten betrachten. Wir müssen uns der eigentlichen Ursache innerhalb des kranken Organismus zuwenden, die durch das Symptombild sichtbar wird und jene „Hindernisse der Genesung" beseitigen, die einer Gesundung im Wege stehen.

Wie bereits erörtert, ist der eigentliche Grund für Schädlingsbefall und Krankheit in einer der Pflanze innewohnenden Schwäche zu finden. Diese Schwäche, im Zusammenspiel mit unnatürlichen Stressfaktoren, die durch ungünstige Wachstumsbedingungen wie falsches Spacing, Anbau auf umgegrabenem, nacktem Boden, durch den unverhältnismäßigen Einsatz von Kunstdüngern und synthetischen Stoffen zur Schädlings- und Krankheitsbekämpfung und den nachteiligen Auswirkungen von saurem Regen gefördert werden, macht die Pflanze anfällig für Schädlinge und Krankheiten.

Ziel unserer Bemühungen ist es nicht, eine Krankheit zu behandeln, sondern wir müssen uns auf den Patienten konzentrieren – schließlich ist er es, der leidet, egal, ob es sich dabei um Mensch, Tier oder Pflanze handelt. Um verstehen zu können, was genau behandelt werden muss, müssen wir das gesamte Krankheitsbild unter die Lupe nehmen. Wir müssen alle Symptome erfassen, die eine Abweichung vom gesunden Zustand anzeigen. Dann müssen wir diese „Gesamtheit der Symptome" einem einzigen individuellen Arzneimittel zuordnen, welches diesem Symptombild, gemäß dem Ähnlichkeitsprinzip, am nächsten kommt – das Simillimum.

B. Das Ähnlichkeitsprinzip

Hahnemann führte das Ähnlichkeitsprinzip auf Hippokrates zurück, wobei dieses Konzept bereits in den Schriften des Altertums zu finden ist, so zum Beispiel in Indien, in den Überlieferungen aus der vedischen Tradition, von denen man annimmt, dass sie bereits vor 5,000 Jahren verfasst wurden. In der „Bhagavata

Purana", zum Beispiel, wird dieses Konzept so formuliert:

> *Oh gute Seele, heilt nicht das, was zum Heilen verabreicht wird, eine Krankheit, die von demselben verursacht wurde?*
>
> (K.D. Vyasa, Bhagavad Purana, 1/5/33)

Hahnemann grenzt seinen, auf dem Ähnlichkeitsprinzip beruhenden, homöopathischen Ansatz klar ab von den „allopathischen" oder „heteropathischen" Methoden, die sich auf das Prinzip des Entgegengesetzten oder der Gegensätze stützen; in manchen Fällen lassen sich dort überhaupt keine Gesetzmäßigkeiten finden:

> *Es gibt nur zwei Haupt-Kurarten: diejenige, welche all ihr Tun nur auf genaue Beobachtung der Natur, auf sorgfältige Versuche und reine Erfahrung gründet, die … homöopathische, und eine zweite, welche dieses nicht tut, die (heteropathische, oder) allöopathische.*
>
> (Organon § 52)

Das Prinzip „Ähnliches werde durch Ähnliches geheilt" heißt, dass - will man eine Krankheit dauerhaft heilen - ein Arzneimittel in der Lage sein muss, genau die Symptome zu verursachen, die es zu heilen vermag:

> *Das Heilvermögen der Arzneien beruht daher auf ihren der Krankheit ähnlichen … Symptomen, so dass jeder einzelne Krankheitsfall nur durch eine die Gesamtheit seiner Symptome am ähnlichsten und vollständigsten im menschlichen Befinden selbst zu erzeugen fähigen Arznei, welche zugleich die Krankheit an Stärke übertrifft, am gewissesten, gründlichsten, schnellsten und dauerhaftesten vernichtet und aufgehoben wird.*
>
> (Organon § 27)

> *Im Laufe der Natur kann … eben so wenig als mittels Arztes Kunst, ein vorhandenes Leiden und Übelsein von einer unähnlichen, auch noch so starken Krankheits-Potenz aufgehoben und geheilt werden, wohl aber bloß von einer an Symptomen ähnlichen, etwas stärkeren, nach ewigen, unwiderruflichen, bisher jedoch verkannten Natur- Gesetzen.*
>
> (Organon § 48)

In seiner Kritik des „isopathischen" Prinzips unterscheidet Hahnemann auch zwischen der Verschreibung einer identischen Substanz (zum Beispiel rohes, unverändertes Krankheitsmaterial) und dem „Simillimum", welches der Krankheit am ähnlichsten ist. Dieses sehr ähnliche Mittel ruft im Organismus eine Reaktion hervor, die ihn dazu veranlasst, ebendiese Symptome zu überwinden:

> *… so folgt auf der einen Seite, dass Arzneien nur dadurch zu Heilmitteln werden und Krankheiten zu vernichten im Stande sind, dass das Arzneimittel durch Erregung gewisser Zufälle und Symptome … die schon vorhandenen Symptome … aufhebt und vertilgt, …*
>
> (Organon § 22)

Diese Schlussfolgerungen kamen nicht durch Mutmaßungen zustande, sondern gründeten auf den Beobachtungen, die Hahnemann und seine Kollegen im Laufe ihrer wissenschaftlichen Forschungen machen konnten. Hahnemann war sich sehr wohl bewusst, dass es keine Erklärung dafür gab, warum oder wie dies alles zustande kam. Es ist eben diese, wenn auch vermeintliche, fehlende rationale Erklärung für den Wirkungsmechanismus der Homöopathie, die bis heute ein signifikantes Hindernis zur Akzeptanz derselben darstellt. (In einem Versuch, die Wissenschaftlichkeit der dynamisch potenzierten homöopathischen Heilmittel weiter zu belegen, werden wir im Laufe des Buches noch verschiedene Ansätze erörtern). Seine Erfahrungen in der Praxis und sein unerschütterliches Vertrauen in die Zuverlässigkeit seiner experimentellen Methoden veranlassten Hahnemann, aller Widerstände zum Trotz dazu, sein System im Dienste der Menschheit weiter zu entwickeln und menschliches Leiden zu lindern.

> *Da dieses Naturheilgesetz sich in allen reinen Versuchen und allen echten Erfahrungen der Welt beurkundet, die Tatsache also besteht, so kommt auf die scientifische Erklärung, wie dies zugehe, wenig an und ich setze wenig Wert darauf, dergleichen zu versuchen. Doch bewährt sich folgende Ansicht als die wahrscheinlichste, da sie sich auf lauter Erfahrungs-Prämissen gründet.*
>
> (Organon § 28)

Sorgfältig prüfte er jede einzelne Substanz an gesunden, freiwilligen Probanden (die sogenannten homöopathischen „Arzneimittelprüfungen") und hielt die Ergebnisse in seiner detaillierten homöopathischen Materia Medica (ein Werk, das alle Informationen zu den Wirkungen der Arzneimittel enthält) fest. Diese Auflistungen der Arzneimittelwirkungen stimmten überein mit den Symptomen, die mit den einzelnen Substanzen geheilt werden konnten – vorausgesetzt, die Substanz wurde als Einzelmittel und in entsprechend kleiner Dosierung verabreicht.

C. Das individuelle Arzneimittel

Wenn wir Pflanzen homöopathisch behandeln, sollten wir diesem Aspekt größtmögliche Aufmerksamkeit schenken, da das Thema des individuellen Arzneimittels selbst von Homöopathen in der Humanmedizin immer wieder vernachlässigt wird. Dabei ist es unbedingt erforderlich nur ein einziges Mittel zum richtigen Zeitpunkt einzusetzen.

> *In keinem Falle von Heilung ist es nötig und deshalb allein schon unzulässig, mehr als eine einzige, einfache Arzneisubstanz auf einmal beim Kranken anzuwenden. … in der Homöopathie ist es durchaus unerlaubt … .*
>
> (Organon § 273)

> *… dass es unrecht sei, durch Vielfaches bewirken zu wollen, was durch Einfaches möglich …*
>
> (Organon § 274)

D. Die kleinstmögliche Dosis

Obwohl bereits andere Ärzte das Ähnlichkeitsprinzip aufgegriffen hatten, war Hahnemanns Vorgehensweise der Potenzierung um eine kleinstmögliche Dosierung zu gewährleisten, eine revolutionäre Entdeckung. Wieder einmal hatten experimentelle Versuchsreihen zu dieser einzigartigen Entdeckung geführt. In Hahnemanns Versuchen wurden verriebene oder in Flüssigkeit gelöste Substanzen nach strengen und sehr spezifischen Kriterien immer weiter verdünnt und kräftig geschüttelt bis die gewünschte Potenz hergestellt war. Noch heute werden homöopathische Arzneimitteln nach diesen Kriterien hergestellt.

In seinen Vorlesungen über die Prinzipien der Homöopathie hebt Kent diese Methode besonders hervor:

> *Es reicht nicht aus, nur das Mittel zu geben, ohne die Form, in welcher es gegeben wird, zu berücksichtigen. Es reicht nicht aus, nur den rohen Arzneistoff zu verabreichen, sondern man muss sich genau mit der Ebene auseinandersetzen, auf der dieser Stoff gegeben werden soll. Während einer Prüfung kann es passieren, dass der rohe Arzneistoff in einem Prüfer eine Menge Symptome hervorbringt, dieselben Symptome bei einem kranken Menschen aber durch den Rohstoff überhaupt nicht beeinflusst werden.*
>
> (Kent, Prinzipien der Homöopathie)

Da Pflanzen sensible Lebewesen mit meist kleinen Körpern sind (mit Ausnahme der Bäume), kann die Notwendigkeit, auch hier die kleinstmögliche Dosis eines Mittels zu verabreichen, nicht ausdrücklich genug hervorgehoben werden. Da sich die Wirkkraft einer Medizin durch die Reduzierung ihrer Menge erhöht - vorausgesetzt, sie wird nach den Regeln der Homöopathie zubereitet -dann folgt, dass die verabreichte Menge verringert werden muss, je höher die homöopathische Potenz.

> *Aus diesem Grunde schadet eine Arznei, wenn sie dem Krankheitsfalle auch homöopathisch angemessen war, in jeder allzu großen Gabe und in starken Dosen umso mehr, je homöopathischer und in je höherer Potenz sie gewählt war ... Allzu große Gaben einer treffend homöopathisch gewählten Arznei und vorzüglich eine öftere Wiederholung derselben richten in der Regel großes Unglück an.*
>
> (Organon § 276)

Es bewährt sich also nicht, ein homöopathisches Mittel routinemäßig zu wiederholen. Hahnemann fährt fort:

> *Sie setzen nicht selten den Kranken in Lebensgefahr, oder machen doch seine Krankheit fast unheilbar.*
>
> (Organon § 276)

Auch in den „Chronischen Krankheiten" warnt Hahnemann vor der Wiederholung einer Gabe, indem er schreibt:

> *... ließ am Ende auch die bestgewählten, bis dahin bekannten, homöopathischen Arzneien in der geeignetsten Gabe, je öfterer sie wiederholt wurden, desto weniger hilfreich; sie blieben zuletzt kaum schwache Erleichterungsmittel.*
>
> (Hahnemann, Die chronischen Krankheiten)

Sogar bei den höchsten Potenzen kann Hahnemann wiederholte, uneingeschränkte Gaben nicht gut heißen. Das können wir dem Organon entnehmen, wo er über die Behandlungsmöglichkeiten der LM-Potenzen schreibt:

> *... Dieselbe wohlgewählte Arznei kann nun täglich, und zwar Monate lang, wo nötig, fortgebraucht werden ...*
>
> (Organon § 246, Fußnote 1, meine eigene Betonung)

Die Worte „kann“ und „wenn nötig“ sind hier ausschlaggebend. Alle, die homöopathische Mittel anwenden, sollten sich dies zu Herzen nehmen, auch was die Behandlung von Pflanzen betrifft.

Bönninghausens Abhandlung „Zur Würdigung der Hochpotenzen“ unterstützt dabei die Aussagen Finckes:

> *Zur wissenschaftlichen Begründung des Heilvermögens und der Wirksamkeit der Hochpotenzen dient jene Kraft auf die Therapie angewendet, welche als ein feststehendes Naturgesetz von Maupertuisent deckt und mathematisch nachgewiesen ist. Dies ist das Gesetz von den kleinsten Wirkungen, von Anderen Lex parsimoniae genannt. … Es lautet bei dem Entdecker folgendermaßen: „La quantite d'action necessaire pour causer quelque changement dans la nature, est la pluspetite qu'il soit possible“, – d. h. Die Quantität einer Kraft, die nöthig ist, um irgendeine Veränderung in der Natur zu bewirken, ist die möglichst kleine.*
>
> (Fincke, zitiert von Bönninghausen, Kleine Schriften zur Homöopathie, Neuauflage 2007)

Und weiter stimmt Bönninghausen mit der Ansicht Finckes überein, dass

> *Dieses Gesetz von den Wirkungen (de minimus maxima!) scheint daher eine wesentliche und nothwendige Vervollständigung des Gesetzes der Homöopathie (Similia similibus!) zu sein, und mit diesem in demselben Range zu stehen.*
>
> (Fincke, zitiert von Boenninghausen, ibid)

In einem weiteren Artikel, den „Drei Cautelen Hahnemann's“, zitiert er an zwei Stellen aus Hahnemanns „Die chronischen Krankheiten“:

> *Lässt man aber die … Arzneien … nicht ihre volle Zeit auswirken, so wird aus der ganzen Kur nichts. Grundregel in dieser Hinsicht bleibt es, die Gabe der treffend homöopathisch …gewählten Arznei ungestört auswirken zu lassen, solange sie sichtbar die Heilung befördert und die Besserung des Übels merklich zunimmt … ein Vorgang, der jede neue Verordnung, jede Unterbrechung durch eine andere Arznei und ebenso sehr die unmittelbare Wiederholung desselben Mittels verbietet.*
>
> (Hahnemann, Die chronischen Krankheiten, Zitiert von Bönninghausen, ibid)

Ich glaube nicht, dass weitere Zitate nötig sind, um Ihnen als Leser nahezubringen, wie wichtig die richtige Dosierung (ein einziges, individuelles Arzneimittel in der kleinstmöglichen Dosis) auch für die Therapie von Pflanzen ist, wenn dies schon so deutlich in den Schriften der alten Meister hervorgehoben wird. Ratschläge zur praktischen Anwendung der homöopathischen Mittel finden Sie in den entsprechenden Kapiteln des Buches.

E. Die Kunst der richtigen Diagnose

Für die effektive Diagnose einer Krankheit oder eines gesundheitlichen Problems ist eine solide Grundlage unerlässlich. In der Homöopathie gibt es dafür eine sehr treffende Metapher: ein Hocker mit nur zwei Beinen kann alleine nicht stehen, d.h. um eine Diagnose aufrecht erhalten zu können, brauchen wir mindestens drei solide Beine, also Informationen aus mindestens drei verschiedenen Bereichen. Haben wir einen Stuhl vor uns, mit vier Beinen und Rückenlehne – umso besser, denn dort können wir uns komfortabel niederlassen. In der Therapie von Pflanzen gibt es fünf Kernbereiche, die unsere Diagnose stützen:

- Boden
- Wetter
- Nährstoffe
- Flora und Fauna
- Biom oder Habitat

Bevor man sich an eine zuverlässige Diagnose heran wagen kann, muss man diese fünf Faktoren genau kennen und die Zusammenhänge verstehen. Das ist von grundlegender Bedeutung, alles andere führt lediglich zu einem Ratespiel was die möglichen Probleme vor Ort anbelangt. Laborberichte und mikroskopische Untersuchungen runden die Diagnose ab, aber sie sind eher wie die Armlehnen eines bequemen Stuhls: obwohl sie sehr beeindruckend aussehen und man sie auf Wunsch noch anfertigen lassen kann, gehören sie nicht zum Grundaufbau des Stuhls und sind nicht zwingend notwendig, um sich ein klares Bild zu verschaffen.

Ein guter Beobachter kann sich auf fünf verschiedene Sinne verlassen, um eine genaue Diagnose stellen zu können:

- Ohren
- Augen
- Nase
- Zunge
- Haut

Mithilfe dieser fünf Sinne können Sie alles in Erfahrung bringen, was Sie über den jeweiligen Fall wissen müssen. Nutzen Sie Ihre Sinne, um sich ein objektives Bild zu verschaffen und entsprechend zu behandeln. Denken Sie daran, dass:

> *Krankheiten sind nur Befindensveränderungen des Gesunden, die sich durch Krankheitszeichen ausdrücken.*
>
> (Organon § 19)

F. Die Gesamtheit der Symptome

Hahnemann erklärt auch, welche Bedeutung die Erfassung des gesamten Symptombildes für die Diagnose hat:

> *Als Beihilfe der Heilung dienen dem Arzte die Data der wahrscheinlichsten Veranlassung der akuten Krankheit, … wobei die erkennbare Leibes-Beschaffenheit des … Kranken, sein gemütlicher und geistiger Charakter, seine Beschäftigen, seine Lebensweise und Gewohnheiten, seine bürgerlichen und häuslichen Verhältnisse, sein Alter und seine geschlechtliche Funktion usw. in Rücksicht zu nehmen sind.*
>
> (Organon § 5)

Kent gibt uns folgende Beschreibung dieser Gesamtheit der Symptome:

> *Die „Gesamtheit der Symptome“ bedeutet sehr viel. Man kann sie als die ganze Essenz der Krankheit ansehen, sie ist alles, was sichtbar ist und was die Krankheit in der Welt widerspiegelt, sie sehen, fühlen und äußerlich verstehen lässt.*
>
> (Kent, ibid)

Besonders bei unseren Kübelpflanzen müssen wir sehr genau auf die Umgebung der Pflanzen, also das Habitat, achten. Wir müssen hier die Beschaffenheit des Substrats, das Größenverhältnis von Topf und Pflanze, den Standort (wegen der Lichteinstrahlung), die Nähe von potenziell unverträglichen Pflanzen und viele andere Faktoren, die die Wirkung eines Mittels beeinflussen könnten, berücksichtigen. Das soll natürlich nicht heißen, dass diese Faktoren bei freistehenden Pflanzen vernachlässigt werden können, spielen aber bei Kübelpflanzen eine weitaus größere Rolle.

> *Der vorurteilslose Beobachter … nimmt, auch wenn er der scharfsinnigste ist, an jeder einzelnen Krankheit nichts als äußerlich durch die Sinne erkennbare Veränderungen im Befinden des Leibes … wahr.*
>
> (Organon § 6)

Unsere menschlichen Patienten können wir befragen, aber bei den Pflanzen müssen wir uns hauptsächlich auf unsere Sinne verlassen, um Abweichungen vom normalen, gesunden Zustand erkennen zu können. Wie bereits erwähnt, können Laborberichte, chemische Analysen bezüglich der Bodenbeschaffenheit und Nährstoffkonzentration sowie Nachweise von Schädlingsbefall oder Krankheitserregerndie hohe Kunst der Beobachtung abrunden und das Symptombild vervollständigen – grundlegend bleibt aber weiterhin das genaue Beobachten um eine zuverlässige Diagnose erstellen zu können.

> *Da man nun an einer Krankheit … sonst nichts wahrnehmen kann, als die Krankheitszeichen, so müssen … es auch einzig die Symptome sein, durch welche die Krankheit die zu ihrer Hilfe geeignete Arznei fordert und auf dieselbe hinweisen kann … – so muss, mit einem Worte, die Gesamtheit der Symptome für den Heilkünstler das Hauptsächliche, ja Einzige sein, was er an jedem Falle zu erkennen… hat …*
>
> (Organon § 7)

> *Es lässt sich nicht denken, … dass, nach Hebung aller Krankheitssymptome und des ganzen Inbegriffs der wahrnehmbaren Zufälle, etwas anderes als Gesundheit übrig bliebe oder übrig bleiben könne, so dass die krankhafte Veränderung im Innern ungetilgt geblieben wäre.*
>
> (Organon § 8)

> *Von dieser nicht zu bezweifelnden Wahrheit, dass, außer der Gesamtheit der Symptome, unter Hinsicht auf die begleitenden Umstände an Krankheiten auf keine Weise etwas auszufinden ist, wodurch sie ihr Hilfe-Bedürfnis ausdrücken könnten …*
>
> (Organon § 18)

Nichts anderes ist hier relevant. Hahnemann schließt mit den Worten:

> *… geht unwidersprechlich hervor, dass der Inbegriff aller in jedem einzelnen Krankheitsfalle wahrgenommenen Symptome und Umstände die einzige Indikation, die einzige Hinweisung auf ein zu wählendes Heilmittel sei.*
>
> (Organon § 18)

Wenn verschiedene Faktoren zusammenkommen und eine Pflanze anfällig für Krankheiten machen, wie zum Beispiel erhöhte Nährstoffwerte, die einen Schädlingsbefall begünstigen, oder Schädlinge, die Krankheiten übertragen, gehören auch diese zur Gesamtheit der Symptome:

> *Sind es aber ein paar heftige Beschwerden, über die der Kranke klagt, so findet der forschende Arzt gewöhnlich noch nebenbei mehrere, obschon kleinere Zufälle, welche ein vollständiges Bild von der Krankheit geben.*
>
> (Organon § 151)

G. Zusammenfassung der homöopathischen Behandlungsmethode

In Kürze lässt sich der homöopathische Ansatz zur Behandlung von Pflanzen wie folgt zusammenfassen:

Wir untersuchen den Fall, indem wir uns die Pathologie genau ansehen und darauf achten, wo sie sich befindet (die Organe oder betroffenen Pflanzenteile). Das, was wir beobachten, vergleichen wir mit der gesunden Physiologie der Pflanze und erstellen anhand der gewonnenen Informationen eine Diagnose, eine Prognose und einen Behandlungsplan. Dabei müssen wir den Krankheitsverlauf und die damit verbundenen Anzeichen und Symptome berücksichtigen. Dazu gehören Entzündungszeichen, Absonderungen, Degenerationszeichen, Nekrose, Atrophie, Hypertrophie, Aplasie und Hyperplasie.

Wir werten die ätiologischen Faktoren aus, die die Pflanze anfällig machen für Krankheiten oder diese auslösen, und berücksichtigen dabei auch Entwicklung, Traumen, Infekte oder mögliche iatrogene (durch falsche Behandlung entstandene) Ursachen. Diese Faktoren beeinflussen, wohin und wie schnell sich eine Krankheit entwickelt.

Wir erstellen eine Diagnose, indem wir alle pathologischen Anzeichen (die Gesamtheit der Symptome) mit einem spezifischen Einzelmittel abgleichen, das genau diese Symptome hervorrufen kann. Das geschieht in Übereinstimmung mit dem Ähnlichkeitsgesetz.

Dann müssen wir entscheiden, wie dieses Mittel angewendet werden soll, um das Problem zu lösen. In schweren Fällen, in denen eine Heilung nicht mehr möglich ist, ist das höchste Ziel eine palliative Behandlung, die das vorhandene Leiden lindert. Homöopathische Mittel können auch prophylaktisch eingesetzt werden, z. B. während einer Epidemie oder als hygienische Maßnahme zur Gesundheitspflege. Auf diese Themen werden wir an verschiedenen Stellen des Buches eingehen und Hinweise geben bezüglich der korrekten Dosierung und Wahl der richtigen Potenz.

Neue Mittel für die homöopathische Behandlung von Pflanzen

Hahnemann erklärt die Auswirkungen, die Drogen oder Arzneimittelsubstanzen auf die Lebensenergie des Menschen haben:

> *Arzneien können Krankheiten nur heilen, wenn sie die Kraft besitzen, das Menschenbefinden … , umzustimmen. Ihre Heilkraft beruht allein auf dieser ihrer Kraft, Menschenbefinden umzuändern.*
>
> (Organon § 19)

> *Jede wahre Arznei wirkt nämlich zu jeder Zeit, unter allen Umständen auf jedes Lebewesen und erregt in ihm die ihr eigentümlichen Symptome (selbstdeutlich in die Sinne fallend, wenn die Gabe groß genug war).*
>
> (Organon § 32, meine Betonung)[2]

> *Jede auf das Leben einwirkende Potenz, jede Arznei, stimmt die Lebenskraft mehr oder weniger um, und erregt eine gewisse Befindens-Veränderung im Menschen auf längere oder kürzere Zeit.*
>
> (Organon §63)

2 Obwohl Hahnemann schreibt, dass eine Arznei „auf jeden lebenden Menschen“ wirkt, wurde schon sehr bald klar, dass dieselben auf alle Lebewesen wirken. Die Arbeit von Lux, Jenichen und Aegidi und von Bönninghausens Versuche mit Pflanzen bestätigten diese Tatsache. Später zeigten präklinische Tests und In-vitro Experimente, dass sie effektiv bei Bakterien, Bazillen und Viren eingesetzt werden können. In dem vorliegenden Werk wird bestätigt, dass die Arzneien auch auf den Boden und die darauf lebenden Flora und Fauna, auf Insekten, Gastropoden und andere Lebewesen wirken.

A. Mittel, die aus Agrochemikalien hergestellt werden

Auch Pflanzen und Tieren wohnt diese Lebenskraft inne und vor allem bei den Pflanzen gehören auch die Herbizide, Pestizide, Fungizide und synthetischen Düngemittel zu den Stoffen, die sich auf ihre Gesundheit auswirken.

Uns jedoch wird zu verstehen gegeben, dass eine chemische Behandlung für die Pflanzenharmlos sei, obwohl es strenge Auflagen für chemisch behandelte Lebensmittel gibt. Es wird argumentiert, dass die Gifte abgebaut und abgewaschen werden können, obwohl der Konsum von frisch gesprühten Pflanzen als gefährlich gilt. Die Rechtfertigung, dass die Gifte für die Pflanzen selbst harmlos seien, ist angesichts dieser Empfehlungen eine ziemlich unlogische Schlussfolgerung.

In diesem Buch werden wir anhand von Fotos illustrieren, wie sehr diese Substanzen die Gesundheit von Pflanzen beeinflussen können. Im Kapitel über Verletzungen finden Sie Beispiele für Pflanzen, die durch den unsachgemäßen Einsatz von Herbiziden geschädigt wurden; im Kapitel über Pflanzenkrankheiten, die durch unausgewogene Nährstoffverhältnisse entstehen, werden wir verschiedene Mangel- bzw. Nährstoffüberschusserscheinungen vorstellen. Pestizide und Fungizide wirken sich gleichermaßen nachteilig auf die Gesundheit der Pflanzen aus und all das wirkt sich auch auf den pH-Wert des Bodens und somit auf die Flora und Fauna aus. Anhaltender saurer Regen, zum Beispiel, verändert den pH-Wert des Bodens und kann zum Absterben der darauf angesiedelten Pflanzen führen.

In der Dosierung liegt das Gift und vor allem der unbedachte Einsatz großer Mengen führt zu Katastrophen. Glukose, zum Beispiel, ist eine natürliche Substanz und doch sind große Mengen Zucker schädlich: Nur, weil man Zucker nicht mit der gleichen Gesundheitswarnung versieht wie Arsen sind viele Gräber gut gefüllt. Das berüchtigte Agent Orange war ein synthetisches Produkt, das aus natürlichen, pflanzlichen Wachstumshormonen (Auxine) gewonnen wurde. Weltweit wurden und werden die katastrophalen Auswirkungen dieses im Vietnamkrieg eingesetzten Kampfstoffes verurteilt und dennoch erklären wir uns nicht nur damit einverstanden, dass Landwirte mit unseren Lebensmitteln experimentieren, sondern versprühen die verschiedensten chemischen Mittel auch noch in unseren eigenen Gärten. Viele Menschen wissen nicht, was überhaupt in ihrem Essen steckt und vertrauen darauf, dass die landwirtschaftlichen Methoden uns nicht schaden werden. Eine rigorose Kontrolle dieser „chemischen Landwirtschaft" kommt allen zugute und fördert die Entwicklung tragbarer Alternativen.

Wir könnten viel über die Behandlung der Pflanzen lernen, indem wir uns genau anschauen, wie sich Krankheiten und Chemikalien (im gewöhnlichen Gebrauch als auch im übermäßigen) auf die Lebensenergie der Pflanzen auswirken. Das ist ganz im Sinne Hahnemanns, denn auch er forschte systematisch zu den Symptomen, die von den damals gebräuchlichen Drogen und Arzneimittel verursacht wurden:

> *Man ahnte nicht, dass diese Geschichten von Arzneikrankheiten dereinst die ersten Anfangsgründe der wahren, reinen Arzneistoff-Lehre abgeben würden, die vom Anbeginn bis jetzt nur in falschen Vermutungen und Erdichtungen bestand, das ist, so gut als gar nicht vorhanden war.*
>
> (Organon § 110)

Bitte beachten Sie, dass die spezifische Wirkung jeder einzelnen Substanz sorgfältig zur Kenntnis genommen werden muss:

> *... dass die Arzneistoffe bei ihrer krankhaften Veränderung des gesunden-menschlichen Körpers, nach bestimmten, ewigen Naturgesetzen wirken und vermöge dieser gewisse, zuverlässige Krankheitssymptom zu erzeugen fähig sind, jeder Stoff nach seiner Eigentümlichkeit, besondere.*
>
> (Organon § 111)

Es gibt viele Giftstoffe, die sich nachteilig auf alle Lebensformen auswirken, die aus Kohlenstoff aufgebaut sind und ähnliche Stoffwechselvorgänge gemeinsam haben. Es ist ebenfalls, wahr, dass das, was dem einen gut tut, dem anderen vielleicht schadet. Hühner und Ziegen, zum Beispiel, können unbehelligt die Früchte der Tollkirsche fressen (Belladonna) – in der Tat können diese Tiere ganze Pflanzen davon verspeisen ohne Schaden zu nehmen, während fünf Früchte für einen Hund tödlich wären. Hiervon können wir ableiten, dass das homöopathische Mittel Belladonna nicht willkürlich auf fleischfressenden Pflanzen wie Drosera oder der Venusfliegenfalle angewendet werden sollte; für diese Pflanzen ist das Mittel nicht geeignet.

Für alle, die homöopathisch verschreiben, sind Informationen über die Wirkweise der in der Landwirtschaft eingesetzten Chemikalien äußerst hilfreich, denn sie vertiefen unser Wissen über diese Substanzen und ermöglichen uns, sie weiter zu erforschen und auch in der Behandlung von Pflanzen im Sinne des Ähnlichkeitsprinzips (siehe oben) einzusetzen. In diesem Buch finden Sie außerdem Beispiele für homöopathische Arzneimittel, die aus Parasiten, Schädlingen und aus den natürlichen Feinden dieser Schädlinge hergestellt wurden. Außerdem werden wir Nachbarschaftspflanzen vorstellen, sowie Pflanzen, die allelopathische Eigenschaften besitzen und wegen ihrer unterdrückenden Eigenschaften zur Unkrautbekämpfung eingesetzt werden können.

B. Arzneimittel, die aus Schädlingen, Parasiten und Nachbarschaftspflanzen gewonnen werden

Pflanzen – genau wie wir Menschen auch – sind anfällig für Parasiten und andere Schädlinge, die zum Teil auch tödliche Krankheiten übertragen können. Menschen leiden zum Beispiel unter Würmern, Krätzmilben, Läusen, Flöhen und Moskitos, die Typhus, Malaria oder das Gelbfieber übertragen können. Bei den Pflanzen gibt es eine Anzahl von Schädlingen, die den deren Lebenszyklus stark beeinträchtigen können, als Beispiel sei hier das Gelbverzweigungsvirus genannt. Den homöopathischen Prinzipien zufolge kann eine Substanz, die bestimmte Symptome verursacht, diese auch heilen, vorausgesetzt das gesamte Symptomenbild stimmt überein. Diese Gegebenheiten ermöglichen uns, neue und nützliche Arzneimittel zu finden, die aus potenzierten Krankheitserregern hergestellt werden. Diese sollten als Einzelmittel und in der kleinstmöglichen Dosierung verabreicht werden.

Kent mahnt mit seinen Worten zur Vorsicht:

> *Wir wissen sehr wohl, dass es in der Alten Schule (hier: die Schule der chemischen Landwirtschaft) keinen Plan gibt für die Erarbeitung eines Arzneimittelwissens, außer dass man sie an den Kranken ausprobiert. Hahnemann verurteilt dieses Vorgehen als gefährlich, weil es für den Leidenden noch mehr Elend bereitet und weil es unzuverlässig ist.*
>
> (Kent, ibid)

Was die Forschungen über den Einsatz von Nachbarschaftspflanzen betrifft, regen diese Worte zum Nachdenken an. In diesem Buch werden eine Reihe von Beispielen hierzu vorgestellt. Wir empfehlen immer nur eine Nachbarschaftspflanze einzusetzen, da zu viele verschiedene Pflanzen auf einmal eine Art „Prüfung" hervorrufen könnten und dieser Ansturm vieler verschiedener Einflüsse die Pflanzen dazu veranlassen könnten mit Symptomen zu reagieren. Auch die regelmäßige Zugabe von Nährstoffen in großen, unverdünnten Mengen ist nicht ratsam. Hahnemann warnt vor solchen unangebrachten Verschreibungsmethoden:

> *Ungleich häufiger als die natürlichen, sich in demselben Körper zu einander gesellenden und so komplizierenden, unähnlichen Krankheiten sind jene Krankheits-Komplikationen, welche das zweckwidrige, ärztliche Verfahren durch*

langwierigen Gebrauch unangemessener Arzneien zuwege zu bringen pflegt.

(Organon § 41)

C. Besonderheiten bei der Zubereitung der homöopathischen Mittel

Bei der Herstellung der homöopathischen Mittel, die wir in diesem Buch für die Behandlung von Pflanzen vorstellen, sind einige Abweichungen von den herkömmlichen, für uns Menschen gedachten, Potenzierungsmethoden zu beachten. Bei dem neuen Pflanzenmittel Juglone zum Beispiel bedienen wir uns nicht der üblichen, im homöopathischen Arzneimittelbuch festgelegten, Methoden um die Inhaltsstoffe der Walnussblätter zu extrahieren und zu potenzieren. Wir versuchen, die langsamen Extrahierungsprozesse der Natur zu imitieren und setzen die Walnussblätter in einem Alkohol/Wassergemisch (50:50) an und lassen die Tinktur stehen bis sich das Blattgewebe fast vollständig aufgelöst hat. Dabei schütteln wir den Behälter einen Monat lang ca. zweimal pro Woche. Erst dann ist die Substanz potenziert. Auf die gleiche Art und Weise können wir allelopathische Inhaltsstoffe aus Pflanzen gewinnen, indem wir sie mehrmals täglich in Wasser waschen, dabei die natürlichen Auswirkungen des Regens imitieren und die wässrige Lösung somit potenzieren. Nach dem Prozess des Potenzierens sollen so möglichst wenige physische Rückstände in der Lösung zurückbleiben.

Einem ähnlichen Konzept folgend können wir homöopathische Mittel, die zurzeit ausschließlich im Ackerbau angewendet werden, auch in einem größeren Kontext betrachten und in anderen Lebensräumen einsetzen, in denen ähnliche Krankheiten und Probleme zu finden sind. Die Lebensräume der Pflanzen haben andere Bedürfnisse als die der Menschen und Tiere und die Arzneimittel, die dort eingesetzt werden, müssen diesen Bedürfnissen angepasst werden. In Wäldern, Feldern und Gärten gibt es Pflanzengemeinschaften, in denen manche Arten gerne zusammen wachsen, andere wiederum kommen überhaupt nicht miteinander klar und meiden sich gegenseitig. Vielleicht wäre es angebracht, spezifische Arzneimittelbücher für die unterschiedlichen Lebensräume zu verfassen. Steiner empfahl, die jeweilige Urtinktur in 20 Liter Wasser aufzulösen und direkt anzubringen. Die Idee, höhere Potenzen als die D3 oder D6 anzuwenden, behagte ihm nicht. Das hat natürlich den Vorteil, dass noch genug „Materie“ enthalten ist, um die orthodoxen Kritiker und andere Skeptiker zufrieden zu stellen. Meine erste erfolgreiche Behandlung in der Schweiz gelang mir jedoch mit einer C200 und auch die C30 habe ich ausgiebig eingesetzt. Die Erfahrung hat mich gelehrt, dass manche Mittel bevorzugt in niedrigen Potenzierungen angewendet werden sollten, andere wiederum wirken besser in einer hohen Potenz, abhängig von der Pflanze und der jeweiligen Situation. Wie im Kapitel über die Anwendung der homöopathischen Mittel beschrieben, rate ich allgemein, eine Behandlung mit der D6- Potenz zu beginnen.

Was Pflanzen und Lebensräume allgemein betrifft, scheinen die Mittel am besten zu wirken – und das trifft vor allem auf die allelopathischen Arzneimittel zu - , wenn sie in der gleichen Form verabreicht werden, in der sie auch in ihrer natürlichen Umgebung zu finden sind.

Es gibt keinen Grund, warum solche Methoden und Arzneimittel nicht auch für uns Menschen mit Erfolg eingesetzt werden können.

Es ist durchaus denkbar, dass wir für Menschen, die ein großes Verlangen nach bestimmten pflanzlichen Lebensmitteln haben, Arzneimittel aus eben diesen Pflanzen herstellen könnten - oder aus den Absonderungen dieser Pflanzen. Auch Fungi oder Bakterien, die in der Nähe dieser Pflanzen wachsen, könnten geeignete Rohstoffe sein. Vielleicht ließe sich hier ein Weg zur Behandlung von ernährungsbedingten Mangelerscheinungen finden.

Diese weitreichenden Gedankengänge haben ihren Ursprung an jenem Tag in der Schweiz, als ich die Rostkrankheit der Obstbäume dort untersuchte und auf das homöopathische Mittel Belladonna kam. Von da an wuchs das gesamte Konzept der homöopathischen Behandlung von Pflanzen. Eine Substanz mit allelopathischen Eigenschaften zum Beispiel, die die Keimung von Unkräutern hemmt, könnte vielleicht auch zur Behandlung von Unfruchtbarkeit bei allen Lebewesen eingesetzt werden. Mit den unumstößlichen Gesetzmäßigkeiten des Ähnlichkeitsprinzips an der Seite – eine ewig währende Wahrheit, die sich nicht widerlegen lässt – entfalten die homöopathischen Mittel ihre Wirkung auf allen Ebenen des Lebens, einschließlich Pflanzen, Tiere, Mensch und sogar den Lebensraum des Planeten Erde selbst.

Unterdrückung und neue Pflanzenkrankheiten

In der Landwirtschaft treten in regelmäßigen Abständen „neue Krankheiten“ auf, meistens werden Pilze, Viren oder Bakterien dafür verantwortlich gemacht. Die Pflanzenkrankheiten werden tendenziell von Jahr zu Jahr schlimmer und trotzen im Großen und Ganzen den sogenannten resistenten Zuchtvarianten unserer Nutz- und Kulturpflanzen. Die neuen Krankheiten, eigentlich nur die alten im Tarnanzug, tauchen immer wieder auf. Die eigentlichen Probleme werden nicht überwunden und die „Lösung“ besteht meist aus provisorischen Übergangskonzepten, die die Stellung so lange halten müssen bis das nächste Gift entwickelt ist.

Wenn das Agribusiness ein neues Gift einführt, werden die Mikroorganismen selbstverständlich resistent dagegen, es sei denn, es werden homöopathische Dosierungen angewendet. Resistenz ist eine Folge von Unterdrückung. Unterdrückung fördert Resistenz auf allen Ebenen und unter allen Umständen, weil kein Lebewesen gerne unterdrückt wird – die Revolutionen der Menschheit entstehen übrigens auf die gleiche Weise.

Da Gene viel weniger plan gesteuert sind, als uns das Agribusiness glauben machen will, können sich Schädlinge oder Krankheitserreger genetisch so verändern, dass sie sich einer neuen Situation anpassen und Resistenzen an nachfolgende Generationen weitergeben können. Dieser Umstand erklärt auch, warum bereits existierende Krankheiten in neuer Form wieder auftauchen können. (Es gibt neue Erkenntnisse über die Verknüpfungen zwischen Genen und den jeweiligen Umweltfaktoren, die in dem Kapitel über Gene und Rückkoppelungsschleifen beschrieben werden).

Jede Krankheit, die unterdrückt wird, wird sich gezwungenermaßen neu erfinden und in anderer Form wieder auftauchen. Dabei handelt es sich aber nicht um eine echte „neue" Krankheit, sondern um die alte, die lediglich neue Ausdrucksformen gefunden hat. Im Französischen heißt es: „Plus ca change, plus c'est la meme chose", oder auf Deutsch: „Je mehr sich etwas verändert, desto mehr bleibt alles beim Alten."

Eine Krankheit ist sozusagen wie der Verkleidungskünstler des japanischen Kabuki-Theaters, nur dass die Aufführung auf der Bühne der Unterdrückung des modernen Agribusiness stattfindet – denn jede Unterdrückung versteckt sich hinter einer neuen, unbekannten Maske. So verhält es sich mit den Krankheiten der Pflanzen nicht anders als mit den Pathologien der Menschen – unterdrücke den Juckreiz und prompt zeigt sich später das Asthma.

Homöopathische Arzneimittel werden in solch winzigen Dosierungen verabreicht, dass sie von den Abwehrmechanismen der Krankheitserreger und Schädlinge nicht als getrennt existierende Antagonisten erkannt werden. Stattdessen absorbiert die Pflanze das Energiemuster des Mittels, beide verschmelzen und bilden ihre eigene energetische Signatur. Die Pflanze gibt daraufhin Alarmsignale ab, oder besser gesagt, sie signalisiert potenziellen Schädlingen oder Krankheitserregern, dass bei ihr nichts Gutes zu holen ist, sondern sie tut alles, um abstoßend zu wirken; sobald diese Nachricht zu den Möchtegern-Angreifern durchdringt, bleibt ihnen nichts anderes übrig als Abstand zu halten. Auf diese Art und Weise unterdrücken wir nicht einfach die Symptome einer Krankheit, sondern stärken die Abwehrmechanismen der Pflanze.

Das gleiche gilt für unseren Kampf gegen die Insekten, denn in diesem Punkt stehen wir nicht nur auf verlorenem Posten, sondern verbeißen uns in einen Krieg, den wir unmöglich gewinnen können. Homöopathische Mittel dagegen setzen nicht auf den Frontalangriff, sondern unterstützen und stärken die natürlichen Abwehrkräfte. Sie helfen den Pflanzen, sich von allem zu befreien, was nachteilig für sie ist. Auf diese Weise kann man Reibungsfläche minimieren - immer ein Ausdruck von Unterdrückung – wenn ein Wesen versucht, ein anderes durch seine aggressive Vorgehensweise zu dominieren.

Ähnlich verhält es sich mit dem Ackerbau auf überwiegend kargen und bearbeiteten Böden, auf denen sich die natürliche, im und am Boden lebende, Flora und Fauna mangels natürlicher organischer Abfälle andere Lebensgrundlagen suchen muss. Diese Lebewesen sind gezwungen, sich andere Zufluchtsorte zu suchen und finden Trost in dem, was der Bauer gerade anbaut. Ihnen bleibt nichts anderes übrig, da die Ackerfrucht oftmals die einzige organische Materie auf unseren halbtoten, modernen Böden ist. Solange es noch Fungi und Bakterien in unseren Böden gibt, stehen die Chancen nicht schlecht, das natürliche Gleichgewicht wiederherzustellen, aber es braucht Zeit. Ist der Boden sehr ausgelaugt und wird mit Kompost wiederbelebt, kann es anfänglich zu einer explosionsartigen Vermehrung von Fungi und Bakterien kommen. Nachdem sie so lange hungern mussten und kontinuierlich von Giften angegriffen wurden, schießen diese Lebewesen buchstäblich wie Pilze aus dem Boden. Sehr ausgelaugte Böden sollten deshalb während der Brache mit Kompost versorgt werden, damit diesen Organismen genügend Zeit gegeben wird, sich zu stabilisieren und zu einem natürlichen Gleichgewicht zu finden.

Die Rolle des Experimentierens und der Erfahrungswerte

A. Homöopathie und der experimentelle Ansatz

Nur durch unermüdliches Forschen und Experimentieren konnten wir unser Wissen über die Arzneimittel vertiefen und die Anwendungsbereiche auch im Praktischen ausweiten, was natürlich unseren Nutz- und Kulturpflanzen sehr zugute kommt. Ich habe bereits in der zweiten Ausgabe geschrieben, dass die unzuverlässigen Ergebnisse, die wir mit den aus Insektenschädlingen hergestellten Mitteln erzielten, letztendlich dazu führten, dass wir unsere Versuche mit Mitteln fortsetzten, die aus den natürlichen Feinden dieser Schädlinge hergestellt waren – und konnten diese Problematik erfolgreich lösen. Der Einsatz von Säuremitteln zur Unkrautbekämpfung, mit denen wir zuvor experimentiert und darüber berichtet hatten, hat sich in der Praxis nicht bewährt und ich kann die Anwendung dieser Mittel nicht mehr empfehlen. Einige unserer allerersten Versuche wurden von Personen durchgeführt, die mit der homöopathischen Methode nicht vertraut waren. Anhand der Fehler, die dadurch entstanden, konnte sich uns manch neues und aufregendes Phänomen erschließen. Manche Mittel wurden wiederholt verabreicht, weil ein Neubefall aufgetreten war, und wir vermuten, dass dies unbeabsichtigt zu einer Art Prüfung geführt haben konnte. Besonders bei den Kübelpflanzen kam es zu wiederholtem Schädlingsbefall. Das könnte darauf zurückzuführen sein, dass freistehende Pflanzen ein Mittel nur für eine kurze Zeit aufnehmen, weil das Wasser, in dem das Mittelsuspendiert ist, im Boden versickert. Bei Kübelpflanzen sammelt sich eben dieses Wasser am Boden des Kübels, d. h., die Pflanzen sind der Mittelwirkung länger ausgesetzt und nehmen eine größere Dosis auf. Das Konzept der kleinstmöglichen Dosis wird dadurch zunichte gemacht, es findet eine Prüfung statt.

Diese Ergebnisse sind nicht entmutigend, sondern weisen darauf hin, dass es nötig sein wird, weitere Versuche unter den unterschiedlichsten Bedingungen und mit verschiedenen Pflanzen und Mitteln durchzuführen. Es zeigt uns auch die Notwendigkeit strukturierter Prüfungen, die wir bislang noch nicht durchführen konnten. Es ist einfach zu viel verlangt, Freunde und professionelle Gärtner darum zu bitten, die Ergebnisse harter und langwieriger Arbeit sausen zu lassen, nur um die Neugierde eines Homöopathen zu befriedigen.

Obwohl wir in der Homöopathie keine Komplexmittel anwenden, können dennoch interessante Versuche durchgeführt werden, indem man für bestimmte Mittel die rohen Arzneisubstanzen miteinander vermischt und daraus eine Urtinktur herstellt. Dieser Vorgang ist vergleichbar mit der Herstellung homöopathischer Mittel, deren Ausgangsstoffe miteinander vermischt und anschließend potenziert werden, wie z. B. Hepar sulph. calc.

und andere. Hierbei handelt es sich nicht um Komplex-, sondern um Simplexmittel.

Den Grundstein zu diesem experimentellen Ansatz legte Hahnemann bereits mit der Veröffentlichung der ersten Ausgabe des „Organon". Ein weiteres Beispiel ist die Veterinärmedizin, in der Lux und Jenichen auf dem Gebiet der homöopathischen Behandlung von Tieren Pionierarbeit leisteten. Auch die Tierärzte Day und McLeod haben viel dafür getan, um die homöopathische Praxis in der Tiermedizin voranzutreiben. Beide haben Bücher darüber veröffentlicht. Besonders dynamisch zeichnet sich diese Tradition auch in Deutschland ab. Der homöopathische Tierarzt Spranger behandelte auf deutschen und dänischen Bauernhöfen so erfolgreich, dass er dort als behandelnder Tierarzt so gut wie überflüssig wurde. In seinen Richtlinien für Landwirte betont er die Notwendigkeit der Selbstregulation unter den Nutztieren und des gesamten Bauernhofes als geschlossenes System. Besonderes Augenmerk liegt hier auf einer gesunden Tierhaltung – Futter, Stallung, Überwachung der Abläufe, Zuchtverhalten der Tiere – damit der Hof als eine Einheit optimal funktionieren kann. Wenn wir uns die Mühe machen, das natürliche Verhalten der Tiere genau zu beobachten und auch aufmerksam zu verfolgen, was sie fressen und was sie tun, wenn sie krank sind, können wir unser Wissen über sie enorm vertiefen. Dieses Wissen, wiederum, würde uns sehr dabei helfen, die Tiere in ihren verschiedenen Lebensphasen zu verstehen und die Schwierigkeiten, die damit verbunden sein können, besser einzuschätzen. Dann würden sich ganz neue Behandlungsmöglichkeiten eröffnen.

Die Gesetzgebung in Europa sieht vor, dass die Tiere auf biologisch bewirtschafteten Höfen möglichst mit homöopathischen und pflanzlichen Arzneimitteln behandelt werden sollen. Arzneimittel, die kompatibel sind mit biologischen landwirtschaftlichen Methoden haben eine Reihe von Vorteilen gegenüber herkömmlichen Praktiken. Man kann sich nur schwerlich vorstellen, dass die Anwendung dieser Arzneimittel für Pflanzen auf großen Widerstand stoßen könnte.

Auch was die Pflanzen betrifft müssen wie die Selbstregulation anstreben. Genau wie bei den Tieren müssen wir auf gesunde Wachstumsbedingungen achten – Nährstoffe, Spacing, Vermehrung und Kreuzzüchtungen – um zu einer Win-Win-Situation zu gelangen. Davon profitieren nicht nur die Pflanzen, sondern auch unsere Umwelt, unsere Gesundheit und nicht zuletzt auch unser Geldbeutel. Diese Vorteile sollten der gesamten Menschheit nutzen, vorausgesetzt, wir machen uns bewusst, dass der Erhalt unserer Umwelt absolut unerlässlich ist um die Artenvielfalt und uns selbst als Spezies Mensch erhalten – und somit überleben - zu können.

B. Die Bedeutung der Erfahrungswerte in der homöopathischen Behandlung

Bei der homöopathischen Behandlung von Pflanzen zahlt sich langjährige Erfahrung aus. Ein Landwirt oder Gärtner, der die Pflanzenkrankheiten gut kennt, erkennt diese auf den ersten Blick und kann die Symptome relativ leicht mit dem entsprechenden Mittel abgleichen.

Für den Anfänger ist es mitunter nicht leicht, das nötige Vertrauen aufzubauen und erste

Erfahrungen mit Pflanzenkrankheiten zu sammeln. Viele Krankheiten sind sich sehr ähnlich; Beschwerden, die durch Pilzbefall verursacht werden, sind manchmal nicht leicht von Problemen zu unterscheiden, die durch ein Nährstoffungleichgewicht entstanden sind. Auch das Identifizieren von Insektenbefall ist unter Umständen schwierig, besonders, wenn sich gleich mehrere Insektenarten auf dem Feld tummeln und man nicht sagen kann, welche davon die größten Probleme macht. Die Fransenflügler (Thysanoptera) können zum Beispiel leicht mit Motten verwechselt werden, manche sehen sogar ihren natürlichen Feinden ähnlich. Viele Insekten übertragen Krankheiten und es kann manchmal sehr schwer sein zu erkennen, wer zuerst da war und das Problem verursacht hat.

Anfänger sollten sich bei der homöopathischen Verschreibung zuerst an einer begrenzten Anzahl klar erkennbarer Symptome orientieren. Fortgeschrittene sind dann schon in der Lage die Arzneimittel bestimmten Pflanzentypologien zuzuordnen und entsprechend zu verschreiben. Professionelle Anwender gehen noch mehr in die Tiefe: Sie untersuchen die jeweilige Situation (jede Situation ist einzigartig und wiederholt sich nicht), die Art der Erkrankung und wägen ab, in welchem Stadium sich die Krankheit befindet. Bei einer Verschreibung auf dieser Ebene sucht der homöopathisch arbeitende Arzt, Tierarzt, Landwirt oder Gärtner gezielt nach dem einzigartigen, individuellen Merkmal, welches den Fall auszeichnet – sei es bei Mensch, Tier oder Pflanze. Eine wichtige Grundlage bei der Verschreibung homöopathischer Mittel in Garten und Landwirtschaft ist die Erfahrung des Landwirts oder Gärtners, sowohl in Bezug auf die landwirtschaftlichen Methoden als auch auf die homöopathische Arzneimittelwahl.

Bestimmte Veranlagungen, die nur einigen wenigen Pflanzen gemeinsam ist, sind in diesem Zusammenhang besonders wichtig, weil man diesen Sachverhalt als charakteristisches Merkmal werten kann. Manche Informationen haben also einen höheren Stellenwert als andere. Ein Homöopath sammelt für seine Diagnose in einem einzigen Fall vielleicht ein Dutzend verschiedene Symptome. Wenn die gesammelten Informationen dann vollständig sind und in der Reihenfolge ihrer Wertigkeit geordnet wurden, wählt er das Arzneimittel aus, das dem vorliegenden Fall am ähnlichsten ist. Für die Behandlung von Pflanzen stehen uns mehr als 500 homöopathische Arzneimittel zur Verfügung; bei Tier und Mensch sind es ca. 3500. In diesem Buch werden wir die wichtigsten und am häufigsten indizierten Mittel vorstellen, die von Anfängern und Fortgeschrittenen gleichermaßen angewendet werden können.

C. Die unterschiedlichen Erfahrungswerte

In der Komplementärmedizin wird häufig zwischen empirischem Wissen und solchem, das durch Forschung und Versuche gewonnen wird, unterschieden. Empirisches Wissen kommt auf unterschiedlichen Wegen zustande:

- Historisch akkumuliertes Wissen/Erkenntnisse und Ideen/Methoden, die über Generationen hinweg überliefert werden (oft zu finden in der spezifischen Fachliteratur)

- Eigene Überlegungen, die ein Therapeut während seiner Berufsjahre ausarbeitet. Als Grundlage dienen die eigene Erfahrung am Krankenbett und das dadurch gewonnene Verständnis von Gesundheit, Krankheit und Therapie usw.

- Informationen, die man während der Behandlung eines einzelnen Patienten gewinnt.

Dann gibt es natürlich noch die Intuition und die von Gott gegebene Erkenntnis; diese sind rar und werden nur von wenigen erfahren. Die Frage stellt sich, ob eine Therapie, die auf einer der oben genannten Formen gründet, legitim sein kann. Die Antwort ist ein klares Ja! In der wissenschaftlichen Literatur gibt es genügend Beispiele für Abweichungen von der wissenschaftlichen Norm um den empirischen Wissensschatz legitimieren zu können. Die konventionelle Methodik bleibt uns doch weiterhin erhalten.

Sehr erfahrene Anwender (Experten) haben mehr oder weniger bewusst gelernt, mit den jeweiligen Gesetzmäßigkeiten und Gegebenheiten in ihrem Fachgebiet umzugehen (man nennt es Erfahrung, implizites Wissen, das klinische Auge, Kunstfertigkeit, grüner Daumen usw.). In vielen Fällen wächst aus dieser Art der Erfahrung solides, bodenständiges Wissen. Dieses Wissen macht es diesen Experten möglich, „prototypische Situationen" zu erkennen, weil diese auf bestimmten, sich wiederholenden Mustern basieren. Dadurch können sie akute Probleme in einem anderen Licht betrachten und können, indem sie die Situation und die Gesetzmäßigkeiten kennen, adäquat auf die Situation reagieren. Dieses Wissen um die Gesetzmäßigkeiten, wie sie funktionieren und wie man sie in den unterschiedlichsten Situationen nutzen kann, ist die Voraussetzung für einen auf Selbstregulation basierenden Lernprozess –der anpassungsfähige Einsatz von Fachwissen, der über die sich ändernden Bedingungen (im persönlichen wie im globalen Bereich) hinausgeht und universell anwendbar ist.

All diese ganz unterschiedlichen Aspekte der homöopathischen Praxis kommen bei der Behandlung der Pflanzen genauso zur Geltung wie bei Menschen oder Tieren. Der homöopathische Anwender muss sich dafür interessieren, was im Garten wächst, welche Schwierigkeiten einer Pflanze während ihres Lebenszyklus begegnen können und wie sie mit anderen Pflanzen, Insekten und Säugetieren in ihrem Lebensumfeld zurechtkommt. Wenn man sich das Ganze bewusst anschaut, offenbaren sich die verschiedenen Beziehungen sofort. Das ungeübte Auge jedoch muss erst lernen, die wichtigen Besonderheiten zu erfassen.

D. Alte Weisheiten für eine neue Zukunft

Die Nachfrage nach „altem" Wissen und Erfahrungen wächst stetig. Nur wenn wir uns wieder den traditionellen landwirtschaftlichen Methoden der weniger entwickelten Ländern unserer Erde zuwenden, werden wir die Umwelt als Ganzes verbessern können und uns nicht nur auf vereinzelte Probleme fokussieren. Indem wir immer weiter forschen und untersuchen, wie es zustande kommt, dass sich einige Pflanzen vertragen und andere wiederum nicht, wenn wir die Natur als Ganzes studieren, wird es uns gelingen, das fein gewobene Netz des Lebens mehr als symbiotischen

Organismus zu verstehen und weniger als Maschine, die uns mit Nahrungsmittel versorgt.

Wir müssen einsehen, dass alles, was wir mit unseren Nutz- und Kulturpflanzen – im Ackerbau zum Beispiel – machen, was wir ihnen antun, sich auch auf die gesamte Umgebung derselben auswirkt. Wir konnten das bei der Behandlung unserer Pflanzen selbst erfahren, denn nachdem die Pflanzen homöopathisch behandelt worden waren, stellte sich immer ein Effekt ein – manchmal positiv, manchmal aber auch negativ, aber immer als direkte Folge der homöopathischen Behandlung. Als Beispiel sei einmal der Einsatz von Düngern genannt, der alle Pflanzen und Lebewesen in der jeweiligen Pflanzengemeinschaft beeinflusst und nicht nur die Kulturpflanzen, die wir bevorzugt mit Nahrung versorgen wollen. Die zusätzliche Versorgung mit Nährstoffen kann zum Beispiel Blattläuse oder Spinnmilben anziehen und nützliche Räuber vertreiben. Sogar die integrierte Schädlingsbekämpfung (IPM = Integrated Pest Management) kann an der Aufgabe, eine explodierende Blattlauspopulation in Schach zu halten, scheitern, solange der Nährstoffhaushalt im Argen liegt. Aus diesem Grund müssen wir auf die elementaren Mittel, die natürlichen Elemente und ihre Verbindungen, zurückgreifen um dieses Ungleichgewicht zu beheben.

Vor allem können wir von der Natur, die immer und überall darum bemüht ist ein existierendes Ungleichgewicht so schnell wie möglich auszugleichen und immer mit dem kleinstmöglichen Einsatz an Energie und Ressourcen, viel lernen. Die Lehren, die wir aus der Natur ziehen können, haben eine besondere Qualität – sie sind direkt, unmittelbar und immer präzise. Die Natur verliert keine Zeit, obwohl ihre Abläufe selbst langsam voran gehen und die Ergebnisse oft erst nach einiger Zeit sichtbar werden. In der Natur heißt die Devise “Schritt für Schritt“ und es braucht Wochen, wenn nicht sogar Jahre und noch länger bis man die Veränderungen, die Mutter Natur selbst vornimmt, erkennen kann.

Aus verschiedenen Gründen ist es sehr schwer, ein Stück Erde oder einen Lebensraum, in dem grundlegende Veränderungen vorgenommen wurden, wieder herzustellen. Zuerst brauchen wir Proben aus dem ursprünglichen Lebensraum. Sind diese nicht vorhanden, brauchen wir zumindest eine detaillierte Beschreibung, Fotografien oder andere visuelle Beweisstücke davon, wie es dort einmal ausgesehen hat. Anschließend können wir alles Weitere Mutter Natur überlassen – in manchen Lebensräumen ist dies möglich – oder wir müssen im großen Stil Bäume pflanzen. In Australien zum Beispiel sollte die Pflanzung von Bäumen zum Pflichtprogramm gehören und die begleitende Behandlung mit Silica wird in den meisten Fällen zu empfehlen sein. Da die Samen dort eigentlich die Hitze eines Buschfeuers zur Keimung benötigen, müsste man die Flächen, die zur Renaturierung mit Setzlingen bepflanzt werden, mindestens sechs Monate lang genau beobachten. Außerdem sollte die Fläche groß genug sein, um zufriedenstellende Ergebnisse zu erzielen. In ungefähr 30 Jahren wird man das Ergebnis sehen können, davor sollte man die Fläche regelmäßig in jährlichen Abständen kontrollieren. Für eine erfolgreiche Reetablierung der Wälder muss eine gewisse Größe und Dichte gegeben sein. Bei Eukalyptuswäldern sind das ca. 20 000 Hektar. Eine Begrünung der Wüsten kann nur in diesen Größenordnungen erfolgreich sein, es sei denn, existierende Wälder werden kontinuierlich vergrößert.

Ich habe hier ganz offensichtlich tiefgreifende Themen angestoßen. Aus Bruchstücken ist ein wunderbares, neues Konzept entstanden, welches es uns ermöglicht ein bestehendes Naturgesetz auf neue Anwendungsgebiete, die außerhalb der allgemein gültigen Normen liegen, zu übertragen. Mittlerweile sehe ich eine weitaus größere Zukunft für die Homöopathie und die Landwirtschaft, als ich anfangs dachte. Es hat sich weit über meine kühnsten Träume hinaus entwickelt und es ist natürlich bei weitem noch nicht vollendet. Die Homöopathie wird als wissenschaftliche Methode an Glaubwürdigkeit noch hinzugewinnen und die Landwirtschaft wird um saubere Kontrollmaßnahmen bereichert werden. Das wird natürlich auch der Umwelt zugute kommen. Der Vorwurf des Placeboeffekts, der uns oft gemacht wird, kann nicht länger aufrecht erhalten werden. Obwohl dieser Vorwurf schon mit der homöopathischen Therapie von Tieren nicht mehr haltbar war, haben wir jetzt weitere Beweise dafür, dass er jeder Grundlage entbehrt. Diese neuen Anwendungsgebiete verdienen es, ausgiebig und bis in alle Winkel erforscht zu werden. Ich hoffe, dass ich bei meinen homöopathischen Kollegen, bei Landwirten unterschiedlichster Überzeugungen und, nicht zuletzt, bei der breiten Öffentlichkeit das Interesse wecken kann, zur Verbreitung dieser Ideen beizutragen.

Landwirte sind in der Regel ein konservativer Haufen, obwohl ein Bauer natürlich jede Methode annehmen wird, die ihm einen größeren Ertrag und damit größere Einnahmen in Aussicht stellt. Darüber hinaus gibt es viele, die nicht mehr länger mit den giftigen Methoden arbeiten möchten, die ihnen das Agribusiness aufdrängt. Es gibt bereits Biobauern, Landwirte, die biodynamisch wirtschaften, und solche, die nach den Prinzipien der Permakultur arbeiten. Landwirte, die immer noch Chemikalien einsetzen, haben jetzt die Gelegenheit, zu einer Methode zu wechseln, bei der es nicht darum geht, alles was stört abzutöten, sondern, in Nachahmung der Natur, es einfach nur fernzuhalten.

Klein aber fein

Lassen Sie uns noch einmal das Konzept der kleinstmöglichen Dosierung aufgreifen, um zu sehen, ob wir eine umfassende und zugleich prägnante Theorie formulieren können, die eine wissenschaftliche Antwort auf das Rätsel der homöopathischen Potenzen gibt und den strengen Anforderungen des orthodoxen Gedankenguts genügen kann. Wenn wir schon behaupten, die Homöopathie sei eine Wissenschaft, müssen wir sie auch im Sinne der Wissenschaft erklären können.

Hahnemann maß diesen Dingen keine Bedeutung zu, weil ihm im Grunde genommen die Sprache fehlte sie zu beschreiben. Für den modernen Homöopathen kann es jedoch einen großen Unterschied, ausmachen entweder verwirrt und etwas dümmlich dazustehen oder in der Lage zu sein, auch die Hochgelehrten unter den Wissenschaftlern ausreichend zu beeindrucken.

Da die Frage der Größe hier von Bedeutung ist, müssen wir uns erst einmal mit dem Thema der

Dosierung auseinandersetzen. Immerhin sind das Thema der Dosierung und die Auswirkungen einer zu großen Dosis der zentrale Aspekt dieses Buches. Wir haben erkannt, wie sehr die Dosierung eines Mittels die Gesundheit derer beeinflusst, die dieses Mittel genommen haben. Wir haben auch erkannt, dass eine uneingeschränkte Zufuhr an Giftstoffen schwerstwiegende Folgen für unseren Boden hat.

Je kleiner die Dosis, desto schwerer ist es für das Abwehrsystem des Körpers die betreffende Substanz zu erkennen. Der amerikanische Leopardenfrosch ist ein perfektes Beispiel dafür, wie stark sich auch kleinste Mengen einer Substanz auswirken können: nur 0,1 ppb (parts per billion; Teile pro Milliarde) des Herbizids Atrazine lässt diesen Frosch zum Zwitter werden. Wenn wir dann noch bedenken, dass sich im Leitungswasser vieler Großstädte kleinste Mengen von Medikamenten wie Fluctin (Wirkstoff Fluoxetin) befinden, können wir uns vorstellen, welche Auswirkungen diese Substanzen auf alle Lebewesen haben werden, die dieses Wasser trinken.

Meeresfrüchte, vor allem die Krustentiere, sind zunehmend mit Schwermetallen belastet. Mikroskopisch kleine Kreaturen nehmen die im Wasser suspendierten Metalle wie Kadmium, Quecksilber und Blei auf. Es gibt Bakterien, die Quecksilber verarbeiten, und Klee, der Ölrückstände aufnimmt. Durch die Tiere, die diesen Klee fressen, gelangt das Öl in die Nahrungsmittelkette und letztendlich auch zum Menschen.

Die Auswirkungen beschränken sich natürlich nicht nur auf den Menschen, sondern betreffen alle Lebewesen. Die Ratten im Abflussrohr, die Amphibien und die Fische der Flüsse und der Meere gehören gleichermaßen zur Nahrungsmittelkette. Wenn eine Akkumulation über einen langen Zeitraum hinweg stattfindet, wird dieser Akkumulationseffekt Auswirkungen haben, die wir noch nicht in Gänze erfassen können. Jüngste Untersuchungen haben zum Beispiel gezeigt, dass unser Trinkwasser mit allen möglichen landwirtschaftlichen und medizinischen Chemikalien belastet ist, die sich kumulativ auf unsere Gesundheit auswirken.

Für den Großteil der Folgeerscheinungen sind winzig kleine Mengen dieser Chemikalien verantwortlich, da größere Mengen dieser Schadstoffe sofortige Reaktionen im Körper auslösen würden. Die Tatsache, dass keine sofortige Reaktion entsteht, heißt nicht, dass wir nicht krank werden, sondern dass es schwieriger wird, die Krankheit zu erkennen. Niemand wird zum Beispiel merken, dass sein Sperma nicht lebensfähig ist, außer daran, dass er „unfruchtbar“ ist. Das wiederum kann sich als niedrige Spermienzahl oder als qualitativ minderwertiges Sperma bemerkbar machen.

Wenn wir das Thema der kleinstmöglichen Dosierung historisch zurückverfolgen, werden wir feststellen, dass schon zu Zeiten des Hippokrates die Unterdrückung von Symptomen gängige Praxis war. Es war Paracelsus, der sich wieder gegen die Verwendung von hoch dosierten Arzneimitteln auflehnte. Er war der Meinung, dass allein die Dosierung bestimmt, was Gift oder Medizin sein wird.

> *In allen Dingen ist ein Gift, und es gibt nichts ohne ein Gift. Es hängt allein von der Dosis ab, ob ein Gift ein Gift ist oder nicht.*
>
> (Paracelsus, de Natura Rerum)

Auch Hahnemann beschwerte sich über die zu hohen Dosierungen seiner Zeit. Er ging sogar so weit, seine Patienten nicht zu behandeln, bis er eine Methode gefunden hatte, die nicht mehr Todesfälle verursachen würde als die Krankheit selbst.

Was seine Dosierungsvorschriften betraf, verlangte er von seinen Schülern, sie strengstens zu befolgen. Die, die anderer Meinung waren, schimpfte er Abtrünnige und befand sie seiner Aufmerksamkeit nicht würdig. Deshalb wollen wir uns hier ausgiebig mit dem Konzept der kleinstmöglichen Dosierung befassen. Wir werden Ihnen, liebe Leser, auch ein paar moderne Konzepte vorstellen, anhand derer wir uns mit dem Rätsel der homöopathischen Potenzen auseinandersetzen können. Dazu gehört das Konzept der Quantenmechanik.

A. Minimus Maxima

Jene, die mit der Homöopathie und ihrer Doktrin nicht vertraut sind, erheben zahlreiche Einwände gegen das Organon der Rationellen Medizin. Dem Begründer der Homöopathie wurden schon alle möglichen Dinge vorgeworfen, keineswegs steht hier der Spott, mit dem unsere winzig kleinen Dosierungen als nutzlose Placebos verhöhnt werden, an letzter Stelle.

Die orthodoxe Wissenschaft hat große Probleme mit unseren Verdünnungen, die sie als wirkungslos betrachtet. Wenn die Homöopathie überhaupt wirkt, so lautet ihre Devise, dann allein durch die Kraft der Suggestion, sie kann deshalb nur einen Placeboeffekt haben. Wenn diese Behauptung wahr sein sollte, dann täte die orthodoxe Wissenschaft gut daran, sie zu übernehmen, da die so genannten Placebos weitaus wirksamer sind als schulmedizinische Medikamente.

Als Hahnemann seine Versuche mit hoch verdünnten Mitteln durchführte, war er im Grunde genommen mit ganz konventionellen Forschungen beschäftigt. Er scheiterte lediglich bei dem Versuch, die Ergebnisse zu erklären, da ihm einfach die Sprache fehlte, sich adäquat auszudrücken. Wie schon Paracelsus 300 Jahre vorher musste er eine angemessene- Ausdrucksweise erst erfinden, um beschreiben zu können, was da passierte. Hahnemanns Organon selbst gibt uns die Lösung dieses Problems. Lassen Sie uns einmal Hahnemanns eigene Worte näher anschauen.

Oberflächlich betrachtet macht Hahnemann hier ungeheuerliche Aussagen:

> *Die homöopathische Heilkunst entwickelt sich zu ihrem besonderen Behufe die inneren, geistartigen Arzneikräfte der rohen Substanzen, mittels einer ihr eigentümlichen, bis zu meiner Zeit unversuchten Behandlung, zu einem früher unerhörten Grade, wodurch sie sämtlich erst recht sehr, ja unermesslich – „durchdringend" wirksam und hilfreich werden ...,*

Die Ansprüche werden hier sehr hochgeschraubt und es kommt noch besser:

> *selbst diejenigen unter ihnen, welche im rohen Zustande nicht die geringste Arzneikraft in menschlichen Körpern äußern*
>
> (Organon §269)

Wenn man den Skeptikern glauben darf, ist diese Aussage mitnichten die ungeheuerlichste von allen. Wir wissen aber durch unsere eigene Erfahrung in der Praxis, dass es funktioniert und die freigesetzten Kräfte überaus eindrucksvoll sein können. Wie aber kommen wir zu diesen Kräften?

Hahnemann beschreibt diesen Vorgang wie folgt:

> *Diese merkwürdige Veränderung in den Eigenschaften der Naturkörper, durch mechanische Einwirkung auf ihre kleinsten Teile, durch Reiben und Schütteln (während sie mittels Zwischentritts einer indifferenten Substanz, trockener oder flüssiger Art, voneinander getrennt sind)....Man nennt daher diese Bearbeitung derselben Dynamisieren, Potenzieren.... und die Produkte davon, Dynamisationen, oder Potenzen in verschiedenen Graden.*
>
> (Organon §269)

Man hat schon von mehreren Seiten versucht, adäquate Erklärungen zu finden, aber keine war dabei, die alle zufriedenstellen konnte. In diesem Zusammenhang sollten wir genau darauf achten, was Hahnemann mit seinen Aussagen wirklich sagen wollte. Bevor wir das Kind mit dem Bade ausschütten, sollten wir diese Aussagen auf ihre wesentlichen Inhalte untersuchen.

Die Aussagen Hahnemanns bezüglich der Homöopathie erinnern an die Formulierungen Richard Feynmans am California Institute of Technology. Bei einem Treffen der American Physical Society (Amerikanische Physikalische Gesellschaft) im Jahre 1959 drückte er es so aus:

> *Ich bezweifle kaum, dass, wenn wir die Anordnung der Dinge im kleinen Umfang auch nur annähernd beherrschen, wir erfahren werden, dass sich uns auch größere Möglichkeiten bezüglich der Eigenschaften von Substanzen erschließen werden.*

Das heißt, wenn die Bausteine eines Materials kleiner werden als die kritische Skalenstrecke, die mit der Eigenschaft dieses Materials verknüpft ist, ändert sich diese Eigenschaft und kann durch Regulierung der Größe entsprechend modifiziert werden.

> *Die Angemessenheit einer Arznei für einen gegebenen Krankheitsfall beruht nicht allein auf ihrer treffenden homöopathischen Wahl, sondern eben so wohl auf der erforderlichen, richtigen Größe oder vielmehr Kleinheit ihrer Gabe.*
>
> (Organon § 275)

Durch Verdünnung und Dynamisation werden Präparate hergestellt, die nur durch dieses Verfahren ihre volle Kapazität ausschöpfen und die angegriffenen Teile des Organismus beeinflussen können.

B. Nanopotenzen

In der Homöopathie werden die theoretischen Grundlagen vom Organon abgedeckt, oder zumindest geben sich die meisten Homöopathen damit zufrieden. Es gibt einige, die sich intensiver als andere mit der Theorie beschäftigen, wie die Bücher über die homöopathische Theorie bestätigen. Die Bücher von Georgos Vithoulkas tragen auf bewundernswerte Art und Weise dazu bei, die Denkansätze der Homöopathie einer breiten Öffentlichkeit zugänglich zu machen. Auch Harris Coulter hat mehrere Bücher dem Versuch gewidmet, die theoretischen Hürden zu überwinden, die uns in der Homöopathie begegnen. Viele andere Homöopathen, ich kann sie hier nicht alle aufzählen, haben ebenfalls zu einem tieferen Verständnis der homöopathischen Grundlagentheorie beigetragen.

Während die allopathische Orthodoxie solche Versuche unweigerlich als überflüssig oder fehlerhaft bezeichnet, dienen sie zumindest den Schülern der Homöopathie als Orientierungshilfe. Alle diese Versuche haben eines gemeinsam: In ihrer Absicht, eine Erklärung für die Wirkweise der Homöopathie zu finden, beschäftigen sie sich hauptsächlich mit den theoretischen Grundlagen.

Auch wenn wir die lückenhafte Argumentationsweise der orthodoxen Wissenschaft einmal außer Acht lassen, gibt es nur wenige Homöopathen, die das Rätsel der homöopathischen Potenzen von einem wirklich wissenschaftlichen Standpunkt aus erschlossen haben. Diese Unfähigkeit ist meiner Meinung nach auf die ganz unterschiedlichen Denkansätze zurückzuführen, die den homöopathischen Geist- und Gemütssymptomen auf der einen und den Erklärungen durch mechanistische Theorien auf der anderen Seite zugrunde liegen. Darüber hinaus konnten die Abweichungen zwischen Verdünnungsgrad und Wirkkraft einer Arznei, die sich in ihrer Wirkung am Kranken so wunderbar zeigt, bislang nicht hinreichend erklärt werden. Es sind diese „Placebos", denen wir uns in diesem Kapitel widmen und deren augenscheinliche Effektivität zumindest weiter untersucht werden sollte.

Über das Rätsel der Potenzen haben sich über die Jahre hinweg schon viele eminente Denker den Kopf zerbrochen. Wie wird das Mittel in der Trägersubstanz suspendiert? Wie ist es möglich, dass es medizinisch wirken kann, wenn doch der rohe Ausgangsstoff keine medizinischen Eigenschaften besitzt? Schon viele haben versucht, Erklärungen zu finden für die offensichtliche, aber widersprüchliche Tatsache, dass bei unseren potenzierten homöopathischen Mitteln eine quantitative Reduzierung gleichzeitig eine erhöhte Wirkkraft bedeutet.

Bis heute ist es keinem meiner geschätzten Kollegen gelungen, dieses Problem adäquat zu lösen, zumindest für mich persönlich sind die Ergebnisse nicht zufriedenstellend. Bei ihren Versuchen zu erklären, warum und wie eine Trägersubstanz die Eigenschaften eines Mittels annehmen kann, setzen alle in der Regel bei der Trägersubstanz an – Wasser, Ethanol oder Laktose. Bis heute wurden viele Versuche durchgeführt, um wenigstens *etwas* in unseren potenzierten Mitteln zu finden. Einige davon möchte ich als Beispiele aufführen.

1948 testeten Wormser und Loch mehrere Substanzen in verschiedenen Potenzen zwischen D24 und D30. Mittels einer photoelektrischen Zelle maßen sie die Intensität und Wellenlänge dieser Potenzen. In den Substanzen fanden sie messbare Veränderungen in der Intensität sowie der Wellenlänge.

In den Jahren 1951–53 untersuchten Gay und Boiron destilliertes Wasser und *Natrium muriaticum* C27 auf deren dielektrische Konstante. Sie konnten aufzeigen, dass das potenzierte *Natrium muriaticum* leicht aus 99 Kontrollfläschchen herausgefunden werden konnte.

1963 untersuchten Boericke und Smith *Sulphur* D12 mit und ohne Verschüttelung. Sie untersuchten die Struktur der Flüssigkeit anhand des magnetischen Kernresonanzspektrums. Sie fanden strukturelle Veränderungen in der Lösungssubstanz mit zunehmender Potenzierung durch Verschüttelung, während in den Kontrollsubstanzen keine Veränderungen festgestellt werden konnten. 1974 wiederholten sie diesen Versuch mit *Sulphur* in verschiedenen Potenzen bis C30.

1966 untersuchten Stephenson und Brucato destilliertes Wasser und *Mercurius* in verschiedenen Potenzen zwischen D1 und D33. Sie fanden heraus, dass die dielektrische Konstante der Kontrollsubstanzen zwischen 5,6 und 6,05 lag. Bei den homöopathisch potenzierten Substanzen lag sie zwischen 2,8 und 4,4.

1975 untersuchte Young *Sulphur* in verschiedenen Potenzierungen zwischen D5 und D30 mit Kontrollen. Unter anderem untersuchte er die Struktur der Lösungssubstanz anhand des magnetischen Kernresonanzspektrums. Er fand heraus, dass mit jedem Verdünnungs- und Verschüttelungsschritt messbare Veränderungen innerhalb der Spektren auftraten. Keine Veränderungen waren festzustellen in den nicht verschüttelten Lösungen und denen, die kein *Sulphur* enthielten.

1976 konnten Boiron und Vinh mittels Raman-Laser-Spektroskopie zeigen, dass in der C1-Potenz von *Kalium bichromicum* das Spektrum des Alkohols völlig verschwindet, während das von Kaliumbichromat erscheint. Bei *Kalium bichromicum* C1 liegt der Anteil der Kaliumbichromatmoleküle bei 1:500. In diesem Fall heißt das, dass das Licht auf 500 Alkoholmoleküle trifft im Vergleich zu einem Molekül Kaliumbichromat, aber dennoch erscheint das Spektrum des Alkohols nicht.

1982 konnten Resch, Gutman und Schauer in verdünntem Natriumchlorid eine erhöhte elektrische Konduktivität feststellen, nachdem sie dieses vor den Messungen verschüttelten.

Ende der Achtziger Jahre entwickelten französische Forscher eine Methode, mit der sie anhand des magnetischen Kernresonanzspektrums spezifische Sinuswellen sowohl für die einzelnen Potenzen als auch für die untersuchten Substanzen identifizieren konnten. Die spezifische Sinuswelle der Substanz blieb durch die unterschiedlichen Potenzierungsschritte hindurch konstant, während die Sinuswelle, die spezifisch ist für den Grad der Potenzierung, sich durch die einzelnen Potenzierungsschritte hinweg veränderte. So konnte ein klares, wissenschaftlich überprüfbares Referenzsystem für jedes Mittel und seine Potenzierungen geschaffen werden.

Das liefert uns jedoch lediglich die physikalischen Beweise dafür, dass die homöopathischen Potenzen mehr als destilliertes Wasser und Alkohol enthalten. Diese Beispiele zeigen ganz offensichtlich, dass die homöopathischen Arzneimittel eine besondere Qualität besitzen, die sich nicht auf den Grad der Verdünnung dies- oder jenseits der Avogadro'schen Zahl reduzieren lässt. Wir erwähnen das, weil wir mit Widerstand seitens der mechanistisch denkenden Forscher rechnen, die zweifelsohne viele Einwände gegen die Anwendung hoch verdünnter homöopathischer Arzneien vorbringen werden.

C. Von Avogadro zur Quantenmechanik

Sehr albern ist es vor allem, diese Einwände mit der Avogadro'schen Zahl zu begründen, die uns nichts weiter sagt, als dass in einer beliebigen Substanz ab der zwölften Centesimalpotenz, bzw. der 24. Dezimalpotenz, keine Moleküle mehr vorhanden sind. In einem Molekül befinden sich jedoch zwischen 2 und 250 Atome, also muss die relative Größe dieser Atome den Verdünnungsgrad einer Substanz beeinflussen, zumindest was die homöopathisch potenzierten Mittel betrifft. Außerdem berechnete Avogadro diese Konstante für Gase, bei denen die Anzahl der Atome keine Rolle spielt, da die Moleküle unabhängig von der Anzahl der Atome ihre Größe behalten. Die Anwendung dieser Konstante in Bezug auf flüssige Verdünnungen kann dabei lediglich ein abgeleiteter Wert bleiben. Aus diesem Grund ist schon die Bezeichnung selbst irreführend und wissenschaftlich nicht korrekt.

Die Avogadro'sche Zahl besagt nur, dass er (Avogadro) nicht die Mittel hatte, das, was über die molekulare Ebene hinausgeht, zu erfassen. Dennoch können wir feststellen, dass in Verdünnungen, die nach dem Avogadro'schen Gesetz hergestellt sind, keine Sinuswellen im magnetischen Kernresonanzspektrum festzustellen sind, man sie aber in homöopathischen Verdünnungen ab der zweiten Centesimalpotenz vorfindet. Das kommt daher, weil die homöopathischen Potenzen nicht einfach Verdünnungen sind, sondern durch die Verschüttelung ihre eigentliche Wirkkraft erhalten.

Wie auch immer, das Mysterium bleibt bestehen. Wir können keine Erklärungen abgeben, sondern nur Daten zusammentragen, die nützlich sein können. Über diese Daten allein kann man jedoch nicht den eigentlichen Prozess definieren.

Ein homöopathisch potenziertes Arzneimittel ist unbegrenzt haltbar und kann immer wieder durch die Zugabe einer Lösungssubstanz weiter verdünnt werden. Genauso wenig kann man übersinnliche Fähigkeiten im molekularen Bereich erfassen. Einsteins Formel $E = mc^2$ trifft hier nicht zu, da es weder Mengen, Massen, Energien noch Geschwindigkeiten gibt.

Unsere homöopathischen Mittel sind in Wirklichkeit quantenmechanische Einheiten, deren Wirkkraft weder aus der Einbildungskraft unserer Patienten hervorgeht, noch durch abergläubische Magie in Erscheinung tritt. Wir müssen versuchen eine wissenschaftliche Erklärung für die Wirkweise unserer potenzierten Mittel zu finden.

Wir sollten uns weder den Angriffen der orthodoxen Vorurteile unterwerfen, noch versuchen ihren starren, pseudowissenschaftlichen Forderungen gerecht zu werden. Wir sollten endlich eine echte wissenschaftliche Erklärung für unsere gesamte Doktrin finden – und das gilt besonders für den Prozess der Potenzierung.

Wenn wir uns einmal die ultrakleinen Errungenschaften der technologischen Forschung anschauen, können wir feststellen, dass niemand gegen Mikrochips, Nanobots, Neutronen und quantenmechanische Photonen argumentiert – und das sind nur einige wenige Beispiele. Dasselbe wird uns aber in Bezug auf unsere homöopathischen Mittel verwehrt.

Das ist auf ausgeprägte Vorurteile und Voreingenommenheiten seitens unserer Gegner zurückzuführen, die sich aber angesichts der Tatsachen als kaum wissenschaftlich fundiert entpuppen – ein solches Verhalten ist im Grunde genommen sehr kindisch. Auch von Wissenschaftlern, die aufgrund ihrer eigenen Ignoranz der Homöopathie abwertend gegenüberstehen, könnte man erwarten, sich wie Erwachsene zu verhalten.

> *Durch diese mechanische Bearbeitung, wenn sie nach obiger Lehre gehörig vollführt worden ist, wird bewirkt, dass die im rohen Zustande sich nur als Materie, zuweilen selbst als unarzneiliche Materie darstellende Arznei-Substanz mittels solcher höhern und höhern Dynamisationen sich endlich ganz zu geistartiger Arznei Kraft subtilisiert und umwandelt, welche an sich zwar nun nicht mehr in unsere Sinne fällt, für welche aber das arzneilich gewordene Streukügelchen … der Träger wird und in dieser Verfassung die Heilsamkeit jener unsichtbaren Kraft im kranken Körper beurkundet.*
>
> (Hahnemann, Organon § 270)

Zumindest auf dem Gebiet der Technologie liefert die Nanotechnologie eine relativ neue Methode Materialien zu nutzen. Ziel dabei ist, die Eigenschaften eines Stoffes durch eine extreme Verkleinerung der einzelnen Partikel zu verändern. Diese Methode gründet, wie schon zitiert, auf den Thesen des Physikers Richard Feynmans. Wenn ein Partikel im Nanometerbereich verkleinert wird, dann ist die Größe dieses Partikels kleiner als die kritische Masse, die im normalen Zustand mit diesem Stoff in Verbindung gebracht wird. Folglich verändern sich auch die Eigenschaften des Stoffes als Ganzes, was aber letztendlich auf dieVeränderungen in den Partikeln zurückzuführen ist.

Die Eigenschaften, die in der herkömmlichen Nanotechnologie angestrebt werden, sind unter anderem Geschmeidigkeit, Elastizität, Härte, Supraleitfähigkeit und keramische Produkte. Um die Nanophase erreichen zu können, wird der betreffende Stoff erhitzt und in den Gaszustand gebracht. Die Partikel dieses Gases werden anschließend in einem Inertgas, z. B. Helium, oder einem chemisch aktiven Gas, z. B. Sauerstoff, behandelt, je nachdem welche Eigenschaften der Stoff nach der Präzipitation besitzen soll.

Wird der Stoff mit einem reaktiven Gas behandelt, verändern sich die Eigenschaften des Stoffes selbst. Folglich verändern sich in diesem Fall, abhängig natürlich von der Größe der einzelnen Partikel, Geschmeidigkeit, Härte oder Elastizität. Im Falle eines Inertgases verändert sich dagegen die Struktur des Stoffes. Ein Metall wird also, je nach Partikelgröße, zum keramischen Produkt oder zum Supraleiter. Da sich die Größe eines Partikels relativ leicht beeinflussen lässt, können die Stoffe sehr akkurat bearbeitet werden.

Neben der Wärmebehandlung gibt es in der Nanotechnologie auch das Verfahren des Verreibens zur Herstellung verschiedener Materialien. Auch bei der extrem feinen Verreibung von Stoffen bestimmt die Partikelgröße die Eigenschaften der so gewonnenen Produkte. Diese Methode wird auch in der Homöopathie angewandt, da bei der Herstellung potenzierter Arzneimittel der Ausgangsstoff solange verrieben wird, bis die medizinische Wirkkraft freigesetzt wird bzw. sich entwickeln kann.

Eine andere Methode wiederum setzt Neutronen ein, um bestimmte Stoffe bis auf Nanometergröße zu zertrümmern. Die „angreifenden“ Neutronen entfernen dabei Stück für Stück die Neutronen des Stoffes, verkleinern so die Partikel und verändern die Eigenschaften des Materials. Je nachdem, wie viele Neutronen entfernt werden, können die Endprodukte unterschiedliche Eigenschaften aufweisen. Dieser Prozess kann entweder durch eine Regulierung der Neutronenanzahl oder durch eine zeitliche Begrenzung gesteuert werden.

D. Viele Wege führen zum Ziel

Es liegt nahe, dass die Art und Weise, wie man zur Nanophase gelangt, Auswirkungen auf die Eigenschaften der daraus entstehenden Produkte hat. Ansonsten würde man sich auf eine Methode beschränken. Viele Wege führen zum Ziel und dafür gibt es verschiedene Beispiele. Zum besseren Verständnis werden wir hier einige davon aufzählen:

- der Gneis des Gasteiner Tals, der in Nanomengen im örtlichen Trinkwasser suspendiert ist und zu Kretinismus führen kann.
- Fluxionspotenzierungen, mit denen man innerhalb einer Stunde aus einer C3-Potenz eine C10.000 herstellen kann.
- von Kupfer- und Bleileitungen können sich Nanopartikel dieser Metalle abspalten und im Trinkwasser suspendiert sein.
- vulkanisches Geschehen, bei dem sich Gestein unter der Einwirkung von Hitze und Druck in eine andere Gesteinsart verwandeln kann.
- Kochen, alle Zutaten verändern ihre Eigenschaften.
- das Zertrümmern eines Stoffes mit Hilfe von Neutronen, die den Stoff in Nanopartikel aufspalten und daraus bestimmte Eigenschaften entstehen lassen
- das Erhitzen eines Stoffes mit anschließender Behandlung in einem Inertgas, um gezielt bestimmte Nanopartikel herauszukristallisieren.
- ultrafeine Verreibung eines Stoffes bis hin zur Nanophase, um unterschiedliche Eigenschaften zu erreichen.

Da es ganz unterschiedliche Arten und Weisen gibt, die Nanophase zu erreichen, sind wir der Meinung, dass die Verreibung als gültige Methode zur Herstellung von Nanoteilchen anerkannt werden sollte.

Wie ist es möglich, solide, unlösliche Stoffe in Wasser oder Alkohol aufzulösen? Die Antwort lautet: gar nicht. Es ist vielmehr so, dass die einzelnen Bestandteile eines Stoffes unter Druck – d. h. im Mörser – auf Nanometergröße reduziert werden und somit „gleitfähiger“ werden als Partikel in Millimetergröße. Im Falle der unlöslichen Stoffe sind die einzelnen Partikel fest miteinander verbunden. Wenn viele dieser Verbindungen unterbrochen werden, entsteht ein Bruch. Öffnet sich ein solcher Bruch, wird er von den Molekülen der Laktose „gestopft“. Je feiner die Körnung, desto kürzer wird die Entfernung, die die Moleküle der Laktose zurücklegen müssen, und desto feiner kann der Stoff verrieben werden. Gleichzeitig dringen die Partikel des Stoffes ebenso in die Partikel der Laktose ein und übertragen ihre Eigenschaften auf dieselbe.

Die Laktosekomponente unserer Mittel unterscheidet sich jedoch von der Nanophase: Um Nanoprodukte herzustellen, werden durch Wärmebehandlung Partikel einheitlicher Größe gewonnen, die anschließend mit Gas behandelt und kristallisiert werden und so ihre ganz bestimmten Eigenschaften erlangen. Bei unseren Mitteln wollen wir aber die Eigenschaften eines Stoffes verändern, indem wir die Verbindungen der einzelnen Partikel unterbrechen und dabei Partikel unterschiedlicher Größe gewinnen. Die Laktose bewirkt hier genau das Gegenteil der Inertgase, die in der Nanotechnologie eingesetzt werden.

So wie die Nanotechnologie immer wieder neue Eigenschaften der Materie entdeckt, beschreitet die Homöopathie schon seit 200 Jahren neue Wege. Unsere potenzierten Mittel unterscheiden sich auf quantenmechanischer Ebene von gewöhnlichen, festen Stoffen und Substanzen – das trifft auf die Nanotechnologie und die homöopathischen Potenzen zu, die ja im Grunde genommen quantenmechanische Verdünnungen sind. Während sich die Nanotechnologie zur Gewinnung von Nanopartikeln den Siedepunkt eines Stoffes bzw. eine sehr feine Pulverisierung desselben zu Nutze macht, erreichen wir das gleiche Ziel durch Verreibung in einem Mörser. Die dazugehörigen Prozesse unterscheiden sich nicht grundlegend – der Prozess des Verreibens kommt dem Einsatz von Hitze und Druck sehr nahe. Bei der Herstellung eines potenzierten Mittels ist unsere Absicht, die Nanophasenpartikel zu teilen, während die herkömmliche Nanotechnologie das Ziel verfolgt, diese zu sammeln.

Ein homöopathisches Mittel ist im Grunde genommen ein unfertiges Nanophasenprodukt, das auf den Körper angewiesen ist, um zum eigentlichen Produkt zu gelangen – nämlich Gesundheit oder Krankheit. Das Produkt bleibt unsichtbar, solange diese Präzipitation nicht stattfindet. Verreibung bedeutet die Abspaltung von Nanopartikeln von der Ausgangssubstanz, die von der Laktose als Träger in den Körper transportiert werden, wo die Präzipitation der Partikel (also des Arzneimittels) stattfindet. Gesundheit oder Krankheit kann man als Endprodukt betrachten. Zusammenfassend kann man sagen:

- Im Nanophasenstadium bestehen die unterschiedlichen Eigenschaften *in potentio.*
- Sie durchlaufen ein Medium, bevor das Endprodukt durch Präzipitation erreicht wird.
- Bis zur Präzipitation sind diese Eigenschaften nur suspendiert oder *in potentio.*
- Ein potenziertes Mittel besteht aus einem Stoff, der auf Nanogröße reduziert wurde und vor der Präzipitation in einer Trägersubstanz suspendiert ist.
- Das Endprodukt wird durch den Prozess der Präzipitation erreicht – in der Homöopathie ist dieses Endprodukt entweder Gesundheit oder Krankheit.

Diese fünf Stadien beziehen sich auf alle Nanoprodukte, ob das nun ein Produkt mit einer einzigen Eigenschaft ist, oder ein Produkt, das viele verschiedene Eigenschaften in sich vereint. Es hängt dabei nur davon ab, wie viele unterschiedlich große Nanopartikel in der ursprünglichen Trägersubstanz suspendiert sind. Während einer Verschüttelung wird die gesamte Information der Nanophase auf die Trägersubstanz übertragen – alle latenten Eigenschaften inklusive. Werden diese Eigenschaften auf das präzipitierende Medium übertragen, wird auch das Gesamtprodukt sichtbar.

Um das Konzept der Nanopotenzen zu verstehen, muss man folgende Aspekte von Nanophasenmaterialien und -produkten berücksichtigen:

Wenn wir die Anordnung der Dinge im sehr kleinen Umfang beherrschen, werden wir dahin kommen, dass sich uns auch größere Möglichkeiten bezüglich der Eigenschaften von Substanzen erschließen werden. (Vergleiche auch Organon § 269)

Wenn die Bausteine eines Materials kleiner werden als die kritische Skalenstrecke, die mit der Eigenschaft dieses Materials verknüpft ist, ändert sich diese Eigenschaft und kann durch Regulierung der Größe entsprechend modifiziert werden. (Vergleiche auch Organon § 270)

Zur Herstellung von Nanomaterial gibt es eine Reihe von Synthesemethoden.

1. Synthese aus atomaren Vorläuferverbindungen
2. Synthese aus molekularen Vorläuferverbindungen – homöopathische Potenzen
3. chemisch
4. physikalisch – homöopathische Verreibungen
5. mechanische Partikelverfeinerung – homöopathische Verreibungen
6. das Zertrümmern eines Stoffes mit Hilfe von Neutronen, die den Stoff in Nanopartikel der gewünschten Größe aufspalten und daraus bestimmte Eigenschaften entstehen lassen
7. vorzugsweise sollten Nanophasen-Materialien mit chemischen und physikalischen Mitteln hergestellt werden, weil so die Größe am einfachsten reguliert werden kann. Wertvolle Ergebnisse können jedoch auch mit anderen, einfacheren Methoden erzielt werden. Dazu gehören die Verreibung und die Verschüttelung.
8. die Herstellung von Nanophasen-Materialien geschieht wie folgt: Ein Stoff wird zum Siedepunkt gebracht, anschließend werden die evaporierten Atome gesammelt, indem sie mit einem Inertgas, z. B. Helium, in Verbindung gebracht und dann abgekühlt werden. Anschließend kondensieren diese zu kleinen, kugeligen Bündeln, deren exakter Durchmesser von der Verdunstungsrate, der Beschaffenheit und Dichte des Inertgases bestimmt wird. Durch Akkumulation und Präzipitation entsteht ein Makro-Material.
9. aus ultrafeinen Pulvern können feste Materialien hergestellt werden. Verreibung ist ein Weg, um das Pulverstadium zu erreichen.

10. Nanophasen-Titan wird aus 10 Nanometer großen Bündeln oxidierten Titans hergestellt.

11. Ein Nanophasenmetall wird durch Präzipitation in einem Inertgas gewonnen, ohne mit anderen Elementen zu reagieren.

12. Nanophasenkeramik wird mit Hilfe eines passenden reaktiven Gases, z. B. Sauerstoff, gewonnen.

13. Alle anderen Materialien werden über die Größe der Bündel und die Beschaffenheit des Gases (reaktiv oder träge) definiert.

14. Mit Hilfe dieses Verfahrens können Metalle, Keramik, Halbleiter, Supraleiter und Polymere mit optischen, chemischen und/oder elektrischen Eigenschaften hergestellt werden. Transparente Stoffe, UV-Filter, Farben, kosmetische Produkte, Katalysatoren und Stoffe mit magnetischen Eigenschaften können mit Nanotechnologie gewonnen werden.

15. Kochen, alle Zutaten verändern ihre Eigenschaften

Nanostrukturen kommen auch in der Natur vor:

16. in Muscheln und Skeletten

17. Feuer produziert Nanorußpartikel

18. Das Wasser im Gasteiner Gebirge und Lapis albus sind Nanoprodukte. Fluor-Kalzium-Silikat, $CaSiF^6$, wird aus Lapis albus gewonnen (eine Form von Gneis, der von Grauvogl in den mineralhaltigen Quellen des Gasteiner Gebirges entdeckte wurde und nach ihm benannt ist. Das Wasser fließt über den Gneis in das Aachener Tal, in dem es ein erhöhtes Vorkommen von Schilddrüsenerkrankungen und Kretinismus gibt). Verreibung.

19. Fluxionspotenzierungen sind ebenfalls Nanoprodukte.

20. Trinkwasser aus Kupfer- und Bleileitungen ist belastet und kann zu Vergiftungen führen.

21. Belastung der Flüsse, Seen und Meere durch Herbizide, Pestizide und Fungizide. Die Substanzen kommen dort in der Form allerhöchster Verdünnungen vor. Ein Beispiel ist Atrazin, das schon bei einer Verdünnung von 0,1 ppb Zwitterbildung bei Amphibien verursachen kann.

22. Stickstoffbelastung der Ozeane, z. B. am Great Barrier Riff.

23. Belastung durch verschiedene Agrochemikalien, die in den Lebenszyklus verschiedener Tiere eingreift.

24. vulkanisches Geschehen, bei dem sich Gestein unter der Einwirkung von Hitze und Druck in eine andere Gesteinsart verwandeln kann.

E. Wasser, eine komplizierte, einfache Substanz

Nanomaterialien und kolloide Suspensionen stehen in direkter Beziehung zu meinen quantenmechanischen Konzepten der homöopathischen Potenzierung. Nanophasen-Kobalt, z. B., hat ganz unterschiedliche Eigenschaften – zum Beispiel Geschmeidigkeit oder Härte, Supraleitfähigkeit oder Elastizität. Das kann heißen, dass sich bei der Potenzierung eines solchen Materials unterschiedliche Eigenschaften herausfiltern lassen. Im rohen Zustand haben wir diese Eigenschaften noch nicht.

Bei unseren homöopathischen Mitteln ist es ähnlich: Der Ausgangsstoff besitzt andere Eigenschaften als das potenzierte Mittel. Das trifft besonders auf die medizinisch unbrauchbaren Substanzen zu, deren heilsamen Eigenschaften erst durch den Prozess der Verreibung freigesetzt werden. Das kann zum Beispiel heißen, dass potenziertes Kobalt in einer C30-Potenz alle möglichen Eigenschaften dieses Stoffes umfasst. Das ist so, weil in den ersten drei Potenzierungsschritten durch die Verreibung mit Laktose *alle* Eigenschaften des Kobalts auf die Laktose übertragen werden. Die Laktose löst sich dann in Wasser auf.

Andererseits weisen Nanopartikel zwischen 20 und 100 nm ganz unterschiedliche Materialeigenschaften auf, die den Nanomaterialien zugute kommen. Diese bestimmte Größenordnung ist wichtig, um die gewünschten oder benötigten Eigenschaften zu bekommen.

Homöopathisch potenzierte Mittel, wiederum, können ihre Eigenschaften nicht in der gleichen Phase ändern wie die Nanomaterialien. Dies ist unmöglich, weil sich die Eigenschaften doch grundlegend unterscheiden.

Wir müssen deshalb schlussfolgern, dass die homöopathisch potenzierten Mittel in einer anderen Größenordnung gewonnen werden als die Nanophasenmaterialien – möglicherweise sind die Partikel größer, höchstwahrscheinlich jedoch sind sie kleiner. Natürlich könnte man erwarten, dass, je feiner und subtiler diese Eigenschaften sind, desto kleiner auch die Nanophase sein muss, um diese Feinheiten aufgreifen zu können. Da Nanopartikel unter dem Elektronenmikroskop sichtbar sind, sollte es ein Leichtes sein, diesen Gedanken zu bestätigen oder zu verwerfen.

Das Bewusstsein sowie mentale und emotionale Eigenschaften gehören zu den subtilen Eigenschaften. Genauso wie Programmierbarkeit und holographische Eigenschaften, die im rohen Stoff zwar vorhanden sind, aber sich erst durch die Verreibung mit Laktose entfalten können. Mehr noch, je subtiler die Eigenschaften sind, desto leichter müssten sie sich in Wasser auflösen können.

Wasser ist diese wunderbar komplizierte, einfache Substanz im Grenzbereich von alkalisch und sauer. Es ist das universale Reaktionsmittel, bleibt aber selbst unbeeinträchtigt. Durch einfache Destillation wird eine Substanz, ganz gleich, ob diese vor der Destillation eine einfache Lösung oder eine Nanopotenz war, wieder in ihren ursprünglichen Zustand versetzt.

Entgegen der Behauptung Benvenistes besitzt Wasser kein Gedächtnis. Wasser ist ein Speichermedium, vergleichbar mit einer CD oder der Festplatte eines PCs. Die Diskette besitzt kein eigenes Gedächtnis, sondern stellt Speicherplatz zur Verfügung, auf den Information übertragen werden kann. Nach diesem Prinzip kann Wasser Bruchstücke einer Materie oder relevante Informationen bezüglich dieser Materie speichern.

Substanzen können mit verschiedenen Methoden in Nanopartikel, oder noch kleiner, aufgespaltet werden. Unsere homöopathisch potenzierten Mittel werden zu Pulvern im Nanometerbereich zerkleinert, die in Wasser löslich sind. Durch den Prozess des Verschüttelns, bei dem das Fläschchen mit kräftigen, rhythmischen Stößen geschüttelt wird, werden die Moleküle des Wassers in bestimmten Mustern angeordnet.

Im Meer werden diese Muster Wellen genannt. Während einer Verschüttelung werden die Moleküle auf der Mikroebene angeordnet, während die Muster der Meereswellen auf der Makroebene entstehen. Es ist alles eine Frage der Größe, wie wir anhand der Nanophasen-Materialien sehen können. Die Moleküle des Wassers arrangieren sich nach einem bestimmten Muster, in dem die Nanosubstanzen von den intramolekularen Zwischenräumen aufgenommen werden. Die Verschüttelung ist das Schreibprogramm, mit dem die Information auf den Träger – nämlich das Wasser – übertragen wird. Das Wasser kann dann, wie eine CD, überall hin getragen werden und passt genau auf den Körper, der das richtige Programm in sich trägt – das Simillimum.

F. Programmierbare Lösungen

Anders ausgedrückt, der Körper gleicht einem infizierten PC, der ein Antivirusprogramm benötigt. Das homöopathische Mittel ist das Programm, welches der Körper braucht. Das Programm wurde per Verschüttelung auf das Mittel übertragen, d. h. die Verschüttelung fungiert als Schreibprogramm, mit dem die Information auf das Wasser (CD) übertragen wird. Süßes Zuckerwasser schmeckt immer süß – bis es destilliert wird.

Destillation wiederum ist das Programm, mit dem die CD gelöscht wird – die Wasserflasche. Wir benötigen nur einen kleinen Teil des Programms, um die gesamte Information auf die nächste CD zu übertragen, was holographische Eigenschaften dieses Programms vermuten lässt.

Anders gesagt, homöopathisch potenzierte Mitteln sind holographische Arzneien, bei denen auch ein kleiner Teil die Eigenschaften des Ganzen enthält. Das steht im Gegensatz zu jedem herkömmlichen Gedankengut, bei dem vorausgesetzt wird, dass eine Reduzierung der Größe immer eine Reduzierung der Eigenschaften mit sich bringt. Natürlich liegt einem Hologramm die merkwürdige Eigenschaft inne, dass selbst im kleinsten Teilchen das Ganze vorhanden ist. Aus diesem Grund hat eine so kleine Dosis solch dramatische Auswirkungen.

Göttlich in seiner Schlichtheit, kann es in der Praxis eingesetzt werden. Die Medizin ist das Hologramm der Krankheit. Der kleinste Teil beinhaltet immer das vollständige Bild der Krankheit.

Die Redewendung „Wie's oben ist, so ist's auch unten" ist keine unbegründete und unhaltbare Äußerung mittelalterlichen Aberglaubens. Das Konzept der gesamten Milchstraße spiegelt sich im Körper wieder.

Verglichen mit der kleinstmöglichen Dosis eines Mittels ist der Mensch ein Makrokosmos. Die mikrokosmischen Größenverhältnisse dieser Mittel spiegeln, genau wie der Mensch, das Universum wider. Kosmisch gesehen steht der Mensch auf dem Mittelweg zwischen Mikro- und Makrokosmos. Aus diesem Grunde geht und steht er aufrecht.

Alle Zustände des Menschen spiegeln sich auf makrokosmischer Ebene – dem Himmel – und auf mikrokosmischer Ebene – den Mitteln – wider. Die homöopathischen Mittel und der Mensch sind holographische Abbildungen der Realität des Makrokosmos. Diese Realität wiederum ist ein holographisches Abbild einer noch größeren Einheit, dessen Realität sich in jedem holographischen Universum widerspiegelt.

Mensch, Tier und Pflanze sind holographische Abbildungen des Ganzen und ihre Realität findet sich in allen verschiedenen Mitteln wieder. Dieses Hologramm der Realität setzt sich zusammen aus unserem Universum, unserem Körper und unseren Heilmitteln. Für jeden Zustand gibt es ein entsprechendes Hologramm. Alle Zustände existieren auch im Original und müssen deshalb auf allen Ebenen und in jedem Universum, vom Makro- bis zum Mikrokosmos, existieren. Die Homöopathie ist gewissermaßen ein Spiel, in dem die passenden Hologramme zusammengeführt werden. So wie die Mittel in der Lage sind, Krankheiten auszulösen, können sie dieselben Krankheiten auch heilen.

Die Skala unserer potenzierten und aus medizinisch unwirksamen Substanzen hergestellten Heilmittel zeigt, dass man die Aussagen Feynmans bezüglich der Nanomaterialien auch auf unsere homöopathischen Mittel übertragen kann. Denn sobald der Ausgangsstoff so weit verkleinert wird, dass die einzelnen Partikel kleiner sind als die kritische Skalenlänge, die mit den Eigenschaften des Stoffes im Rohzustand verbunden ist, entstehen in den so potenzierten Mittel medizinisch wirksame Kräfte. Das heißt, dass der Prozess der Verreibung Veränderungen in den Eigenschaften einer Substanz bewirkt, mit der Folge, dass die kritische Masse dieses Stoffes, die sich in seinen Eigenschaften ausdrückt – nämlich medizinisch unwirksam etc. – auf Nanometergröße reduziert wird und andere Eigenschaften – z. B. medizinisch wirksam – annimmt.

Wie wir schon gesehen haben, ist die Art und Weise, wie man zur Nanophase gelangt, nicht ausschlaggebend. Nur die Größe der Nanopartikel ist für die Eigenschaften des so gewonnenen Stoffes von Bedeutung.

In der Homöopathie streben wir, im Gegensatz zu Geschmeidigkeit, Supraleitfähigkeit oder Stärke, medizinische Eigenschaften an. Obwohl es den Anschein hat, dass die Verreibung sich grundlegend von der Herstellung standardisierter, extrem feiner Pulver unterscheidet, ist der Vorgang des Zermahlens der gleiche. Wir streben nicht nach Uniformität, noch ist es unsere Absicht, diese Nanoteilchen zu akkumulieren. Im Gegenteil, wir wollen sie zerstreuen. Das heißt, wir beschränken uns nicht auf eine einzelne Eigenschaft, sondern möchten so viele Eigenschaften wie möglich von Nanopartikeln verschiedener Größe erfassen. In dieser Hinsicht unterscheiden sich die homöopathisch potenzierten Mittel – in den Eigenschaften und in ihrer Wirkweise – von Nanomaterialien.

Lassen Sie uns ein weiteres Phänomen der kleinsten Dimension untersuchen, das häufig Gegenstand wissenschaftlicher Spekulation ist und sich in die gleiche Kategorie einordnen lässt wie unsere Nanopotenzen.

Gene und Rückkoppelungsschleifen

Der Embryologe Van der Wal bemerkte, dass die DNS „von der Umwelt gesteuert wird“ und nicht anders herum:

> *Die Entwicklungsbiologie – einschließlich der Embryologie – wird als ausschlaggebend für die Einblicke in das Phänomen der Entwicklung bezeichnet. Allein die Berücksichtigung der Differenzierungsprozesse im Embryo macht es unmöglich, die DNA, die Zellen etc. weiterhin als primäre Attribute eines lebendigen Organismus zu betrachten. Die biologische Beschaffenheit der Zellen, des Gewebes, der „Teile“, wird (zum Teil) von der Beschaffenheit der Umwelt (z. B. Zustand des Stoffwechsels, räumliche Anordnung im Ganzen) bestimmt und kann sich mit der Zeit verändern.*
>
> *Das Genom (das ist die Gesamtheit der genetischen Codierung einer Zelle) verändert sich nicht, unterliegt aber während der Differenzierungsphase und im Zusammenhang mit der periphären Umgebung der Zelle äußeren Einflüssen. Es wurde bereits festgelegt, dass die Differenzierung von außen nach innen verläuft, und nicht anders herum. Die DNA hat dabei die Rolle des „Hemmers“, d.h. der Retention der Kräfte in der zweiten Instanz. Die DNA drückt sich nicht aus, die Optionen werden von außen geregelt. Die Definition eines Gens als „ein Stück DNA“ hat keine Bedeutung. Was ist ein „Gen“ ohne den Kontext des Organismus, in dem es sich manifestiert? Das DNA-Molekül ist nicht mehr und nicht weniger als das Zentrum eines ökologischen Kontextes, der auch „Genotyp“, „Zelle“ oder „Organismus“ genannt werden kann.*
>
> (Van der Wal und Lammerts van Bueren, 1993)

In der neurophysiologischen Forschung über die biologische Uhr der Ratten (Meijer, 2002) kristallisiert sich zunehmend heraus, dass es einen bedeutenden Unterschied gibt zwischen der biologischen Uhr des ganzen, unversehrten Tieres und der isolierten Struktur.

Meijer betrachtet es als klares Beispiel für Emergenz:

> *Man kann erkennen, dass im genetischen Netzwerk Muster entstehen, deren Funktionsweise auf Proteinebene komplexer ist. Auf neuronaler Ebene entstehen neue Eigenschaften, die es auf der genetischen Ebene nicht gibt. Zuletzt werden durch die Hirnstrukturen und den restlichen Körper ebenfalls Interaktionen veranlasst, die wiederum zu einem neuen Ergebnis führen.*
>
> (Meijer, Neurophysiologische Forschung)

Das Auftreten von Aggregateigenschaften in selbstorganisierenden Systemen wird auch von Camazine et al. (2001) in ihrem Buch „Die Selbstorganisation in biologischen Systemen“ beschrieben:

> *Mit Emergenz wird ein Prozess beschrieben, in dem ein System interagierender Untereinheiten qualitativ neue Eigen-*

schaften annimmt, die nicht als einfache Ergänzung ihrer individuellen Beiträge verstanden werden können. Da diese Eigenschaften auf Systemebene durch unerwartete, nicht lineare, Interaktionen zwischen den Komponenten dieses Systems entstehen, mag für manche der Begriff „Aggregateigenschaft" eine mysteriöse Eigenschaft suggerieren, die wie durch Zauberhand zustande kommt.

(Camazine, Die Selbstorganisation in biologischen Systemen)

Camazine beschreibt dort auch folgendes Beispiel, das das Prinzip der Emergenz verdeutlicht:

Der Dendroctonus-Käfer legt seine Eier bündelweise unter der Rinde von Fichtenbäumen ab. Aus den Eiern schlüpfen die Larven und ernähren sich in der Gruppe, Seite an Seite, von den Phloemgeweben auf der Innenseite der Baumrinde. Frühere Studien haben gezeigt, dass die Larven ein Lockpheromon absondern. In einer Reihe von Experimenten wurden die Larven wahllos auf einem rundem Blatt Filterpapier mit 24 cm Durchmesser verteilt. Das Filterpapier wurde zwischen zwei 3 mm voneinander getrennten Glasplatten platziert, damit die Larven sich frei bewegen konnten. Die darauffolgenden Positionen der Larven wurden über einen Zeitraum beobachtet. Der Grad der Clusterbildung bei den Larven war stark abhängig von der anfänglichen Larvendichte. Eine niedrige Dichte (0,04 Larven/cm²) begünstigte eine lockere Clusterbildung, die sich nach einer Stunde nur langsam formierte und lediglich aus ca. 25% der Population bestand. Im Gegensatz dazu bildete sich bei einer hohen Dichte (0,17 Larven/cm²) schnell ein einziger fester Cluster. Innerhalb von fünf Minuten waren 50% der Larven in der Mitte des Papiers zu einem Cluster versammelt, nach 20 Minuten waren es 90%. Diese Versuche verdeutlichten eine einfache Aggregateigenschaft – einen Cluster – innerhalb einer Gruppe, in der die Individuen anfänglich homogen verteilt waren. Ab einer gewissen Larvendichte organisiert sich das System ganz spontan selbst.

(Camazine, Die Selbstorganisation in biologischen Systemen)

Ein mächtiges Placebo

1997 untersuchten Van Wijk und Wiegant die Gültigkeit des Ähnlichkeitsprinzips. Anhand dieser Forschungen konnten sie nachweisen, dass, „wenn schädliche Substanzen in niedrigen Dosierungen gemäß des Ähnlichkeitsprinzips verabreicht werden, die Überlebensfähigkeit (im Sinne einer Toleranzentwicklung) auf der zellularen Ebene stimuliert wird, ebenso werden Proteine, die eine Schutzfunktion haben, aktiviert." Die Forschung liefert uns einen wichtigen Hinweis auf einen Regulationsmechanismus, der dem Ähnlichkeitsprinzip zugrunde liegen muss. 1999 erörterte Eskinazi die Sachlage mit Hinblick auf die theoretischen Einwände gegen die Homöopathie. Mit den Erkenntnissen, die uns die moderne Wissenschaft diesbezüglich bringt, bleibt wenig von diesen rein theoretischen Bedenken übrig. Nehmen wir zuerst einmal den Einwand, dass Krankheitserreger nicht auch Heilmittel sein können. Der Autor legt uns eine ausführliche Liste mit Beispielen vor, bei denen deutlich wird, dass dieses Prinzip auch auf die Schulmedizin zutrifft. Das Ähnlichkeitsprinzip ist mittlerweile auch innerhalb der Zellbiologie unter dem Begriff Hormesis anerkannt. Überraschend mag hier die Tatsache anmuten, dass die Einwände gegen hohe Verdünnungen von einem konventionellen Wissenschaftler aufgehoben wurden.

Zweifel über das Ausmaß und sogar die Existenz des Placeboeffektes lassen die Artikel zweier Wissenschaftlerteams aufkommen. 1995 führte Kienle eine kritische Analyse der Grundlagenforschung von Beecher durch, auf die sich das Konzept der Placebowirkung stützt. Im Rahmen dieser Analyse werden eine Reihe von Schwachstellen beschrieben und es wird aufgezeigt, dass es für alle so genannten Beweise des Beecherschen Placeboeffektes auch andere Erklärungen geben könnte. Aus einem ganz anderen Blickwinkel heraus rezensierten die dänischen Wissenschaftler Hrobjartsson und Gotzsche 130 klinische Studien, in denen Placebos mit einer anderen, experimentellen Behandlung verglichen wurden.

Aus diesen Untersuchungen zogen sie die Schlussfolgerung, es sei unwahrscheinlich, dass der so genannte Placeboeffekt eine signifikante Veränderung in den Parametern einer physischen Erkrankung herbeiführen könne, aber dass es bei psychologischen Störungen, wie z. B. Unruhezuständen, durchaus zu signifikanten Veränderungen kommen kann. Wenn man bedenkt, dass ein Placebo im Grunde genommen ein psychologisches Phänomen ist (als Beispiel sei die positive Auswirkung genannt, die durch die Gewissheit und das Gefühl „man bekommt etwas Gutes“ entstehen kann), wird die Schlussfolgerung der Wissenschaftler, nämlich dass Placebos eine signifikante psychologische, aber keine physische Wirkung haben, verständlich.

Aufgrund der oben genannten Argumentationspunkte wird ersichtlich, dass die Theorie des ontologischen Reduktionismus, von innen und außen betrachtet, schon aus Gründen der Konzeptionalisierung sowie aus empirischen Gründen scheitern muss. Zusätzlich wird aufgezeigt, dass es Beweise gibt für einen realen Mechanismus, auf dem das Ähnlichkeitsprinzip aufbaut. Es zeichnet sich ganz klar ab, dass die alternative Erklärung für die Wirkweise homöopathischer Behandlungen im Rahmen verschiedener Studien – hier ist der Placeboeffekt gemeint – sehr unwahrscheinlich ist.

Hiermit wird auch das größte theoretische Hindernis für eine Akzeptanz der Homöopathie beseitigt, nämlich, dass eine homöopathische Behandlung nicht effektiv sein kann, weil der dahinter stehende Mechanismus nicht den anerkannten, in diesem Falle, biologischen, chemischen und pharmakologischen Theorien entspricht.

Dazu kommt noch, dass viele wissenschaftliche Fakten die Theorie eines ganzheitlichen Ontologismus untermauern. Hier stellt sich die Frage, warum diese Theorie nicht umfassender von der wissenschaftlichen Welt angenommen wird. Wir sind der Ansicht, dass diese Einstellung auf den tiefgreifenden Glauben gründet, dass alle Vorkommnisse in der Natur auf materielle Phänomene zurückzuführen sind. Vielen Menschen ist dabei nicht bewusst, dass dieser Glaube während des größten Teils der menschlichen Entwicklungsgeschichte nicht existierte.

Von Plato (427-347 v. Chr.) und Aristoteles (384-322 v. Chr.) bis ins Mittelalter existierte auch innerhalb der Wissenschaften die Vorstellung, es gäbe eine Welt der Ideen, die, als kausale Prinzipien betrachtet, den natürlichen Dingen ihre Form gaben. Diese Ideen oder Kosmen wurden als komplexe, differenzierte Systeme von Kräften betrachtet, die einem lebenden Organismus, einer Pflanze oder einem Menschen zum Beispiel, seine Form gaben und sie aufrecht hielten. Plato und Aristoteles vertraten beide die Meinung, dass solche kausalen Kräfte existieren und greifbar gemacht werden konnten – laut Plato durch Reflexion über die spirituelle Welt der Gedanken und laut Aristoteles durch Betrachtung des Individuellen.

Auch in der mittelalterlichen Debatte um den Kosmos wurde diese Welt der Gedanken nicht geleugnet. Realisten und Nominalisten stritten sich eher darum, ob sich diese kausalen Prinzipien auch dem Menschen erschließen könnten. Die Nominalisten gewannen schließlich die Oberhand und die Frage wurde mit dem Negativ beantwortet.

Der nächste historische Meilenstein war das Werk Francis Bacons im 17. Jahrhundert. Bacon argumentierte in seinem „Novum Organon", dass es nicht die Aufgabe eines Wissenschaftlers sei, den Bogen weit zu spannen, sondern sich der genauen Beobachtung und dem Experimentieren zu widmen. Die letzte Phase dieser historischen Entwicklung fand in der zweiten Hälfte des 19. und zu Beginn des 20. Jahrhunderts statt. Im Anschluss an die vorangegangenen historischen Diskussionen, der Mensch könne die kausalen Prinzipien hinter der Form nicht verstehen (allgemeine Debatte) und es sei nicht die Aufgabe des Wissenschaftlers, diese zu verstehen (Bacon), wurde die Existenz dieser kausalen Kräfte schließlich geleugnet. 1907 fasste Rudolf Virchow die vorherrschenden biologischen und medizinischen Ansichten seiner Zeit wie folgt zusammen:

> *Der Standpunkt der modernen Medizin ist ein mechanistischer, dessen Ziel es ist, eine Physik des Organismus zu erstellen. Dadurch wird ersichtlich, dass das Leben lediglich eine Summe von Phänomenen ausdrückt, die alle unabhängig voneinander nach den normalen physischen und chemischen (das soll heißen, mechanischen) Gesetzen ablaufen. Sie bestreitet die Existenz einer unabhängigen Lebenskraft und einer natürlichen Heilkraft.*
>
> (Virchow R., Zellpathologie)

Diese abschließende Zusammenfassung soll die historischen Schritte verdeutlichen, die zu einer allmählichen Verleumdung der Existenz dieser kausalen Prinzipien geführt haben und die Ursachen natürlicher Phänomene auf das Funktionieren materieller Teile reduzierten. Kausal-mechanistische bzw. reduktionistisch-ontologische Denkweisen sind ein Ausdruck dieser Entwicklung. Wir können hiermit zeigen, dass diese Theorie aus den unterschiedlichsten Gründen nicht haltbar ist. Um eine vernünftige Alternative zu finden, müssen wir uns näher mit der Frage nach der Kausalität beschäftigen.

Wenn in Wimbledon ein erfahrener Tennisspieler einen Ball perfekt platzieren kann, findet auf der physiologischen Ebene auch zeitlich gesehen eine Sequenz biochemischer Reaktionen statt. In diesem Fall muss ein Austausch von Informationen stattfinden, der alle biochemischen Schritte zeitlich aufeinander abstimmt, so dass schließlich der gesamte Vorgang der Vorbereitung und Ausführung darauf hinzielt, den Ball exakt zum richtigen Zeitpunkt an die richtige Stelle zu schlagen. Wir können es auch eine „Zeitgestalt" nennen.

Allgemein betrachtet geschieht dies jedes Mal von Neuem, wenn ein weiterer Ball ebenso perfekt auf eine andere Stelle geschlagen wird. Da es sich aber um einen neuen Vorgang handelt, gibt es hier eine neue „Zeitgestalt". In dieser „Gestalt" lassen sich zwei verschiedene kausale Ebenen erkennen: eine vertikale und eine horizontale Ebene. Auf der horizontalen Ebene scheint es auf den ersten Blick eine Kette von Ursache und Wirkung zu geben, zum Beispiel führt der Anstieg des Hormonspiegels zu einem Anstieg der Glukosewerte im Blut. Jede vorhergehende „Ursache" führt, zeitlich betrachtet, zu einer nachfolgenden „Wirkung".

Betrachtet man das Geschehen jedoch näher, stellt sich heraus, dass es hier ein Problem gibt, welches bereits von Bertrand Russel benannt wurde. Denn eine Handlung, die einer anderen zeitlich vorausgeht, ist zum Zeitpunkt der Wirkung nicht mehr vorhanden. Die Ursache ist bereits verschwunden. Wie kann eine Ursache, die nicht mehr existiert, eine Wirkung hervorrufen?

Um dieses Problem zu lösen, beschäftigt sich die wissenschaftliche Fachliteratur mit dem Konzept der „Information". Die Information soll dabei von einer Phase in die nächste übertragen werden. Das bringt uns zur zweiten, vertikalen Kausalebene. Im Falle des perfekt platzierten Balls, aber auch bei anderen, selbstregulierenden Fähigkeiten und in den selbstorganisierenden physiologischen Prozessen, die nur artenspezifisch verstanden werden können, gibt es ein hierarchisch übergeordnetes Prinzip, welches als zusammenfügendes Element für, sagen wir mal, die zeitlich unterschiedlichen biochemischen Phasen betrachtet werden kann und welches aber auch den Kontext liefert für die Prozesse als Ganzes, d. h. diesen einen besonderen Ball in genau diesem Moment zu platzieren oder eben diese eine spezifische Gewebsstruktur entstehen zu lassen. Dieses Prinzip liefert uns auch eine Erklärung für den Transfer von Informationen zwischen den unterschiedlichen zeitlichen Phasen auf der horizontalen Kausalebene. Dieses übergeordnete Prinzip kann nicht unmittelbar mit unseren Sinnen wahrgenommen werden, manifestiert sich aber dadurch, dass es den Zusammenhang von Zeit und Raum herstellt.

Die Homöopathie und auch die anthroposophische Medizin setzen ein solch übergeordnetes und formendes Prinzip der Natur voraus. Mit den pharmazeutischen Prozessen, die in diesen Therapierichtungen eingesetzt werden, sollen diese formenden oder informierenden Prinzipien von der Materie gelöst werden, die ja an Zeit und Raum gebunden ist. Auf diese Art und Weise können die nun formlosen Kräfte medizinisch angewendet werden. Von diesem Standpunkt aus betrachtet, nimmt die Vorstellung medizinisch wirksamer Stoffe, die keine stofflichen Moleküle mehr enthalten, reale Züge an.

Wenden wir uns jetzt den Verschreibungs- und Dosierungsregeln für diese mächtigen Placebos zu, die so offensichtlich und augenscheinlich gar keine Placebos sind.

Regeln für die wiederholte Gabe homöopathischer Mittel

In seinen „Kleinen Schriften" zitiert von Bönninghausen auch die „Chronischen Krankheiten" Hahnemanns wie folgt:

> *Lässt man aber die ... Arzneien ... nicht ihre volle Zeit auswirken, so wird aus der ganzen Kur nichts.*
>
> (Hahnemann, Die chronischen Krankheiten, S. 157)

Von Boenninghausen schreibt und zitiert damit Hahnemann erneut:

> 1. *Grundregel in dieser Hinsicht bleibt es, die Gabe der treffend homöopathisch ... gewählten Arznei ungestört auswirken zu lassen, solange sie sichtbar die Heilung befördert und die Besserung des Übels merklich zunimmt ... ein Vorgang, der jede neue Verordnung, jede Unterbrechung durch eine andere Arznei und ebenso sehr die unmittelbare Wiederholung desselben Mittels verbietet.*
>
> (Hahnemann, Die chronischen Krankheiten, S. 157)

Ich glaube nicht, dass weitere Zitate nötig sind, um Ihnen als Leser nahe zu bringen, wie wichtig die richtige Dosierung auch für die Therapie von Pflanzen ist, wenn dies schon für uns Menschen so deutlich in den Schriften der alten Meister hervorgehoben wird. Nachdem wir nun die Regeln für die homöopathische Behandlung von Pflanzen festgelegt haben, möchte ich noch ein paar Worte zu den Versuchen sagen, die bis jetzt durchgeführt wurden.

Obwohl die wahre Homöopathie keine Komplexmittel kennt, können dennoch interessante Versuche durchgeführt werden, indem man für bestimmte Mittel die rohen Arzneisubstanzen miteinander vermischt und daraus eine Urtinktur herstellt.

Dieser Vorgang ist vergleichbar mit der Herstellung homöopathischer Mittel, deren Ausgangsstoffe miteinander vermischt und anschließend potenziert werden, wie z. B. *Hepar sulph. calc.*, *Causticum* und andere. Hierbei handelt es sich nicht um Komplex- sondern um Simplexmittel. Diejenigen, die sich als Homöopathen bezeichnen, aber dennoch mit Komplexmitteln arbeiten, sind keine Homöopathen, sondern Scharlatane. Wie ich bereits erwähnte, brachte schon Hahnemann selbst diese Meinung sehr deutlich zum Ausdruck.

Die Ausreden, die in dieser Beziehung gerne benutzt werden, dienen uns als Beweis dafür, dass hier die Lehren Hahnemanns absichtlich missverstanden werden. Es ist wahr, dass Hahnemann morgens ein Mittel verabreichte, dann am Abend ein anderes und manchmal sogar zwei Mittel gleichzeitig, um die Gesamtheit der Symptome abzudecken. Das war notwendig, weil die Auswahl an homöopathischen Mitteln zu Hahnemanns Zeiten noch sehr eingeschränkt war. Hahnemann prüfte 99

Mittel selbst – das wird aus der *Materia Medica Pura* und den *Chronischen Krankheiten* ersichtlich. 20 oder 30 zusätzliche Mittel wurden noch zu seinen Lebzeiten von seinen Schülern geprüft.

Das Organon wurde mit Blick auf die Zukunft verfasst, für eine Zeit, in der es eine große Anzahl geprüfter Mittel gibt. In der Tat haben wir in der Homöopathie mittlerweile 2.500–3.000 Mittel und eine Verabreichung von Komplexmitteln sowie eine Parallelverschreibung von Einzelmitteln sind nicht mehr nötig. Denen, die dennoch Komplexmittel verschreiben, muss man Faulheit und Mangel an Prinzipien vorwerfen. Sie gehören zu jenen Abtrünnigen, die schon Hahnemann und Kent beschrieben haben. Wenn es ihnen nicht gelingt, aus den vielen Mitteln, die uns heute zur Verfügung stehen, das Simillimum zu finden, verstehen sie entweder nichts von Homöopathie – und sollten sich nicht als Homöopathen bezeichnen dürfen – oder sie sind ganz einfach faul und haben keine Prinzipien – und das ist der schwerwiegendste Fehler, den man einem Arzt, gleich welcher Überzeugung, vorwerfen kann.

So viel zur Grundlagentheorie der Homöopathie und ihre Auswirkungen auf Mensch, Tier und Pflanze. Nun möchte ich mich den verschiedenen landwirtschaftlichen Anbaumethoden zuwenden.

4. Landwirtschaft

Lange bevor überhaupt jemand daran dachte, moderne landwirtschaftliche Methoden einzusetzen, bestellten die Bauern mit einfachen Mitteln ihre Felder auf traditionelle Art und Weise.

Sie arbeiteten Dung in den Boden ein und besprühten kranke oder mit Schädlingen befallene Pflanzen mit Kräutersud. Im Gemüsegarten wurden Nachbarschaftspflanzen wie z. B. Kamille gepflanzt und schon die alten Griechen und Römer wussten, dass Bohnen und Mais oder Basilikum und Tomaten sich gut miteinander vertragen.

Das Roden eines Stückes Wald gehört zu den althergebrachten, bewährten Methoden, bei der die überwinternden Insekten und überschüssige Früchte entfernt werden, bei der die Rinde der Bäume angerissen wird, um den Saft fließen zu lassen und neues Wachstum anzuregen. Diese Methode wird in vielen Kulturen noch immer praktiziert. Baker schreibt, dass diese Methode mit der „innigen Beziehung der Menschen zu den Pflanzen zu tun hat und sich nicht auf den interkulturellen Austausch bezieht." Im Rahmen der industriellen Revolution und der Einführung von schweren Erntemaschinen hielt auch die Monokultur ihren Einzug. Seit dieser Zeit sprühen die Bauern ausgiebig Chemikalien auf ihren Feldern und viele Insekten wurden nach und nach resistent.

Die allerersten Maßnahmen zur gezielten Krankheits- und Schädlingsbekämpfung waren auf nichtselektive Eliminierung ausgerichtet. Holzasche, Ruß, Kreidestaub, Teer, Ammoniak oder Ausräuchern waren ökologisch betrachtet nicht immer sinnvoll, da mit den Schädlingen oft auch die nützlichen Räuber und andere Insekten vernichtet wurden. Der Einsatz von Säuren, Salzen und Seife war weit verbreitet. Kräuterpräparate aus Tabak, Tubawurzel, Weinraute, Wermut und anderen Pflanzen waren für viele Insektenpopulationen tödlich. Kupfer, Arsen, Blei, Quecksilber und Schwefel schadeten nicht nur den Insekten, sondern auch der Umwelt und den Menschen, die sich von den so behandelten Pflanzen ernährten.

Der Kohlenteer, der zu Beginn des 20. Jahrhunderts weitläufig eingesetzt wurde, ist ebenfalls ein hochgradiges Insektizid. Es wurde als Konservierungsstoff für Holz und als Herbizid eingesetzt. Mineralöle werden bis heute zur Winterspritzung und als Dispergiermittel benutzt.

Bereits 1945 gab es erste Berichte über Resistenzen von Insekten gegenüber Insektiziden.

In den USA wurde damals aufgrund der Kontroverse um hohe Arsenwerte in Obst und erhöhte Bleiwerte in anderen Lebensmitteln der „Clean Food Act" erlassen, um verbindliche Grenzwerte für chemische Rückstände in Lebensmitteln einzuführen.

In den 30er Jahren des letzten Jahrhunderts entdeckten Wissenschaftler aus der Schweiz die insektiziden Eigenschaften der Organochloride, die erstmals 1874 hergestellt wurden. Daraus entstand DDT, ein Mittel, das in den letzten Jahren des Zweiten Weltkrieges weitläufig eingesetzt und erst kürzlich in den meisten Industriestaaten verboten wurde.

In den 50er Jahren wurden dann die Organochloride Dieldrin und Aldrin und die Organophosphate Malathion und Diezion entwickelt. Auch Karbamate wie Ferbam, Zineb und Captan und die Herbizide Diurin, Simazin und Paraquat kamen auf den Markt. Die Effektivität dieser Produkte ließ innerhalb kürzester Zeit nach. Zur gleichen Zeit stellte man fest, dass sie außerdem für die Umwelt hochgradig giftig waren.

Danach konzentrierte sich die Suche auf biologische Mittel. Raubmilben wurden gezüchtet, Wespen gegen Blattläuse eingesetzt und bakterielle Mittel wie zum Beispiel Bacillus thuringiensis wurden entwickelt. In Australien führte die CSIRO (Commonwealth Scientific and Industrial Research Organisation) im Einvernehmen mit den landwirtschaftlichen Ministerien Pilzkrankheiten (Rostpilze) zur Bekämpfung von Unkräutern ein. Motten, Käfer und parasitische Wespen wurden gegen Insektenschädlinge eingesetzt. Dass das nicht unbedingt geglückt war, zeigte anschließend der deutliche Anstieg von Pilzerkrankungen in Nutzpflanzen. Als beste Alternative stellte sich der Gebrauch von pflanzlichen und tierischen Pheromonen heraus, die keine unerwünschten Nebenwirkungen haben und keine Resistenzen verursachen.

Jedes dieser Programme und Methoden verliert dabei das eigentliche Problem aus den Augen – die Tatsache, dass die Pflanze im Mittelpunkt steht und von Schädlingen und Krankheiten befallen wird. Der Versuch, diese Schädlinge und Krankheiten auszulöschen, ist ein fruchtloses Unterfangen, da das Problem weder bei dem Schädling noch bei der Krankheit zu suchen ist. Das Problem liegt bei der Pflanze, dementsprechend muss auch die Pflanze behandelt werden.

Bis zu einem gewissen Grade ist eine Pflanze dem menschlichen Körper ähnlich. Unsere Schleimhäute befinden sich im Inneren unseres Körpers, bei einer Pflanze liegen sie außen, geschützt lediglich durch eine dünne Epidermis. Die Blätter einer Pflanze sind deren Lunge und Verdauungsorgane, das Kapillarsystem kann man mit dem Blutkreislauf des Menschen vergleichen und unsere Harnwege werden in der Pflanze durch die Verdunstung von Flüssigkeit über die Blätter repräsentiert. Der Zucker- und Proteingehalt ist vergleichbar mit den Fettreserven und dem Muskelgewebe des Menschen. Bei Krankheit oder Schädlingsbefall werden diese Zucker- und Proteinreserven auf ähnliche Weise ausgelaugt wie das Fett- und Muskelgewebe beim Menschen.

Natürliche landwirtschaftliche Methoden können das Auftreten von Krankheiten und Schädlingen zu 90-95% verhindern. In der chemisch orientierten Landwirtschaft ist dies schwierig. Dieses Buch ist für Homöopathen und Landwirte gedacht, die Chemikalien verwenden und sich eine Alternative wünschen.

Die Theorien, die ich in diesem Buch vorstelle, habe ich durch meine eigenen Erfahrungen und die meiner Freunde gewonnen, oder sie stammen aus Quellen, die das Wissen über die Nachbarschaftspflanzen bestätigen konnten, aus landwirtschaftlichen Publikationen und nicht zuletzt aus der homöopathischen Materia Medica, die ich auf die Pflanzen übertragen habe.

Die kommerzielle Methode

Direkt am Highway 40, am Rande eines der Forschungszentren in den USA, liegt ein Gebäude, das einem der weltgrößten agrochemischen Produzenten gehört. Im Foyer dreht sich eine Glasvitrine, das Exponat zeigt einen Korb, gefüllt mit Obst und Gemüse aus Kunststoff. Auf einem Bildschirm sind die aktuellen Wetter- und Börsennachrichten zu sehen. Das Firmenmotto auf den Broschüren verkündet stolz: „Wir helfen, die Welt zu ernähren".

Keiner der Menschen in diesem Gebäude hat wahrscheinlich je einen Bauernhof betreten, von einem kleinen Stück Land in Asien, Afrika oder Lateinamerika ganz zu schweigen. Hier befindet sich der Hauptsitz von Rhone-Poulenc[1], einem der größten Produzenten von Pestiziden, der nun kurz davor steht, sich zu einem der größten Hersteller von gentechnisch modifiziertem Saatgut zu entwickeln. In Zusammenarbeit mit Calgene[2] hat die Firma Baumwollpflanzen genetisch so verändert, dass sie nun gegen das Herbizid Bromoxynil resistent sind. Der Grund dafür ist, dass dieses Herbizid nicht nur Unkraut vernichtet, sondern auch die Baumwollpflanze selbst. Das wiederum ist gut fürs Geschäft und bringt den Verkauf von Bromoxynil voran.

1993 startete Ciba-Geigy[3] ein ehrgeiziges Projekt, um Pflanzen zu impfen. Die Idee dahinter ist einfach; Pflanzen, genau wie Tiere und Menschen, besitzen ein Immunsystem, welches so stimuliert werden kann, dass sie widerstandsfähig gegen Krankheiten und Schädlinge werden. Weltweit geben Landwirte umgerechnet 25 Milliarden Dollar jährlich für chemische Pestizide aus. Allerdings ist das nicht so effektiv, wie die Landwirte es gerne hätten. Nach wie vor gehen jedes Jahr ca. 30% der globalen Gesamternte durch Schädlinge und Krankheiten verloren, etwa 12% davon durch Krankheiten und 18% durch Schädlinge.

Leider ist das Impfen von Pflanzen nicht ganz unproblematisch. Manchmal kommt es dabei zu einer Verminderung des Pflanzenwachstums, vermutlich weil die Abwehrmechanismen der Pflanze dann Nahrungsquellen, die eigentlich für das Wachstum bestimmt sind, umleiten. Auch können, wenn diese Methode allzu rigoros angewandt wird, diese Abwehrmechanismen der Pflanze selbst schaden. Einige der Stoffe, die als Reaktion auf eine Krankheit gebildet werden, sind für Pflanze und Krankheit in gleichem Maße giftig. Biologen müssen diese „Nebenwirkungen" überwinden, wenn sie den Landwirten dieses Konzept verkaufen wollen. Ein weiteres Problem mit Pflanzen, denen eine transgene Widerstandsfähigkeit gegen Schädlinge und Krankheiten eingeimpft wird, besteht darin, dass diese Schädlinge bzw. Krankheiten ein paar Generationen später eine Resistenz entwickeln. Der Bauer muss mit seiner Saat dann wieder von vorne anfangen.

Biobauern, bekannt für ihre ablehnende Haltung gegenüber Pestiziden, sind von den neuen Verfahren wenig begeistert, denn sie setzen am falschen Ausgangspunkt an. Die Landwirte zeigen sich vorsichtig in Bezug auf

1 Rhone-Poulenc: wurde 1999 zum Konzern Aventis. Seit 2004 als *sanofi-aventis* bekannt.

2 Calgene gehört seit 1997 zu *Monsanto*.

3 Seit 1996 heißt Ciba-Geigy *Novartis*.

die möglichen Auswirkungen der Impfverfahren und der genetisch modifizierten Pflanzen insbesondere. Hier wird Saatgut für eine globale Monokultur produziert.

Pflanzen homöopathisch zu impfen ist in der Tat recht unkompliziert. Die Homöopathie macht sich kleinstmögliche Dosierungen zunutze, um auf diese Weise, Pflanzen gegen Schädlings- und Krankheitsbefall zu impfen. Da Krankheit ein dynamischer Prozess ist und keinen linearen Prozess von Ursache und Wirkung darstellt, kann man die Probleme, mit denen sich letzterer auseinandersetzen muss, nicht auf die Homöopathie übertragen. Homöopathie ist eben auch eine dynamische Methode der Schädlings- und Krankheitsbekämpfung.

Genau wie *Belladonna* bei Scharlach das Fieber reduziert und das Fieber die Wirkung von *Belladonna* verbraucht, das heißt, sie heben sich gegenseitig auf, so wird bei der homöopathischen Impfung von Pflanzen der Schädling bzw. die Krankheit durch das Simillimum neutralisiert. In der Mathematik können wir das gleiche beobachten – Minus mal Minus ergibt Plus. -1 mal -1 = 1. Daher müssen wir dieses Prinzip bei allen Schädlingen und Krankheiten anwenden, um auf dem einfachsten Wege eine Immunität der Pflanzen zu erreichen. Das Thema Resistenz gehört der Vergangenheit an, einfach darum, weil wir nicht den Schädling oder die Krankheit bekämpfen, sondern den dynamischen Prozess neutralisieren, der allen Krankheiten zugrunde liegt.

Die natürliche Methode

Im Jahr 1911 wurde Franklin Kings wegweisendes Buch „Farmers of Forty Centuries – Permanent Agriculture in China, Korea and Japan" veröffentlicht.[4] Darin beschreibt er, wie Bauern in Asien seit über 4.000 Jahren ihre Felder ohne nachteilige Auswirkungen auf den Boden bestellen. Dieses und andere Bücher des frühen 20. Jahrhunderts beschäftigen sich mit den ganzheitlichen Aspekten der Landwirtschaft und betonen, dass sich ein Landwirt keineswegs einen aussichtslosen Kampf mit der Natur liefern sollte, sondern versuchen muss, diese zu imitieren. Dieser ganzheitliche Ansatz und die entsprechenden Anbaumethoden – zu denen auch die Nachbarschaftspflanzen gehören, die natürlichen, nützlichen Räubern Unterschlupf bieten – bilden die Kernthemen dieses Buches.

Gordon Harrison schreibt in seinem Buch „Earthkeeping"[5]:

> *In ausgereiften, stabilen Systemen – solchen, die einen optimalen Zustand der Nachfolge erreicht haben – bleibt der Mineralhaushalt für gewöhnlich bemerkenswert stabil. Ein Ökologe berechnete, dass ein Waldgebiet in New Hampshire, das ca. 365 Pfund Kalzium/ha benötigt, um das Ökosystem dieses Waldes zu erhalten, jährlich ca. 8 Pfund durch Auswaschung verlor. Von diesen 8 Pfund*

4 Das Buch ist nur im englischen Original erhältlich.

5 Gordon Harrison, "Earthkeeping – The War with Nature and a Proposal for Peace". Nur im englischen Original erhältlich.

> *wurden 3 Pfund im Regenwasser zurückgeführt und die restlichen 5 Pfund durch frische Gesteinsverwitterungen. Interessanterweise war der Kalziumverlust an gerodeten Stellen wesentlich höher.*
>
> (Harrison G., „Earthkeeping“)

An anderer Stelle bemerkt der Autor:

> *Vielfalt geht einher mit Stabilität, beides im Sinne von Ursache und Wirkung. In einem System ist das Überflüssige die beste Versicherung gegen einen Zusammenbruch desselben.*
>
> (Harrison G., „Earthkeeping“)

Eine natürliche Raumordnung verhindert die übermäßige Vermehrung einzelner Arten. In einer Monokultur versucht der Landwirt jedoch, die natürliche Ordnung zu umgehen. In einem natürlich gewachsenen Raum siedeln sich so viele verschiedene Arten wie möglich an. Mit diesem Mechanismus verhindert die Natur Krankheiten und somit die Auslöschung einzelner Tier- und Pflanzenarten. Befinden sich jedoch zu viele Tiere oder Pflanzen der gleichen Art in einem zu kleinen Raum, wird ein Mechanismus ausgelöst, der die weitere Vermehrung der betroffenen Art stoppt oder den Überschuss durch eine höhere Sterberate ausgleicht.

In allen stabilen natürlichen Systemen sind diese Mechanismen zu finden, aber bei weitem nicht in allen Populationen. Der explosiven Bevölkerungsrate nach zu urteilen, gibt es diesen Mechanismus bei der menschlichen Bevölkerung zum Beispiel nicht. Auch bei vielen Schädlingen, vor allem bei den Insekten (wie beispielsweise dem Coloradokäfer, den Heuschrecken) und den Nagern (Ratten), fehlt diese Art der Kontrolle. Es gibt Arten, deren Populationen gänzlich von äußeren Faktoren reguliert werden, zum Beispiel der Verfügbarkeit von Nahrung. Diese Schädlinge produzieren mehr Nachkommen, als zur Erhaltung der Population nötig oder unter normalen Umständen tragbar wären. Ein Landwirt, der dann auch noch ein ganzes Feld ihrer Lieblingsnahrung anbaut, stellt damit Rahmenbedingungen her, die die Sterblichkeitsrate dieser Schädlinge drastisch reduziert. Man muss nicht zynisch veranlagt sein, um den Vergleich mit der Menschheit zu ziehen.

> *Die Art, die sich explosionsartig vermehrt, ist schon per definitionem ein Schädling und der neueste Eintrag in der immer länger werdenden Liste dieser Schädlinge ist natürlich der Mensch selbst.*
>
> (Harrison G., „Earthkeeping“)

Im Allgemeinen betrachten wir alle Lebewesen außer den Menschen als untrennbaren Teil der Natur. Sie gehören zu diesem System und werden nicht als schädlich für die Natur empfunden. Nur der Mensch ist das. Die Behauptung, der Mensch sei Teil der Natur, ist ebenfalls zu allgemein formuliert. Man kann hier noch anfügen, dass der Mensch aufgrund seiner Gier nicht wirklich viel von der Natur versteht. Das Ergebnis ist eine Ausbeutung der Natur, die die Zerstörung unserer Umwelt zur Folge hat, besonders in den so genannten Industriestaaten. Die Einwohner Asiens praktizieren seit über 4.000 Jahren eine nachhaltige Form der Landwirtschaft. Die Behauptung, allein die Maßstäbe der Moderne seien wissenschaftlich wertvoll, während dieses Attribut denjenigen vorenthalten wird, die im Grunde genommen schon so lange auf wissenschaftlicher Basis arbeiten, mutet daher etwas naiv an. Das Fehlen einer wissenschaftlichen Doktrin für eine bestimmte Methode heißt nicht, dass die Methode an sich unwissenschaftlich ist. Und glauben wir wirklich, dass unsere Maßstäbe von Dauer sein werden?

Seit Galileo und Newton haben unsere Theorien so viele Veränderungen durchlaufen, dass der Gedanke bleibender wissenschaftlicher Werte bestenfalls Selbstbetrug sein kann. Wir wissen nicht wirklich, wann der Mensch begann, Felder zu bestellen. Anhand früher Aufzeichnungen gehen wir davon aus, dass es um die gleiche Zeit geschah, als der Mensch zu schreiben begann. Aus diesem Grunde ist es sehr gewagt, davon auszugehen, wir könnten irgendetwas Endgültiges über die Anfänge der Landwirtschaft sagen – aus dem einfachen Grund, dass wir nicht Zeuge dieser Anfänge waren.

Die essenzielle Ungewissheit liegt darin, dass wir nicht wissen, was mit den Anfängen gemeint ist. Anfänge sind immer auch mit einem Ende verbunden, sodass die eigentliche Stabilität eines Systems in der Fluktuation zu finden ist. Dem I Ching liegt das gleiche Prinzip zugrunde; der Zustand der Veränderung ist die einzig universelle Konstante. Fluktuation bedeutet auch Beziehung, weil zwischen den Lebewesen eines Ökosystems eine Bewegung, ein Fluss, stattfindet. Wenn der Mensch die Natur ausbeutet, indem er nicht in Einklang mit ihr lebt, unterbricht er diesen Fluss. Der Mensch hat der Natur den Krieg erklärt, aber es könnte ihm besser gehen, würde er sie wie eine Geliebte behandeln. Vor nicht allzu langer Zeit gab es in der westlichen Welt einen entscheidenden Impuls, der besonders in diesem Kulturkreis das Verlangen weckte, sich nicht in die Natur zu fügen, sondern sie zu unterwerfen. Um zu überleben, muss der Mensch aber, wie jedes andere Tier auch, sich damit begnügen, den Überschuss der Natur – d. h. die überschüssigen Pflanzen – immer wieder zu ernten. In einem ursprünglichen Ökosystem zu ernten kann als eine andere Form des natürlichen Todes innerhalb dieses Systems betrachtet werden. Und weil der Mensch mit Intelligenz ausgestattet ist, ist er in der Lage, die Natur zu manipulieren. Er kann eine geeignete Umgebung schaffen, die dem natürlichen Zustand so nahe kommt, dass Probleme mit Schädlingen und Krankheiten der Vergangenheit angehören – indem er gewisse natürliche Prinzipien kopiert, z. B. das richtige „Spacing“ und eine gesunde Artenvielfalt.

Auch im Rahmen des vorherrschenden landwirtschaftlichen Systems gibt es Alternativen zur chemischen Schädlings- und Krankheitsbekämpfung, die auch der Öffentlichkeit zugänglich gemacht werden sollten, damit sie sich als gängige Praxis etablieren können. Die NRA (National Registration Authority) in Australien plant, die Kosten für die Lizenzvergabe für Schädlings-, Krankheits- oder Unkrautvernichtungsmittel im landwirtschaftlichen Sektor von $ 2.000 auf $ 20.000 zu erhöhen. Kleine, unabhängige Produzenten, die nachhaltige Produkte entwickeln, werden so effektiv vom Markt gedrängt. Sollte die NRA diese Taktik beibehalten, sind die Perspektiven für nachhaltig orientierte Firmen enorm schlecht.

Ein anderes Problem ist auch, dass das traditionelle Wissen für jedermann zugänglich ist – auch für Industriegiganten wie ICI, Ciba-Geigy, Rhone-Poulenc und andere. Für gewöhnlich verachten diese Konzerne nachhaltiges Management als altmodisch und Spinnereien der Hippiekultur. Nachhaltige Landwirtschaft ist allerdings nicht gleichzusetzen mit konservativer Landwirtschaft aus dem letzten Jahrhundert ohne moderne Technologie. Nachhaltige Systeme werden mit Hilfe von modernen Gerätschaften, geprüftem Saatgut, gesunden Substraten, sauberem Wasser und Nutztieren bearbeitet. Die Betonung liegt dabei auf einer gesunden Fruchtfolge, dem Aufbau einer gesunden Bodenstruktur, Mischkultur, dem Einsatz von Nutztieren und einer natürlichen Schädlingsbekämpfung.

Mittlerweile mussten auch die großen Hersteller feststellen, dass diese traditionellen Mittel gut wirken, sie diese aber nicht in ihre Produktpalette aufnehmen können, einfach weil sie damit keine Gewinne erzielen können. Würden sie aber anderen erlauben, natürliche Produkte günstig herzustellen, ginge ihnen ein beträchtlicher Marktanteil verloren. Die strengen Lizenzauflagen machen es deshalb für kleine, alternative Firmen schwieriger, ihre Produkte registrieren zu lassen. Düngemittel zum Beispiel müssen bestimmte Mindestmengen an NPK enthalten, um als Dünger zugelassen zu werden. Produkte, die diese Werte nicht erreichen, dürfen nicht als solche deklariert und verkauft werden. Ähnlich verhält es sich mit einem Antiwanzenmittel aus Knoblauch, welches nachweislich effektiv gegen Wanzen eingesetzt werden kann, aber dennoch nicht als solches verkauft werden darf. Der Verdacht, dass hier die bestehende Gesetzgebung manipuliert wird, drängt sich förmlich auf. Politisch wird in diesem Fall wenig oder gar nichts in Bewegung gesetzt, obwohl es immer mehr Beweise dafür gibt, dass Pestizide und Herbizide gesundheitsschädigend sind. Welche Partei wird es schaffen, ihren Wählern klar zu machen, dass jemand für die Kosten der Krankheiten aufkommen muss, die durch die Anwendung von Giften der Klassen 6 & 7 entstanden sind?

Die chemische Methode

Aus der Broschüre des W. A. Department of Agriculture ‚Chemische Schädlingsbekämpfung für Ackerflächen und Weideland‘ von 1994 erfahren wir Folgendes:

> *In der Tabelle ist die Toxizität der einzelnen Produkte verzeichnet. Hochgiftige Chemikalien sind als ‚gefährliches Gift' aufgeführt und gehören zur Klasse S7. Für den Umgang mit diesen Chemikalien ist eine Schutzkleidung erforderlich inklusive Atemmaske und Schutzanzug mit Kopfbedeckung.*
>
> (W. A. Department of Agriculture Chemical Control)

> *Mäßig giftige Chemikalien der Klasse S6 sind mit der Bezeichnung ‚Gift' versehen. Atemmaske und Schutzanzug sollten während des Spritzens getragen werden; bei der Verarbeitung des Konzentrats muss zusätzlich eine Schutzbrille getragen werden. Für nähere Informationen siehe Mitteilungsblatt 4223 ‚Toxizität von Pestiziden' und Faltblatt 8/88 „Pestizide und ihre Toxizität für wild lebende Tiere".*
>
> (W. A. Department of Agriculture)

Zusätzlich gibt es Lagervorschriften, die genau vorschreiben, wie lange ein Landwirt seine Ernte einbehalten muss, bevor sie verkauft werden darf. In dieser sollen die Gifte abgewaschen oder abgebaut werden, da die modernen Pestizide eine kurze Halbwertzeit besitzen. Die Substanzen, zu denen sie abgebaut werden, sind oftmals genauso giftig, aber meist nur für eine relativ kurze Zeit. All dies zeichnet kein rosiges Bild von der Unbedenklichkeit unserer modernen Pestizide, Herbizide und Fungizide.

Jeder, der ein Produkt entwickeln möchte, benötigt, auch wenn es keine Gifte enthält, eine Lizenz der N. R. A., erste Versuche in der eigenen Küche bilden die einzige Ausnahme. Die N. R. A. steht aufgrund ihrer Vernetzung mit den chemischen Konzernen diesen Alternativen zu Pestiziden und Co. ablehnend gegenüber. Dahinter steckt die große Angst, führende Marktanteile zu verlieren. Man könnte natürlich einwenden, dass dieser Anteil lediglich ein Tropfen auf dem heißen Stein wäre. Andererseits könnten die Verluste, die die großen Konzerne allein in Asien einstecken mussten (ca. $ 13 Millionen), diese wachsende Unruhe erklären.

Fast täglich können wir in den Zeitungen über Ernteausfälle wegen Krankheit und Schädlingsbefall lesen. Die Verwüstung, die zum Beispiel die Fruchtfliege bei der Papaya-Ernte anrichtet, ist ein eindrucksvolles Beispiel hierfür. Den Bauern wird lediglich geraten, mit zunehmend giftigen Mitteln zu spritzen, und das in immer größeren Mengen.

Gleichzeitig beschweren sich Eltern darüber, dass Spielplätze, wo die Kinder auch schon mal die eine oder andere Handvoll Dreck in den Mund nehmen, mit giftigen Unkrautvernichtungsmitteln behandelt werden. Wenn man bedenkt, wie giftig diese Chemikalien sind, ist die Wut der Eltern sicherlich gerechtfertigt.

In Europa gibt es strenge Vorschriften für den Einsatz solcher Gifte auf öffentlichen Plätzen, wenngleich diese in den einzelnen Ländern unterschiedlich sind. Die europäischen Konsumenten dulden den massiven Einsatz dieser Gifte nicht mehr. In den Niederlanden zum Beispiel kann man in jeder Stadt mindestens einen Bioladen finden, in Amsterdam sogar in jedem Vorort. 12% der landwirtschaftlichen Betriebe werden inzwischen biologisch und nachhaltig bearbeitet, während 40% sich in der Umstellungsphase befinden. Das heißt, dass über 50% der holländischen Produkte ohne den Einsatz von chemischen Düngern, Pestiziden, Herbiziden und Fungiziden angebaut werden. Obwohl die Erträge anfangs etwas geringer ausfielen, wird der Verlust durch die geringeren Ausgaben für Chemikalien wett gemacht. In Dänemark soll bald in einem Volksentscheid abgestimmt werden, chemische Dünger völlig zu verbieten.

In den USA sind nach Angaben des USDA (United States Department of Agriculture) ca. 60.000 bis 100.000 Landwirte Anhänger unkonventioneller landwirtschaftlicher Methoden, die meisten davon könnte man als nachhaltig bezeichnen. Immer mehr Konsumenten stellen die ökologischen, sozialen und ökonomischen Folgen der konventionellen oder chemischen Landwirtschaft in Frage. Aus diesem Grund wenden sich immer mehr Landwirte und andere Betroffene alternativen und auch nachhaltigeren Methoden zu.

In Kalifornien wehren sich viele Konsumenten mittlerweile aktiv gegen die großen Konzerne. Das hat bereits bewirkt, dass um die 200 Lizenzen zurückgezogen wurden. Obwohl das natürlich ein großer Erfolg ist, muss noch viel mehr geschehen, um den Einsatz dieser Mittel komplett zu verbieten. Jeder Versuch, neue und alternative Methoden zu fördern, wird verständlicherweise bei Firmen wie ICI, Ciba-Geigy, Rhone-Poulenc und anderen auf massiven Widerstand stoßen. Als Antwort darauf kann man sagen, dass biologische Mittel und genetische Modifizierung schon viel dazu beigetragen haben, den Einsatz toxischer Stoffe zu verringern. Obwohl das auf den ersten Blick wie eine vernünftige Lösung aussieht, müssen auch diese Methoden sich langfristig erst bewähren.

Gentechnik und biologische Maßnahmen

Zurzeit geht der Trend zur Gentechnik und zum Einsatz biologischer Mittel. In Großbritannien und den Niederlanden gibt es bereits Firmen, die sich auf die Aufzucht nützlicher Insekten (Prädatoren) zur Schädlingsbekämpfung spezialisieren. Für Australien ist diese Praxis aufgrund der strengen Quarantäneauflagen nicht relevant. Außerdem verfolgt die CSIRO (Australian Commonwealth Scientific and Research Organization) ihr eigenes Zuchtprogramm.

Wenn man sich hier allerdings die Erfahrungen mit der Aga-Kröte anschaut, wird deutlich, dass das Ansiedeln von Prädatoren nicht immer problemlos verläuft. Allzu oft wird der Prädator selbst zum Schädling, man denke nur an die Ausbreitung des Fuchses auf dem australischen Kontinent.

Vielleicht ist es an dieser Stelle angebracht, etwas über die biologischen Methoden zu schreiben:

1. Schwierigkeiten mit der Aufzucht – die Züchtung dieser Organismen kann sich als problematisch erweisen. Pilze brauchen eine bestimmte Feuchtigkeit und einen Wirt; Prädatoren brauchen zum Überleben die gleiche Beute, die sie bekämpfen sollen; Parasiten leben nicht sehr lange oder sind Kannibalen.
2. Schwierige Lagerung – viele Pilze lassen sich nicht gut lagern; Prädatoren und Parasiten benötigen Wirt und Beute gleichzeitig.
3. Effektivität – Pilze brauchen zum Überleben einen ganz bestimmten Feuchtigkeitsgrad; Prädatoren entwickeln sich häufig langsamer als die eigentlichen Schädlinge, bei Parasiten gibt es diese Probleme nicht. Alle stellen jedoch sehr spezifische Anforderungen und sind deshalb nicht immer effektiv.
4. Kosten – viele biologische Mittel müssen in regelmäßigen Abständen eingesetzt werden (z.B. alle 1–4 Wochen). Das ist oft sehr teuer und aus ökonomischer Sicht in vielen Fällen nicht tragbar.
5. Resistenz – mit Ausnahme der Pilze entwickeln sich in der Regel keine Resistenzen.

Der Traum der Gentechnik verkörpert den Trugschluss eines lebenden Systems ohne Zeit, schreibt Gordon Harrison sehr passend. *Kurzfristig gesehen, bleibt die Stabilität der natürlichen Systeme wirklich erhalten und wertvoll für die Erhaltung der Erde, Instabilität wäre katastrophal. Die Tatsache, dass man weiß, wie es funktioniert, kann allerdings irreführend sein und vermuten lassen, dass die Erde eine Maschine sei, die man auf Knopfdruck reproduzieren könne.*

(Harrison G., „Earthkeeping")

Der Bauer, der den Versuch unternimmt, einen Wald mit Mais- oder Bohnenpflanzen zu ersetzen, wird sehr schnell feststellen, dass die reichhaltige Produktivität des Waldes nicht einfach in eine Ackerkultur umgeleitet werden kann. Fast gezwungenermaßen muss diese Vielfalt durch NPK-Dünger ersetzt werden, die zwar das Wachstum fördern, aber in Wirklichkeit überfütterte, kränkelnde Pflanzen hervorbringen. Diese mickrigen Pflanzen ziehen Schädlinge an, die als Prädatoren der lokalen Flora bezeichnet werden können. Die konservative Antwort auf diese Schädlinge ist dann der Einsatz schädlicher Gifte, die, nachdem sie ihre Wirkkraft verloren haben, zunehmend durch gentechnische Methoden ersetzt werden. Die Nachwirkungen und Konsequenzen dieses Weges sind bislang nur wenig, wenn überhaupt, bekannt. Die Befürchtungen, eine genetisch modifizierte Resistenz gegenüber Herbiziden könne sich auch auf die Unkräuter übertragen, die eigentlich damit vernichtet werden sollen, sind wahrscheinlich nicht unbegründet. Schaut man sich die Entwicklungen bis dato an, kann man getrost davon ausgehen, dass die Verfechter der Gentechnik ihre Versprechen nicht erfüllt haben.

Die Einführung des Bakteriums Bacillus thuringiensis war zunächst sehr vielversprechend. Es konnte ernsthafte Schädlinge wie Raupen, Käfer- und Fliegenlarven vernichten, ohne dabei dem Menschen, den Spinnen und nützlichen Insekten zu schaden. Man ging davon aus, dass durch den Transfer des genetischen Codes auf Nutzpflanzen diese selbst zu „Insektiziden" werden konnten. Daraus entstanden „ungespritzte" Baumwolle, Kartoffeln und Mais, die Vorläufer einer utopischen Landwirtschaft.

Mittlerweile muss man zugeben, dass das, was am Anfang so vielversprechend war, doch nicht ganz so rosig aussieht. Eine Handvoll Schädlinge hat schon Resistenzen gegen diese „Pestizidpflanzen" entwickelt, und das, obwohl die Wissenschaftler davon ausgingen, dass so etwas nie passieren würde. Neuesten Laborberichten zufolge zeigen auch andere Schädlinge wie der Coloradokäfer und einige Heliothisarten erste Anzeichen eines Resistenzverhaltens. Die Sorge ist natürlich, dass durch den Transfer toxischer Gene auf Nutzpflanzen so genannte „Super Bugs", d. h. Organismen, die gegen eine Reihe von transgenen Giften resistent sind, viel schneller entstehen können als bislang vermutet.

Die Reaktion darauf bleibt natürlich dieselbe – man versucht der Evolution eins auszuwischen und auf diese Weise Resistenzen zu verhindern. Sehr unglücklich ist natürlich die Tatsache, dass das, was ganz offensichtlich nicht funktioniert hat, mit neuem, zielgerichtetem Elan weiterhin verfolgt wird. Tatsächlich haben sich die Methoden zur Schädlingsbekämpfung in den letzten 50 Jahren nach einem bestimmten Muster entwickelt, geleitet von der Annahme, dass die Problematik der Resistenz durch die Verwendung von immer stärker und höher dosierten Pestiziden bewältigt werden kann. Dieser Trend wird nun auf die Gentechnik übertragen, gestützt von der gleichen, irreführenden Philosophie. Obwohl Gifte bakteriellen Ursprungs selektiver in ihrer Wirkung sind, gibt das daraus entstandene und nun florierende Geschäft durchaus Anlass zur Sorge, was das Resistenzverhalten betrifft. In den 80er Jahren des vorigen Jahrhunderts vervierfachte sich der Verkauf dieser Gifte, mit einem Umsatz von umgerechnet US-$ 100 Millionen. Obwohl Bauern das so genannte Bt-Toxin schon seit mehr als 20 Jahren versprühen, ohne dass es Anzeichen von Resistenzverhalten bei Schädlingen gegeben hätte, ändert sich dieser Sachverhalt rapide. Manche Wissenschaftler waren schon immer skeptisch. Jedesmal, wenn ein neues Insektizid auf den Markt kommt, denken sich Leute neue Gründe aus, warum sich diesmal keine Resistenzen entwickeln können. Andere wiederum sind der Ansicht, dass es auf jeden Fall zu Resistenzen kommen wird, ein Standpunkt, der sicherer und realistischer ist.

Schon 1985 tauchten die ersten resistenten Motten in Getreidespeichern im mittleren Westen der USA auf. 1990 fanden Wissenschaftler dann eine weitere Motte auf Kohl- und Kressepflanzen in Hawaii, die Kohlmotte (Plutella xylostella). Danach wurden resistente Motten unter anderem in Florida, im Staat New York, Japan und dem asiatischen Festland gefunden. Ungefähr ein Dutzend Zuchtversuche haben bislang bestätigt, dass bereits eine Reihe von Insekten das Potenzial besitzt, Resistenzen zu entwickeln. Hinzu kommt noch, dass die Toxine in der Regel innerhalb von Tagen ihre Wirkung verlieren, weil sie unter der Einwirkung von Sonnenlicht recht schnell abgebaut werden. Der Schutz durch diese Toxine ist dementsprechend kurzlebig.

Es gibt bereits transgene Baumwolle, Kartoffeln, Sojabohnen und Tomaten und sehr bald wohl auch Mais. Während es den Anschein hat, diese Vorgehensweise sei nötig, um Schädlinge zu bekämpfen, bringt sie das Risiko mit sich, Resistenzen auf nachfolgende Generationen zu übertragen. Dieses Risiko steigt mit jeder Generation. Wenn es transgene Pflanzen nicht gäbe, müssten wir uns nicht mit solcher Dringlichkeit mit der Problematik der Resistenzen auseinandersetzen. Andere Kritiker beschuldigen Monsanto, den Hersteller von Bt-Toxinen, der Verschleppungstaktiken. Es sind immer wieder die gleichen Taktiken – man untersucht etwas zu Tode. Wenn sich ein Resistenzverhalten erst einmal zeigt, ist es bereits zu spät. Wissenschaftler müssen unbedingt auf erste Anzeichen einer Resistenz achten oder sie riskieren, den Kampf zu verlieren. Sich zurückzulehnen und erst einmal zu schauen, was passiert, grenzt an wissenschaftlichen Selbstmord. Die Komplexität dieses Themas führt auch dazu, dass die Wissenschaftler nicht wirklich wissen, ob ihre Taktiken überhaupt funktionieren. Wissenschaftler können so viel modellieren, diskutieren oder Laboruntersuchungen durchführen, wie sie wollen – das einzige, worauf sie sich einigen können, ist, dass es nicht ausreicht, um die Sorgen der Landwirte zu beruhigen.

Moderne landwirtschaftliche Methoden

In Australien sind die Landwirte, mit Ausnahme der Baumwollzüchter, noch immer gezwungen, Chemikalien einzusetzen. Vereinzelt führt die CSIRO mittlerweile Versuche mit biologischen Schädlings- und Unkrautbekämpfungsmitteln durch. Zu viele Landwirte jedoch müssen um die Existenz ihrer Betriebe kämpfen und sind auf hohe Subventionen durch den Staat angewiesen. Die großen chemischen Konzerne sind die Nutznießer dieser Situation und streichen mit ihren gar nicht so effektiven Chemikalien hohe Gewinne ein.

Weite Landstriche Australiens sind durch die Landwirtschaft bedroht – die gängigen Praktiken zerstören den Oberboden und die darin angesiedelte Fauna. Der Oberboden ist hier im Allgemeinen sehr dünn (ca. 1 cm) und dadurch besonders anfällig für Erosion. Die Kombination von Düngung und Monokultur verstärkt diesen Effekt noch mehr, weil sich die organische Bodenschicht nicht regenerieren kann. Das größte Problem besteht allerdings darin, dass man die landwirtschaftlichen Methoden Europas nicht auf den australischen Kontinent übertragen kann. Australien hat eine der höchsten Waldrodungsraten der Welt – von der Größe zweier Fußballfelder pro Minute, das sind 500.000 ha pro Jahr. Allein 1990 wurde eine Fläche von 650.000 ha gerodet, das entspricht in etwa der Hälfte der gerodeten Fläche des Amazonasbeckens. In den letzten 50 Jahren wurde so viel Land gerodet wie in den 150 Jahren nach der ersten Besiedlung Australiens zusammen. 1995 wurden allein in Queensland mit offizieller Genehmigung mehr als 1 Million ha zerstört, davon 685.000 ha unberührte Buschlandschaft.

Ökologisch gesehen muss für diese Art der Landgewinnung ein hoher Preis gezahlt werden. Die Niederschlagsmenge hat sich um 14% verringert, was die Versandung der Landschaft rapide vorantreibt – Australien kann sich das nicht leisten. Auch die biologische Artenvielfalt leidet unter den importierten europäischen Methoden. Die Landwirte dagegen denken nicht daran, hier nach Schuldigen zu suchen. Solange der Staat für die Rodungsprogramme Gelder fließen lässt, braucht man sich über das Verhalten der Bauern nicht zu wundern. Laut Robert Hadler von der National Farmers Federation würde der Großteil der Landwirte auf nachhaltigere Anbaumethoden umsteigen, wenn der Staat dies durch entsprechende Steuervergünstigungen unterstützen würde. An dieser Stelle ist es erwähnenswert, das 20% der Landwirte genug Lebensmittel produzieren, um die gesamte australische Bevölkerung zu ernähren. Die restlichen 80% sind an die internationale Marktwirtschaft gebunden, die von den großen Konzernen dominiert wird – denselben, die ihre Hybride verkaufen und damit die Landwirte kontrollieren wollen.

Ungefähr 30% der Landeigentümer Australiens gehören dem Verband „Landcare“ an, einer Vernetzung von ca. 2.000 regionalen Umweltschutzorganisationen. Dennoch wird der Einsatz von natürlichen Alternativen zu künstlichen Düngern und Pestiziden massiv durch die NRA, den „Fertiliser Act“ und demn„Agricultural Chemicals Act“ unterdrückt. Die NRA ist mit Leuten besetzt, die die Interessen der chemischen Industrie vertreten, die entsprechende Gesetzgebung verbietet den Einsatz alternativer Mittel.

Bislang hat die Landwirtschaft versucht, Schädlinge durch den massiven Einsatz von Pestiziden zu unterdrücken. Die Logik dahinter argumentiert, dass man alle Schädlinge los werden kann, wenn man nur fest genug zuschlägt. Damit will man verhindern, dass die Schädlinge resistent werden und diese Resistenz an die nächste Generation weitergeben. Das Problem liegt natürlich darin, dass ein solches Vorgehen unter idealen Bedingungen ausgeführt werden muss. Das aber ist unmöglich, weil die natürlichen Umstände **niemals** ideal sein werden. Alle Schädlinge, die diese Strategie der chemischen Keule überleben, entwickeln eine Resistenz. Noch kein Pestizid war bisher in der Lage, jedes einzelne Mitglied einer Spezies zu vernichten. Die Erfahrung lehrt uns, dass dies der schnellste Weg ist, ein Resistenzverhalten zu forcieren. Die Amerikanische Tabakeule z. B. ist bereits gegen mehrere Arten von Bt- Toxinen resistent, auch dann, wenn diese gleichzeitig eingesetzt werden. Der Trend geht jetzt zur integrierten Schädlingsbekämpfung (IPM = Integrated Pest Management), wo Chemikalien nur spärlich einsetzt werden, auf eine natürliche Fruchtfolge geachtet wird und die Vorteile natürlicher Räuber und versetzter Wachstumszeiten genutzt werden, um die Fortpflanzungszyklen der Schädlinge zu unterbrechen und um Resistenzen zu vermeiden. Obwohl dieser Ansatz sehr viel umsichtiger ist, trifft er trotzdem nicht den Kern der Sache.

Eine echte Alternative

Solange wir das Problem einzig bei den Schädlingen suchen, wird es keine Lösungen geben. Der Kampf wird weitergeführt werden, bis der ganze Krieg verloren ist und die gesamte Weltbevölkerung vom Hunger überrollt wird. In dieser Debatte fehlt bis dato der Aspekt, dass eigentlich die Pflanze im Mittelpunkt steht und von der Problematik besonders betroffen ist. Die Gentechnik widmet sich nun diesem Aspekt, wobei auch hier die Schädlingsbekämpfung an erster Stelle steht, wenn auch indirekt.

Das Fazit muss lauten, dass bei der Schädlingsbekämpfung neue Wege gefunden werden müssen. Konsumenten und Landwirte wollen Lebensmittel, die unter optimalen Bedingungen angebaut werden. Der Begriff „optimal“ bezieht sich allerdings nicht immer auf die Größe eines Getreidekorns oder auf makelloses Obst und Gemüse. Optimales Wachstum findet immer unter idealen, also natürlichen Bedingungen statt. Das ist nur in einer Umgebung möglich, die im Einklang mit den natürlichen Bedingungen geschaffen wurde. Pflanzen werden immer von Schädlingen und Krankheiten befallen sein. Es wird Zeit, dass wir lernen, dieses zu akzeptieren und unsere überzogenen Erwartungen zurückzuschrauben. Dennoch müssen wir uns mit dem Thema Schädlinge und Krankheiten auseinandersetzen. Hierzu ist es unerlässlich zu schauen, was eigentlich passiert.

Um das Thema Krankheit und Anfälligkeit für Schädlinge zu verstehen, muss man sich von der Vorstellung, diese „bekämpfen“ zu wollen, also von der Kontrolle um der Kontrolle willen, verabschieden. Ein neues Paradigma ist notwendig, welches die Fakten mit einbezieht und sich nicht nur auf Vermutungen, Spekulationen und reine Theorie stützt. Die gängigen Ansätze sind alles andere als logisch, da sie sich immer nur auf die Krankheit bzw. den

Schädling als Ursache der Problematik konzentrieren. **Es ist aber die Pflanze, die am stärksten betroffen ist und deshalb im Mittelpunkt einer jeden Therapie stehen muss.** Hierin liegt der einzig vernünftige Ansatz. Warum die eigentlichen Ursachen beseitigt werden müssen, werde ich in den Kapiteln „Bodenstruktur" und „Die pflanzlichen Strukturen und ihr Gewebe" näher erörtern. Sollte es nicht möglich sein, die Ursachen anzupacken, wie es bei den großflächigen und unter finanziellen Gesichtspunkten angelegten Monokulturen oft der Fall ist, können die Landwirte mit Hilfe des homöopathischen Ansatzes ihre Felder zumindest ohne den Einsatz von Chemikalien bearbeiten. Die extrem niedrigen homöopathischen Dosierungen sind gesundheitlich unbedenklich, umweltfreundlich, sparsam im Umgang mit natürlichen Ressourcen und kostengünstig, allein schon deshalb, weil oftmals eine einzige Anwendung genügt. Und weil mit dieser Methode die Pflanze und damit auch deren Abwehrkräfte gestärkt werden, liegt die Vermutung nahe, dass diese Eigenschaft auf die nachfolgenden Generationen vererbt wird. Und weil sich die Behandlung nicht auf die so genannten Schädlinge konzentriert, entstehen auch keine Resistenzen. Davon profitieren Erzeuger und Konsumenten gleichermaßen.

Bei dem Versuch, einen Schädling mit chemischen Mitteln zu bekämpfen, erreicht man lediglich eine Ausdünnung der vorhandenen Insektenpopulation. Dadurch werden andere Schädlinge derselben Art eingeladen, die Lücke zu füllen – der nächste Schädlingsbefall wird allenfalls hinausgezögert. Mit homöopathischen Mitteln dagegen wird die Pflanze behandelt und nicht der Schädling oder die Krankheit. Das Ergebnis sind kräftige, gesunde Pflanzen, die für Schädlinge unattraktiv sind und weniger anfällig für Krankheiten.

Der Anbau von Nachbarschaftspflanzen wird ebenfalls allgemein unterschätzt und verdient größere Beachtung. Allerdings arbeiten nur wenige Landwirte mit dieser Methode, da die modernen Erntemaschinen nicht variabel eingesetzt werden können. Für die monokulturelle Landwirtschaft eignet sich der homöopathische Ansatz am besten.

In der Homöopathie werden die Mittel in sehr geringen Dosierungen eingesetzt – viel geringer als beispielsweise bei den konventionellen oder biodynamischen Methoden –, giftige Rückstände in der Umwelt können somit vermieden werden. In verdünnter Form werden sogar hochgiftige Substanzen wie Arsen unbedenklich, während sie bei den Pflanzen effektiv gegen Krankheits- oder Schädlingsbefall wirken können. Da Pflanzen Stoffe sowieso nur in mikroskopisch kleinen Mengen aufnehmen können, eignen sich die homöopathischen Mittel hier besonders. Ganz gleich, ob ein Mittel gespritzt oder in einem Tropfbewässerungssystem zugeführt wird – das Mittel wird innerhalb sehr kurzer Zeit aufgenommen. Blätter und Wurzeln nehmen dabei die Mittel gleichermaßen gut auf.

Homöopathische Präparate sind weltweit erhältlich und unbegrenzt haltbar. Die Effektivität dieser Methode ist beispiellos, da bei ein- und zweijährigen Pflanzen in der Regel eine einzige Gabe ausreicht, um sie ihren gesamten Lebenszyklus über zu schützen. Bei der Behandlung stehen weder Krankheit noch Schädling im Vordergrund, deshalb entstehen keine Resistenzen. Die enorm niedrigen

Dosierungen sind umweltfreundlich und werden problemlos von der UV-Strahlung abgebaut, es gibt keine Rückstände, die anderen Lebewesen schaden könnten. Auch finanziell schneiden die homöopathischen Mittel im Vergleich zu chemischen oder biologischen Stoffen wesentlich besser ab.

Ein Beispiel

Ein Züchter setzt für den Anbau von Chrysanthemen sechs verschiedene Arten biologischer Mittel, zwei verschiedene Bt-Toxine und ungefähr vier bis sechs Pestizide ein. Diese müssen regelmäßig im Abstand von vier bis sechs Wochen angewendet werden. Benutzt er dagegen homöopathische Mittel, sind in der Regel höchstens vier verschiedene Mittel notwendig, die nur einmal verabreicht werden müssen und auch nur dann, wenn ein Schädlingsbefall vorliegt. **Benutzt der Züchter zudem ein Mittel, das aus den entsprechenden Nachbarschaftspflanzen hergestellt wurde, benötigt er nur eine einzige Gabe dieses Mittels, um die Pflanzen problemlos anzubauen.** Der Unterschied ist offensichtlich. Die entsprechenden Mittel müssen nur ein-, höchstens viermal verabreicht werden – im Vergleich zu 12 bis 16 Mal bei herkömmlichen Präparaten. Das bedeutet eine Arbeitsersparnis zwischen 70% und 98% und die Kosten werden ebenfalls enorm gedrückt, selbst dann, wenn der Züchter vier verschiedene Mittel benötigen sollte. Die Ersparnisse betragen über 90%. Der einzige Nachteil der homöopathischen Methode besteht in den Arzneimittelbeziehungen, d. h. manche Mittel antidotieren sich gegenseitig (sie sind unverträglich und heben ihre Wirkung gegenseitig auf). Sollte eine Antidotierung stattgefunden haben, muss das angezeigte Mittel noch einmal verabreicht werden. Die so entstandenen zusätzlichen Kosten sind jedoch sehr gering.

Zum besseren Verständnis der homöopathischen Mittel müssen wir uns auch deren Ausgangsstoffe anschauen und die Funktion, die diese Stoffe im Leben einer Pflanze im Allgemeinen erfüllen. Ebenso müssen wir die nähere Umgebung, d. h. die Wachstumsbedingungen der Pflanze, in Betracht ziehen. Wichtig sind hier die Nutzpflanzen selbst sowie die so genannten „Unkräuter". Eine weitere Komponente sind das Wetter und die klimatischen Bedingungen – mit dem ersteren ist der tägliche Wetterumschwung gemeint, mit dem letzteren das langfristige Entwicklungsmuster des Wetters. Auch der Boden – Bodentyp, Struktur, Humusgehalt, pH-Wert und Art der Unkräuter – müssen berücksichtigt werden. Die Art des Anbaus – mit oder ohne Mulch, biologisch, Permakultur, biodynamisch oder konventionell – spielt ebenfalls eine wichtige Rolle. Wird für den Anbau kein Mulch verwendet, also auf kahlem Boden gepflanzt, werden die Pilze, Bakterien und Viren, die in einer natürlichen Umgebung das anfallende organische Material kompostieren, gezwungen, eben diese Kulturpflanzen anzugreifen. Sonst könnten sie nicht überleben.

Unter der Erde müssen genügend Bodenbakterien vorhanden sein, um die organischen Stoffe für die Pflanzen verfügbar zu machen. Im konventionellen Ackerbau werden diese Stoffe den Pflanzen in Form von anorganischem Dünger zugeführt – wobei es schwierig ist, den Nährstoffgehalt langfristig zu optimieren und das Auswaschen der Dünger zu verhindern.

Die homöopathischen Mittel werden aus drei verschiedenen Quellen gewonnen, was die Wirkweise der Mittel beeinflusst. Die aus Salzen und Mineralen gewonnenen Mittel sind besonders für die Behandlung von Krankheiten geeignet, was aus den Symptomen, die sie verursachen, hervorgeht. Die Bedeutung des spezifischen Nährstoffgehalts (Überschuss oder Mangel) und die Zusammenhänge zwischen den einzelnen Mitteln (unverträglich, ergänzend, antidotierend oder vergleichbar) werden in den entsprechenden Kapiteln ausführlich beschrieben.

Wir können zum Beispiel davon ausgehen, dass Kalium, welches Phosphor bindet, auch homöopathisch gesehen die Wirkung von Phosphor beeinträchtigt, also das Antidot zu diesem Mittel ist. Gleichzeitig können wir es als unverträglich bezeichnen, weil Kalium offensichtlich mit Phosphor unverträglich ist.

Bei den Mineralen sollte man noch anmerken, dass die so genannten Makro-Nährstoffe in der Regel im Vordergrund stehen, da sie in größeren Mengen vorhanden sind. Wenn wir aber die Mikro-Nährstoffe näher betrachten, können wir feststellen, dass sich ein unausgewogener Haushalt dieser Stoffe weitaus verheerender auf eine Pflanze auswirkt als ein Ungleichgewicht in der NPK-Gruppe. Genauso wie ein Mensch auch mit unzureichender Nahrungszufuhr gut überleben kann, verträgt eine Pflanze einen NPK-Mangel besser als ein Defizit an Molybdän oder Boron, bei dem umgehend schwere Symptome auftreten. Ich bin daher der Meinung, dass die Mikro-Nährstoffe als essenzielle Mittel betrachtet werden sollten und die Makro-Nährstoffe in der Materia Medica als zweitrangig eingestuft werden.

Die homöopathischen Mittel, die aus pflanzlichen Stoffen gewonnen werden, lassen sich besonders gut gegen Schädlinge einsetzen. Allerdings gibt es einige, und das trifft besonders auf die Nachbarschaftspflanzen zu, die auch zur Behandlung von Krankheiten geeignet sind. Besonders sinnvoll ist hier natürlich die Anwendung bei den entsprechenden Partnerpflanzen. Sie erfüllen in diesem Fall die Funktion eines Konstitutionsmittels, dass alle Symptome, die bei der Partnerpflanze entstehen, von der „schützenden" Pflanze abdeckt. Als Beispiel sei hier Basilikum genannt, welches als natürliche Nachbarschaftspflanze Tomaten gegen alle Krankheiten schützen kann.

Mittel aus wirbellosen Tieren wie Insekten und Schnecken können entweder als sehr spezifische Mittel oder als Generikum eingesetzt werden. *Helix* ist spezifisch gegen Schnecken, während *Bombyx* als generisches Mittel gegen Raupen verwendet werden kann. In manchen Fällen kann man diese Mittel auch gegen Krankheiten einsetzen, das sollte aber nur dann getan werden, wenn die akuten Symptome der Pflanze dem Schadbild ähneln, welches der Schädling, aus dem das Mittel hergestellt ist, auch in der Natur verursacht.

Boden, Wetter, Frucht und Biom sind die vier Beine unseres diagnostischen Stuhls, der durch Laborberichte und mikroskopische Befunde ergänzt werden kann.

5. Bodenstruktur

Echte Wissenschaft bedeutet, das Forschungsobjekt in seiner Gänze zu betrachten. Alle Versuche, die miteinander verwandten Teile zu isolieren und zu reduzieren, lassen aus den wissenschaftlichen Bemühungen ein bedeutungsloses Durcheinander von zusammenhanglosen Ereignissen entstehen. Der homöopathische Ansatz zur Problematik der Pflanzenaufzucht ist wissenschaftlich im wahrsten Sinne des Wortes ganz gleich, ob es sich um den Anbau von Nutzpflanzen oder die Bemühungen eines Hobbygärtners handelt. Die Homöopathie betrachtet Schädlinge, Krankheiten und Probleme des Bodens als Symptome einer Einheit, die wiederum in die Umwelt eingebettet ist. Diese Einheit umfasst das Medium, in dem die Pflanze wächst, das Klima und das Wetter, die Verfügbarkeit von Wasser, Nährstoffen und das Vorkommen anderer Organismen innerhalb dieses Milieus, dem lokalen Ökosystem.

Der Bodenquerschnitt

Bei der Betrachtung eines Bodenquerschnitts stechen die unterschiedlichen Farbschattierungen, eine gewisse Menge an totem, organischem Material, die Fülle an Lebewesen, die Struktur und die Porosität des Bodens sowie auch der Umfang von Verwitterung und Erosion ins Auge. Diese Elemente bilden deutliche Bodenschichten, Horizonte genannt. Drei dieser Horizonte werden im Allgemeinen berücksichtigt.

A. Oberboden

Dies ist die oberste Schicht. Hier findet die größte biologische, physikalische und chemische Aktivität statt. Den Hauptanteil an Lebewesen, organischem Material und chemischen Reaktionen findet man hier. Eine Fülle an Insekten, Würmern, Einzellern, Nematoden und Reduzenten tragen zur Zersetzung von Blättern, Zweigen, Rinde und Holz bei.

B. Die zweite Bodenschicht

Hier werden Nährstoffe und kleine Teilchen organischen Materials abgelagert. Dies geschieht durch Filtration, wobei Material durch den Boden durchsickert. Es ist offensichtlich, dass hier viel weniger an organischem Material vorhanden ist, während ein Minimum an Erosion stattfindet.

C. Der unterste Horizont

In dieser Schicht werden überflüssige Elemente ausgeschwemmt. Sie besteht aus gröberem Material, aus Steinen, Sand, Kalk oder Basalt, um nur einige zu erwähnen, dazu Geröll und andere Gesteinstrümmer. In diesem Buch werde ich nur auf die zwei oberen Schichten näher eingehen.

Ausscheidung/Elimination

Der Erdboden fungiert als Schwamm, oder auch nicht, je nachdem wie viel organisches Material darin zu finden ist. Vom ökologischen Standpunkt aus gesehen, trägt die Bewirtschaftung eines kahlen Bodens mit minimalem oder nicht vorhandenem organischem Anteil zur Erderwärmung bei, weil dieser Boden kaum Wasser speichern kann. Ein Boden dagegen, der sich wie ein Schwamm verhält, kühlt die darüber liegende Luft und reduziert somit die Wasserverdunstung von Boden und Pflanze. Dies ermöglicht der Pflanze, besser mit Hitze umzugehen. Wenn ausreichend organisches Material im Boden vorhanden ist, kann die Reflexion durch Sonneneinstrahlung auf ein Minimum reduziert werden. Fehlt dieses Material jedoch, wird die Zurückstrahlung von Hitze verstärkt. Auch ist die Bodenqualität abhängig von der Menge des vorhandenen organischen Materials und bestimmt, ob der Erdboden sich aktiv oder passiv verhält. Moderne landwirtschaftliche Methoden haben riesige Flächen passiven Bodens geschaffen, weil bei der Pflanzen aufzucht den Nährstoffen ein unverhältnismäßig hoher Stellenwert eingeräumt wird. Der Boden ist aber weitaus mehr als nur ein Medium, in dem Nährstoffe suspendiert werden.

Tote Erde ist in höchstem Maße passiv, enthält kein organisches Material und, wenn überhaupt, nur wenige Mikroben. Diesen mangelt es folglich an natürlichen Nahrungsquellen, wodurch sie lebende Pflanzen angreifen und eine Vielzahl an Krankheiten verursachen, während Insekten zwangsweise einem ähnlichen Muster folgen, um zu überleben. Diese verquere Situation muss sich drastisch ändern, wenn durch die Bemühungen der Landwirte gesunde Pflanzen heranwachsen und dabei ökonomisch und ökologisch lebensfähige Betriebe entstehen sollen.

Der Boden ist sehr auf Licht und Luft angewiesen, so merkwürdig das auch erscheinen mag. Luft und Licht werden für gewöhnlich mit Vorgängen in Verbindung gebracht, die sich über dem Boden abspielen. Aber ohne Licht und Luft werden sogar unter der Erde lebenswichtige Elemente ausgeschlossen, die Pflanzen für ihr Immunsystem brauchen. Die Wissenschaft weiß wesentlich mehr über die Pflanzenteile, die über der Erde wachsen, als über ihre Wurzeln, wobei sich diese Betrachtungsweise rapide ändert. Man kennt die Prozesse, die sich innerhalb der Wurzeln abspielen, relativ gut, aber man weiß noch recht wenig über die Interaktion zwischen Wurzeln und Erdboden. Der Schwerpunkt liegt immer noch auf den Nährstoffen, während der pH-Wert, der den Säure- bzw. Basengehalt des Bodens bestimmt, ebenfalls ausschließlich in diesen Kontext gebracht wird. Struktur, biologische Aktivität und organische Anteile werden nur in Beziehung zu eben diesem Nährstoffgehalt untersucht. Das so gewonnene Wissen wird ausschließlich dafür genutzt, die Herstellung dieser Nährstoffe, synthetisch oder natürlich, zu verbessern.

Der homöopathische Ansatz ist systemisch – weder teilt er den Erdboden in Pflanzen und Nährstoffe auf, noch beschränkt er sich auf organische Anteile und Biomasse. Obwohl diese Substanzen unentbehrliche Bausteine für einen gesunden Boden darstellen, spielen andere, nicht sichtbare Faktoren, die allein an den Resultaten beurteilt werden können, ebenfalls eine Rolle.

Die organische Substanz

Organisches Material besteht, wie wir schon gesehen haben, aus Pflanzenabfällen, toten Tieren, Insekten und anderen biologischen Substanzen. Diese bilden die Nahrungsquelle für eine Fülle anderer Organismen, wie z.B. Ameisen, Kellerasseln, Schnecken, vielen Pilzen, Schimmelpilzen, Mehltau, Bakterien und Viren. Diese werden zusammenfassend Reduzenten genannt – sie zersetzen organisches Material in kleinere Teile und Verbindungen. Diese wiederum werden zu den jeweiligen Nährstoffen weiterverarbeitet. Die Nährstoffe stehen immer in Beziehung zu und in Verbindung mit den Organismen, die sie produzieren. Diese Organismen setzen dann die Nährstoffe gleichmäßig frei, um die Pflanzen zu ernähren. Feine Teilchen organischen Materials bleiben an den Wurzeln hängen und machen die Pflanzen ihrerseits zu Reduzenten. Zusätzlich zur Biomasse bringen die Wurzeln durch ihr Wachstum Licht und Luft in die Erde. Es gibt zwei Arten von Mikroorganismen: aerobe und anaerobe. Die ersteren brauchen Sauerstoff für eine gesunde Funktion, die letzteren nicht.

Ökosysteme

Viele „Schädlinge“ werden als solche bezeichnet, weil sie sich gewohnheitsgemäß von unseren Nahrungspflanzen ernähren, obwohl der organische Abfall ihre eigentliche Nahrungsquelle sein sollte. Das gleiche gilt für Pilze, Bakterien und Viren. Wenn das tote, organische Material fehlt, müssen sich diese Lebewesen von lebenden Pflanzen ernähren, um das Ungleichgewicht, welches durch die Bearbeitung eines kahlen Bodens entsteht, wieder zu beheben. In der Natur ist die Summe aller Dinge dazu bestimmt, das Gleichgewicht zu erhalten. Mit Gleichgewicht ist auch ein gleichmäßiges Distanzverhalten gemeint, weil so das übermäßige Anwachsen der Population einer bestimmten Art verhindert wird. Monokulturen dagegen werden angelegt, um die natürliche Anordnung zu übertreffen. In der Natur wird der vorhandene Raum mit einer so großen Vielfalt gefüllt, wie es das jeweilige Habitat zulässt. Durch diesen Mechanismus schränkt die Natur Krankheiten ein und verhindert die daraus folgende Ausrottung von bestimmten Spezies, seien es Pflanzen, Insekten oder Tiere. Wenn zu viele Pflanzen oder Tiere derselben Spezies einen zu kleinen Raum bevölkern, wird ein Mechanismus ausgelöst, der die Fortpflanzung verhindert und den Überschuss durch eine erhöhte Sterberate ausgleicht – das Auftreten von Schädlingen und Krankheiten.

Alle stabilen natürlichen Systeme, aber nicht alle Populationen, besitzen solche „Schalter“.

In Australien können wir dieses anhand des explosionsartigen Wachstums der Kaninchenpopulation beobachten. In der Landwirtschaft kann man ein Phänomen beobachten, wobei Arten wie zum Beispiel die Heuschrecke, die Blattlaus, der Kartoffelkäfer oder Nagetiere wie Ratten und Mäuse, bei ausreichendem Nahrungsangebot rapide eine enorme Anzahl an Nachkommen produzieren, die in keinem Verhältnis zum Nahrungsangebot steht. Ein Bauer, der auf seinem Feld das Lieblingsfutter dieser Tiere aussät, schafft damit eine Situation, in der die Sterblichkeitsrate der Schädlinge massiv reduziert wird.

Fluktuation bedeutet auch Beziehung, weil alle Lebewesen eines Ökosystems wie in einem Strom miteinander verbunden sind. Wenn der Mensch die Natur ausbeutet, wenn er nicht im Einklang mit der Natur handelt, stört er diesen Fluss. Der Mensch führt Krieg gegen die Natur, obwohl es ihm besser gehen könnte, würde er sie wie eine Geliebte behandeln. Man kann die Ernte von der Natur als eine weitere Form des natürlichen Todes innerhalb eines Ökosystems betrachten, vorausgesetzt, das Distanzverhalten zwischen den Pflanzen wird so natürlich wie möglich gehalten. Auf diese Art und Weise kann die Natur ein bisschen an der Nase herumgeführt werden, indem man so tut, als sei die Ernte ein absolut natürlicher Vorgang, zu vergleichen mit grasenden Tieren auf Nahrungssuche. Um das zu erreichen ist es unerlässlich, die unmittelbare Umgebung unserer Nahrungspflanzen so natürlich wie möglich zu gestalten.

Ablagerungen

In der Erde oberhalb des Ausgangsgesteins werden die Nährstoffe abgelagert. Im Allgemeinen geht man davon aus, dass zehn der Elemente als Nährstoffe genutzt werden. Diese zehn Elemente, Kohlenstoff, Wasserstoff, Stickstoff, Sauerstoff, Kalium, Kalzium, Magnesium, Phosphor, Schwefel und Eisen, wurden vor ca. 100 Jahren als lebenswichtige Grundstoffe für das pflanzliche Wachstum benannt. Anfang des 20. Jahrhunderts kam Mangan dazu. Dem Element Silicium wurde erst vor kurzem, nämlich um 1985, die Aufmerksamkeit zuteil, die es wirklich verdient. Heute wissen wir, dass Kupfer, Bor und Molybdän auch eine wichtige Rolle spielen, während manche Pflanzen auch Kobalt und Aluminium brauchen. Aus der Betrachtung von anorganischen Nährstoffen folgt, dass es auch organische geben muss. In den Lehrbüchern steht nur wenig über sie, vielleicht auch weil die anorganische Chemie kein Interesse daran hat, den organischen Teil der Elemente zu untersuchen.

Obwohl eine chemische Analyse nützlich sein kann, die relativen Mengen der Nährstoffe - in bestimmten Wachstumsstadien und in der natürlichen Umgebung - in der gesunden Pflanze zu analysieren, kann man diese Methode nicht ausschließlich anwenden, da unterschiedliche Pflanzen in verschiedenen Ökosystemen unterschiedliche Ansprüche stellen. Mangelzustände können in gleichem Maße Schaden anrichten wie Überdüngung. Der Ausgangspunkt in der Homöopathie sind die natürlichen Ökosysteme mit allem, was darin zu finden ist. In manchen Ökosystemen, z.B. der Wüste, finden wir einen toten Boden vor, in anderen wiederum ist er sehr reichhaltig, zum Beispiel im Regenwald. Der Boden ist so einzigartig wie die Pflanzen, die diese Bodenform bevorzugen. Also muss man zuerst den Bodentyp untersuchen, zusammen mit der Struktur und dem Anteil an Biomasse. Man kann viel dazu beitragen, einen toten Boden wieder zu beleben, indem man das richtige Mittel wählt.

Nährstoffe

Der Großteil der Nährstoffe ist lebenswichtig für bestimmte Funktionen innerhalb der Pflanze, sei es die Fotosynthese, das Wachstum oder der Stoffwechsel. Manche Pflanzen zeichnen sich durch ungewöhnlich hohe oder niedrige Konzentrationen an bestimmten Nährstoffen / eines bestimmten Nährstoffes aus. Es ist daher selbstverständlich, dass Pflanzen auch untereinander unterschiedliche Bedürfnisse haben, auch wenn sie im selben Medium angepflanzt werden. Weil die Biomasse des Bodens so komplex ist, kann es zum Beispiel den Anschein haben, dass Alfalfa als Stickstoff-fixierende Pflanze von einer Stickstoffzufuhr profitiert. Allerdings kann die Alfalfapflanze nur dann Stickstoff aufnehmen, wenn er von Bodenbakterien produziert wird. Wird der Pflanze Stickstoff zugeführt, werden diese Bakterien überflüssig und die Pflanze bleibt mit einem Stickstoffmangel zurück. Andere Pflanzen, die so genannten C4-Pflanzen, brauchen Natrium an Stelle von Kalium, oder zumindest in einem größeren Ausmaß. Atriplex, auch Salz-Melde genannt, ist eine von mehreren Halophyten, die Salz brauchen, um richtig wachsen zu können. Das Salz wird vom Blattgewebe durch den Stängel in die großen, dehnbaren Blasenzellen gepumpt. Wenn Sojabohnen nicht genügend Nickel erhalten, bilden sie giftige Mengen an Harnstoff, was ein Absterben der Blattspitzen zur Folge hat und das Wachstum verringert.

Anorganische Ionen beeinflussen die Osmose und tragen dazu bei, den Wasserhaushalt zu regulieren (siehe *Nat-m.* und andere, wie zum Beispiel Schwefel und die Kalium-Präparate). Weil mehrere anorganische Ionen ganz unabhängig voneinander in vielen verschiedenen Pflanzen diesen Zweck erfüllen können, geht man davon aus, dass sie unspezifisch sind. Andererseits kann ein anorganischer Grundstoff als Teil eines essentiellen biologischen Moleküls funktionieren und als solches wird seine Notwendigkeit hochspezifisch. Zum Beispiel ist die Anwesenheit von Magnesium im Chlorophyllmolekül für die Fotosynthese absolut unerlässlich. Magnesium hat eine starke Affinität zu Licht und unterstützt als Oxid die Oxidation und verbessert dadurch die Produktion und Freisetzung von Sauerstoff.

Manche Elemente sind notwendig für die Struktur der Zellmembran, während andere die Funktion dieser Membran, wie zum Beispiel die Durchlässigkeit, kontrollieren. Die Enzymsysteme einer Pflanze verlangen die Anwesenheit spezifischer Grundstoffe, während andere wiederum für den Ionenstrom zuständig sind, der für bestimmte biologische Reaktionen benötigt wird. Sowohl Mangelerscheinungen als auch Überschüsse betreffen eine Vielfalt von Strukturen und Funktionen, alleine schon, weil sie solch grundlegende

Bedürfnisse und Prozesse innerhalb der Pflanze erfüllen, die notwendig sind, um ein gesundes Wachstum und ein starkes Immunsystem zu erhalten.

Die Rolle, die diese Elemente als Katalysatoren in den enzymatischen Prozessen spielen, ist eine ihrer Schlüsselfunktionen. Sie können ein grundlegender Baustein der Enzymstruktur sein, sie können aber auch als Aktivatoren und Regulatoren von Enzymen fungieren. Man nimmt an, dass Kalium zum Beispiel an 50 - 60 Enzymen beteiligt ist und die Produktion einiger Proteine reguliert. Während die Biologen einzelne Grundstoffe untersuchen, bleiben die Interaktionen zwischen den jeweiligen Bausteinen wenig erforscht. Als Beispiel hierfür seien Verbindungen wie Kaliumnitrat oder Natriumphosphat genannt. In der Homöopathie machen es gerade diese unterschiedlichen Wirkweisen möglich, unsere Behandlung sehr genau abzustimmen. Eine Veränderung in der Form eines Enzyms kann nicht nur den Ort der Reaktion beeinflussen, sondern wird dies auf jeden Fall tun und damit Krankheiten auslösen. Viele der biochemischen Vorgänge innerhalb der Zelle, wie zum Beispiel die Produktion von Stärke und Protein, die Fotosynthese und der Gasaustausch, fallen in den Bereich der Oxidation, also der Reduktionsprozesse. Manche Elemente dienen als strukturelle Bestandteile, wie zum Beispiel Kalzium und Silicium. Kalzium verbindet sich mit Pektinsäure um die Lamellen in den Zellwänden der Pflanze zu bilden. Silicium stärkt den Aufbau einer Pflanze, wie man es in den Halmen und den Samenhäutchen vorfinden kann. Phosphor ist Teil des Zucker- Phosphat-Rückgrats der DNS und RNS, aber seine Funktion beschränkt sich keinesfalls darauf, die Hauptkette des genetischen Materials zu bilden. Eine stützende Funktion kann man auch in den sehr harten Teilen einer Pflanze finden, zum Beispiel der Rinde und dem Kambium. Zu viel oder zu wenig Phosphor verursacht Degeneration, was an sich auch ein generativer Vorgang ist, wie das Wort selbst schon andeutet. Stickstoff ist ein wesentlicher Bestandteil der Aminosäuren, des Chloropylls und der Nukleotiden. Schwefel kommt auch in den Aminosäuren vor und ist somit Bestandteil der Proteine.

Die Nährstoffproblematik in der Landwirtschaft

Der moderne Landwirt sieht sich mit einem wachsenden Problem konfrontiert – eine hohe Ernte einzufahren und dabei noch adäquate Gewinne zu erwirtschaften. Die meisten sind von Subventionen abhängig, um überhaupt überleben zu können. Seit die viel versprechende chemische Revolution in der Landwirtschaft losgetreten wurde, haben sich die Probleme nur verstärkt. Während am Anfang die Erntemengen gesteigert werden konnten, produzieren die Ackerflächen der Landwirte nun immer weniger und die Verluste durch Schädlinge und Krankheiten nehmen zu. Während der traditionelle Bauer 5-6% seiner Ernte abschreiben musste, freuen sich seine modernen Kollegen, wenn ihre Verluste unter der 30%- Grenze bleiben.

Der Boden wird ärmer, die Mengen an benötigtem Dünger aber werden von Jahr zu Jahr mehr. Schädlinge und Krankheiten verursachen zusätzliche Kosten für den Landwirt, da chemische Methoden zur Bekämpfung von Schädlingen, Krankheiten und Unkräuter wiederholt angewandt werden müssen. Trotzdem haben sie nur einen minimalen Effekt. Sogar die zuständigen Behörden sind sich einig, dass kommerzielle Dünger nicht ideal sind, um es milde auszudrücken.

Nährstoffe in Form von kommerziellen Düngemitteln haben in ihrer Anwendung mehrere Nachteile. Wir werden diese zuerst benennen, bevor wir uns den weiteren Problemen zuwenden, die mit Überdüngung und Mangelerscheinungen dieser chemisch hergestellten Grundsubstanzen verbunden sind. Man muss Verdunstung, Auslaugung, den Zeitpunkt der Anwendung und die Gleichmäßigkeit der Verteilung berücksichtigen.

A. Verdunstung

Unsere Antwort darauf ist, dass man das Risiko der Verdunstung umgehen kann, indem man Stalldung, Kompost und biodynamische Präparate zur Bodenverbesserung umsichtig einsetzt. Stalldung und Kompost enthalten Harnstoff, Ammoniak und Stickstoff in ausgewogenen Mengen, die exakt auf die Bedürfnisse der Pflanze zugeschnitten sind.

B. Auswaschung

Je höher der organische Anteil, desto schneller die Umsetzung.

> *Weil Dünger wie Ammonium-Sulfat den Säuregehalt des Bodens erhöhen, wird der Ammonium-Stickstoff in diesen Ausgangsstoffen weniger schnell zu Stickstoff nitrifiziert als in weniger azidifizierenden Düngemitteln.*
>
> (Farmnote 27/96)

Das Austrocknen des Bodens kann ganz einfach vermieden werden, indem man ausreichende Mengen an Kompost zuführt. Das Auftragen von Kompost und Gründüngung reduziert auch das Auftreten von bakteriellen, viralen und Pilzkrankheiten. Diese sind dann nämlich damit beschäftigt den Pflanzenabfall und den Kompost zu zersetzen. Überdies tritt so gut wie keine Auswaschung auf, solange man Stalldung und Kompost aufträgt, während zusätzliche Gaben von chemischen Düngern überflüssig werden.

C. Zeitpunkt der Anwendungen

Natürlich ist es besser, biodynamische Präparate den chemischen Düngern vorzuziehen, weil die Nährstoffe erst von den im Boden lebenden Mikroben verarbeitet werden müssen, bevor sie von den Pflanzen aufgenommen werden können. Wir brauchen Kompost und Stalldung, um diese Mikroben in ihre natürliche Beschäftigung einzubinden, nämlich das Verdauen von organischer Substanz. Das ist besser als zu versuchen, den Bedarf an Düngemitteln durch eine unausgewogene Zufuhr an Chemikalien zu decken.

D. Gleichmäßigkeit der Verteilung

All diese Probleme verschwinden, wenn der Bauer vom chemischen auf seinen eigenen Dünger umstellt, der von seinem Vieh produziert wird und vollständig reifen kann. Gereifter Stalldung stinkt nicht, zieht keine Fliegen an und lässt sich leicht auf den Feldern verteilen. Wenn Kuhmist zu Dünger des Typs B-500 verarbeitet wird, kann er auch, falls dies notwendig oder erwünscht sein sollte, zur „Kopfdüngung“ eingesetzt werden. Eine Verdunstung ist bei dieser flüssigen Form nicht zu erwarten und ein gut strukturierter Boden verhindert die Auswaschung von Substanzen.

E. Was man noch beachten muss

Natürlich bringt das Lockern des Unterbodens nichts, wenn anschließend der Traktor durch die Furchen fährt. Diese Maßnahmen können sowieso nur von Zugtieren durchgeführt werden, am besten eignet sich der Ochse. Für einen großen Pflug braucht man ein Gespann mit sechs Ochsen. Da das Aufreißen des Bodens jedoch unpraktisch ist und viel Zeit in Anspruch nimmt, kommt diese Option nicht wirklich in Frage. Solche Böden verbessert man am besten, indem man den Anteil an organischem Material erhöht, weil dieses die Entwässerung erheblich verbessert und gleichzeitig den Verdichtungshorizont auflockert, falls er nicht zu tief unter dem Oberboden liegt. Würmer können den Boden besser lockern als jeder Pflug. Daher ist es nur logisch, ihr Vorkommen durch die Zugabe von Humus, Kompost und reifem Mist zu erhöhen.

Wenn man bedenkt, wie leicht es ein Bauer hat, wenn er nach dem homöopathischen Ansatz arbeitet und zusätzlich die entsprechenden biodynamischen Präparate einsetzt, bleibt es den überzeugten Anhängern dieser Methode überlassen, auch die Landwirte dafür zu gewinnen. Für gewöhnlich sind es die Bauersfrauen, die ihre Männer dazu überreden. Vielleicht müssen wir uns auf sie verlassen, diese Überzeugungsarbeit zu leisten.

Das einzige andere überzeugende Argument für eine Umstellung ist, dass es dem Landwirt jede Menge Geld spart. Allerdings wird, wie die Holländer wissen, „der Bauer niemals das essen, was er nicht kennt“. Und weil er mit dem Glauben aufgewachsen ist, dass die Alternative zum modernen, chemischen Ansatz bedeutet, wieder in die Fußstapfen seines Großvaters zu treten, weist er alles zurück, was nach „Hippies, Grünen und anderem langhaarigem, arbeitsscheuem Volk“ riecht.

Sie haben noch nicht erkannt, dass wir es hier mit der Landwirtschaft der Zukunft zu tun haben, die mit überholten Vorstellungen aufgeräumt hat. Für die meisten ist es Science-Fiction, aber für die, die diese Methode anwenden und vielleicht auch mitentwickelt haben, ist es Science-Fact. Hier handelt es sich um Konzepte und Mittel für das Zeitalter der Weltraumtechnologie und das geht weit über die Vorstellungen derer hinaus, die eher einer mechanistischen als einer dynamischen Gedankenstruktur folgen.

Während mechanistische Gedankenstrukturen die dynamischen Prozesse, die hier am Werk sind, nur unzureichend erklären können, besitzen sie doch auch eine sehr praktische Funktion: Sie liefern die sichtbaren Symptome, die manchmal wegen ihrer Ähnlichkeiten schwer voneinander zu unterscheiden sind.

Mangelzustände verlangen ihre eigene Terminologie, um die sichtbaren Zeichen erklären zu können und zu beschreiben, was schon geschehen ist und was gerade passiert. Schauen wir uns diese Terminologie einmal an. Vielleicht können wir die Unterschiede und die Ähnlichkeiten entdecken.

F. Die Funktionen der 13 essentiellen Elemente, die im Boden vorhanden sind

Für gewöhnlich beschäftigen sich die Bodenwissenschaften nur mit den Nährstoffen, die in der folgenden Auflistung erwähnt werden. Sie berücksichtigen dabei viele der Spurenelemente überhaupt nicht, weil sie davon ausgehen, dass diese im Lebenszyklus der Pflanzen keine Rolle spielen. Es gibt jedoch elementare Stoffe, die in dieser Liste überhaupt nicht erwähnt werden, für die Pflanze aber von großer Bedeutung sind. Vor allen anderen möchte ich hier Silicium erwähnen, welches man als „formativen" Nährstoff ersten Ranges bezeichnen kann.

Silicium (Si)

Silicium ist ein elementarer Stoff, der in der herkömmlichen Landwirtschaft überhaupt nicht beachtet wird. Es handelt sich um eine formative Substanz. Mit „formativ" bezeichnen wir hier die Entwicklung einer Pflanze, die völlig vom Mond gesteuert wird. In diesem Zusammenhang ist es wichtig, sich daran zu erinnern, dass die Verschlimmerungen im Allgemeinen während der Neu- und Vollmondphasen auftreten, während es bei manchen auch das erste und letzte Viertel beeinflussen kann.

Ohne Silicium kann keine Pflanze aufrecht stehen. Auch ist es wichtig für die Keimung und für den Erhalt der Pflanze während ihres gesamten Lebenszyklus. Es ist den Schwachstellen des orthodoxen Ansatzes zuzuschreiben, dass sie weder die Dynamik des pflanzlichen Lebens im Ganzen betrachten, noch die Besonderheiten untersuchen, außer, wenn es dazu dient, ihre Vorurteile zu bestätigen. Nichtsdestotrotz verwenden wir hier die orthodoxen Begriffe in Bezug auf Mikro- und Makronährstoffe. Wie gewöhnlich beginnen wir mit den Makronährstoffen.

Stickstoff (N)

Ein essenzieller Baustein der Aminosäuren und folglich aller Proteine. Er ist ein lebenswichtiger Baustein der Nukleinsäuren und wird in diesem Zusammenhang für die Zellteilung und zur Reproduktion gebraucht. Enzyme sind spezialisierte Proteine und dienen dazu, den Energiebedarf zu drosseln, um viele Aufgaben innerhalb der Pflanze durchzuführen. Stickstoff ist ein Bestandteil all der Enzyme, die notwendig sind, um alle Pflanzenfunktionen zu erfüllen.

6. Die pflanzlichen Strukturen und ihre Gewebe

Eigentlich steht eine Pflanze Kopf. Ihre Wurzeln kann man mit unserem Mund vergleichen, den Stängel mit unserer Wirbelsäule, während die Blätter die Funktionen der Atemwege, des Verdauungssystems und der Harnwege übernehmen. Lassen Sie uns aus diesem Grund unten bei den Wurzeln beginnen, so wie die Inhaltsverzeichnisse vieler Materiae medicae nach dem Kopf-zu-Fuß-Schema geordnet sind.

Die Wurzeln

Wurzeln haben verschiedene Funktionen, nicht zuletzt verankern sie die Pflanze im Boden. Zusätzlich nehmen sie Nährstoffe und Wasser auf und festigen den Oberboden, wodurch sie die Erosion verringern. Außerdem dienen sie der Pflanze als wichtiges Speicherorgan und leiten Substanzen weiter. Beispiele für die Speicherfunktionen der Wurzeln finden wir bei der Kartoffel, der Möhre und der Zuckerrübe. Wasser und Nährstoffe werden von den Wurzeln aufgenommen und durch das Xylem in die Blätter transportiert. Die Nahrung für die Pflanze wird durch Fotosynthese über der Erde produziert, durch das Phloem zu den Wurzeln transportiert und anschließend dort gespeichert. Die Wurzeln selbst können unter Umständen zur Nahrungsquelle werden, aber im Allgemeinen wird die Nahrung dort weiterverarbeitet und durch das Xylem bei Bedarf in den oberirdischen Teil der Pflanze transportiert. Das Phloem und das Xylem bilden das Kapillarensystem der Pflanze, vergleichbar mit dem menschlichen Kreislauf.

In zweijährigen Pflanzen – die erst im zweiten Jahr ihrer Entwicklung blühen – speichern die Wurzeln im ersten Jahr große Mengen an Nährstoffen. Im zweiten Jahr werden diese Nährstoffe verwendet, um Blüten und Früchte zu produzieren. Wurzeln stellen wie andere wachsende Pflanzenteile auch Hormone wie Zytokinine und Gibberelline her. Diese werden für das Wachstum und die Entwicklung der Pflanze benötigt. Jede Spezies besitzt ihre eigene Wurzelmorphologie. Außerdem sind die Fähigkeiten der Pflanzen, ihre Wurzeln in variablen Bodenbedingungen zu entfalten, sehr unterschiedlich. Die Anforderungen an Nährstoffe variieren auch innerhalb des Wachstumszyklus.

Die verschiedenen Wurzelsysteme sind leicht zu klassifizieren. Aus dem Keimling entsteht die Primärwurzel. In manchen Pflanzen entwickelt sich die Primärwurzel zur Pfahlwurzel, die vertikal nach unten wächst und dabei Nebenwurzeln bildet. Die ältesten Nebenwurzeln befinden sich in der Nähe der Wurzelbasis, wo Wurzel und Stängel aufeinander treffen, die jüngeren dagegen an der Wurzelspitze. Pfahlwurzeln findet man bei zweikeimblättrigen Pflanzen und Nacktsamern. Bei einkeimblättrigen Pflanzen ist die Primärwurzel sehr kurz und der Stängel produziert zusätzliche Wurzeln. Diese bilden mit den Nebenwurzeln zusammen ein Büschelwurzelsystem. In diesem System sind alle Wurzeln gleich wichtig. Die Größe eines Wurzelsystems hängt von verschiedenen Faktoren ab, unter anderem dem Feuchtigkeitsgehalt der Erde, der Temperatur und der Zusammensetzung des Bodens. Manche Wurzeln nehmen unter der Erde viel mehr Platz in Anspruch als die dazugehörige Pflanze über der Erde. Die Wurzeln der Alfalfapflanze können eine Tiefe von sechs Metern oder mehr erreichen. Bei einer 4vier-Monate alten Roggenpflanze wurden Wurzeln gefunden, die eine Stelle von 639 m^2 bedeckten, das ist das 130-fache dessen, was die Sprossen oberhalb des Bodens für sich in Anspruch nahmen. Trotzdem füllten die Wurzeln nur sechs Liter Erde aus.

Viele Wurzeln unterbrechen ihr Wachstum nur bei niedrigen Temperaturen oder während großer Trockenheit. Wurzeln folgen immer dem Weg des geringsten Widerstandes, das heißt, sie suchen sich meistens die Lücken aus, die andere Wurzeln schufen, bevor sie abstarben und verrotteten. Hier hat man natürlich den Vorteil, dass das organische Material immer wieder erneuert wird und eine gute Wachstumsgrundlage für die neuen Wurzeln bildet. Die Wurzelspitze ist von einer Masse fingerhutähnlicher Zellen bedeckt, die sich wie eine Kappe um die Wurzelspitze legen und diese bei ihrem Vordringen in den Erdboden schützen. Beim Wachsen schiebt sich diese Wurzelkappe nach vorne, während ihre äußeren Zellen abgerieben werden. Die Wurzelspitze ist zudem mit einem gelatinösen Belag bedeckt, dem Mucigel. Das Mucigel „ölt“ die Wurzel, damit sie sich leichter durch das Erdreich bewegen kann. Bei Krankheit kann das Mucigel austrocknen oder sich über die gesamte Wurzel erstrecken.

Der wohl bekannteste Wurzeltypus, der der Speicherung von Nahrung dient, ist die Knolle, wie zum Beispiel die Kartoffel. Wenn man die Kartoffel zur Fortpflanzung aussät, bilden sich neue Knollen am Ende eines Ausläufers. Verwendet man für die Vermehrung aber Stecklinge, dann entwickeln sich neue Knollen am Ende eines Rhizoms.

Eine Pflanzenzwiebel ist keine Wurzel, sondern ein gestauchter Spross mit einem kleinen Stängel und vielen modifizierten Blättern um ihn herum. Diese Blätter haben ein verdicktes unteres Ende, das Knospenschuppen sehr ähnlich ist und der Speicherung von Nahrung dient. Beispiele sind Küchenzwiebel, Krokus, Gladiole und Tulpe. Der Kohlrabi ist ein gutes Beispiel für eine Pflanze, die ihren oberirdischen dicken, fleischigen Stängel zur Speicherung von Nahrung nutzt.

Die Stängel

Die Wachstumsphasen der Stängel sind auf das Wachstumsverhalten der Wurzeln abgestimmt, wobei die Wurzeln bei abnehmendem Mond, die Stängel dagegen bei zunehmendem Mond kräftiger wachsen. Die Pflanze kann sich so gleichmäßig entwickeln. Die Art des Wachstums unterscheidet sich allerdings von dem der Wurzeln. Wurzeln wachsen durch Zellteilung und Streckung. Ein Stängel wächst in der ersten Wachstumsphase durch Internodienstreckung, danach auch durch Zellteilung. Dabei wächst er entweder a) in Form eines mehr oder weniger durchgängigen Zylinders, b) als Zylinder mit getrennten Strängen oder c) als ein Geflecht von Strängen, die im Grundgewebe verstreut liegen. Das Phloem befindet sich bei der Mehrzahl der Farne außerhalb des Xylems, bei einigen Einkeimblättrigen innerhalb des Xylems. Weit verbreitet bei Nackt- und Bedecktsamern sind kollaterale Leitbündel, in denen sich Xylem und Phloem gegenüberliegen.

Die Blätter

Bei den zweikeimblättrigen Pflanzen setzen sich die Blätter aus einer Blattspreite und einem Blattstiel zusammen. Die Blattspreite kann aus mehreren Teilblättern bestehen. Die Stomata (Poren) sind auf der Blattunterseite zu finden. Das Mesophyll ist ein fotosynthetisches Gewebe, das von Hohlräumen und Blattadern durchdrungen ist. Die Blattadern setzen sich aus Phloem und Xylem zusammen und sind von einer Hülle umgeben. Das Xylem befindet sich auf der Oberseite, das Phloem auf der Unterseite. Die Mehrzahl der einkeimblättrigen Pflanzen, dazu gehören die Gräser, besitzen Blätter, die aus einer Spreite und einer Hülle bestehen und damit den Stängel umfassen. Die Blätter der C3- und C4- Pflanzen haben unterschiedliche anatomische Strukturen, weil sie unterschiedliche Kohlenstoffverbindungen synthetisieren. Die Stängel und Blätter, die durch ihre strukturellen Eigenschaften und ihre gemeinsame Entwicklung miteinander verbunden sind, nennt man Triebe. Das Kapillar- oder Kreislaufsystem verzweigt sich an jedem Stängelknoten, um die Blätter in beide Richtungen mit Nährstoffen und Wasser zu versorgen.

Fotosynthese

Als Fotosynthese wird jener Vorgang beschrieben, der Lichtenergie in chemische Energie umwandelt und dabei Kohlenstoff als Stärke fixiert. Die geläufige Formel lautet wie folgt: $6\ CO_2 + 12\ H_2O + \text{Licht} \rightarrow C_6H_{12}O_6 + 6\ H_2O + 6\ O_2$.

Die Pigmente, die für die Fotosynthese zuständig sind, sind Chlorophyll und die Karotinoide, die sich in den so genannten Fotosystemen zusammenschließen. Das absorbierte Licht transferiert ihre Elektronen auf ein höheres Energieniveau. Bei den meisten Pflanzen existieren zwei Fotosysteme, die für Aufnahme und Weitergabe der Energie gebraucht werden. Die Fotosynthese ist für Pflanzen ein notwendiger Vorgang, um Nahrung zu gewinnen und dabei Sauerstoff abzugeben, der ja für fast alle Lebewesen wichtig ist. Pilze, die ja selbst nicht zur Fotosynthese fähig sind, können eine symbiotische Beziehung mit Algen eingehen, um auf diese Weise Stärke zu gewinnen.

Blüten

Der vegetative Spross trägt auch die Geschlechtsorgane. Die Blüten enthalten entweder männliche oder weibliche Fortpflanzungsorgane oder sind zwittrig. Das männliche Geschlechtsmerkmal einer Pflanze ist das Staubgefäß, welches den Blütenstaub produziert, das pflanzliche Äquivalent des Spermas. Das weibliche Geschlechtsmerkmal ist der Fruchtknoten, der nach der Bestäubung den Samen hervorbringt.

7. Dosierung der homöopathischen Mittel

Wenn man ein homöopathisches Mittel verabreicht, gibt man eine sehr kleine Menge eines Wirkstoffes, möglicherweise eines Giftes, der, in einer größeren Menge gegeben, genau dieselben Symptome verursacht, die er heilen soll. Die Stärke einer homöopathischen Medizin wird anhand ihrer so genannten „Potenz" gemessen. Im Gegensatz zu konventionellen Medikamenten und landwirtschaftlichen Präparaten wird die Potenz eines homöopathischen Mittels nicht über den Nettoinhalt des eigentlichen Wirkstoffes definiert. Die Stärke eines Mittels ist abhängig vom homöopathischen Herstellungsverfahren: wie oft die Ausgangssubstanz verrieben, verdünnt und verschüttelt wird.

Homöopathische Mittel regen die Abwehrmechanismen des Organismus an; sobald die erste Gabe eines Mittels auf die Pflanze wirkt, wird eine Reihe interner Mechanismen in Gang gesetzt, die die innere Lebenskraft der Pflanze wieder ins Gleichgewicht bringt. Homöopathische Mittel fungieren dabei als Auslöser und müssen daher in der Regel nicht so häufig verabreicht werden. In der Tat kann eine Überdosierung den Heilungsprozess stören und in vielen Fällen das Problem sogar verstärken.

Die verschiedenen Mitteltypen

In den folgenden Kapiteln werden homöopathische Mittel beschrieben, die aus mineralischen, pflanzlichen und tierischen Ausgangsstoffen gewonnen werden. Auch einige homöopathisch potenzierte Mikroorganismen werden vorgestellt. Die Mittel sind in vier Gruppierungen aufgeteilt:

Mineralische Mittel

In Kapitel 9 wird die homöopathische Anwendung von 31 mineralischen Mitteln zur Behandlung von nährstoffbedingten Erkrankungen erörtert. Dabei handelt es sich um Mittel, die entweder aus reinen Elementen oder deren Verbindungen gewonnen werden. Einige dieser Mittel werden, neben anderen Mitteln wie *Carbo vegetabilis, Natrium salicylicum und Pyrethrum* (beschrieben in Kapitel 11 bis 15), auch für die Behandlung von infektiösen Krankheiten, Verletzungen und zur Unkrautbekämpfung eingesetzt. Manche der Mittel werden unter anderem aus pflanzlichen Rohstoffen gewonnen und können theoretisch auch in die nachfolgende Mittelgruppe eingeordnet werden.

Pflanzliche Mittel

Es gibt eine ganze Reihe von Pflanzenarten, die in potenzierter Form zur Behandlung von Pflanzen aus bestimmten botanischen Familien eingesetzt werden. Außerdem spielen sie eine Rolle bei der Behandlung von Pflanzenkrankheiten – sowohl im Allgemeinen als auch im Spezifischen. Wie schon in den einleitenden Kapiteln erörtert, werden diese Mittel nach homöopathischen Richtlinien verschrieben und der jeweiligen Situation entsprechend verabreicht. Manche dieser Mittel sind uns aus der Materia Medica wohlvertraut (z.B. *Belladonna, Bovista und Thuja)* und sind den spezifischen Problemstellungen des Garten- und Landbaus angepasst worden. Manche der Mittel wurden hier eingeführt, weil sie sich bereits als Nachbarschaftspflanzen bewährt haben (s. Kapitel 12), erfolgreich in der traditionellen Kräuterheilkunde eingesetzt oder in der Landwirtschaft schon genutzt werden. Wo einzelne Inhaltsstoffe die charakteristischen Merkmale des ganzen homöopathischen Mittels wesentlich beeinflussen, erörtern wir dies gesondert (z. B. die bekannten insektenabwehrenden Eigenschaften von *Camphora* und *Tanacetum).*

Tierische Mittel

Bei den meisten in diesem Buch beschriebenen tierischen Mittel handelt es sich um homöopathische Potenzierungen, die entweder aus räuberischen Insekten oder aus Pflanzenschädlingen hergestellt werden. Wir haben bei unseren Versuchen die Erkenntnisse der integrierten Schädlingsbekämpfung (IPM) hinzugezogen und die homöopathischen Regeln den besonderen Gegebenheiten des Garten- und Landbaus angepasst. Die homöopathischen Mittel werden hier angewendet um den von Schädlingen verursachten Schaden – dazu gehören die Fraßschäden selbst, als auch die durch Schädlinge bedingten Krankheiten – einzudämmen bzw. zu verhindern:

Räuberische Insekten: *Chrysopidae spp.* (Florfliegen, *Coccinella septempunctata* (Marienkäfer, Junikäfer), *Syrphidae spp.* (Schwebfliegen)

Parasitische Insekten: *Aphidius spp.* (Schlupfwespen, Parasit der Blattläuse), *Encarsia formosa* (Parasit der Weißen Fliegen)

Räuberische Insekten aus der Klasse der Spinnentiere (Arachnida):

Spinnen: *Latrodectus spp.* (einschl. *Theridion), Tarentula hispanica* und *cubensis*

Milben: *Amblyseius spp.* (Parasit der Spinnmilben)

Ein kleiner Prozentsatz der Mittel wird aus den Schädlingsarten selbst hergestellt und für die Behandlung derer Pflanzen eingesetzt, die entweder von diesem Schädling befallen sind oder deren Symptome mit dem Arzneimittelbild des Schädlings übereinstimmen:

- *Bombyx processionea* (Eichenprozessionsspinner)
- *Cantharis* (Spanische Fliege)
- *Coccus cacti* (Cochenille-Schildlaus, eine Schildlaus)
- *Helix tosta* (Schnecken)
- *Oniscus* und *Porcellio spp.* (Mauer- und Kellerassel)

Das Mittel *Trombidium muscae domesticae* (Stubenfliegemilbe) ist ein besonders interessanter Fall, da die roten, samtigen Milben, aus denen das Mittel hergestellt wird, für Pflanzen eigentlich nicht schädlich sind (und wahrscheinlich auch nicht für ihren Wirt, die Stubenfliege). Trotzdem kann es - in homöopathischer Potenzierung und nach den Regeln der homöopathischen Kunst verabreicht - auch für durch Spinnmilben verursachte Beschwerden eingesetzt werden (s. auch Kapitel 10).

Homöopathisch potenzierte Mikroorganismen

Krankheitserregende Bakterien, Viren und Fungi können ebenfalls potenziert und gemäß dem Ähnlichkeitsprinzip verschrieben werden. Das Symptombild muss dabei mit den Symptomen übereinstimmen, die diese Organismen in ihrem natürlichen Zustand und unter natürlichen Bedingungen hervorrufen. Bei den Fungi wurden bereits einige Versuche mit *Bovista* durchgeführt. Interessant ist dabei, dass die ersten Ergebnisse vermuten lassen, dass dieses Mittel wahrscheinlich nicht nur gegen Pilzbefall eingesetzt werden kann, sondern auch gegen Milben (s. auch Kapitel 10). In Kapitel 11 wird der Einsatz von *Secale* und *Ustilago* zur Behandlung von Pflanzen aus der Familie der Süßgräser (Gramineae/Poaceae) erörtert.

Bacillus thuringiensis ist ein gutes Beispiel eines Mikroorganismus, der als biologische Alternative zu Pestiziden eingesetzt werden kann: *Dieses* Pathogen verursacht Krankheiten auch bei Schädlingen. Die Verwendung dieses Mittels in potenzierter Form wird in Kapitel 10 näher beschrieben. Eine Anzahl von Fungi, die auch in der integrierten Schädlingsbekämpfung (IPM) Verwendung finden, haben wir ebenfalls in potenzierter Form untersucht.

Anwendung

Die Anleitungen zur Anwendung der Mittel sollten immer genau befolgt werden. Homöopathische Mittel können, unter Beachtung einiger Grundregeln, sowohl in kleinen Gärten als auch großflächig in kommerziellen Betrieben eingesetzt werden. Zur Anwendung eignen sich Gießkannen und alle handelsüblichen Sprühvorrichtungen. Wird ein Tank oder eine Pumpe benutzt, kann das Mittel in die Düse eingespeist werden. Auf großen Flächen kann es sinnvoll sein, die Gießwassermenge zu kalkulieren, um die korrekte Dosierung gewährleisten zu können.

Homöopathische Mittel dürfen ausschließlich mit Wasser vermischt werden. Wenn man nicht auf konventionelle Maßnahmen verzichten will, sollten Herbizide, Pestizide, Fungizide oder Dünger erst 10 Tage nach dem Ausbringen des Mittels verwendet werden, um eine Antidotierung zu vermeiden.

Extreme Schwankungen im pH-Wert des Wassers können die Wirkung eines Mittels beeinflussen. In der Regel wird die Wirkung des Mittels durch einen sehr hohen oder niedrigen pH-Wert verzögert. Stellen Sie sicher, dass alle Geräte sauber und nicht mit Chemikalien verunreinigt sind. Rückstände chemischer Mittel können das homöopathische Mittel antidotieren. Im Zweifelsfall sollten die Geräte gründlich mit sehr heißem Wasser oder mittels Dampfreinigung gereinigt werden.

Dosierung

Erste Gabe: 500 ml/500 l pro Hektar oder 10 ml/10 l auf kleinen Flächen

Zweite Gabe: 250 ml/500 l pro Hektar oder 5 ml/10 l auf kleinen Flächen

Dritte Gabe: 125 ml/500 l pro Hektar oder 2,5 ml/10 l auf kleinen Flächen

Vorbereitung

Geben Sie das homöopathische Mittel in den vorgesehenen Behälter und füllen diesen mit der entsprechenden Wassermenge auf. Dadurch wird das Mittel in der Regel gleichmäßig verteilt. Sollte dies nicht möglich sein, zum Beispiel bei sehr großen Tanks, sollte die Flüssigkeit 1–2 Minuten lang mit einem Stock umgerührt werden.

Wichtig! Jedes Mittel muss seine Wirkung erst entfalten können, bevor es wieder gegeben werden kann. Sollten sich die Symptome (nach einer Gabe) verschlimmern – in der Regel geschieht dies innerhalb von 48 Stunden – können Sie das entsprechende Antidot verabreichen.

Antidotierung

Sollte das Mittel eine unerwünschte Wirkung zeigen, können Sie das entsprechende Antidot aus der Materia Medica heraussuchen und eine einzige Gabe davon verabreichen. Sollten Sie das angezeigte Mittel nicht vorrätig haben, können sie das bereits gegebene Mittel noch einmal in reduzierter Menge (siehe oben unter „dritte Gabe“) geben, um den gewünschten Effekt zu erzielen.

Potenz

Wir empfehlen, die homöopathische Behandlung mit einer D6-Potenz zu beginnen. Wenn Sie sicher sind, dass das Mittel richtig gewählt ist, sich aber keine Reaktion einstellt, versuchen Sie es mit einer C30-Potenz und warten ab, was passiert. Sollte sich immer noch keine Reaktion zeigen, nehmen Sie den Fall erneut auf und suchen ein anderes Mittel aus.

Bezugsquelle

Die im Buch beschriebenen homöopathischen Präparate zur Behandlung von Pflanzen und Boden sind einzeln oder als Set beim Narayana Verlag zu beziehen.

Weitere Information gibt:

Narayana Verlag
Blumenplatz 2,
79400 Kandern
Tel. 07626 974 9700
info@narayana-verlag.de
www.narayana-verlag.de

8. Behandlung von Pflanzenkrankheiten, die durch Nährstoff-Ungleichgewicht entstehen

Ammonium carbonicum

Ammoniumcarbonat, *Flüchtiges Laugensalz,* Hirschhornsalz. $[(NH_4)2CO_3]CO_2$. Lösung in destilliertem Wasser.

A. Allgemeines

Ein Zustand mangelhafter Sauerstoffversorgung. Die Pflanzen werden von kalter Luft und nassem, stürmischem Wetter und Regen stark beeinträchtigt. Sobald das Wetter wieder wärmer wird, geht es ihnen besser. Die Stauung in den Kapillaren führt zum Flüssigkeitsverlust. Die Blüten bilden sich zu früh aus, die Photosynthese dagegen ist ungenügend. Ein Mangel an Chlorophyll, wie bei der Chlorose, verringert die Fähigkeit der Pflanze einfache Moleküle in komplexere Verbindungen, wie z. B. Stärke, umzuwandeln. Als Chlorose bezeichnet man eine mangelhafte Blattfärbung, die Blätter sehen hellgrün oder gelblich aus.

Wegen des Chlorophyllmangels wirft die Pflanze ihre Blätter ab – sie kann es sich nicht leisten, Nahrung an Blätter abzugeben, die nicht funktionsfähig sind. Bei Laubbäumen beobachten wir diesen Prozess jedes Jahr im Herbst, wenn die Bäume ihre Blätter abwerfen und in die Winterruhe gehen. Bei anderen Pflanzen jedoch ist die Chlorose ein Anzeichen für Krankheit, wie z. B. Fleckenkrankheit, Gelbverzwergungsvirus, Streifenkrankheit, Pseudomonas, Blattfleckenkrankheiten, Gelbfleckung, Nährstoffmangel wie z. B. Mangan, Zink oder Eisen. Das Symptombild von *Ammonium carbonicum* ist sehr vielfältig. Die Wurzeln sind für gewöhnlich sehr trocken, gelegentlich findet man Bläschen oder Schwellungen. Die Pflanze hat einen hohen Wasserbedarf, die Nährstoffe werden jedoch nicht aufgenommen und verstärken die Schwierigkeiten der Pflanze, eine Photosynthese aufrecht zu halten. Die Atmung (Gasaustausch) ist besonders schwierig. Bei Bohnen und Erbsen kann ein Molybdänmangel besonders bei der Stickstoffbindung zu Problemen führen.

Bei einer Überdüngung mit Ammonium nimmt die Pflanze besonders viel Stickstoff auf. Der Stickstoff wiederum bindet Schwefel - in anderen Worten: es antidotiert, bzw. ist unverträglich – und führt bei der Pflanze zu einem Mangel an Schwefel. In diesen Fällen ist *Am-s.* indiziert, weil es die stickstofflastigen Prozesse modifiziert und die Schwefelkomponente stärkt. Ein Verständnis der wechselseitigen Beziehung von Stickstoff und Schwefel ist unerlässlich, um die Symptombilder der Krankheiten, die durch Mangel oder Überschuss des einen oder anderen Elements verursacht werden, richtig einschätzen zu können.

Rostkrankheiten

Die Rostflecken sind dunkelrot gefärbt, wie bei *Belladonna.* Die Blüten bilden sich zu früh aus und produzieren entweder zu viel oder gar keinen Pollen. Die weiblichen Geschlechtsorgane funktionieren nicht richtig, was zu einem unzureichenden Fruchtansatz führt.

B. Anwendung in der Praxis

Stauungssymptome in den Kapillaren, mangelhafte Photosynthese. Die Wurzeln sind dunkelrot gefärbt mit orange gefärbten Rändern. Rostkrankheiten auf Stängel und Blatt, Streifenkrankheit, Blattläuse, Bananenrost verursacht durch Thysanoptera.

C. Indikation

Das Erscheinungsbild des Rostes ist wie folgt: Kleine Pusteln, die mit dunklen, rötlich braunen und pudrigen Sporen bedeckt sind. Sie sind vorwiegend auf dem Stängel, auf Ober- und Unterseite der Blätter, auf der Blattscheide und auf den Blütenständen zu finden. Die Sporen fallen sehr leicht ab, die darunter liegenden Pusteln sind oval und länglich geformt. Die den Rost umgebende Gewebsoberfläche ist meist rissig. Gegen Ende des Lebenszyklus der Pflanze, wenn sie sich also in einem Stadium der Reife befindet, werden die Sporen schwarz. Der Puccinia- Rost befällt auch Gerste, Hartweizen und Tricitale (Kreuzung aus Weizen und Roggen). Der Pilz überwintert auf immergrünen Wirtspflanzen wie z. B. Gräsern.

Getreidepflanzen

Der Rostbefall auf Weizen und Gerste kann in feuchten Sommer- und Herbstmonaten fast epidemische Ausmaße annehmen. Die Krankheit kann gegen Ende der Erntezeit innerhalb kürzester Zeit zu enormen Ernteausfällen führen. Warme (15-30 °C) und feuchte Bedingungen begünstigen einen Befall. Es gibt mehrere Getreidearten, die gegen Rostkrankheiten resistent sind, allerdings ist der Krankheitserreger sehr anpassungsfähig und entwickelt immer wieder neue Überlebensstrategien und somit Stämme, welche die resistenten Züchtungen aushebeln. Saatgut kann nicht chemisch behandelt werden und die Behandlung mit Wirkstoffen zum Aufsprühen ist sehr kostspielig. Mit *Am-c.* oder *Belladonna* kann eine Rosterkrankung jedoch erfolgreich behandelt werden. Das passende Mittel wird am Anfang der Wachstumsperiode gesprüht (s. auch *Acon.*).

D. Blüten und Früchte

Kürbisgewächse

Der Rost befällt auch die Blütenstände, was zu einem stark reduzierten Blütenansatz führt und den Fruchtansatz in manchen Fällen so gut wie unmöglich macht. Dies wiederum kann innerhalb kürzester Zeit zu großen Ernteausfällen führen. Die kritischen Nitrat/Stickstoffwerte in den Blattstielen von Kürbissen während der frühen Phase des Fruchtansatzes liegen bei 4000mg/kg auf bewässerten Feldern im Vergleich zu 8000mg/kg für Kürbisse, die ohne künstliche Bewässerung gezüchtet werden.

E. Wasserbedarf

Hoch.

F. Arzneimittelbeziehungen

Antidotiert: *Mang., Zinc., Ferr., Sulph., Sul-ac., Moly.*

Vergleiche: *Am-s., Nit-ac., Kali-n.*

Siehe auch: *Kaliumverbindungen, Calciumverbindungen, Magnesiumverbindungen, Ferrumverbindungen, Mang., Cupr., Zinc., Natriumverbindungen. Am-c.* modifiziert alle, wenn diese im Übermaß vorhanden sind.

Ergänzend: *Moly.*

Abb. 1 Rostkrankheit beim Weizen, Puccinia triticinia

Borax

Borax veneta. *Natrum biboraticum*. Verreibung. Lösung.

A. Allgemeines

Bor wird in der Gruppe 3 des Periodensystems von Mendeleev ganz oben aufgeführt und als Spurenelement bezeichnet, weil im Vergleich zu anderen Nährstoffen nur winzige Mengen davon benötigt werden. Es hat bis vor kurzem nur wenig Beachtung gefunden, was vermutlich auf seinen anscheinend unbedeutenden Stellenwert zurückzuführen ist. Aber gerade die Spurenelemente sind aufgrund ihrer geringen Mengen sehr wichtig für den Lebenszyklus einer Pflanze. Sie haben in vielerlei Hinsicht eine tragende Funktion. Die als Pflanzennahrung bekannten Elemente Stickstoff, Kalium und Phosphor sind zwar wichtig, spielen aber für die täglichen Bedürfnisse einer Pflanze eine eher untergeordnete Rolle. Eine Pflanze kann relativ lange ohne diese Stoffe auskommen. Wenn aber ihre Fähigkeit, Spurenelemente aufzunehmen, beeinträchtigt ist, werden sich in relativ kurzer Zeit starke Symptome entwickeln, die einer ernsthaften Erkrankung ähneln.

Ähnlich wie bei Aluminium, das im Periodensystem derselben Gruppe wie Bor zugeordnet ist – folglich stehen die beiden Elemente in enger Beziehung zueinander –, ist das Symptombild von Borax eindeutig. Den Großteil der Symptome haben wir aus Toxizitätsberichten verschiedener landwirtschaftlicher Ministerien zusammengetragen.

B. Bortoxizität

Vergiftungserscheinungen durch Bor sind erst seit 1985 bekannt. Bis dahin wurden sie häufig mit der Netzfleckenkrankheit, einer Pilzerkrankung, verwechselt. Man geht davon aus, dass beim Getreide nur die Gerste von Bortoxizität betroffen ist, da andere Getreidearten keine Symptome aufweisen.

Durch eine Borvergiftung entstehen in den verschiedenen Pflanzenfamilien unterschiedliche Symptome, die sich manchmal nur durch feine Nuancen unterscheiden. Bei Getreidepflanzen ähneln die Symptome denen der Netzfleckenkrankheit sehr. An den Rändern und Spitzen der Blattspreite erscheinen dunkle Flecken, die das Absterben des betroffenen Gewebes zur Folge haben. Bei der Netzfleckenkrankheit dehnen sich diese Flecken nicht aus. Bei einer Borvergiftung dagegen werden die Flecken größer und so zahlreich, dass die Blätter absterben. Außerdem findet man bei der Netzfleckenkrankheit eine chlorotische Fleckung, die bei einer Vergiftung durch Bor nicht auftritt.

Bei der Kassavapflanze kann man die Symptome einer Borvergiftung leicht mit einer Aluminiumvergiftung verwechseln. Es entwickelt sich ein typisches Muster von gelblich-weißen Flecken, die hauptsächlich an den Blatträndern zur Blattspitze hin entstehen und von dunklen Ringen umgeben sind. Das betroffene Gewebe stirbt ab und lässt die Blattränder zerklüftet aussehen. Ein Überschuss an Bor beeinträchtigt das Wachstum und kann eine diffuse Chlorose verursachen, die an den Spitzen der älteren Blätter beginnt. Die Pflanzen erholen sich jedoch später davon. Bortoxizität tritt vor allem in alkalischen Böden auf, im Gegensatz zur Aluminiumtoxizität, die man vorwiegend in sehr sauren Böden findet.

C. Bormangel

Ein Mangel an Bor führt ebenfalls zu reduziertem Wachstum (Zwergwuchs) und verursacht eine leichte Chlorose. Die Pflanzen erholen sich allerdings schnell ohne bleibende Schäden und Ertragseinbußen.

D. Anwendung in der Praxis

Ungleichgewicht im Borgehalt des Bodens

Calcium carbonicum

Unreines Kalziumkarbonat. CaCO3. Für die Arzneimittelherstellung wird das Perlmutt der Austernschale oder kohlensaurer Kalk verrieben.

A. Allgemeines

> *Mit Calcarea schuf Hahnemann eine außerordentliche Methode, unlösliche Substanzen zu verarbeiten. Mit ihr erschlossen sich neue Wege der Therapie, die uns bis dahin verschlossen waren. Calcarea ist ein lebendes Denkmal für das große Genie Hahnemanns.*
>
> (Clarke 1991)

Es ist überaus wichtig, die Kalziumverbindungen sehr genau zu kennen, da man sie als Dreh- und Angelpunkt der Homöopathie betrachten kann. Das gilt für die homöopathische Methode als Ganzes, aber auch besonders für ihre Anwendung in der Landwirtschaft. Kalziumpräparate besitzen ein breites Wirkspektrum und ihre Wirkung geht vor allem sehr tief. Es ist durchaus angebracht, an dieser Stelle eine Warnung auszusprechen, dieses Mittel nur mit der größten Vorsicht anzuwenden. Eine Überdosierung kann ernsthafte Folgen für die Pflanzen haben. Man kann sie nur sehr schwer wieder neutralisieren, weil Kalzium einen wichtigen Bestandteil der pflanzlichen Struktur darstellt. Aufgrund seiner Funktion als Baustein der pflanzlichen Struktur besitzt Kalzium nur eine geringe Mobilität.

Wie auch Teste in seiner Materia Medica bemerkt, sollte man die Wirkung von Kalzium nicht unterschätzen:

> *Ich weiß, dass kohlensaurer Kalk, Phosphor, Phosphorsäure und alle anderen Stoffe, die in großem Maße vom menschlichen Körper aufgenommen werden, eine tiefe und durchdringende Auswirkung auf den Organismus haben. Es scheint mir ein weiterer Grund dafür zu sein, sie nicht wahllos anzuwenden.*
>
> (Teste 1991)

Bei Rostkrankheiten ist *Calcarea* in chronischen Fällen geeignet sowie Belladonna im akuten Fall. Das wiederholte Auftreten von Rostkrankheiten in Getreidefeldern kann auf einen

Kalziummangel oder auf einen Kalziumüberschuss hinweisen. Ein erhöhter Wasserbedarf kann ebenso eine Indikation für *Calc.* sein.

In stark kalziumhaltigen Böden, wie man sie zum Beispiel in kargen Gegenden vorfindet, kann man durch die Anwendung von Kalium den Ertrag bei der Zuckerrübenernte erheblich steigern. Spurenelemente wirken besser, wenn man sie getrennt ausbringt.

In Böden, die mit Kalzium und Magnesium saturiert sind, wird die Aufnahme von Kalium stark beeinträchtigt, unabhängig davon, wie viel Kalium dem Boden zugeführt wird.

Homöopathisch gesehen verschlimmert sich der *Calc.*-Zustand bei Kälte und bessert sich bei Hitze. *Calc.* ist gut für Pflanzen, die mit NPK-Dünger zwangsernährt werden, was einen sehr dicken Wuchs, verstopfte Kapillaren und schlaffe Fasern zur Folge hat. Sie sind groß gewachsen, blass und sehen kreidig aus, die Stängel und Blätter fühlen sich ebenso an. Die Pflanzen sind eher aufgebläht als solide. Man hat *Calc.* auf sauren und alkalischen Böden verwendet, wobei die alkalischen Böden besser reagierten.

B. Kalziummangel

Die Wurzelsysteme einiger Cassava-Arten sind beispielsweise sehr empfindlich gegen Kalziummangel. Das Wachstum der Wurzeln ist ohne ausreichend Kalzium erheblich eingeschränkt. Nekrose und Dekomposition der Pflanze sind die Folge davon. Die Blätter der Pflanze sehen verbrannt aus und rollen sich an der Spitze nach oben ein. Dieses Symptom kommt aber nicht zwingend vor (siehe auch *Alumina* und *Alumen*).

Erscheinungsbild bei Kalziummangel

Die wachsenden Triebe sterben ab, sobald sich 2-4 Blätter entwickelt haben. Bei älteren Pflanzen kommt es zum allmählichen Kollaps der Kapillaren, der an den Blattspitzen der jüngsten Blätter beginnt. Die älteren Blätter werden fleckig und falten sich nach hinten. Die Blattadern und Ränder bleiben grün. Das Gewebe zwischen den Blattadern verfärbt sich gelblich braun, der Blütenstiel kollabiert, die Blüten welken und sterben ab. Die Blätter werden chlorotisch und sterben ebenfalls. Auf der Blattunterseite färben sich die Blätter rosa.

C. Kalziumschock / Kalziumüberschuss

Manche Substrate sind so sauer, dass das Umsetzen der Pflanzen einen Kalziumschock hervorrufen kann. *Calc.* kann in diesen Fällen Wunder wirken, darf aber unter keinen Umständen willkürlich angewandt werden, da es zu sehr starken Reaktionen und folglich zum Verlust der gesamten Ernte führen kann. Bei *Calc.* wird Vorsicht groß geschrieben. Grundlegende und tief wirkende Mittel wie *Calc.* müssen sorgfältig beobachtet, sparsam angewandt und ihre Wirkung genau protokolliert werden. Wenn die Gebrauchsanweisungen genau befolgt werden, kann dieses Mittel bei Pflanzen, die nicht gut wachsen, wirklich schöne Ergebnisse erzielen. Bei einjährigen Pflanzen, wie zum Beispiel den Getreidesorten, darf höchstens eine Gabe im gesamten Lebenszyklus der Pflanze verabreicht werden. Bäume vertragen eine Gabe pro Jahr, maximal drei Jahre hintereinander. Sträucher dürfen alle 2-3 Jahre eine Gabe erhalten, aber nicht mehr als 3 Gaben insgesamt.

Ein übermäßiges Kalken des Bodens kann Mangelzustände von Kalium, Mangan, Magnesium, Eisen, Kupfer und Zink hervorrufen. Die Anwendung von Kalzium beeinflusst die Erntemenge in der Regel nicht, es ist aber eine geeignete Trägersubstanz für Phosphor und Schwefel.

Viele Pflanzenarten vertragen keinen stark kalziumhaltigen Boden, wie man ihn zum Beispiel im Westen Australiens vorfindet. Dieser Boden ist für viele Pflanzen zu alkalisch. Das Auftragen eines scharfen Düngers in Form von Hühner- oder Schweinemist kann den pH-Wert stabilisieren. *Calc.* ist für Pflanzen, die auf einem alkalischen Boden nur schwer wachsen, von großem Nutzen. Allerdings ist es vom ökologischen Standpunkt her nicht ratsam, hier Pflanzen anzubauen, die für diesen Bodentyp nicht geeignet sind.

Calc. kann bei kalziumhaltigen oder kalziumarmen Böden immer dann gegeben werden, wenn Symptome auftreten oder nach einiger Zeit wieder erscheinen.

Erscheinungsbild bei Kalziumschock

Die Blattränder färben sich rot, die Blätter selbst werden gelb und können geschwollen aussehen. Die Pflanzen sehen blass und kreidig aus. Die Blüten entwickeln sich vorzeitig. Bei Fruchtpflanzen werden die Samen unfruchtbar, sie setzen keine Früchte an, bzw. die Früchte reifen nicht aus. Früchte bzw. Samen fühlen sich schwammig an. Das Pflanzengewebe ist nicht fest, scheint aufgebläht und bauchig zu sein.

D. Anwendung in der Praxis

Kalziummangel wie zum Beispiel in der Stippfleckigkeit bei Äpfeln. Überschuss an Kalzium in kalziumgesättigten Böden. Aufgedunsene Pflanzen mit schwachen Fasern; Stängel und Blätter sehen blass und kreidig aus. Umfallkrankheit. Überschuss an Stickstoff. Anthraknose (Colletotrichum spp.). (Abb. 2)

E. Indikationen

Das Wachstum ist ungleichmäßig, die Pflanzen entwickeln sich spät und scheinen bei kaltem Wetter und bei Wind und Regen schwächer zu sein. Umfallkrankheit der Sämlinge bei Getreidepflanzen und Rasen. Die Pflanzen sehen blass aus und kollabieren. Übermäßiges Einsäen führt zu verschrumpften, gerollten und verformten Pflanzen. Die Wurzeln sind kurz und braun verfärbt. Durch das ausgiebige Auftragen von Stickstoffdüngern entstehen ein weicher Rasen und weiche Getreidepflanzen, die empfindlicher gegen Krankheiten und Schädlinge sind. Wenn Stickstoff während der Keimungsphase eingesetzt wird, kann es zum plötzlichen Absterben der Sämlinge kommen. Das Bewässern am Abend sollte vermieden werden, damit die Erde über Nacht trocken bleibt.

F. Mikroskopisch

Bauchige Zellen, die Zellwände sind dünn. Ansammlung von Salzen mit hohem Wasseranteil.

G. Chemisch

Wasser- und Stickstoffüberschuss. Die Proteinmenge ist reduziert.

Abb. 2 Anthraknose der Bohne, Colletotrichum lindemuthianum

H. Blüten und Früchte

Verkürzte Blütezeit, die Blüten halten sich nicht lange. Die Pflanze ist unfruchtbar, die Früchte fallen vorzeitig ab, es werden nur wenige oder keine Samen/Früchte produziert. Die Früchte reifen nicht, sie sind klein und runzelig.

I. Wasserbedarf

Die Pflanzen sind sehr durstig und welken leicht, wenn das gespeicherte Wasser während Trockenperioden aufgebraucht wird.

J. Arzneimittelbeziehungen

Antidotiert: *Mang.*, *Mag.*, *Kali.*, *Ferr.*, *Zinc.*

Ergänzend: *Phos.*, *Sulph.*, *Sul-ac.*

Unverträglich: *Kali.*, *Phos.* (mit den Calciumverbindungen, außer Calc-p.), Magnesiumverbindungen, *Mang.*, *Ferr.*, *Cup.*, *Zinc.*

Wird antidotiert von: *Sulph.*, (außer Calc-s.)

Calcium fluoricum

Flussspat, CaF_2. Verreibung

A. Allgemeines

Calc-f. ist das „Knochensalz" Schüßlers. Man findet es in der Knochenhaut, im Zahnschmelz, im Bindegewebe und den Zellen der Epidermis. Ähnliche Zellen finden wir auch in der Epidermis der Pflanzen. Indiziert bei Verhärtungen und Eiterbildung. Die Oberfläche oder Rinde fühlt sich trocken und rau an.

B. Anwendung in der Praxis

Befall des Stammes, des Baumstammes und der Zweige. Harte, geschwollene Knoten. Stängelgrundfäule, Stängelgrundfäule bei der Avocadopflanze, Wurzelgallennematoden, Blattfleckenkrankheiten.

C. Indikationen

Wurzelgallennematoden (*Meloidogyne spp.*)

Das untere Ende des Stiels ist geschwollen. Die Schösslinge sind verformt, kleinwüchsig und entwickeln sich zahlreicher als bei gesunden Pflanzen. Durch die Nematoden kommt es zu einer braunen Fäule am unteren Ende des Stängels, die Pflanze stirbt vorzeitig ab.

Blattfleckenkrankheiten (*Septoria spp.*)

Dunkelbraune, längliche Flecken oder Veränderungen der Blätter und Blattscheiden, die oft von einem gelben Hof umgeben sind. (Abb. 3) Die Stängelknoten sind von Fäule befallen. Diese Krankheit kann sich zur Schwarzfleckigkeit weiter entwickeln.

Stängelgrundfäule (*Dothiorella spp.*)

Der Erreger dieser Pilzkrankheit lebt auf abgestorbenen Zweigen und Blättern. Die Sporen werden durch Regen auf die Früchte übertragen, wo sie bis zur Fruchtreife ruhen. Dort verursachen sie eine schwarze Fäule am Stiel, die sich dann allmählich über die gesamte Frucht ausbreitet.

D. Blüten und Früchte

Die Blüten der Gerste sterben ab, Symptome der Schwarzfleckigkeit bei Getreidepflanzen, Fäule bei Avocadoblüten.

E. Wasserbedarf

Normal

F. Arzneimittelbeziehungen

Antidotiert: *Ferr.*, *Mag.*, *Mang.*, *Zinc.*

Unverträglich: *Mag.*, *Phos.*

Wird antidotiert von: *Sulph.*

Ergänzend: *Phos.*, *Sulph.*

Abb. 3 Septoria Blattfleckenkrankheit und Krebs, Septoria musiva

Calcium phosphoricum

Kalziumphosphat, $Ca_3(PO_4)_2$. Verreibung

A. Allgemeines

Calc-p. ist *Calc.* sehr ähnlich, wobei es deutliche Unterscheidungsmerkmale gibt. Pflanzen, die *Calc-p.* brauchen, sind dünn und wuchern, bei *Calc.* sind sie aufgeschwollen und bauchig. Sie sind blass und schmutzigbraun und weniger kreidig. *Calc-p.* ist brüchiger als *Calc.* und auch die Blattoberfläche dieser Pflanzen ist weich, dünn und zeigt Risse auf. Die Blüten sind stark betroffen: Sie haben lange, aber kleine Staubgefäße mit reichlichem Pollen.

Früchte mit weicher Schale, die leicht faulen. Pflanzen, die *Calc-p.* benötigen, sind empfindlich gegen Kälte und Nässe. Die Blätter weisen zahlreiche Flecken und Veränderungen auf (siehe unter „Anwendung in der Praxis").

B. Anwendung in der Praxis

Allgemeine Schwäche. Dünne, wuchernde Pflanzen. Kleine Früchte mit weicher Schale, die leicht faulen. Stängelgrundfäule, Samengallennematoden (Abb. 4), Blattfleckenkrankheit, Halmbruchkrankheit, Weizenblattdürre, falscher Mehltau. Tritt vorwiegend bei Getreidepflanzen auf.

C. Indikationen

Netzfleckenkrankheit/Blattbräune (*Pyrenophora teres*)
Anfangs entwickeln sich kleine, runde bis elliptische, dunkelbraune Flecken, die länger werden und sich zu feinen dunkelbraunen Streifen entwickeln. Diese verlaufen längs und quer durch die Blattoberfläche und bilden dadurch ein auffälliges netzähnliches Muster. Bei ernsthaftem Befall sind auch die Blütenköpfe betroffen. Die befallenen Stellen verfärben sich gelb und verwelken. Aus den Rückständen erkrankter Pflanzen können sich noch bis zu zwei Jahre später Sporen bilden. Feuchte Bedingungen begünstigen eine Infektion, besonders bei einer Temperatur von 15–25 °C. Bei sehr schwülem Wetter wird auch der Same befallen.

Samengallennematoden (*Anguina spp.*)
Zerknitterte, verdrehte oder gerollte Blätter, das untere Ende des Stiels ist angeschwollen. Im Ährenbildungsstadium erscheinen die Pflanzen verkrüppelt und reifen nur langsam. Anstelle des Korns entwickeln sich harte, braune oder schwarze Samengallen. Befallene Köpfe bleiben klein. Roggen, Weizen und Triticale sind vorwiegend betroffen. Nematoden können bis zu zwei Jahre im Boden überleben. Unter feuchten Bedingungen verlassen sie die Galle und wandern über nasse Blätter und Blattscheiden zu den noch unreifen Köpfen. Dort dringen sie in die unreifen Blüten ein, vermehren sich und produzieren neue Gallen.

Halmbruchkrankheit (*Cercosporella herpotrichoides*)
Führt zum Umlegen des Getreides. Die betroffenen Pflanzen fallen in alle Richtungen um und brechen ca. 5 cm über dem Boden ab. Rußtau an der Bruchstelle und unter der Blattscheide. Braune bis honigfarbene Läsionen. Die Sporen überleben auf den Rückständen befallener Pflanzen, werden durch Regenspritzer übertragen und bevorzugen feuchte Bedingungen sowie eine Temperatur von ca. 10 °C. Der Stickstoffgehalt des Bodens ist in der Regel hoch.

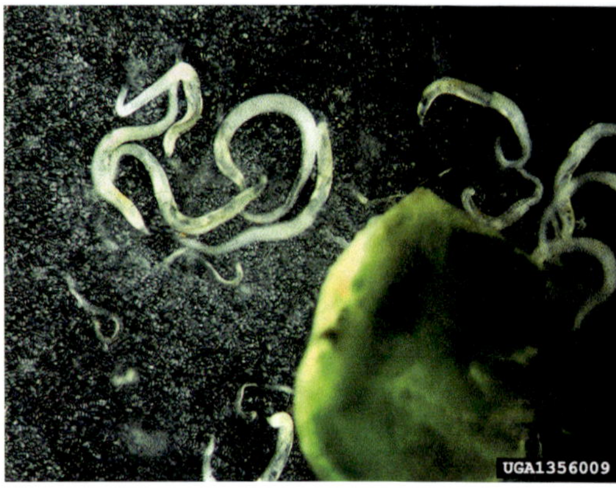

Abb. 4 Weizenälchen (Nematoden), Anguina tritici

Weizenblattdürre (*Cercosporella spp.*)
Braune Flecken mit gelbem Rand, die Blätter trocknen aus und welken. *Cercosporella* überlebt auf Stoppeln, indem es kleine schwarze Fruchtkörper bildet, die ihre Sporen bei feuchtem Wetter verteilen. Je länger die feuchte Periode anhält, desto schwerwiegender verläuft die Infektion. Durumweizen, Triticale und Gräser sind vorwiegend betroffen, Roggen, Gerste und Hafer dagegen weniger.

Falscher Mehltau (*Peronospora spp.*)
Die jungen Pflanzen entwickeln gelbe Blätter, leiden unter schwerem Kümmerwuchs und übermäßigem Bestocken. Viele Pflanzen sterben an dieser Stelle/an diesem Punkt ab. Ältere Pflanzen haben lederartige Blätter, wachsen verdreht und entwickeln fleischige und verformte Blütenköpfe (Crazy Top). Die betroffenen Bestockungstriebe können keine Getreidekörner produzieren. Der Befall wird unter feuchten Bedingungen schlimmer. Weizen, Gerste, Hafer, Roggen, Durumweizen, Triticale, Mais, Sorghumhirse und viele Gräser werden von diesem Erreger befallen.

Vorsicht

Wie bei allen Kalziumpräparaten, muss man auch hier mit Vorsicht handeln. Tief wirkende Mittel, die an sich Bestandteil der pflanzlichen Anatomie sind, dürfen niemals freigiebig angewandt werden. Wenn sie zu oft verabreicht werden, verfestigt sich das bereits bestehende Problem.

D. Blüten und Früchte

Die Blüten sind stark betroffen und produzieren wenige oder gar keine Körner. Die Staubgefäße sind lang und enthalten reichlich Pollen. Die Körner haben weiche Schalen und faulen leicht.

E. Wasserbedarf

Diese Krankheiten breiten sich in der Regel nur bei großer Feuchtigkeit aus.

Die kombinierte Wirkung von Kalzium und Phosphor kann man in diesem Mittel gut beobachten; die Epidermis ist schwach und bereitet damit den Boden für fleckige und faulende Läsionen. Die Fortpflanzungsorgane werden stark in Mitleidenschaft gezogen, was zu Ernteausfällen führen kann. Eine einzige Gabe während des gesamten Lebenszyklus der Getreidepflanzen ist ausreichend, um die Problematik zu beheben.

F. Arzneimittelbeziehung

Antidotiert: *Ferr.*, *Mag.*, *Mang.*, *Zinc.*

Unverträglich: *Mag.*

Wird antidotiert von: *Sulph.*

Ergänzend: *Phos.*, *Sulph.*

Cuprum Metallicum

Kupfer. Cu. Verreibung. Für die Mittelzubereitung wird elementares Kupfer verwendet.

A. Allgemeines

Metallisches Kupfer wirkt von innen nach außen. Es ist eines jener Mittel, die Erleichterung bringen, wenn sich eine Krankheit nach innen wendet. Es besitzt die Kraft, eine innere Verkrampfung zu lösen, und gerade diese Eigenschaft macht es zu einem guten Mittel für alle Formen von Kollaps. *Cuprum* bringt Symptome an die Oberfläche, d. h. an die Epidermis der Pflanzen.

Aus landwirtschaftlichen Publikationen wird ersichtlich, dass ein Mangel oder Überschuss an Kupfer die Aufnahme anderer Nährstoffe behindert, vorausgesetzt das Ungleichgewicht liegt bei der Pflanze.

Die Pflanze scheint mehr Wasser und Nährstoffe zu brauchen. Wenn zu viel Eisen vorhanden ist, entwickelt sich eine Chlorose; die Wurzeln sind weiß gefleckt. Manchmal haben die Pflanzen einen faulen Geruch, obwohl kein faulendes Gewebe oder andere ungewöhnliche Symptome zu erkennen sind. Welke Blattspitzen in der Pflanze kann man mit einem Krampf oder einer Verkrampfung bei Menschen oder Tieren vergleichen. Die betroffenen Triebe lassen sich leicht knicken, verwelken und sterben ab. Neue Triebe entwickeln sich weiter unten an der Pflanze oder am Baum, die Spitzen dieser Triebe sind der Mistel nicht unähnlich. Weil die Triebe nicht heranwachsen, entwickeln sich weder Blüten noch Früchte, oder nur sehr eingeschränkt.

Das Abfallen des Obstes bei Apfelbäumen deutet auf eine unsachgemäße Anwendung von Düngern und auf Kupfermangel hin. Weitere Ursachen sind trockene, heiße Sommer, andauernde nasse und frühe Winter sowie eine hohe Fruchtdichte.

B. Kupfermangel

Ein Kupferdefizit zeigt sich als Unfruchtbarkeit des Pollens, gleichsam erhöht er die Anfälligkeit für Mehltau. Die Widerstandsfähigkeit gegen Krankheiten hängt vom Alter der Pflanze und dem Ausmaß des Mangelzustands ab.

Kupfermangel beeinträchtigt den Kohlenhydratstoffwechsel, den Stickstoffstoffwechsel, die Durchlässigkeit der Zellwand und die Samenproduktion. Junge Obstbäume sind hauptsächlich dann betroffen, wenn sie auf sandigem Boden stehen. Es spielt eine Rolle bei Fleckigkeit der Blätter, bei der Blattdürre (*Colletotrichum* spp.) von Getreidepflanzen und bei Baum- und Pflanzenkrebs. Es kommt zum Wachstumsstopp. Kupfer wird von Kalium antidotiert.

Ein unausgewogener Kupfergehalt beeinträchtigt die Fotosynthese, ebenso sind Gasaustausch und Verdunstung betroffen. Kalken kann bei Kupfermangel sehr hilfreich sein (siehe auch *Cupr-s.*). Kupfer fungiert als Aktivator für verschiedene Enzyme und Pflanzenhormone und man vermutet, dass Kupfer deshalb beim vorzeitigen Abwerfen der Blätter eine Rolle spielt.

Wenn der Stickstoff- und Ammoniumgehalt des Bodens sehr hoch ist, bleibt das Kupfer im Boden „verschlossen“ und ist für die Pflanzen nicht verwertbar.

Die Beziehung von Kupfer und Schwefel wird durch die Verwendung von schwefelhaltigen Herbiziden verdeutlicht. Die Anwendung dieser Herbizide zu Beginn der Wachstumsperiode ist bei Getreidepflanzen weit verbreitet. Studien in West-Australien (Robson und Snowball, 1990, McCay und Robson, 1992) und Süd-Australien (Black und Wilhelm 1991) haben gezeigt, dass Herbizide, die Sulfonylharnstoffe enthalten, die Aufnahme von Kupfer und Zink in Gerste und Weizen beeinträchtigen.

C. Anwendung in der Praxis

Mangel und Überschuss an Kupfer. Übermäßiges Abfallen von Früchten und Blüten. Nur 1–2% der Blüten entwickelt sich zu Früchten. Verfrühtes Abwerfen der Blätter. Prophylaxe gegen Falschen Mehltau auf Reben.

D. Arzneimittelbeziehungen

Wird antidotiert von: *Ammoniumverbindungen, Calc., Ferr., Nit-ac., Phos., Kali-i.* und anderen Mittel aus der Kaliumfamilie, *Sulph.*

Unverträglich: *Molyb., Sulph.*, (außer bei *Cupr-s.*), *Zinc.*

Antidotiert: *Ferr., Phos.*

Ergänzend: *Sulph.*, (außer bei *Cupr-s.*)

Cuprum sulphuricum

Kupfersulfat. $CuSO_4 \cdot 5\ H_20$. Verreibung

A. Allgemeines

In seiner „Treatise on Dynamised Micro Immuno-Therapy“ bezieht sich O. A. Julian auf einen Versuch mit Pflanzen, der 1965 von Prof. Netien und seiner Assistentin Mme Gravion in Lyon durchgeführt wurde. Sie konnten die Wirkung von winzig kleinen Mengen an *Cuprum sulph.* auf Pflanzen nachweisen, die durch den unverdünnten Rohstoff vergiftet waren.

Die Zwergbohnen wurden in mit Erde gefüllten Eimern zum Keimen gebracht. Zwei Monate lang wurden sie drei Mal pro Woche mit einer Kupfersulfatlösung (20 mg/l) gegossen. Die Pflanzen wuchsen, blühten und trugen Früchte. Einige der so behandelten Bohnen wurden für einen Versuch mit homöopathischen Verdünnungen gesammelt. Als Kontrollgruppe wurden einige der Samen nicht mit homöopathischen Verdünnungen behandelt. Die Keimung verlief in allen Gruppen normal. Die Pflanzen der Kontrollgruppe wurden mit destilliertem Wasser gegossen, während die anderen Gruppen destilliertes Wasser erhielten, das jeweils mit einer Kupfersulfatlösung in verschiedenen Potenzierungen (C5, C7, C9 und C15) versetzt war.

Nach drei Tagen Beobachtungszeit waren keine Unterschiede in Bezug auf Wachstum und Entwicklung zu erkennen. Anschließend wurde jede Pflanze innerhalb ihrer eigenen

Gruppe in eine Kulturflasche platziert, die mit zweifach destilliertem Wasser gefüllt war. Nach drei weiteren Tagen wurden alle Pflanzen, außer der Kontrollgruppe, wieder in ihre entsprechenden homöopathischen Lösungen gegeben.

Am elften Tag wurde zur Verifizierung des Ergebnisses fotografisch festgehalten, dass bei den Pflanzen, die mit einer homöopathischen Kupfersulfatverdünnung behandelt wurden, im Vergleich zur Kontrollgruppe eine deutlich stärkere Entwicklung verzeichnet werden konnte. Die gesteigerte Entwicklung war vor allem an den Wurzeln zu erkennen, wobei der Unterschied zwischen den einzelnen Potenzierungen weniger ins Gewicht fiel als zwischen den homöopathisch behandelten Pflanzen und der Kontrollgruppe. Weitere Beweise wurden am 15. und am 18. Tag gesammelt. Es war offensichtlich, dass die homöopathischen Kupfersulfat-Verdünnungen eine positive Auswirkung auf das Wachstum der Bohnensamen hatten, die wiederum von Pflanzen stammten, die durch die unverdünnte Substanz vergiftet waren.

Der gleiche Versuch mit Samen von gesunden Pflanzen ergab eine weniger überzeugende Beweislage. Man kann daraus schlussfolgern, dass an den kranken Pflanzen, deren Stoffwechsel durch die Vergiftung mit Kupfersulfat gestört war, die Wirksamkeit der homöopathischen Behandlung zu erkennen ist.

Dieses Forschungsergebnis wurde im Wesentlichen durch Netien, Gravion und Boiron verifiziert, die diesen Versuch unter Verwendung einer C14-Potenz von *Cupr-s.* wiederholten.

Ein Mangel an Schwefel erhöht die Anfälligkeit für Getreide-Schwarzbeinigkeit (Ophiobolus graminis), wenn diese durch einen Überschuss an Kalium verursacht wird.

B. Anwendung in der Praxis

Kupfer- und Schwefeltoxizität

C. Arzneimittelbeziehungen

Antidotiert: *Ferr.*, *Phos.*

Unverträglich: *Kali.*, *Molyb.*, *Zinc.*

Ferrum metallicum

Eisen. Fe. Verreibung. Für die Mittelzubereitung wird elementares Eisen verwendet.

A. Allgemeines

Eisen ist für den Ablauf der Fotosynthese wichtig. Eisenmangel führt bei Pflanzen zur Chlorose, d. h. zu einem Mangel an Chlorophyll.

So wie Kalzium für das Element Wasser steht, steht Eisen für Feuer, Phosphor für Luft, Silizium und Kalium stehen für das Element Erde.

B. Anwendung in der Praxis

Blass aussehende, kränkelnde Pflanzen, die fast umfallen. Unvollständige Assimilation, unvollständige Fotosynthese. Niedriger Proteingehalt. Obst und Gemüse haben keinen Geschmack. Bakterielle Pflanzenkrankheiten

Abb. 5 Bakterielle Pflanzenkrankheit an der Sojabohne

(Abb. 5), Staunässe, Umknicken des Kopfes, Verwelken der Pflanze.

Chlorose der Pflanzen, Unfruchtbarkeit, Pflanzen tragen keine Früchte und keine Blüten. Das Wachstum wirkt schwach und verkümmert. Bei *Calc.*, *Calc-f.* und *Calc-p.* kann man ähnliches beobachten und diese Mittel sollten ebenfalls in Betracht gezogen werden. Probleme in den Kapillaren führen zur unvollständigen Assimilation, die Kapillaren kollabieren. Der Mangel an Chlorophyll führt zur unvollständigen Fotosynthese und somit zu einem niedrigen Proteingehalt, da die Proteine ein Endprodukt der Fotosynthese sind. Das wiederum führt zur weiteren Schwächung der Pflanze und schließlich unweigerlich zum Kollaps.

Bei der Behandlung gewisser Pflanzenkrankheiten hat Eisen aufgrund seiner engen Beziehung zum Kapillarensystem auch eine nährende Funktion. Es ist indiziert bei Störungen des Verdauungsprozesses, begleitet von einer mangelnden Kalziumassimilation. Viele Chlorose-Erkrankungen können nicht mit Eisen behandelt werden, es sollte daher umsichtig und unter genauer Beobachtung verabreicht werden. Ein Überschuss an Eisen führt zu Anämie und Chlorose, wiederholte Gaben von Eisenpräparaten werden diese Zustände ernsthaft verschlimmern.

Für folgendes Krankheitsbild der Chlorose ist Eisen indiziert: Oftmals sind junge Pflanzen mit geringer Kapillaraktivität betroffen. Das Erscheinungsbild der Pflanze kann irreführend sein, da sie im Großen und Ganzen gesund aussieht, aber viele blass gefärbte Blätter und ein eher schlaffes Aussehen hat. Die Kapillaren sind gelähmt, was zu einer chlorotischen Schwäche führt. Das Gewebe ist reizbar und leicht zu quetschen. Es tritt eine Verschlimmerung nach dem Gießen und bei kaltem Wetter auf. Für solche Fälle ist Eisen in der Form von Sulfat und Phosphat dem reinen Metall vorzuziehen, es sei denn, es gibt eindeutige Indikationen.

Vorsicht

Eisenverbindungen sollten mit großer Sorgfalt angewandt werden. In der Regel sind *Ferrum-p.* und *Ferrum-s.* besser geeignet. *Ferrum* hat einige Symptome mit den folgenden Mitteln gemeinsam: *Calcarea*, *Silicea*, *Phosphorus*, den *Kalium-* und *Ammonium*salzen, *Mangan*, *Magnesium* und *Nitricum acidum*. Sie alle sind Bestandteil aller lebenden Kreaturen. Deshalb sollten die homöopathischen Mittel genauestens in ihrer Beziehung zu den Pflanzen untersucht werden.

Eisenpräparate sind in ihrer Funktion den Kalziumverbindungen ähnlich, lassen aber dennoch grundlegende Unterschiede erkennen.

Infolgedessen werden sie für ganz andere Krankheiten als *Calc.* eingesetzt, obwohl sie auch für Krankheiten in Frage kommen, die gut auf *Calc.* ansprechen.

In seiner Beziehung zu Magnesium spielt Eisen in der Fotosynthese eine unterstützende Rolle, mit Phos. hat es jedoch eine größere Ähnlichkeit. Oxidation.

C. Indikationen

Blass und kränkelnd aussehende Pflanzen, die keine Kraft haben, aufrecht zu stehen. Bei Chlorose, niedrigem Proteingehalt; junge Pflanzen, die nicht gedeihen. Die Blässe ist schmutzig-weiß oder gelblich.

D. Chemisch

Unvollständige Fotosynthese, niedriger Proteingehalt, der Kollaps der Kapillaren ist systemisch, es kommt zur Lähmung des Kapillarensystems. Unzureichende Ernährung, es findet wenig oder keine Fotosynthese statt, niedriger Phosphor- und Kalziumgehalt. Zucker- und Kohlehydratwerte sind niedrig.

E. Blüten und Früchte

Es tritt eine verstärkte Blütenbestäubung auf, dennoch sind die Blüten unfruchtbar. Es bilden sich keine Früchte oder die Entwicklung der Früchte bleibt unvollständig. Unreife Früchte fallen verfrüht ab.

F. Wasserbedarf

Großer Durst oder Verschlimmerung durch Gießen.

G. Arzneimittelbeziehungen

Antidotiert: *Calc.*, *Phos.*

Unverträglich: *Kali.*, *Phos.*, aber nicht als *Ferr-p.*

Wird antidotiert von: *Cupr.*, *Mang.*, *Zinc.*

Ergänzend: *Mag.*

Vergleiche: *Ammoniumverbindungen*, *Calc.*, *Kaliumverbindungen*, *Mag.*, *Mang.*, *Nit-ac.*, *Phos.*

Ferrum phosphoricum

Eisenphosphat. Ferrum phosphoricum album. Eisen-(III)-Phosphat. Weißes Eisenphosphat (Schüßler). Eisenphosphat ($FePO_4$). Gleichzeitiges Eingießen von 10 Tr. einer 1%igen Eisenchlorid-Lsg. und 10 Tr. einer 1%igen Natriumphosphat-Lsg in 10 Tr. Wasser. Verreibung.

A. Allgemeines

Hier wird das Schüßlersalz öfter verwendet als das gewöhnliche Eisenphosphat. Schüßler benutzte *Ferr-p.* anstelle von *Aconit*, *Belladonna*, *Gelsemium*, *Arnica* und anderen Mitteln, die einen Bezug zu Durchblutungsstörungen haben.

Entspannt das Gewebe. Behält die Merkmale anderer Eisenverbindungen bei, deshalb mit Vorsicht anwenden.

Eisen und seine Salze besitzen die Eigenschaft Sauerstoff anzuziehen. Das Eisen im Pflanzensaft nimmt den produzierten Sauerstoff auf und transportiert ihn, damit er ausgeatmet werden kann. Der im Saft und in den Kapillaren enthaltene Schwefel hilft dabei, den Sauerstoff aus allen eisen- und kaliumsulfathaltigen Zellen zu transferieren. Wenn die Eisenmoleküle, die in den Zellen des Kambiums enthalten sind, durch eine Verletzung oder Wunde gestört werden, werden die betroffenen Zellen schwammig. Wenn diese Verletzung in den ringförmigen Fasern der Kapillaren entsteht, weiten sie sich und der Saftpegel steigt. Dieser Zustand entsteht im ersten Entzündungsstadium. Wenn die Zellen durch *Ferr-p.* in ihren Normalzustand zurückgebracht werden, können sie die Krankheit überwinden. Wenn die schwammigen Zellen im Kambium *Ferr-p.* erhalten, wird die normale Spannung in den Kapillaren wiederhergestellt. Die geschwollenen Gefäße kehren zu ihrem Normalzustand zurück und die Pusteln und Flecken verschwinden, wobei nur ein wenig Narbengewebe übrig bleibt, wie klinische Tests gezeigt haben.

B. Anwendung in der Praxis

Beseitigt eine übermäßige Produktion an Pflanzensaft und konkurriert mit *Arnica* und *Calendula* als Notfallmittel. Indiziert im Anfangsstadium von Rostkrankheiten. Weizenblattdürre, Fleckenkrankheiten, Brandkrankheiten (Abb. 6), Blattläuse, Schwarzbeinigkeit.

Abb. 6 Brandkrankheit, Ustilaginoidea virens, Anzeichen

C. Indikationen

Rötlich verfärbte Wurzeln, unter der Epidermis trocken. Sehr durstige Pflanzen, die Nährstoffe nicht gut aufnehmen. Verstopfung der Kapillaren. Blasse, stark austreibende Pflanzen mit zahlreichen Veränderungen der Blattoberfläche.

Pseudomonas (siehe auch Kapitel 11).

Schwarzspelzigkeit (*Xanthomonas translucens*) (siehe auch Kapitel 11).

D. Wasserbedarf

Es ist ratsam bei trockenem Wetter nicht übermäßig zu gießen, da dies die Verbreitung der Erreger fördert. Die Pflanzen sind allerdings sehr durstig und welken. Wir empfehlen, ein Tropfbewässerungssystem zu benutzen.

E. Blüten und Früchte

Der Pollen ist entweder reichlich vorhanden oder gar nicht. Frühzeitige Blüte, die Entwicklung der Blüten und der Fruchtansatz verlaufen schwierig.

F. Arzneimittelbeziehungen

Die oben genannten Krankheiten deuten bei der Arzneimittelwahl nicht ausschließlich auf die Eisenverbindungen hin. Die Schwäche und die suppurativen Vorgänge, die man bei *Ferr-p.* beobachten kann, vermitteln einen guten Eindruck von der Fähigkeit des Phosphors, die Epidermis durch schwarze Geschwüre zu zerstören. Ähnliche Symptome können unter anderem auch mit *Nit-ac.*, *Kali-c.*, *Nat-s.* und *Nat-c.* behandelt werden. Obwohl *Phosphor* die Wirkung von *Ferrum* antidotiert, ist es als Ergänzungsmittel aufgeführt, weil sich hier zwei normalerweise antagonistisch verlaufende Vorgänge vereinen. Durch diese Kombination entsteht ein Mittel, das nicht nur auf die Kapillaren wirkt – daher kommt die Fäule –, sondern auch eine anregende Wirkung auf die Blüten und den Fruchtansatz ausübt.

Ferrum sulphuricum

Eisensulfat. $FeSO_4$. Verreibung der zubereiteten Kristalle oder als Lösung.

A. Allgemeines

Wenn ein Sulfat- und irgendein beliebiges Eisenoxidmolekül mit verrottendem, organischem Material in Berührung kommen, geben sie Sauerstoff ab und fügen sich zu Eisensulfat zusammen. Bei anhaltender Oxidation zersetzt sich dieses Eisensulfat zu Schwefelsäure und einem einzelnen Eisenoxidmolekül. Diese Säure ist in höchstem Maße schädlich für Pflanzen und andere Lebewesen. Deshalb sollte man sie noch nicht einmal in homöopathisch potenzierter Form anwenden, da dies die Pflanze zerstören würde. In dieser Funktion könnte es zur Unkrautvernichtung eingesetzt werden, allerdings empfehlen wir andere Mittel für diesen Zweck.

Für die Pflanzen ist Eisen zum Transport von Sauerstoff wichtig. Schwefel dagegen kann nur in Verbindung mit anderen Elementen von den Pflanzen aufgenommen werden und braucht Eisen, Kupfer und andere Mineralien, um in einer Pflanze aktiv sein zu können.

Schwefel ist unverträglich mit Mangan und den Natriumsalzen und sollte daher nicht auf salzhaltigen Böden angewandt werden. Das gilt auch für *Natrium sulphuricum*, weil es die Aufnahme von Mangan behindert und dadurch wichtige pflanzliche Prozesse stört. Natürlich ist es unerlässlich, dass Schwefelverbindungen über die gesamte Dauer der Anwendung hinweg beobachtet werden müssen, um negative Auswirkungen zu vermeiden. Da es zu den Mikronährstoffen gehört, wird eine exzessive Anwendung sofortige Reaktionen hervorrufen.

Ferr-s. hat, wie *Calc.*, *Calc-f.* und *Silicicum fluor.*, eine Beziehung zu Baumkrebs, wo Nährstoffe nicht aufgenommen werden können. Es kann eingesetzt werden, um Quecksilber von Pflanzen auszuleiten oder die Aufnahme von Quecksilber zu modifizieren. Alle Symptome verschlimmern sich im Sommer, an warmen Tagen, nachts und morgens. Am Nachmittag ist in der Regel eine Verbesserung zu erkennen. Die Wurzeln scheinen rötlich verfärbt zu sein oder haben hellrote Pusteln. Die Wurzeln sind zum Teil geschwollen. Unter der Epidermis fühlen sich die Wurzeln trocken an (in gesunden Pflanzen ist es hier feucht). Die Aufnahme von Nährstoffen ist unvollständig oder findet überhaupt nicht statt. Indiziert bei allen Arten von Schimmel, Mehltau und Falschem Mehltau. Die Ausnahme bilden die Schleimpilze, die aufgrund ihrer Symptomatik mit den Schnecken zusammengefasst werden und unter *Helix- t.* aufgeführt sind.

Eisensulfat, in einem Verhältnis von 4,5 kg pro m^2 ausgebracht, ist bei einer Toxizität durch Natriumarsenit indiziert. Anschließend gibt man Selenit auf die betroffene Stelle, um eventuelle Natriumrückstände zu neutralisieren. Es ist wichtig, Eisensulfat in Form von Eisen-(III)-Sulfat zu verwenden (im Gegensatz zu Eisen-(II)-Sulfat)!

B. Anwendung in der Praxis

Unvollständige Fotosynthese. Deformierte Blüten. Wuchernde, verdrehte Pflanzen mit einem deformierten Erscheinungsbild. Baumkrebs. Schimmel und Mehltau. Schwarzfleckigkeit (*Bipolaris* spp.), Blattfleckenkrankheiten (*Septoria* spp.). (Abb. 7, 8)

C. Indikationen

Grauschimmel (*Botrytis spp.*) **(siehe auch Kapitel 11)**

Bei diesem Pilz bildet sich ein Dauermyzel, es kann im Pflanzenabfall das ganze Jahr über zu finden sein. Eine graue, pelzige Oberfläche deutet auf Sporenbildung hin. Die Sporen gedeihen in kühlen, feuchten Bedingungen. Die Sporen werden durch den Wind verbreitet. Alle oberirdischen Pflanzenteile sind betroffen, wobei die Früchte bevorzugt befallen werden.

Abb. 8 Septoria Blattfleckenkrankheit und Krebs, Septoria musiva, Symptome

Abb. 7 Bipolaris maydis auf Mais, Symptome

Alternaria-Blattfleckenkrankheit (*Alternaria spp.*) (Abb. 9)

Rußtau, Schwarzfleckigkeit (*Bipolaris spp.*) (siehe auch Kapitel 11)

Diese Krankheit wird von zwei Pilzen verursacht, die auf Grasschnitt überleben und sehr häufig vorkommen. Das Keimende der Pflanze färbt sich dunkel. Bei infiziertem Saatgut empfiehlt es sich, kurz nach dem Ausbringen mit Eisenphosphat zu sprühen, um die Infektionsrate zu senken und sauberes Saatgut für die nächste Ernte zu erhalten. Auf diese Weise wird die Widerstandsfähigkeit erhöht und auf die nächste Generation übertragen. Die Empfindlichkeit gegenüber Krankheitserregern und Schädlingen verringert sich somit drastisch. Das, was sich die Gentechnologie mit einem enormen Aufwand an Zeit und Geld erarbeitet, kann mit dem Einsatz von homöopathischen Mitteln wesentlich billiger und vor allem schneller erreicht werden.

Septoria-Blattfleckung (*Mycosphaerella spp.*) (siehe auch Kapitel 11)

Ungleichmäßig geformte, hell- bis dunkelbraun gefärbte Flecken auf den Blättern. Diese können unter Umständen auch eine silbrige Färbung mit gelben Rändern aufweisen. Entlang der Blattadern verlaufende Flecken haben einen regelmäßigen Umriss. Auf frisch ausgesäten Feldern erscheinen nach ungefähr drei Wochen die kleinen schwarzen Fruchtkörper auf den Blättern. Jetzt ist die beste Zeit mit *Ferr-s.* zu behandeln. Die Sporen werden bei feuchtem Wetter gebildet und durch Regenspritzer von Blatt zu Blatt getragen. Bei schweren Regenfällen kann der Ernteausfall bis zu 30% betragen.

Blatt- und Spelzenbräune, Septoria-Blattfleckenkrankheit des Getreides (*Leptosphaeria nodorum*) **(siehe auch Kapitel 11)**

Auf den Blättern entwickeln sich ovale Flecken von gelber bis hell- oder dunkelbrauner Fär-

Abb. 9 Blattflecken durch Alternaria spp.

bung, die größer werden und sich dann gräulich verfärben. Die Pflanzen haben ein chlorotisches Aussehen. Die Fruchtkörper erscheinen als graubraune Pünktchen innerhalb der Blattflecken.

D. Arzneimittelbeziehungen

Vergleiche: *Sulph.*, Eisen-Verbindungen

Ergänzend: Eisen-Verbindungen

Wird antidotiert von: *Natrium*-Salzen

Antidotiert: *Calc.*, *Cupr.*, *Phos.*

Unverträglich: *Kali.*, *Molyb.*, *Phos.*, *Ferr.*, *Mang.*, *Natrium*-Salze

Wird antidotiert von: *Cupr.*, *Mang.*, *Zinc.*

Kalium carbonicum

Kaliumkarbonat. K_2CO_3. Lösung. Verreibung.

A. Allgemeines

Die Kaliumsalze stellen für eine Pflanze den Großteil ihrer Nahrung und in diesem Sinne ist es ein bedeutendes Mittel für Krankheiten, denen eine unausgewogene Nahrungszufuhr zugrunde liegt.

Obwohl sich die einzelnen Mittel der Kaliumfamilie durchaus voneinander unterscheiden, lässt sich, wie bei den meisten homöopathischen Familien, anhand der Pathogenese ein typisches Symptombild erkennen (siehe auch *Calc.*, *Ferrum* und *Cham.*).

Wie alle Schüßler-Salze muss man auch *Kalium carbonicum* mit Vorsicht anwenden, da eine unsachgemäße Handhabung zu enormen Problemen führen kann. Das wird zum Beispiel bei der Überdüngung mit NPK-Dünger deutlich, die schon viel Schaden bei den Pflanzen und folglich auch bei Mensch und Tier angerichtet hat. Mit der Verwendung von *Kali-c.* kann man bei Kaliummangel und Kaliumüberschuss gleichermaßen gute Ergebnisse erzielen, allerdings ist dies auch von der Pflanzenart abhängig.

In Dänemark hat man festgestellt, dass die Verwendung von Kalium die Anzahl der Ähren auf einer Pflanze erhöht, bei übermäßiger Anwendung das Gewicht der Körner aber reduziert wird. Ein Überschuss an Kalium in Verbindung mit Trockenheit verringert den Ertrag. Das Gewicht der Getreidekörner und die Anzahl der Körner pro Ähre waren negativ beeinflusst. Es regt das Blätterwachstum an und erhöht somit die Trockenmasse.

B. Kaliummangel

Es gibt Baumwollarten, die früher Früchte tragen und höhere Erträge erzielen, bei denen aber durch vermehrte Kaliumzufuhr ein Kaliummangel entsteht. (Abb. 10) Die Früchte entziehen dann den Blättern Kalium, was zum Kollaps der Blätter führt und letztendlich die Qualität und die Quantität der Baumwollfrüchte beeinträchtigt. (Hake 1991)

Abb. 10 Schadbild Kaliummangel

Kaliumkarbonat, auch Pottasche genannt, kommt in allen Pflanzen vor und wurde ursprünglich aus der Asche verbrannter Hölzer gewonnen. Die Kaliumsalze haben eine engere Beziehung zur festen Materie einer Pflanze als zu deren Säften. Sowohl ein Überschuss an Kalium als auch ein Mangel können zur folgenden Symptomatik führen, die auch von Mason und Gartrell bestätigt wurde.

Das Fasergewebe ist besonders betroffen. Kaliumkarbonat ist immer dann indiziert, wenn dieses Gewebe zu schlaff ist. Es beeinflusst die Blüte, den Fruchtansatz, das Kapillarsystem, die Blätter, den Stängel, die Zweige, die Äste und die Wurzeln. Es kann immer dann gegeben werden, wenn die Pflanze „aufzugeben“ scheint. Die Chlorose spielt eine wichtige Rolle. Der Pflanze geht es bei kaltem oder windigem Wetter schlechter. Die Symptome wechseln sich ab; die Pflanzen sind schwach und die Epidermis erscheint wässrig und blass. Der Pflanze geht es tagsüber besser, in der Nacht wird sie welk. Man findet Bläschen auf den Wurzeln. Saure Böden verschlimmern das Problem.

Bei den älteren Blättern kommt es zu einem plötzlichen Kollaps der oberen Zellschicht. Es entstehen aufgedunsene Flecken, die absterben. Chlorose, die sich von den Blatträndern nach innen entwickelt. Die Blätter und später die Blüten welken und sterben ab. Es kommt zum Kollaps der Kapillaren. Die älteren Blätter werden faltig, die verwelkenden Blätter sehen stumpf aus. (Mason u. Gartrell, undatiert)

C. Die Rolle von Kalium beim Magnesiummangelsyndrom bei Rindern

Diese Krankheit wird durch Abweichungen im Verhältnis von Kalium zu Kalzium/ Magnesium in Gräsern verursacht. Anhand dieser Werte kann man die Toxizität des Weidelands bestimmen. Man hat herausgefunden, dass wenn die Werte bei Gräsern ein Verhältnis von 2:2 überschreiten, der Verzehr des Grases für das Vieh tödlich ist. Die kritischen Werte für das Verhältnis von K/(Ca + Mg) sind abhängig von der Pflanzenart und der Beschaffenheit des Bodens.

D. Anwendung in der Praxis

Kalium carbonicum ist bei Pflanzen indiziert, die entweder zu viel oder zu wenig Kalium und Kalzium enthalten. In sehr kalziumhaltigen Böden, in denen das Kalium „verschlossen" bleibt, und in kalziumarmen Böden können Nährstoffe nicht assimiliert werden. *Kalium carbonicum* ist eine wichtiges Mittel für viele Krankheiten, Mangelerscheinungen und für karge Böden. Die vorsichtige und sparsame Anwendung, die bei den tief wirkenden Mitteln wichtig ist, ist natürlich auch bei den Kaliumverbindungen angebracht.

Das Fasergewebe ist schwach; Blüte und Fruchtansatz sind beeinträchtigt; Verstopfung der Kapillaren; Chlorose, die auf sauren Böden besonders ausgeprägt ist.

E. Blüten und Früchte

Die Blüten tragen entweder reichlich Pollen oder überhaupt nicht. Die Früchte fallen vorzeitig ab, setzen nicht an oder reifen nicht aus. Die Epidermis der Blätter ist trocken, fühlt sich brüchig an und weist gelbe oder rote Flecken auf, die das umliegende Gewebe zerfressen.

F. Arzneimittelbeziehungen

Antidotiert: *Bor, Borax*

Wird antidotiert von: *Calc.* und anderen *Kalziumverbindungen, Natriumverbindungen*

Unverträglich: *Bor, Borax, Calc., Calc.-p., Calc-sil., Calc-s., Ferr., Mang.*, die *Natrium*-Verbindungen

Kalium muriaticum

Kaliumchlorid. KCl. Verreibung. Lösung

A. Allgemeines

Schüßler schreibt über das Salz:

> *Es ist in fast allen Zellen enthalten und chemisch gesehen mit Fibrin verwandt. Es löst weiße oder gräulich verfärbte Absonderungen der Schleimhäute auf. Wenn die Zellen der Epidermis als Folge eines Krankheitsreizes Kaliumchloridmoleküle verlieren, tritt das Fibrin als weiß/gräulich gefärbte Masse an die Oberfläche. Einmal getrocknet, bildet diese eine mehlige Schicht. Wenn der Krankheitsreiz das Gewebe unter der Epidermis angegriffen hat, werden Fibrin und Serum ausgeschieden, was zur Folge hat, dass sich an der betroffenen Stelle der Epidermis Blasen bilden. Ein ähnlicher Vorgang findet in und unterhalb der epithelialen Zellen statt.*
>
> (Schüßler 1984)

Die Wirkweise von *Kalium muriaticum* wird zu gleichen Teilen von den einzelnen Bestandteilen dieser Verbindung, Kalium und Chlor, bestimmt. Zu den Keynotes dieses Mittels gehören weiße Absonderungen, Exsudate und Ausschläge des Gewebes. Ein weiteres wichtiges Keynote ist die raue Beschaffenheit der betroffenen Stellen, d. h. der Mehltau fühlt sich rau und fadenartig an.

Kaliumchlorid ist ein Hauptbestandteil der NPK-Dünger, die den Boden mit Kalium versorgen. Es ist daher offensichtlich, dass dieses Mittel wichtig für die Behandlung von Problemen ist, die durch einen Überschuss an Kalium verursacht werden. Ein Kaliumüberschuss verhindert bei Pflanzen die Aufnahme von Magnesium, weil das Kalium Magnesium bindet und dieses für die Pflanzen nicht mehr verwertbar wird.

Als Chlorid, also in der Form eines Salzes, spielt es eine Rolle bei der Versalzung des Bodens. Das Problem der Versalzung wird dann akut, wenn eine homöopathische Behandlung durch eine Ansammlung natürlich vorkommender Salze schwierig wird. Chlorid und Natrium gehen von sich aus leicht eine Verbindung ein. Zudem wird Kalium oft als ein Mittel beschrieben, welches extrem viele Verbindungen mit einer sehr großen Gruppe von Elementen, Salzen und Säuren eingehen kann. Die Entstehung von Salzseen und -pfannen durch rücksichtslose landwirtschaftliche Methoden, durch Landrodung und den damit verbundenen Anstieg des Grundwasserspiegels, stellt ein weiteres komplexes Umweltproblem dar, welches man sehr genau betrachten und auswerten muss.

Kalium, ähnlich wie Phosphor und Stickstoff, spielt eine Rolle bei Pestbefall. Der Phosphoranteil der NPK-Dünger ist oft für Schädlingsattacken verantwortlich. In verschiedenen Studien wurde untersucht, welche Wirkung *Kali-m.* auf Pflanzen hat, denen NPK-Dünger zugeführt wird. Die Mangan- und Kaliumwerte wurden gemessen und anschließend die Anfälligkeit der Pflanzen für Krankheiten und Schädlinge untersucht. Auf Blattläuse hatte das Mittel eine geringe oder keine Wirkung, aber Erfolge konnten beim Gelbverzwergungsvirus verbucht werden. (Abb. 11)

Abb. 11 Gelbverzwergungsvirus an Weizen

In der Homöopathie werden die Kaliumsalze sehr ausgiebig behandelt. Die Vielfältigkeit der Kaliumsalze lässt uns vermuten, dass Kalium mit vielen weiteren Elementen Verbindungen eingehen kann, deren Auswirkungen auf die pflanzlichen Strukturen bisher nicht bekannt sind. Ebenso ist es möglich, dass die Verbindungen, die sie mit anderen Stoffen eingehen, uns neue Aufschlüsse über die Chemie und Biologie der Pflanzen geben werden. Auch wenn wir diese Zusammenhänge noch nicht zu Genüge verstehen, wäre es sinnvoll, weitere Studien auf diesem Gebiet durchzuführen. Man kann davon ausgehen, dass die Beziehungen, die Pflanzen eingehen, so vielfältig sind wie das Beziehungsgeflecht der Menschen.

Die homöopathische Behandlung von Pflanzen bringt auch gewisse Schwierigkeiten mit sich. Man sollte die Arzneimittelbeziehungen, wie wir sie kennen, nicht völlig außer Acht lassen. Wir gehen davon aus, dass sich bestimmte Mittel antidotieren, weil die Substanzen selbst unverträglich sind. Unser Wissen stützt sich dabei auf die Anweisungen Hahnemanns in Bezug auf die Herstellung homöopathischer Mittel. Man kann aber auch annehmen, dass bei einer Antidotierung die Wirkung des Mittels im Körper beeinträchtigt wird. Bei den Pflanzen finden wir noch einmal ganz andere Voraussetzungen vor, was dazu führt, dass Mittel, die sich unter anderen Umständen antidotieren oder sich unverträglich zueinander verhalten, hier als ergänzend betrachtet werden können.

Auch muss bei der Behandlung von Pflanzen jede Situation und jede Krankheit individuell betrachtet werden – auch hier gilt das Motto, dass der Patient und nicht die Krankheit behandelt wird. Die individuelle Verschreibung ist eine der Grundlagen der Homöopathie, was sich auch dann nicht ändert, wenn sie zur Behandlung anderer Lebewesen eingesetzt wird.

B. Kaliummangel

Kaliummangel zeigt sich unter anderem als plötzlicher oder langsamer Kollaps der Epidermis der älteren Blätter, mit aufgeschwemmten Gewebestellen, die später absterben. Die betroffenen Blätter werden blass, an den Rändern entwickelt sich eine gelbe Färbung, die sich zur Mitte hin ausbreitet. Das Gewebe um die Mittelrippe und Blattvenen behält seine grüne Farbe am längsten. Die Nekrose beginnt an den älteren Blättern, gefolgt von den jungen Trieben. Die Blütenköpfe welken und sterben ebenfalls ab, bis die Pflanze schließlich ganz stirbt. Die Anfälligkeit für Kaliummangel kann zwischen einzelnen Pflanzen und zwischen den verschiedenen Arten innerhalb einer Familie stark variieren.

C. Anwendung in der Praxis

Grauschimmel, Echter Mehltau, Falscher Mehltau

D. Indikationen

Grau bis weißlich gefärbter Schimmel
Der Schimmel entwickelt sich auf den Wurzeln, dem Stängel oder den Blättern. Bei Pflanzen, die von Mehltau befallen sind, können die Wurzeln in Mitleidenschaft gezogen sein. Das Kapillarensystem schwillt an. Trockener Schimmel und Mehltau mit einer Beschaffenheit wie Mehl. Brandkrankheiten in verschiedenen Stadien.

Schimmel und Mehltau
Wir berücksichtigen diese bei der Pathogenese, da Schimmel und Mehltau zwei der hervorstechenden Merkmale der bislang besprochenen Krankheitsbilder darstellen. Kalium verhält sich antagonistisch zu Bor und verringert bei Pflanzen die Aufnahme von Bor, was bei Rüben zu Krautfäule (durch Phytophthora-Erreger) und bei Blumenkohl zu sichelförmigen Blättern und holzigen Stängeln führen kann.

Kalium und Magnesium verhalten sich ebenfalls antagonistisch zueinander; ein Überschuss des einen führt zu einer verringerten Aufnahme des anderen Elements. Obwohl diese Mittel in der Materia Medica keinen direkten Bezug zueinander haben, könnte es hilfreich sein, dem Boden im Anschluss an eine ausführliche Analyse einen Stoff zuzuführen, der die Aufnahmebereitschaft der Pflanzen im homöopathischen Sinne verbessert. Es ist nicht sinnvoll, große Mengen NPK-Dünger anzuwenden, um anschließend den Boden mit Bor oder Magnesium anzureichern. Ein solches Vorgehen verstärkt lediglich die bereits bestehenden Probleme, vor allem wenn diese Art der landwirtschaftlichen Praxis den Bauern als einziger Lösungsansatz präsentiert wird.

Ein homöopathisches Mittel entfaltet seine Wirkung auf die Pflanzen und die Mikrobiologie des Bodens gleichermaßen. Das ist wichtig, weil zum Beispiel eine Mikrobe, die durch NPK-Dünger ausgeschaltet worden ist, durch eine dynamische homöopathische Behandlung wieder aktiviert werden kann. Die Gesundheit einer Pflanze kann nur dann wiederhergestellt werden, wenn der fehlende Nährstoff von der Pflanze aufgenommen wird. Aus diesem Grund setzt die Genesung einer Pflanze immer auch ein gesundes Gleichgewicht der Bodenmikroben voraus, da beide unbedingt voneinander abhängig sind.

E. Blüten und Früchte

Die Blüten schimmeln, Früchte sind von Mehltau befallen. (Abb. 12)

F. Wasserbedarf

Normal

G. Arzneimittelbeziehungen

Vergleiche: *Nat-m.*

Antidotiert: *Mag.*

Abb. 12 Grauschimmel, Botrytis cinerea

Wird antidotiert von: *Ferr.*, *Mang.*, *Nat-m.*

Unverträglich: *Nat-m.*

Kalium nitricum

Salpeter. Kaliumnitrat. KNO_3. Verreibung oder Lösung.

A. Allgemeines

Viele Pflanzenkrankheiten, wie zum Beispiel die Halmbruchkrankheit, der Echte Mehltau und andere, entstehen durch einen Überschuss an Stickstoff. Die Folgen zeigen sich als Unregelmäßigkeiten bei der Blüte, beim Fruchtansatz und in der Fotosynthese, sowie Schwierigkeiten bei der Flüssigkeitsaufnahme. An den Wurzeln können Schimmelflecken entstehen. Die Pflanzen sind durstig und welken leicht, wenn Flüssigkeit während einer Trockenperiode aufgebraucht wird.

Dieses Mittel kann viel zur Regulierung der Nährstoffe beitragen, den Stickstoffgehalt in der Pflanze senken, die Fotosynthese unterstützen und den Proteingehalt verbessern. Es reguliert eine übermäßige Bestäubung, der Fruchtansatz wird vollständig und die Früchte reifen komplett aus.

Kali-n. ist nützlich bei Schwefelmangel, wenn der Stickstoffgehalt in der Pflanze zu hoch ist. Allerdings muss zur gleichen Zeit ein Ungleichgewicht im Kaliumhaushalt vorhanden sein, um Kali-n. erfolgreich anwenden zu können.

B. Anwendung in der Praxis

Stickstoffhaltige Böden, Überschuss oder Mangel an Stickstoff und die damit verbundenen Probleme. Überschuss oder Mangel an Kalium. Vergilbung durch Stickstoffmangel.

C. Arzneimittelbeziehungen

Vergleiche: *Nit-ac.*, *Ammoniumverbindungen*

Ergänzend: *Sulph.*

Kalium permanganicum

Kaliumpermanganat. $KMnO_4$. Lösung. Verreibung.

A. Allgemeines

Hier ist ein weiteres Kaliumsalz, das eine Rolle bei der Oxidation spielt und damit die Fotosynthese unterstützt und den Proteinhaushalt verbessert. Die Wurzeln sind unter der Epidermis zu trocken. Der Wasserbedarf der Pflanze ist groß, was durch ihre welke Erscheinung bestätigt wird, aber der Zustand bessert sich nicht durch Wässern. Kali-perm. hat eine ähnliche Funktion wie Eisen (s. Eisenverbindungen) und einen ausgeprägten Einfluss auf die Oxidation.

Die bekannte Beziehung von *Mang.* zu *Kali.*, nämlich als Antidot, trifft hier keinesfalls zu. Im Fall von *Kali-perm.* ergänzen sich die beiden Mittel, da die oxidierende Eigenschaft von Kalium hier keine antagonistische Funktion übernimmt, wie es sonst üblich ist.

Als Pflanzennahrung nimmt Kalium hier eine untergeordnete Rolle ein, während der Mangananteil ausschlaggebend ist. Das trifft vor allem auf die fehlenden Oxidationsprozesse zu, was zur Entstehung von Echtem Mehltau und Dürrfleckenkrankheit beiträgt.

Eine fehlende Oxidation begünstigt die Entstehung von Schädlingen; die oben beschriebene Art von Verwelken ist ein Ausdruck von Schwäche und lässt Schädlinge gedeihen. Eine Pflanze mit Sauerstoffmangel bietet eine ausgezeichnete Angriffsfläche für Schädlinge, weil sie keine Abwehrkräfte besitzt. Die Aufnahme von Sauerstoff macht es der Pflanze möglich, ihre Nahrung zu verarbeiten, während Sauerstoffmangel „Verstopfung" oder „Durchfall" verursachen kann. Das heißt, dass die Kohlenhydrate entweder nicht verarbeitet werden können – die Pflanze kann sie nicht von den Wurzeln zu ihrem Bestimmungsort transportieren – oder sie werden einfach zu schnell verwertet, was auf ein Ungleichgewicht bei den Enzymen zurückzuführen ist.

B. Anwendung in der Praxis

Übermäßiges Welken, das sich nicht durch Gießen bessert. Chlorotische Streifen durch Manganmangel. Dörrfleckenkrankheit.

C. Arzneimittelbeziehungen

Vergleiche: *Mang.*

Unverträglich: *Ferr.*, *Nat-m.*, aber nicht *Mang.*

Wird antidotiert von: *Nat-m.*

Kalium phosphoricum

Primäres Kaliumphosphat. $K_2\ HPO_4$. Verreibung. Lösung.

A. Allgemeines

Schüßler schreibt, dass *Kali-p.* Unregelmäßigkeiten im Kapillarsystem hervorrufen kann. Ernährungsbedingte Probleme; Nährstoffe werden nicht aufgenommen, die Pflanze ist schwach, wuchert und fault. Die Abwehrkräfte der Pflanze sind stark beeinträchtigt; Trockenheit, Stress, Frost und Temperaturschocks beeinträchtigen die Pflanze zutiefst.

B. Anwendung in der Praxis

Chlorose. Beeinträchtigte Fotosynthese. Phoma-Trockenfäule bei Kartoffelknollen (Phoma exigua var. foveata). Aufgeblähte Blätter, die viel Flüssigkeit enthalten. Violettfärbung der Blätter durch Phosphormangel. Stress durch Umweltfaktoren. (Abb. 13)

C. Indikationen

Umknicken der Blüte (*Head Tipping*)

Abb. 13 Phomakrankheit, Phoma medicaginis, Symptome

Zwei stressbedingte Symptome, die mit einem Ungleichgewicht von Kalium phosphoricum zusammenhängen, sind Unfruchtbarkeit durch Austrocknen und Staunässe. Die Fortpflanzungsorgane sind stark betroffen, die Blüten bestäuben sich übermäßig viel oder gar nicht. Der Fruchtansatz ist verzögert oder findet nur teilweise statt.

Violettfärbung bei Gerste
Ursache hierfür ist ein unausgewogener Phosphorgehalt. Das kann auch zu einer Anfälligkeit für Stress durch Umweltfaktoren führen, sowie zu Unregelmäßigkeiten bei den Blüten und Früchten. In Feldstudien wurde die Kapillarenproblematik positiv beeinflusst.

D. Arzneimittelbeziehungen

Vergleiche: *Am-p.*, *Calc-p.*, *Cham.*, *Ferr-p.*, *Mag-p.*, *Phos.*

Wird antidotiert von: *Ferr.*, *Mang.*, *Nat-m.*

Unverträglich: *Ferr.*, *Mang.*, die *Natrium*-Verbindungen

Kalium sulphuricum

Kaliumsulfat. K_2SO_4. Verreibung.

A. Allgemeines

Kali-s. verhält sich, was den Transport von Sauerstoff zur Ausscheidung betrifft, reziprok zu Eisen. Man findet es in allen Zellen, die auch Eisen enthalten. Ein Mangel an *Kali-s.* führt zur Abschuppung der Epithel- und Epidermiszellen, die durch den Überschuss tagsüber an Sauerstoff locker sitzen. Nützlich für Anwendungen nach Rost. Wenn ein Sulfat und ein beliebiges Eisenoxid mit zerfallendem organischem Material in Berührung kommen, geben sie ihren Sauerstoff ab und bilden ein Eisensulfat. Bei fortgeschrittener Oxidation wird dieses weiter zu Schwefelsäure und einem Eisenoxid zersetzt. Die Pflanzen leiden an heißen Tagen und im Sommer am meisten. Wenn man die Pathogenese betrachtet, könnte dieses Mittel in den Anfangsstadien von Mutterkorn nützlich sein, wenn während der Blüte klebrige, glänzende Tröpfchen produziert werden.

B. Anwendung in der Praxis

Beeinträchtigte Fotosynthese. Rosterkrankungen und ihre Folgeerscheinungen. Chlorose. Nützlich in den Anfangsstadien des Mutterkorns. (Abb. 14) Bananenrost verursacht durch Thysanoptera.

Abb. 14 Mutterkorn

C. Indikationen

Rost oder Chlorose, das Anfangsstadium des Mutterkorns.

D. Wasserbedarf

Normal.

E. Blüten und Früchte

Bei Mutterkorn werden in der Blüte klebrige, glänzende Tröpfchen produziert.

F. Arzneimittelbeziehungen

Vergleiche: *Ferrumverbindungen*

Ergänzend: *Ferrumverbindungen*

Wird antidotiert von: *Natrium*-Verbindungen

Unverträglich: *Ferr.*, *Mang.*, *Natrium*-Verbindungen

Magnesium carbonicum

Basisches Magnesiumkarbonat. $MgCO_3$. Verreibung.

A. Allgemeines

Man kann, ähnlich wie bei *Kali-p.*, bei *Magnesium carbonicum* eine Empfindlichkeit gegenüber Umwelteinflüssen beobachten (z. B. Temperaturumschwünge). Diese Empfindlichkeit ist bei Magnesium aber wesentlich ausgeprägter. Kümmerliche, kränkelnde Pflanzen, die auf saurem Boden nicht gedeihen oder die falschen Nährstoffe erhalten haben. Bei Sämlingen kann eine unsachgemäße Stickstoffzufuhr zum Kollaps führen. Die Wurzeln sind unter der Epidermis zu trocken und es kommt zur Bläschenbildung. Die Pflanzen haben großen Durst, werden aber vorwiegend abends bei Sonnenuntergang welk. Die Staubgefäße der Blüten sind unvollständig entwickelt oder gar nicht vorhanden, infolgedessen ist auch der Fruchtansatz unvollständig oder nicht vorhanden. Die Fotosynthese ist ebenfalls beeinträchtigt und der Proteingehalt ist niedrig. Das Kapillarensystem ist verstopft und nicht voll funktionsfähig.

Mag-c. verhält sich unverträglich zu *Nat-m.* und den KaliumverbindungenWenn einer dieser Stoffe im Überschuss vorhanden ist, kann dies zu Magnesiummangel führen. In Küstenregionen, wo Salzwasserbohrungen Versalzungen verursachen können, kann Magnesium auch die Aufnahme von Natrium verringern.

B. Magnesiummangel

Die Symptome eines Magnesiummangels entwickeln sich rapide (*Acon.* und *Bell.*). Die Blätter färben sich gelb, das Gewebe zwischen den Blattadern ist marmoriert. Die betroffenen Stellen sterben ab. Das Erscheinungsbild ähnelt dem des Gelbverzwergungsvirus. Die ältesten Blätter sind am meisten betroffen, später dann auch die jüngeren Blätter. Die Blattadern und die Mittelrippe bleiben grün. Beim Absterben falten sich die Blätter nach hinten. Auf der Rückseite des Blatts färbt sich das Gewebe zwischen Blattadern pink.

Magnesium ist eher Nährstoff als Spurenelement, da es in größeren Mengen benötigt wird. NPK und Magnesium sind eng miteinander verwandt, ähnlich wie die Mikronährstoffe. Man-

Abb. 15 Schadbild Verletzungen durch Schnee, Eis, Frost, Kälte, Winter

Abb. 16 Schadbild Verletzungen durch Schnee, Eis, Frost, Kälte, Winter

gelerscheinungen erkennt man an einer Gelbfärbung der Blattränder, mit einer dunkelgrünen „Zunge“ an der Basis des Blatts. Die Chlorose wird zunehmend ausgeprägter und Dürreerscheinungen sind an den Blatträndern zu erkennen. Älteres Blattwerk ist besonders betroffen. Dieses Problem tritt vor allem bei Äpfeln auf: Lady Williams, Yates, Red und Golden Delicious, Jonathan und Abas sind besonders anfällig.

C. Anwendung in der Praxis

Welken, Temperaturschock, Schock durch Frost. (Abb. 15, 16) Chlorose, schmutzig gelbe Verfärbung. Verbrennungssymptome durch Wind, Umfallkrankheit. Magnesiummangel und -überschuss.

D. Kalken

Kalken kann einen Magnesiummangel hervorrufen, besonders dann, wenn zu viel Kalk aufgetragen wird. Delbet schreibt, dass Magnesium eine wichtige Rolle bei der Keimung spielt. Magnesium ist in Pflanzensamen reichlich enthalten, und der Kormus enthält mehr Magnesium als der Halm.

E. Indikationen

Virusinfektionen
Infektionen durch Viren können die Nahrungsphysiologie der Pflanzen stark beeinträchtigen. In der Regel verringern sich während einer Infektion die Konzentrationen von Stickstoff, Phosphor, Magnesium und Zink, während die Kaliumwerte steigen.

Magnesium kann man zwischen den Kalium- und Kalziumverbindungen einordnen und es wird stark von diesen Elementen beeinflusst. Wenn es in Verbindung mit Kalium auftritt, passt sich seine Wirkweise diesem Element an. Tritt es in Verbindung mit Kalzium auf, verhält es sich dementsprechend. Leeser geht davon aus, dass Magnesium für die Physiologie der Pflanzen überaus wichtig ist. Im Chlorophyll ist es in organischer Form enthalten. Bei der Oxidation der Kohlenstoffverbindungen spielt es eine wichtige Rolle in der Assimilation von CO_2. Es verhält sich unverträglich zu Natrium und Kalium.

F. Arzneimittelbeziehungen

Vergleiche: *Acon.*, *Am-m.*, *Bell.*, *Ferr-m.*, *Kali-m.*, *Nat-m.*

Unverträglich: *Calc.*, *Kali-c.*, *Kali-m.*, *Kali-p.*, *Kali-s.*, *Nat-c.*, *Nat-m.*, *Phos.*

Ergänzend: *Calc.*, *Kalium*-Verbindungen, *Nit-ac.*, *Phos.*, *Zinc.*

Wird antidotiert von: *Mang.*

Magnesium muriaticum

Magnesiumchlorid. $MgCl_2$. Lösung. Verreibung.

A. Allgemeines

Mag-m. hat viel mit *Nat-m.* und mit Meerwasser gemeinsam. Es besitzt einen sehr bitteren Geschmack. Die Wurzeln der Pflanze sehen geschwollen aus und sind unter der Epidermis trocken. Die Pflanze muss häufig gegossen werden. Die Fotosynthese ist beeinträchtigt, die Blätter sind chlorotisch und lassen Anzeichen von Rost erkennen.

Die Blüten entwickeln sich nicht vollständig oder produzieren verkümmerte Staubgefäße, der Fruchtansatz ist stark beeinträchtigt.

B. Anwendung in der Praxis

Versalzung durch Salzwasserbohrungen. Kümmerliche, kränkelnde Pflanzen. Stark ausgeprägte Chlorose.

C. Arzneimittelbeziehungen

Vergleiche: *Nat-m.*, *Kali-m.*

Unverträglich: *Calc.*, *Kali-m.*, *Natriumverbindungen*, *Phos.*

Wird antidotiert von: *Mang.*

Ergänzend: *Calc.*, *Kalium*-Salze

Magnesium phosphoricum

Magnesiumphosphat. $Mg_3(PO_4)_2$. Verreibung. Lösung

A. Allgemeines

Schüßler schreibt, dass *Mag-p.* eine Affinität zu den Säften besitzt. Bei Pflanzen ist es im Pflanzensaft, im Stützgewebe und im Chlorophyll enthalten. Eine Störung der molekularen Struktur bringt eine Lähmung der Kapillaren mit sich. Wenn im Boden ein Überschuss an Kalium existiert, wird *Magnesium phosphoricum* dort gebunden und kann nicht mehr von der Pflanze aufgenommen werden. Der resultierende Mangel an *Magnesium phosphoricum* führt zu Störungen des Stoffwechsels, der Verdunstung und der Fotosynthese. *Magnesium phosphoricum* besitzt eine starke Ähnlichkeit zu *Magnesium carbonicum* und *Magnesium muriaticum*. Die Pflanzen leiden vor allem bei kaltem Regenwetter und bei Staunässe. Es ist indiziert bei Wurzelkrebs, die Epidermis ist rissig.

Die Pflanze scheint zu welken oder kann sich nicht aufrecht halten. Die Lebenskraft ist in hohem Maße unterdrückt.

Untersuchungen haben gezeigt, dass Phosphor nur in Verbindung mit Magnesium aufgenommen und weitergeleitet werden kann. Magnesium ist die zweitwichtigste Komponente in der Ernährung von Menschen und Tieren, bei Pflanzen steht es ungefähr an fünfter Stelle. Ohne dieses Element können Lebewesen nicht existieren, sie sehen „völlig daneben" aus. Feldstudien haben ebenfalls gezeigt, dass Magnesiummangelzustände durch einen Überschuss an Phosphor verursacht werden. Mit potenziertem *Mag-p.* wurden unterschiedliche Erfolge erzielt. Die Resultate waren abhängig davon, welche Pflanzenart behandelt wurde.

B. Mangelzustände

Die Beziehung zwischen Magnesium und Phosphor wurde von vielen Wissenschaftlern, die sich mit Boden- und Pflanzenproblematik auseinandersetzen, bislang vernachlässigt. Man geht davon aus, dass es keine Probleme durch Mangelzustände gibt, weil Magnesium ein Bestandteil von Chlorophyll ist. Andre Voisin und Dr. William Albrecht (zitiert von Hylton, 1974) haben wiederholt davor gewarnt, dass ein Magnesiummangel ernsthafte gesundheitliche Schäden bei Menschen, Tieren und Pflanzen verursachen kann. Ihre Warnungen wurden über 25 Jahre lang ignoriert, bis schließlich das USDA (United States Department for Agriculture) in den späten siebziger Jahren die Bedeutung von Magnesium für die Landwirtschaft bestätigte. (Abb. 17)

Abb. 17 Schadbild Magnesiummangel

Phosphor kann ohne Magnesium weder innerhalb des Zellkerns noch im restlichen pflanzlichen Gewebe adäquat transportiert werden. Ein Phosphormangel kann nur durch Zufuhr von Phosphor in Verbindung mit Magnesium behoben werden. Das heißt, wenn der Phosphorgehalt erhöht werden soll, muss auch der Magnesiumanteil entsprechend angehoben werden. An dieser Stelle sei erwähnt, dass ein Überschuss an Phosphor Mangelzustände von Kupfer, Kalium und Zink hervorrufen kann.

C. Anwendung in der Praxis

Chlorose, Gelbfärbung, Bronzefärbung und Abwerfen der Blätter.

D. Indikationen

Die Blätter färben sich gelb, bronze und rot und fallen ab. Da die Voraussetzungen für Milben ideal sind, kommt es häufig zum Milbenbefall.

Alle Symptome verschlimmern sich bei Regen, kaltem Wind und kalter Zugluft. Die Pflanzen gedeihen besonders bei Hitze, warmen Winden und trockenem Wetter.

An den Wurzeln können bakterielle Krebsgeschwüre in Verbindung mit einer rissigen Epidermis auftreten. Die Geschwüre sehen rot und wund aus. Obwohl die Pflanze sehr durstig ist, kann sie nur sehr schwer Wasser aufnehmen. Es kann zur Lähmung der Kapillaren kommen. Nährstoffe wie Zucker, Kohlehydrate und Proteine können in der Pflanze nicht adäquat transportiert werden.

Die Blätter verfärben sich (s. oben) und fallen schließlich ab. Die Pflanze verwelkt völlig und stirbt ab. Der Mangel an *Magnesium phosphoricum* beeinträchtigt die Fotosynthese. Die Stoffwechselfunktionen sind durch die unzureichende Verteilung des Phosphors ebenfalls beeinträchtigt.

E. Arzneimittelbeziehungen

Vergleiche: *Cupr., Kaliumverbindungen, Phos., Zinc.*

Ergänzend: *Phos., Ph-ac., Calc., Kaliumverbindungen*

Antidotiert: *Phos.*

Unverträglich: *Phos., Cupr., Kaliumverbindungen, Zinc., Calc., Nat-m.*

Wird antidotiert von: *Mang.*

Magnesium sulphuricum

Trockenes Magnesiumsulfat. Epsomit. $MgSO_4$. Verreibung.

A. Allgemeines

Bei *Mag-s.* ist der Aspekt der Entkräftung ausgeprägter als bei anderen Magnesiumverbindungen. *Mag-s.* ist oft beim Umlegen des Getreides indiziert. Im Gegensatz zu *Mag-p.* hat die Pflanze einen hohen Wasserbedarf und die Verdunstung ist relativ hoch. Die Beziehung zu Phosphor ist, wie bei anderen Magnesiumverbindungen schon beschrieben, äußerst wichtig. Der Schwefelanteil ist hier für die Chlorose und das Umfallen verantwortlich. Diese Symptome treten häufig in Verbindung mit Schwefelmangel auf, man kann aber die Ursache nicht allein bei dieser Tatsache suchen. Ebenso wichtig ist die Beziehung von Magnesium zum Phosphorgehalt der Pflanze.

Die Wurzeln sind sehr trocken und haben eine raue Epidermis. Im Gegensatz zu *Mag-p.* ist die Wasseraufnahme nicht beeinträchtigt, das Wasser verdunstet nach der Aufnahme allerdings sofort wieder. Man kann diesen Zustand mit Diabetes im Menschen vergleichen, die niedrigen Zuckerwerte der Pflanze sind ein wichtiger Hinweis darauf. Gasaustausch und Fotosynthese sind ebenfalls beeinträchtigt. Die in den Wurzeln gespeicherten Zuckermoleküle werden sofort vor Ort aufgebraucht, was zu Schwäche und Umlegen der Pflanze führt und an der Gelbfärbung der jungen Blätter zu erkennen ist. Die Pflanze wird anfällig für Fleckenkrankheiten und hat ein welkes Aussehen.

B. Anwendung in der Praxis

Chlorose der jungen Blätter, die zu einer Vergilbung der gesamten Pflanze führt. Umlegen, Welken, Verdörren.

C. Arzneimittelbeziehungen

Vergleiche: *Phos.*, *Sulph.*

Ergänzend: *Calc.*, *Kali.*, *Phos.*, *Ph-ac.*

Unverträglich: *Calc.*, *Kali.*, *Nat-m.*, *Phos.*

Wird antidotiert von: *Mang.*

Manganum

Manganacetat. Manganum aceticum $Mn(C_2H_3O_2)_2$. Lösung. Mangankarbonat. Manganum carbonicum. $MnCO_3$. Verreibung.

A. Allgemeines

Mangan ist ein Cofaktor in vielen pflanzlichen Reaktionen. Unter anderem wird es für die Produktion von Chloroplasten benötigt.

Im selben Jahr als Priestly den Sauerstoff entdeckte, wurde auch Mangan isoliert. Schon Hahnemann nahm es in seine Materia Medica auf und führte Prüfungen mit dem Acetat und dem Karbonat durch. Die Symptombilder dieser zwei Substanzen werde ich hier zusammen beschreiben.

Mangan besitzt eine starke Affinität zu Eisen und ist diesem in manchen Aspekten sehr ähnlich. Sie treten oft gemeinsam auf. Auch medizinisch gesehen sind sie miteinander verwandt. Man kann den Zustand des kapillaren Kollapses, für den dieses Mittel indiziert ist, mit dem von *Ferr.* und *Calc-f.* vergleichen. Mangan hat in der pflanzlichen Struktur die Funktion eines Sauerstoffträgers. Pflanzen, die Mangan benötigen, können nicht aufrecht stehen, welken leicht und oft. Die Wurzeln sind verstopft und sehen blass aus. Flecken und Fäule treten häufig auf, Schimmel und Mehltau ebenso. Der Wasserbedarf der Pflanze ist niedrig. Die Blüten bilden nur wenig oder gar keinen Pollen, der Fruchtansatz ist unvollständig. Die Fotosynthese ist beeinträchtigt, es kommt zur Verstopfung und zum Kollaps der

Kapillaren. Die Stängel sind schwach, nachgiebig und brüchig.

B. Mangelzustände

Mangan kommt in den Zwiebelgewächsen, den Kreuzblütlern, der Kürbisfamilie und den Nachtschattengewächsen vor. Man kann es durchaus mit dem im Wasser enthaltenen *Nat-c.* (nicht dem Bikarbonat!) vergleichen. Mangelzustände sind auf sehr alkalischen Böden besonders ausgeprägt. Auch *Nat-c.* und *Calc.* sollten hier in Betracht gezogen werden. Wegen des geringen Chloropyllgehaltes ist die Fotosynthese beeinträchtigt. Die Chlorose beginnt als blassgrüne Färbung und kann später orangerot werden. Die Symptome können sowohl bei jüngerem als auch bei älterem Blattwerk auftreten. Dies ist in der Regel von der Pflanzenart abhängig.

Bei Kohlgewächsen: umfassend gefleckte, gelbe Blätter.

Bei Rote Bete: Dreieckig geformte Blätter. Im Englischen als „speckled yellows" bekannt.

Zwiebelpflanzen und Mais weisen gelbe Streifen auf.

Das übermäßige Kalken von sauren Böden kann zu einem Manganmangel führen. Das Mangansulfat wird in der Rohform angewendet ($MnSO_4$). Wir empfehlen, Mangan als Spray aufzutragen, weil Blattdünger auch bei niedrigeren Dosierungen sehr effektiv ist. Die besten Ergebnisse werden durch die Behandlung der jungen Pflanzen erzielt, obwohl das Mittel auch zu einem späteren Zeitpunkt erfolgreich eingesetzt werden kann.

Das Mangansulfat wird in seiner Rohform (500g/100l) aufgetragen, um dieses Problem zu beheben.

C. Mangantoxizität

Mangantoxizität kann durch die Gabe von Silicea verringert werden. Daraus lässt sich schließen, dass Silicea das Antidot zu Mangan ist, ebenso wie Kali. Wenn ein Manganmangel vorhanden ist, erhöht sich bei Getreidepflanzen die Anfälligkeit für Schwarzbeinigkeit. Ein Überschuss an Kalium kann ebenfalls die Anfälligkeit für diese Krankheit erhöhen.

Zu den äußeren Anzeichen eines Manganmangels gehören das allmähliche Verblassen und das leichte Vergilben des Gewebes zwischen den Blattadern. Das Vergilben ist beim älteren Blattwerk am ausgeprägtesten. Schließlich wird die Gelbfärbung sehr intensiv, wäh-

Abb. 18 Monilia-Krankheit, Monilia fructicola

rend die Blattadern ihre tiefgrüne Färbung behalten (vgl. Zincum, wenn die jungen Triebe betroffen sind). Die Blattform bleibt erhalten. Die Chlorose zeigt sich normalerweise als blassgrüne Färbung (bei Zincum färben sich die Blätter gelb). Blätter sind im Schatten besonders betroffen. Schlimmer auf Lehmböden.

Kann in allen Obstanbaugebieten auftreten. Das Mangansulfat wird in seiner Rohform (500 g/100 L) aufgetragen, um dieses Problem zu beheben.

D. Anwendung in der Praxis

Chlorose. Streifenkrankheit der Gerste, Schimmel, z.B. Monilia (Abb. 18), Mehltau, Weizenblattdürre, Fleckenkrankheiten, Braunfäule, Welken. Der pH-Wert des Bodens ist neutral oder alkalisch.

E. Arzneimittelbeziehungen

Vergleiche: *Kali-perm.*

Ergänzend: *Ferr.*

Unverträglich: *Calc., Kali., Phos.*

Wird antidotiert von: *Calc., Sil., Kali.*

Antidotiert: *Ferr., Mag.*

Molybdaenum

Das Element Molybdän. Mo. Verreibung des Metalls.

Allgemeines

Die Verfügbarkeit von Molybdän ist auf sauren Böden geringer als auf anderen Böden. Es ist wichtig, auf sauren Böden die Problematik eines Molybdänmangels im Auge zu behalten. Beim Ansäuern des Bodens mit saurem Dünger wie Ammoniumsulfat sollte man darauf achten, dass der Molybdängehalt ebenfalls adäquat ist.

Diese Böden enthalten meistens mehr als adäquate Mengen an Kalium, Schwefel, Kupfer und Molybdän für Ackerbau und Weideland. Auf neu gerodeten Feldern kann es lediglich zu einem Phosphor- und Zinkmangel kommen.

Lehm- und Tonböden (mit wenigen Ausnahmen) benötigen in der Regel kein Kupfer, Zink oder Molybdän, obgleich es Berichte von vereinzelten Fällen von Zinkmangel gibt. In 150 g Natriummolybdat oder in 112 g Molybdäntrioxid sind 60 g Molybdän enthalten. Die Mobilität der Nährstoffe im Boden hängt von verschiedenen Faktoren ab, unter anderem von saisonbedingten Regenfällen. Die Verteilung der Nährstoffe, die aus Düngern gewonnen werden, ist ebenfalls nicht konstant. Man kann davon ausgehen, dass die Böden in ihrer Fähigkeit, Nährstoffe zu speichern, im Allgemeinen sehr unterschiedlich sind. Das bezieht sich auch auf spezifische Pflanzennährstoffe

Natrium carbonicum

Natriumkarbonat. Soda. Na_2CO_3. Verreibung. Lösung

A. Allgemeines

Natrium carbonicum ist das typische Salz der Natriumfamilie. Ein Überschuss an Alkalimetallen greift die oberflächlichen Schichten der Epidermis an und führt zu trockenen, rissigen Blättern. Die Wurzeln sind trocken und manchmal gefleckt und geschwürig. Der Wasserbedarf der Pflanze ist enorm hoch, gleichzeitig wird die Fotosynthese durch das zusätzlich im Pflanzengewebe gespeicherte Wasser beeinträchtigt.

Die Blüten erscheinen zu früh, was bei Getreidepflanzen zur Unfruchtbarkeit führt. Bei fruchttragenden Pflanzen werden die Früchte nicht ausgebildet. Die Pflanze ist schwach und kann nicht aufrecht stehen, z. B. bei der Halmbruchkrankheit. Die Pusteln und Flecken sind schwärzlich gefärbt, die Blätter trocknen aus. Weizenblattdürre und Befall durch Pseudomonas können ebenfalls mit diesem Mittel behandelt werden. Da diese Krankheiten schon an anderer Stelle besprochen wurden, werde ich hier nicht näher auf sie eingehen.

B. Anwendung in der Praxis

Unfruchtbarkeit. Chronische Beschwerden durch Sonnenstich. Verbrennungssymptome durch Wind. Fleckenkrankheiten. Schwache, wuchernde Pflanzen. Halmbruchkrankheit.

C. Blüten und Früchte

Blüten erscheinen frühzeitig. Unfruchtbarkeit bei Getreidepflanzen. Früchte entwickeln sich nicht.

D. Wasserbedarf

Übermäßig hoch.

E. Arzneimittelbeziehungen

Vergleiche: *Kalium*-Verbindungen

Unverträglich: *Kalium*

Wird antidotiert von: *Phos.*

Natrium muriaticum

Natriumchlorid. Kochsalz. NaCl. Verreibung. Lösung.

A. Allgemeines

Wenn *Natrium carbonicum* das typische Natriumsalz darstellt, zu vergleichen mit *Kalium carbonicum* in der Kaliumfamilie, dann ist *Natrium muriaticum* das wichtigste.

> *Die Probleme, die mit Natrium muriaticum verbunden sind, können gewissermaßen als der „pons asinorum" (die Eselsbrücke) der Homöopathie betrachtet werden. Jene, die die prakti-*

sche Anwendung dieses Mittels verstanden haben, werden auch anderswo keinen größeren Schwierigkeiten begegnen. Diejenigen aber, die nur das gewöhnliche Kochsalz erkennen können, dürfen daraus schließen, dass sie den Kern der Sache nicht erfassen.

(Clarke 1991)

Es mag für manche unvorstellbar sein, dass Verdünnungen von *Natrium muriaticum* völlig eigenständig wirken können, während zur gleichen Zeit große Mengen des rohen Salzes zugeführt werden, wie es bei Salzwasserbohrungen in Küstengegenden der Fall ist. (Abb. 19)

Wie mit allen Schüßlersalzen, kann auch hier ein Überschuss antidotiert oder modifiziert werden, so dass negative Auswirkungen auf wunderbare Weise behoben werden können. In den Küstenregionen werden sehr viele Pflanzen langsam aber sicher durch Salzwasser vergiftet. *Nat-m.*, in einer C30 Potenz gegeben, kann die Auswirkungen des rohen Salzes aufheben, ohne dass man sich in der Häufigkeit der Anwendungen beschränken muss. Wiederholte Tests auf Rasenflächen in den Küstenregionen West-Australiens haben dies bestätigt. Dort bereiten Versalzungen durch Salzwasserbohrungen auf den Rasenflächen vieler Bowling Clubs Probleme, doch konnten auf diesem Gebiet schon gute Ergebnisse erzielt werden.

Schüßler übernahm das Mittel *Natrium muriaticum* von der Homöopathie. Obwohl er sich dieses Mittel auf einem anderen Wege als Hahnemann erarbeitete, stimmen die Indikationen weitgehend überein.

„Wenn Wasser von einer Pflanze über die Wurzeln aufgenommen wird, dann dringt dieses Wasser, unabhängig davon, ob es Salzwasser ist oder nicht, über das in den Epithelzellen enthaltene Salz in die Pflanze ein, denn Salz besitzt die Eigenschaft, Wasser anzuziehen. Wasser

Abb. 19 Schaden durch Salzwasserbohrung (Meerwasser)

ist nötig, um das Gewebe und alle Zellen zu befeuchten. Jede Zelle enthält Soda. In der Zellflüssigkeit spaltet sich Chlor vom Salz ab und bindet sich mit Soda. Das Natriumchlorid, das aus dieser Verbindung entsteht, zieht Wasser an. Auf diese Art und Weise vergrößert und teilt sich die Zelle. Nur auf diesem Wege ist Wachstum durch Zellteilung überhaupt möglich. Wenn kein Salz in den Zellen vorhanden ist, bleibt das Wasser in der Intrazellulärflüssigkeit und es kommt zur Hydrämie. Die Pflanze trocknet aus, obwohl sie wässrig und aufgedunsen erscheint."

(Schüßler 1984)

Gewöhnliches Kochsalz löst diese Problematik nicht, da Zellen in der Regel Salz nur in Form von verdünnten Lösungen aufnehmen können. Das Salz wird dann in der Intrazellularflüssigkeit nicht mehr gebraucht und verursacht Schäden auf der Epidermis, wie z. B. Krankheiten durch Pseudomonaserreger oder die Schalenbräune, bei denen sich Flüssigkeit im Gewebe staut. Wenn die Verteilung von Salz in den Zellen gestört ist, entstehen transparente Rückstände, ähnlich wie Wassertropfen auf Blättern.

Soweit die Theorien Schüßlers, auf Pflanzen übertragen. Dieser theoretische Ansatz ist sehr nützlich, um einige der Eigenschaften von *Nat-m.* zusammen zu bringen, gibt aber nicht das vollständige Bild wieder.

Nat-m. bezieht sich auch auf Beschwerden durch Flüssigkeitsverlust. *Nat-m.* und Kalium sind miteinander verwandt und stehen auch bei der Ernährung von Pflanzen in Beziehung zueinander. *Kali-m.* ist ebenfalls in der Lage, die Folgen von Salzwasserbohrungen zu verringern. Diese beiden Mittel sollten immer gründlich miteinander verglichen werden. Die Funktionen der Nährstoffe in einer Pflanze können negativ beeinflusst werden, wenn ein Ungleichgewicht zwischen den beiden vorliegt. Das trifft sowohl auf einen Überschuss als auch einen Mangelzustand zu.

Die Art und Häufigkeit der Bewässerung und auch die Qualität des Wassers beeinflussen den Nährstoffgehalt der Pflanzen stark.

Die Funktion des Kapillarensystems ist gestört, was zur Chlorose führt und damit die Fotosynthese sowie den Proteingehalt beeinträchtigt. Die Kapillaren sind verstopft und verengt. Die Pflanzen hungern aus und werden schwach, egal wie viel NPK-Dünger zugeführt wird. Der Wasserbedarf der Pflanzen ist hoch, besonders nachdem sie dem Salzwasser von Bohrungen ausgesetzt waren. Kadmium wird ebenfalls vermehrt aufgenommen.

B. Anwendung in der Praxis

Schalenbräune, Fettfleckenkrankheit der Bohne (*Pseudomonas phaseolicola* (Abb. 20)), bakterielle Streifenkrankheit, Versalzung, Salzwasserbohrungen, Chlorose.

C. Indikationen

Dünne, ausgehungerte Pflanzen, trotz wiederholter Befruchtung. Die Blüten produzieren keinen Blütenstaub, oder der Blütenstaub entwickelt sich zu früh. Schäden durch das Salz von Salzwasserbohrungen. Probleme durch

Abb. 20 Pseudomonasinfektion der Bohne

Versalzung. Schwarze Pfirsichblattlaus (*Brachycaudus persicae*).

D. Blüten und Früchte

Die Pflanzen produzieren keinen Blütenstaub und der Fruchtansatz ist beeinträchtigt. Es kann auch vorkommen, dass der Blütenstaub zu früh und zu reichhaltig produziert wird. Stellen am Stängel und an den Blättern, an denen sich das Wasser staut. Die Aufnahme von Nährstoffen ist unvollständig.

E. Arzneimittelbeziehungen

Vergleiche: *Kalium*

Ergänzend: *Kali-m.*

Wird antidotiert von: *Kali-m.*, *Phos.*

Antidotiert: *Nat-m.*, den größten Teil der Nährstoffe

Unverträglich: *Kalium*

Natrium phosphoricum

Natriumhydrogenphosphat. Na_2HPO_4.

A. Allgemeines

Natrium phosphoricum kommt im Pflanzensaft, in den Zellen des Kambiums und in der Interzellularflüssigkeit vor. Durch die chemische Wirkung von *Nat-p.* entsteht Kohlensäure. *Nat-p.* ist in der Lage sich an Kohlensäure zu binden, indem es für jeden Teil Phosphorsäure zwei Teile Kohlensäure erhält. Sobald es die Kohlensäure gebunden hat, gibt es diese an die Blätter ab. Der Sauerstoff, der in der Fotosynthese produziert wird, setzt die Kohlensäure frei, die nur locker an die Phosphorsäure gebunden ist. Die Kohlensäure wird nachts ausgeatmet und gegen Sauerstoff ausgetauscht, der wiederum im Pflanzensaft von Eisen und Mangan aufgenommen wird. Tagsüber wird dieser Vorgang umgekehrt. Es ist offensichtlich, dass *Nat-p.* das Mittel für Probleme mit der Fotosynthese ist. Es kann gegen Rostkrankheiten und alle Beschwerden, bei denen die Blätter eine goldgelbe Kruste entwickeln, eingesetzt werden. Man sollte es immer mit *Aconitum* vergleichen.

Die uns bekannten, antidotierenden Beziehungen der einzelnen Mittel untereinander werden in diesem Fall völlig aufgehoben

Phosphor hat hier eine ergänzende Funktion. So können sich bestimmte Aspekte eines Mittels völlig verändern. Was unter normalen Bedingungen ein besonderes Merkmal eines Mittels ausmacht, kann voll und ganz verschwinden. Obwohl dieses Mittel durchaus manche Eigenschaften von Natrium und Phosphor in sich vereint, unterscheidet es sich grundlegend von beiden und hat in seiner Wirkung eine ganz eigene Note.

Abb. 21 Rost, Puccinia spp.

B. Anwendung in der Praxis

Weizengelbrost (*Puccinia striiformis*), Braunrost (*Puccinia recondita*) (Abb. 21), Probleme der Fotosynthese, Thysanoptera in Bananen.

C. Arzneimittelbeziehungen

Vergleiche: *Acon.*, *Phos.*, *Carb-ac.*, *Ferr.*, *Mang.*

Ergänzend: *Carb-ac.*, *Phos-ac.*

Unverträglich: *Kali.*

Natrium sulphuricum

Natriumsulfat. Na_2SO_4. Verreibung/Lösung.

A. Allgemeines

Natrium sulphuricum wurde 1658 von Glauber entdeckt und ist als Glaubersalz bekannt. Grauvogel beschreibt den *Nat-s.*-Zustand als einen Zustand der extremen Empfindlichkeit gegenüber Feuchtigkeit, Regen und Staunässe oder auch gegenüber stehenden Gewässern wie z. B. Seen.

Die Wirkweise von *Nat-s.* ist der des Chlorids entgegengesetzt. Beide ziehen Wasser an, aber aus unterschiedlichen Gründen. *Nat-m.* nimmt Wasser auf, um damit die Zellteilung zu ermöglichen, die für das Wachstum notwendig ist. *Nat-s.* zieht das Wasser an, welches durch die retrogressive Metamorphose der Zellen gebildet wird und sorgt dafür, dass es vom System ausgeschieden wird. Es zieht Wasser aus den überalterten Serumzellen, die dadurch vernichtet werden. *Nat-s.* regt die Epithelzellen der Kapillaren an und entfernt auf diese Weise überschüssiges Wasser aus dem

System. Wenn die molekulare Struktur von *Nat-s.* angegriffen wird, wird auch die Ausscheidung dieses überschüssigen Wassers gestört und eine Hydrämie ist die Folge. *Nat-s.* ist indiziert bei Pflanzen, die zu viel Wasser haben, deren Zustand sich unter feuchten Bedingungen verschlimmert und denen es bei trockenem und warmem Wetter besser geht.

Die Wurzeln sind trocken, während der Wasserbedarf der Pflanze hoch ist. Sie haben eine durch Schimmel verursachte, schmutzige grün/graue oder grün/braune Erscheinung. Durch die Vergilbung der Blätter ist die Fotosynthese beeinträchtigt und der Proteingehalt niedrig.

Das Austrocknen bei gleichzeitiger Staunässe ist ein typisches Merkmal von *Nat-s.* Viele Rostkrankheiten gedeihen unter diesen Bedingungen (s. *Acon.*, *Bell.*). Einige Fleckenkrankheiten entstehen ausschließlich unter feuchten Bedingungen.

B. Anwendung in der Praxis

Staunässe, beeinträchtigte Fotosynthese. Zerstörung des Blattgewebes, Blätter färben sich gelb, verkümmerte Pflanzen, Chlorose, Mutterkorn, Rostkrankheiten, Blattläuse (Abb. 22), Thysanoptera bei Bananen.

C. Blüten und Früchte

Die Blüten sind betroffen, obwohl keine Berichte von Ernteverlusten vorliegen. Im Allgemeinen kann man sagen, dass jede Krankheit, die durch das Austrocknen der Pflanze unter feuchten Bedingungen entsteht, besonders dann, wenn enorm viel Wasser vorhanden ist, gut auf *Nat-s.* anspricht.

Wie alle Schüßlersalze müssen diese Mittel sehr genau beobachtet werden, nur in der niedrigsten Dosierung verschrieben und mit Vorsicht eingesetzt werden.

D. Arzneimittelbeziehungen

Vergleiche: *Acon.*, *Bell.*

Unverträglich: *Kali.*

Wird antidotiert von: *Phos.*

Abb. 22 Apfelblattlaus, Aphis pomi

Nitricum acidum

Salpetersäure. Aqua fortis. HNO_3. Lösung.

A. Allgemeines

Wenn starke Salpetersäure mit der Epidermis in Kontakt kommt, werden die oberen Schichten zerstört und färben sich gelb. Wenn das Protein dann aber gerinnt, bildet es eine Barriere gegen seine eigene Wirkung. *Nit-ac.* reguliert die übermäßige Aufnahme von Phosphor und Stickstoff. Es ist eines der wichtigsten Antidote zu Quecksilber. Auf quecksilberverseuchten Böden können Pflanzen ohne Bedenken angebaut werden, wenn ihnen gleich nach der Pflanzung eine Gabe *Nit-ac.* verabreicht wird, um zu verhindern, dass das Quecksilber von den Pflanzen aufgenommen wird. Bei Problemen der Fotosynthese, wie zum Beispiel einem Chlorophyllmangel, folgt *Nit-ac.* gut auf *Kali-c.* Die Wirkung von *Nit-ac.* bezieht sich auf die Wurzeln, auf die Blüten und die Staubgefäße insbesondere, die Rinde, die rissig und brüchig wird, und auf die Blätter, in denen die Probleme mit der Fotosynthese entstehen.

B. Anwendung in der Praxis

Stickstoffhaltige Böden und Pflanzen. Überschuss an Phosphor. Fleckenkrankheiten. Schwarzfleckigkeit. Mehltau. (Abb. 23) Halmbruchkrankheit. Violettfärbung von Stängel und Blättern.

C. Indikationen

Violette Verfärbung der Blattunterseite, pink rot. Vergilben der Blätter (auch bei Stickstoffmangel). Die Baumrinde ist brüchig (Ausnahme: Eukalyptusbäume, bei denen sich die Rinde auch im gesunden Zustand schält). Die Rinde ist rissig.

Abb. 23 Mehltau (auf Baumwolle), Leveillula taurica, Schadbild

Chlorose

Im 2–4-blättrigen Stadium kann eine Chlorose entstehen. Die Mittelrippe und die Blattstiele verfärben sich pink. Später färben sich die Stängel violett oder rot. Die älteren Blätter werden gelb bis orange-rot mit roten Blattadern. Sie sterben ab und nach und nach ist die ganze Pflanze betroffen. Eine verminderte Astbildung ist die Folge.

Die Wurzeln haben dunkle oder grüne Flecken (Ausnahme: Hülsenfrüchte). Für gewöhnlich strömen sie einen üblen Geruch aus. Sie sind geschwollen und sehen ulzerös aus. Die Pflanze hat ein starkes Verlangen nach Kalk oder alkalischen Substanzen.

Der Stängel ist entweder zu starr oder zu schwach, beide sind Anzeichen dafür, dass ein Überschuss an Stickstoff und Phosphor vorliegt. Letzteres betrifft die Blüten und die Staubgefäße, die sich entweder zu früh oder überhaupt nicht befruchten. Der Fruchtansatz ist betroffen und es kann zu Ernteausfällen kommen (s. *Kali-n.*).

D. Arzneimittelbeziehungen

Ein Molybdändefizit kann die Fähigkeit von Bohnen und Erbsen, Stickstoff zu binden, beeinträchtigen.

Ergänzend: *Molyb.*,

Folgt gut auf: *Kali-c.*

Antidotiert: *Molyb.*

Phosphorus

Das Element Phosphor. P. Saturierte Lösung in 100% Alkohol. Verreibung des roten, amorphen Phosphors.

A. Allgemeines

Phosphor (Träger des Lichts, Morgenstern) wurde erstmalig 1673 von dem Chemiker Brandt aus Hamburg entdeckt, kurz darauf folgte ihm Kunkil aus Sachsen. Teste schreibt, dass schon binnen kürzester Zeit die ersten Versuche stattfanden, Phosphor auch medizinisch einzusetzen. Kunkil stellte aus Phosphor seine „Leuchtenden Pillen" her.

Phosphor wird eine Schlüsselfunktion in der Landwirtschaft zugesprochen, weil ein niedriger Ernteertrag meistens auf einen Mangel an diesem Nährstoff zurückzuführen ist. Die anderen Nährstoffe spielen hier eine untergeordnete Rolle. Mangelzustände äußern sich auf verschiedenen Pflanzen ganz unterschiedlich: Bei Getreidepflanzen färben sich die Blätter violett, Hülsenfrüchte werden bläulich grün und verkümmern. Die meisten Pflanzen jedoch werden dunkelgrün mit einer leicht rötlichen oder violetten Färbung.

Staunässe

Staunässe erhöht die Verfügbarkeit von Phosphor im Boden. Auch beeinflusst der Lebenszyklus einer Pflanze den pH-Wert des Bodens und die Verfügbarkeit der Nährstoffe. Das Auftreten von Süßgras ist abhängig von folgenden Faktoren: den Mengen an organischem Kalzium, dem Transfer von Nährstoffen, dem Vorkommen von NH_4, dem verfügbaren Phosphor, den austauschbaren Kationen und den löslichen Salzen.

Bei hohen Phosphorkonzentrationen im Boden wird das Wachstum von Weidelgras (*Lolium perenne*) gefördert, welches Vergiftungserscheinungen bei Schafen verursachen kann. Wenn dem Boden Kalium zugeführt wird, vermehrt sich das Weidelgras, während niedrige Kaliumwerte das Wachstum von Weidelgras auf dem Weideland verringert. *Paspalum*-Gräser und der Bewuchs mit *Agrostis capillaris* nehmen deutlich zu.

Abb. 24 Schadbild Phosphormangel

Der Kleine Sauerampfer, der vorwiegend auf sauren Böden wächst, verändert den pH-Wert des Bodens und macht ihn alkalischer. Er gehört zu den Pionierpflanzen, die saure Böden für die Pflanzen vorbereiten, die alkalische Böden bevorzugen.

B. Phosphorüberschuss

Zuviel oder zu wenig Phosphor kann das Fortpflanzungsverhalten von Schädlingen beeinflussen. Ein Ungleichgewicht kann bei Spinnmilben zu einer erhöhten Eiablage führen, wie das USDA berichtet.

C. Phosphormangel

Ein Phosphormangel (Abb. 24) kann auf dem Ackerund bei Substraten zu Problemen mit Mottenschildläusen (*Aleyrodidae*) führen. In Feldstudien wurden unterschiedliche Ergebnisse erzielt, abhängig von den Pflanzenarten und den Substraten, die benutzt wurden.

Die Beziehung zwischen Phosphor und Eisen muss bei einem unausgewogenen Phosphorgehalt immer berücksichtigt werden. Phosphor ist ein wichtiger Faktor für die Enzymbindung im Krebszyklus. Ein Mangelzustand lässt sich an der dunklen, blaugrünen Verfärbung der Stängel und der Blätter erkennen. Ein verkümmerter Wuchs, qualitative und quantitative Einbußen bei den Samen und Früchten sind die auffälligsten Merkmale. Ein vorzeitiger Alterungsprozess und verfrühter Blattabwurf sind ausgeprägt.

In der Landwirtschaft wird Phosphor wie folgt angewendet:

- Als Monokalziumphosphat
- Als Kalziumphosphat
- Als Natriumphosphat

Phosphor wird auch in der Form von organischem Phosphat als Pestizid eingesetzt. Durch den Einsatz von Pestiziden wird deutlich, dass diese einen wiederholten Schädlingsbefall auslösen können, insbesondere bei Blattläusen, da diese Phosphor bevorzugen. Zum Vergleich können auch Herbizide, wie z. B. 2,4-D, die Anfälligkeit von Pflanzen für Schädlinge und Brandkrankheiten erhöhen. Das liegt daran, dass Herbizide prinzipiell für jede Pflanze schädlich sind.

Das ganze Konstrukt der chemisch betriebenen Landwirtschaft steht und fällt mit der Prämisse, dass chemische Dünger, Pestizide und Herbizide die Nutzpflanzen nicht nachteilig beeinträchtigen. (Abb. 25) Trotzdem sind Rückstände dieser Giftstoffe auf fast allen konventionell angebauten Lebensmitteln zu finden. Die „zulässige Rückstandsmenge" ist durch den „Clean Foods Act" festgelegt.

Die meisten chemischen Mittel, die in der Landwirtschaft eingesetzt werden, müssen vor dem Verkauf gelagert werden, um ihre schädliche Wirkung zu reduzieren.

Das Besondere an organischen Phosphaten ist, dass sie eine geringe Halbwertzeit haben, d. h. sie werden recht schnell abgebaut. Die entstehenden Chemikalien sind noch giftiger als das Phosphat, werden dafür aber noch schneller abgebaut. Auf diese Art und Weise versuchen die agrochemischen Konzerne der toxischen Wirkung ihrer Produkte vorzubeugen.

Bei den homöopathischen Mitteln dagegen fallen diese Nachteile weg, da sie in solch winzigen Mengen angewendet werden, dass es keine Rückstände gibt, die abgebaut werden müssten. Die Wirkweise dieser Mittel ist nicht mechanistisch, obwohl man schlussfolgern muss, dass ihre Wirkung mechanistische Phänomene hervorrufen kann. Homöopathische Mittel arbeiten dynamisch und die mechanistischen Ergebnisse, die daraus folgen, belegen eben diese dynamische Funktion.

Ödematöse Flecken auf den Blättern, wie z. B. bei *Pseudomonas*-Befall und Streifenkrankheit. Die Fotosynthese ist beeinträchtigt. In der Regel für alle Pflanzenkrankheiten indiziert, bei denen man wässrige Zellen und die damit verbundenen Probleme vorfindet.

Phos. ist ein ausgezeichnetes Mittel für die Folgen einer Bleivergiftung, wie man sie häufig an Straßenrändern vorfindet (in Städten und auf dem Land).

Die Pflanzen sehen fahl und aufgedunsen aus. Bei einem Phosphorüberschuss entwickeln sich die Blüten vorzeitig. Wenn man *Phos.* kurz vor der Blüte verabreicht, werden ver-

Abb. 25 Schadbild durch Herbizide

mehrt Blüten gebildet, was wiederum die Erträge steigert.

Phos. hat einen grundlegenden Einfluss auf die Ernährung und Funktion eines jeden Gewebes, insbesondere der sehr harten (Kambium und Rinde) und der ganz weichen (Blüten und Früchte). Es steigert die Wachstumsrate, wobei der fortgesetzte Einsatz von Phosphor schließlich zur Degeneration führt.

Der Wasserbedarf der Pflanze ist sehr hoch und sie neigt während trockener Perioden zum Welken. Wie wir schon bei *Nat-p.* gesehen haben, besitzt Phos. eine starke Affinität zur Fotosynthese und zum Gasaustausch. Die Blätter können völlig verstopft sein und die Kapillarfunktion stillgelegt, was zum Kollaps der ganzen Pflanze führt. Wenn ein Überschuss an Phosphor vorliegt, wird der Prozess, wie er unter *Nat-p.* beschrieben ist, unhaltbar. Das kommt daher, dass die Kohlensäure mit der Phosphorsäure, die in Verbindung mit Sauerstoff die Säure bildet, nicht mithalten kann. Der Sauerstoff wird vom Wasserstoff angezogen, d. h. Wasser wird gebildet und führt zur Stauung der Flüssigkeit in den Blättern, behindert die Fotosynthese und führt letztendlich zum vollständigen Kollaps der Kapillaren.

Die Wurzeln sind außen runzelig und fühlen sich an, als ob die Wurzelhülle locker um das Wurzelinnere liegt. Sehr trocken; gelb mit einem braunen Kern.

Der Wasserbedarf der Pflanze ist sehr hoch, die Nährstoffe werden aber nicht aufgenommen, da die Pflanze bereits gesättigt ist und darunter leidet.

D. Anwendung in der Praxis

Befall durch *Pseudomonas* und bakterielle Streifenkrankheit, Schalenbräune, beeinträchtigte Fotosynthese, Nekrose, Stauung in den Blattgefäßen, Chlorose mit ungewöhnlich kleinen Blättern durch Überschuss oder Mangel an Phosphor, schwache Pflanzen, Rostkrankheiten, Flecken, trockene Blätter, Schimmelbefall, Befall durch *Erwinia carotovora.*

E. Indikationen

Das Krankheitsbild, das mit *Phos.* verbunden ist, ist denen von *Nat-p.* und *Kali-p.* sehr ähnlich, aber wesentlich ausgeprägter. Schimmelbefall ähnlich wie bei *Calc.*, *Sil.*, *Calc-f.* oder *Lapis.* Befall durch *Erwinia*, *Armillaria* und *Phytophthora citrophtera* sind einige wenige Beispiele.

Armillaria spp.
Die Blätter färben sich an den Rändern braun oder werden gelb und fallen ab. Das Verwelken und Eingehen der Pflanzen ist häufig zu beobachten. Zitrusfrüchte haben einen sehr gesunden Fruchtansatz im Frühjahr, kollabieren aber während der heißen und trockenen Sommermonate.

Auf oder unter der Epidermis befinden sich Pilzfäden, die die Wurzeln wie eine Scheide umgeben. Die Epidermis strömt einen starken Pilzgeruch aus. Die holzigen Teile der Pflanzen sind entweder trocken und pulvrig oder feucht und geleeartig. Längliche Gebilde, Schnürsenkeln ähnlich, sind typisch und fördern die Verbreitung des Erregers unter den einzelnen Pflanzen.

Abb. 26 Armillaria-Wurzelfäule

Auf einheimischen Bäumen ist der Pilz ein eher schwacher Parasit. Er wächst auf alten Wurzeln und Baumstümpfen und verbreitet sich von da. Im Herbst, wenn Wetter und Boden feucht werden, wachsen gelblichbraune Pilze aus den verrotteten Wurzeln heraus und breiten sich auf dem Boden aus. Betroffene Pflanzen: holzige Ziersträucher (Abb. 26) und kleinere Pflanzen, wie z. B. Erdbeeren, und viele Obstbäume.

Erwinia carotovora

Die Bakterien, die diese Krankheit verursachen, sind häufig im Boden oder auf Pflanzen vorzufinden. Sie bevorzugen sukkulente Pflanzen. Bei feuchtem Wetter richten sie den größten Schaden an. Pflanzen, die sich gerade von einem Schädlingsbefall oder anderen Krankheiten erholen, sind besonders empfänglich für einen Befall durch den Erwinia-Erreger. Die Fäule ist immer weich, hat einen faulen Geruch und sieht sehr schleimig aus.

Betroffene Pflanzen

Kartoffeln

Symptome äußern sich meistens zuerst als weiche Dellen um die Lentizellen herum. Durch die eigenartige Weichheit kann man sie gut von der Schwarzfäule unterscheiden.

Calla-Pflanzen

Die Krankheit beginnt unter der Erde. Am unteren Ende der Blüten- und Blattstiele erscheinen aufgeweichte Stellen, die faulen und schließlich umknicken.

Mais

Das Symptombild ist ähnlich wie bei den Callas; der Stängel weicht direkt über der Erde auf, wird dunkelbraun und schleimig und kollabiert. Möhren und Kartoffeln werden während der Ernte infiziert und faulen bei der Lagerung.

Weitere Pflanzen

Die fleischigen Teile von Sukkulenten, Wurzeln, Knollen, dicke fleischige Blattansätze, Fruchtknospen und -stiele, Kreuzblütler, Kartoffeln, Sellerie, Salat, Zierpflanzen, Iris, Dahlien und Callas.

Phytophthora citrophtera

Diese Krankheit wird von einem Pilz verursacht, der im Boden vorkommt und nur unter besonderen Bedingungen aktiv wird. Wenn sich die Blätter gelb färben und der Baum krank aussieht, liegt der Verdacht nahe, dass er von *Phytophtora* befallen sein könnte. Das erste Anzeichen dafür ist Harz, das in Bodennähe aus der Rinde austritt. Nach einiger Zeit kann die Rinde sogar feucht aussehen. Noch ein wenig später wird sie trocken, brüchig und platzt auf. Wenn der Baum nicht behandelt wird, bildet sich ein fauler Ring um den Stamm. Die Fäule entsteht nur unter feuchten Bedingungen, bei Staunässe oder wenn Gemüsepflanzen oder Unkraut zu nahe am Stamm des Baumes wachsen. (Abb. 27)

Abb. 27 Phytophthora Wurzel und Kronenfäule

Betroffene Pflanzen

In der folgenden Liste werden die anfälligsten Pflanzen zuerst aufgeführt, die widerstandfähigsten zuletzt:

Zitronen der Sorte Eureka und Lisbon, Washington Navel Orange, Valencia Orange und Mandarinen. Die Sorten Trifoliata, Citrauge, Troyer und Carrizo sind völlig resistent.

F. Blüten und Früchte

Die Blüten sind zahlreich. Die Früchte sind groß, haben eine harte Schale, sind innen wässrig und haben wenig Geschmack. Bei einem Phosphorüberschuss entwickeln sich die Blüten zu früh, die Staubgefäße bilden sich nicht vollständig aus. Unfruchtbarkeit ist die Folge. Die Befruchtung funktioniert allerdings wunderbar, wenn *Phos.* zum richtigen Zeitpunkt gegeben wird.

G. Arzneimittelbeziehungen

Vergleiche: *Ferr.*

Antidotiert: Bleivergiftung, *Natrium*-Familie

Unverträglich: *Alum., Calc., Ferr., Mag., Mang., Zinc.*

Silicea

Kieselerde. Silicea terra. Silex. Siliziumdioxid. SiO_2. Verreibung des reinen Bergkristalls.

A. Allgemeines

Silicea ist eines der großen Mittel in der homöopathisch betriebenen Landwirtschaft, wie unsere Untersuchungen bislang bestätigt haben.

Außerhalb der Homöopathie setzen vor allem die biodynamisch wirtschaftenden Landwirte dieses Mittel ein. Es wurde von Hahnemann in die Medizin eingeführt und erst seine Methode, unlösliche Substanzen zu verdünnen, machte es möglich, die heilenden Kräfte von *Silicea* freizusetzen. Ein großer Teil der Erdkruste besteht aus Silicea. Meeressand (*Silicea marina*) besteht hauptsächlich aus dieser Substanz. Silicea wird von Pflanzen aufgenommen und an der Innenseite der Stängel deponiert. Es ist auch ein wichtiger Baustein der Scheide oder der Rinde, welche die Pflanze aufrecht hält. „Mangelndes Rückgrat" ist die Hauptindikation für *Silicea*.

Pflanzen, die dem *Silicea*-Typ entsprechen, wachsen auf sandigen Böden und werden dort wenig Probleme haben. Es sind eher die Pflanzen, die eigentlich nicht dorthin gehören, bei denen es zu Problemen kommt.

Kieselsäure ist ein Bestandteil der Zellen des Bindegewebes. Die Epidermis bildet die schützende Hülle um das Kambium, wo *Silicea* den langen Molekülen der Fasern Kraft verleiht. *Sil.* lässt die Rinde an gesunden Bäumen verkrüppeln, was zum Absterben des Baumes führen kann. Der Verlust an Säften, der dadurch herbeigeführt werden kann, reicht aus, um eine Pflanze oder einen Baum zu töten. Die Bedeutung von *Silicea* beim Absterben von Pflanzen („Die-back") wurde durch beeindruckende Ergebnisse in der Praxis bestätigt. Ein junger Baum, der an dieser Krankheit litt, hatte nur noch ein Viertel seiner Rinde intakt, diese hing lose und trocknete aus. Eine Gabe *Sil.* C6 wurde verabreicht und schon am nächsten Tag war die Rinde fest mit dem Kambium verbunden. Nach einer Woche bildeten die obersten Zweige wieder neue Triebe und Blätter.

Die Homöopathie bietet viele andere Gelegenheiten, unsere eigene Lebensqualität und die der Produkte, die wir herstellen, zu verbessern. Dieser Ansatz ist dabei gar nicht so abwegig, wie er zuerst erscheinen mag.

Wenn man das Mittel *Silicea* und sein breit gefächertes Wirkspektrum verstanden hat, wird man auch anderswo keine großen chwierigkeiten haben. So wie gängiges Kochalz, potenziert, beim Menschen eine estimmte Heilwirkung hervorruft, kann ilicea als potenzierte Dosis Pflanzenkrankeiten positiv beinflussen. Kein anderes Mittel esitzt eine tiefer gehende Wirkung auf den ebenszyklus von Pflanzen oder ein größeres Wirkungsspektrum. *Silicea* ist das wahre Polyhrest der Landwirtschaft, viel mehr noch als edes andere Mittel. Wir wollen uns dieses nglaubliche Spektrum einmal näher nschauen.

1. Ohne *Silicea* kann keine Pflanze aufrecht stehen. Es wirkt auf jede einzelne Zelle des pflanzlichen Gewebes, verleiht ihr Festigkeit und Stärke und reguliert alle zellspezifischen Prozesse, einschließlich der Reproduktion. Kieselsäure ist in der Lithosphäre das am weitesten verbreitete Element. Bei den Pflanzen hat Kieselsäure eine stützende Funktion. Man findet es in großen Mengen bei den Algen, den Schachtelhalmgewächsen, den Knöterichgewächsen und den Gräsern. Die Asche von verbrannten Vogelfedern besitzt einen besonders hohen Anteil an Kieselsäure.

2. Bei Pflanzen beschränkt sich die Funktion nicht ausschließlich auf eine stützende. Als hydrophiles Kolloid zieht es Wasser an, was das Vielfache des Eigengewichts betragen kann. Pflanzen, die auf trockenen oder kargen Böden wachsen, können dank dieser Wasser speichernden Eigenschaft beträchtliche Wasserreserven anlegen. Die erhöhte Wasseraufnahme der Pflanzen auf den stark silikathaltigen Böden der Wüstenlandschaften Australiens bestätigt die These, dass *Silicea* das Austrocknen verhindern kann.

3. In der Regel genügt eine einzige Gabe, um die Keimung von ein- und zweijährigen Pflanzen zu unterstützen, damit sie vom Zeitpunkt der Aussaat an einen gesunden Lebenszyklus haben können. *Silicea* ist ein Element des Mondes, das heißt, es besitzt große formative Fähigkeiten. Neben Kohlenstoff ist *Silicea* in seiner Funktion als Baustein und in seiner Rolle bei der Entstehung des schützenden Gewebes eine der wichtigsten Substanzen im Lebenszyklus der Pflanzen. In der Regel gibt es bei Silicea eine Verschlimmerung, manchmal auch eine Besserung, bei Vollmond und bei Neumond. Hier wird die Beziehung zum Mond bestätigt.

4. Ein weiteres Merkmal von *Silicea* ist die Fähigkeit, eine vorzeitige Blüte zu forcieren. Dadurch wird die Samenbildung in einjährigen Unkräutern verhindert, was den Einsatz dieses Mittels als Herbizid möglich macht. Zu diesem Zweck muss es zweimal innerhalb von zwei Tagen verabreicht werden. Um das Wachstum von Unkraut zu verhindern oder auch um großflächige Probleme zu bewältigen, muss *Silicea* mindestens zweimal innerhalb von 10 Tagen gesprüht werden, um der Samenbildung vorzubeugen. Mit der letzten Anwendung wird auch das Saatgut ausgestreut.

Schon Steiner warnte Obstbauern davor, *Silicea* öfter als zweimal zu verabreichen, weil sich sonst keine Früchte entwickeln können. Während diese Methode ausgezeichnet dafür geeignet ist, Unkraut zu vernichten, kann es auch für den großflächigen Anbau von Zierblumen nützlich sein, da es bei den Blumen die Blütenzahl erhöht.

Diesbezügliche Versuche von Cannabisbauern in Australien (der Anbau von Cannabis ist legal in Südaustralien und dem Norden Tasmaniens) und Holland (der Anbau von Cannabis für den persönlichen Gebrauch ist in ganz Holland erlaubt) haben bestätigt, dass dies in der Tat so ist. Aus diesen Ergebnissen können wir schlussfolgern, dass andere Pflanzen ebenfalls mehr Blüten hervorbringen könnten.

Man könnte so bei Chrysanthemen, Tulpen, Rosen und anderen Zierblumen eine bessere Ernte erzielen. Wenn man von dem um 30–50% gesteigerten Ertrag bei Cannabis ausgehen kann, lohnt es sich, weitere Experimente durchzuführen.

5. Es gibt weitere Hinweise dafür, dass *Silicea* zur Unterstützung der Keimung eingesetzt werden kann. Hierfür wird es nur einmal zum Zeitpunkt der Pflanzung verabreicht. Die Pflanze wird starke Wurzeln und feste Blätter und Triebe entwickeln.

6. Eine weitere Gabe kann verabreicht werden, wenn die Pflanzen schwach, verkümmert und klein aussehen.

7. Wird *Silicea* nach der Blüte verabreicht, fördert es den Fruchtansatz. Alle Anwendungen wurden in Feldversuchen geprüft, wobei viele der Indikationen aufgrund unerwarteter Reaktionen gefunden wurden. Sie bestätigen die Erkenntnisse Steiners und haben zusätzlich weitere Anwendungsmöglichkeiten aufgezeigt. Unsere Erwartungen wurden weit übertroffen und dies zeigte uns, dass *Silicea* eines der wichtigsten Mittel ist, mit dem bislang Versuche durchgeführt wurden.

8. Auf sandigen Böden kann *Silicea* wahre Wunder vollbringen, trotz rauer Bedingungen (oder vielleicht gerade wegen dieser Umstände). *Silicea* kann bewirken, dass Pflanzen gedeihen. Es kann auf Böden eingesetzt werden, die allem Anschein nach gesund sind, auf denen aber immer wieder kümmerliche Pflanzen wachsen. Es kann bei allen Pflanzen zum Zeitpunkt der Aussaat gegeben werden, oder als Schutz vor Mehltau und Schimmel, schwachen Zellen und Erschöpfung. Auch zur Unterstützung des Fruchtansatzes, zur Verwurzelung, nach dem Umtopfen und zur Gründüngung ist es geeignet, ebenso gegen alle Erkrankungen der Rinde und gegen das Absterben von Pflanzen und Bäumen („Die-back").

Kurz gesagt, *Silicea* und *Silicea*-Präparate können wie keine anderen Mittel jede Phase des Lebenszyklus einer Pflanze beeinflussen, können so umfassend zu jedem Zeitpunkt eingesetzt werden und besitzen nach einer einzigen Gabe eine so profunde und lang anhaltende Wirkung. *Silicea* ist ein Bodenmittel ersten Ranges. Es ist das Antidot der Wahl in Fällen von Mangantoxizität. Auf sandigen Böden verändert es die Ionisierung der Partikel von Wasser abweisend zu Wasser aufnehmend. Die negativen Auswirkungen sandiger Böden werden neutralisiert und die Pflanzen können binnen kurzer Zeit gedeihen. Das Konzept von *Silicea* als Keimungshilfe wurde aufgrund dieser Anwendungen entwickelt und vor allem bei der Keimung von Gräsern sehr deutlich.

Abb. 28 Hexenring

Anhand der Materia Medica können wir einige spezifische Anwendungsmöglichkeiten für *Silicea* erarbeiten. Erstmals eröffnet sich die Möglichkeit, die Wüste mit weniger Schweißarbeit und Rätselraten, sondern mit Hilfe von homöopathischen Mitteln wie *Silicea*, *Calcium*, *Equisetum* und *Polygonatum* wieder zu erobern. Von Hahnemann stammt der Hinweis, dass der Umgebung, in der ein Patient lebt, ein hoher Stellenwert eingeräumt werden muss. Die Wüste besteht hauptsächlich aus Sand, was besonders in Australien zutrifft. Die frühe Aussage Herings, welcher Impuls den stärksten Einfluss auf den Heilungsprozess hat, spielt auf die darauf folgende Behandlung an.

Silicea-Präparate müssen mit Vorsicht angewendet werden, da *Silicea* nicht nur eine Wüste begrünen, sondern auch eine schaffen kann, oft mit verheerenden Konsequenzen. *Silicea* ist eine der großen Naturgewalten, die, je nach Geschick des Anwenders, sowohl heilen als auch zerstören kann.

Mit *Silicea* wurden im Port Bouvard Bowling Club ausgezeichnete Ergebnisse erzielt. Kahle Stellen auf dem Rasen konnten innerhalb von zwei Wochen begrünt werden. 10 mal 4 Meter große Stellen waren schnell wieder mit starkem Graswuchs bedeckt und zeigten wenig Anfälligkeit für den allgegenwärtigen Hexenring. (Abb. 28) Wir zögern nicht, den Einsatz dieses Mittels zu empfehlen, wenn die Umstände dafür sprechen.

Bis dato hat sich gezeigt, dass dank *Silicea* Rasenflächen grüner, Bambuspflanzen größer und kräftiger, Pflanzen gesünder und Hölzer dichter und härter (und somit weniger von Termiten befallen) werden. Das Baumsterben wird erheblich reduziert und sogar ganz gestoppt, die Widerstandsfähigkeit der Pflanzen gegen Schädlinge und Krankheiten steigt, Früchte werden größer. All das haben wir *Silicea* zu verdanken.

B. Anwendung in der Praxis

Absterben der Pflanze (Die-back). Frühzeitige Blüte. Schock durch Umtopfen/Umpflanzen. Schwache, wuchernde Pflanzen. Kümmerlicher Wuchs. Krankheiten der Rinde und der Blattscheide. Chlorose. Blattläuse. Befall durch Falter der Spezies *Heliothis virescens*. Zitrusmilben (*Eutetranychus banksi*). Backobstkäfer (*Carpophilus hemipterus*). Wildkräuter.

Kann als Herbizid, als Tonikum, zur Bodenverbesserung und zur Unterstützung der Keimung angewendet werden.

C. Indikationen

Chlorose

Schwache, verkümmerte Pflanzen, die nicht gedeihen. Nach dem Umtopfen wachsen die Pflanzen nicht an, sie sind grün, verwurzeln aber nicht gut. Die Wurzeln sind schleimig. Die Pflanzen brauchen Nährstoffe, können sie aber nicht assimilieren. Brüchige Stängel und Zweige, die bei Belastung brechen. Schwäche bei der Reproduktion. Kleine, kümmerliche Blüten, wenig oder kein Blütenstaub, unterentwickelte Staubgefäße, die Früchte reifen nicht aus, fallen ab, bevor sie ausgereift sind. Blätter und Rinde sind hart, ähnlich wie Leder, rote Flecken. Zurückschneiden oder andere mechanische Einwirkungen, wie z. B. Sturmschäden, können Wunden verursachen, die sich zu Geschwüren entwickeln. Gallen auf der Baumrinde als Folge von Insektenbefall, Baumkrebs.

D. Blüten und Früchte

Schwäche bei der Reproduktion, unterentwickelte Blüten und Früchte, keine Samenbildung, *Heliothis virescens*.

E. Wasserbedarf

Braucht mehr Nährstoffe als Wasser.

Anmerkung

Silicea kann man sehr vielseitig einsetzen, allerdings sollte man darauf achten, dass man nur aufgrund der vorgegebenen Kriterien verschreibt und das Mittel mit Sorgfalt anwendet.

F. Arzneimittelbeziehungen

Vergleiche: *Lapis albus*

Antidotiert: *Mang.*

Ergänzend: *Calc.*

Sulphur

Schwefel. S. Sublimierter Schwefel. Verreibung der Schwefelblüten. Die Urtinktur wird aus einer saturierten Lösung in 100% Alkohol gewonnen.

A. Allgemeines

Schwefel ist ein elementarer Stoff, der in der Natur als brüchige, aber feste, kristalline Substanz vorkommt, an der Luft mit einer blauen Flamme brennt und zu Schwefeldioxid oxidiert wird. Der Ruf von Schwefel als Heilmittel ist wahrscheinlich so alt wie der medizinische Heilberuf selbst. Hahnemann sagt:

> *Schon vor 2.000 Jahren wurde Schwefel als ein spezifisches und heilkräftiges Mittel gegen das Jucken verabreicht.*
>
> (Hahnemann 1834)

Der häusliche Gebrauch von Schwefel als Frühjahrskur stützt sich auf die antipsorischen Eigenschaften dieses Mittels. Es ist genau diese Eigenschaft, nämlich eine konstitutionelle Reizung an die Oberfläche zu bringen, die den Schwefel zum wichtigsten Vertreter von Hahnemanns antipsorischen Mitteln macht. Als starkes Antiseptikum beschränkt sich das Wirkspektrum keinesfalls auf die Psora. Cooper schreibt, dass Arbeiter in Schwefelminen immun gegen das Wechselfieber sind, obwohl sie in Gegenden arbeiten, die mit Malaria verseucht sind.

Bei den Pflanzen ist das Kapillarsystem gestört, was zu Unregelmäßigkeiten im Kreislauf führt: Stauungen, Entzündung – wie man es bei Rost- und Fleckenkrankheiten vorfindet; das Thema der Rötung zieht sich durch das Mittel hindurch. Der Kreislauf ist träge. Die Assimilation ist beeinträchtigt. Es kommt zur Auszehrung bei dünnen, wuchernden Pflanzen, die aber ausreichend Nährstoffe bekommen. Ausgetrocknete Pflanzen, die gelblich gefärbt sind und schlapp aussehen. Die Fotosynthese ist stark beeinträchtigt und gestört. Verschlimmerung in der Sommerhitze, nachts, periodisch alle zwölf Stunden.

Eine Gabe des reinen Schwefels kurz vor der Ernte verbessert die Mahl- und Backqualitäten von Weizen. Schwefel wird durch überschüssigen Stickstoff oder Ammoniak gebunden. Diese Wirkung kann nur von Mitteln antidotiert werden, die Ammoniak oder Stickstoff in ihren Verbindungen enthalten. *Kalium nitricum* kann in diesem Zusammenhang nur dann eingesetzt werden, wenn gleichzeitig ein Kaliumungleichgewicht vorliegt.

Bei Rostkrankheiten ist *Sulph.* das chronische *Aconitum*. Wo *Aconitum* nicht heilen kann, wird *Sulph.* schnell helfen.

Sulph. wirkt auf alle Aspekte der Fotosynthese, von den Blättern bis zum Speichern der Proteine. Die Probleme der Fotosynthese wechseln sich ab mit dem Ausbruch der Rostkrankheit. Der Pflanze geht es immer nach Regen schlechter. Stauungssymptome in einzelnen Teilen der Pflanze: Wurzeln, Stängel, Blätter oder Blüten.

1966 behandelte Wannamaker Keimlinge mit Sulphurverdünnungen in verschiedenen Potenzen, von D12 bis C10.000, Kontrollgruppen waren vorhanden. Das Gewicht und die Maße der Keimlinge wie auch deren Werte in Bezug auf Natrium, Kalium, Kalzium und Magnesium waren signifikant beeinflusst.

Schwefel wird nur dann als pflanzliche Düngekomponente aktiv, wenn es in Verbindung mit Phosphor, Kalzium oder Natrium auftritt (s. *Calc-s.*, *Nat-s.*). Ein Schwefelmangel ist dann zu erkennen, wenn der Wert unter 300 ppm sinkt. Bei defizitären Pflanzen lag der Wert für SO_4 zwischen 120 und 220 ppm. Bei den meisten Tests ist der Anteil an Trockenmasse ausschlaggebend für die Ermittlung einer Toxizität oder eines Defizits. In der Praxis kann man einen Schwefelmangel nur anhand des unzureichenden Wachstums erkennen.

Da Pflanzen nur das Sulfat aufnehmen können, muss Schwefel im Boden verarbeitet werden. Daraus folgt, dass Schwefel in der Form von z.B. Kalziumsulfat oder Natriumsulfat verwendet werden kann. Kalziumsulfat kann auf alkalischen und auf sauren Böden den Genesungsprozess einer Pflanze in kürzester Zeit unterstützen. In salzigen Gegenden ist Natriumsulfat indiziert. Auf sandigen Böden ist wenig Sulfat verfügbar, alleine wegen der Schwierigkeit Wasser zu speichern und der erschwerten Aufnahmefähigkeit. Versickerung stellt eines der größten Probleme auf sandigen Böden dar, was durch einen großzügigen Aufbau an organischer Materie im Boden verringert werden kann.

B. Schwefelmangel

Die optischen Symptome eines Schwefelmangels können innerhalb einer Pflanzengattung stark variieren, vorausgesetzt die Unterarten sind verschieden. Im zwei bis vier-Blätterstadium können rosige Verfärbungen an den Mittelrippen oder parallel verlaufenden Blattadern entstehen. In Stickstoff defizienten Pflanzen ist diese Verfärbung meist bräunlicher. Beim Schwefelmangel fehlt auch die Verfärbung der Stängel und Keimblätter, wie man sie bei Stickstoffmangel beobachten kann. Manchmal rollen sich die Blätter nach innen ein. Die Violettfärbung zwischen den Blattadern verstärkt sich dann. Nachwachsende Blätter sind schmäler als gewöhnlich. Die Blüten sind blass. Die Violettfärbung breitet sich über den Stängel, die Blattstiele und Mittelrippen aus. Gelegentlich verfärben sich die Blätter zu einem tiefen Pink, was besonders an den Unterseiten der Blätter auftritt. Nachwachsende Blätter sind nur schwach entwickelt, während sich die älteren Blätter orange färben und dann absterben.

Herbizide auf Schwefelbasis, wie z.B. Sulfonyl-Urea, können die Aufnahme von Kupfer beeinträchtigen.

C. Anwendung in der Praxis

Schlaffe Pflanzen, schlimmer durch Regen. Stauung in den Kapillaren. Die Pflanzen sind ausgezehrt, wuchern und sind dünn und schwach. Beschwerden durch raue, schneidende

Abb. 29 / 1-2 Schadbild durch Herbizide

Winde. Wärme, Sonne, Regen und kaltes, feuch tes Wetter verschlimmern. Wurzelnematoden Wurzelgallen, Fleckenkrankheiten, Rostkrank heiten, Befall durch Pseudomonas, Mehltau Schimmel, Schleim- und Trockenfäule.

D. Indikationen

Die Wurzeln sind trocken oder schleimig, mi Bläschenbildung. Die Epidermis löst sich vo den Wurzeln, wie es bei Wurzelnematoden Wurzelgallen und Wurzelhalsgallen der Fall ist Die Pflanzen sind sehr durstig. Es liegt ein gro ßer Bedarf an Nährstoffen vor, die Assimilatio ist jedoch beeinträchtigt. Die Fotosynthese is ebenfalls beeinträchtigt, ein Mangel an Sauer stoffträgern führt zu einer Stauung in den Blät tern. Heftige Kongestion in den Kapillaren, die Flüssigkeit stagniert, es wird kein Zucker gebildet und Stickstoff kann nicht von der Atmosphäre aufgenommen werden. Frühzeitige Blüte und außerhalb der Blütezeit, die Bestäubung funktioniert nicht; Unfruchtbarkeit, Früchte und Samen werden nicht produziert.

Im Großen und Ganzen ist *Sulphur* das wichtigste Mittel für Ausschläge. Rostkrankheiten, Fleckenkrankheiten, Befall durch Pseudomonas, Mehltau, Schimmel und Streifenkrankheiten. Schäden durch Herbizide. (Abb. 29) Trocken- und Schleimfäule.

Chlorose

Chlorose, verkümmerter Wuchs und ein verzögerter Reifeprozess sind die Hauptsymptome bei Getreidepflanzen. Stickstoff ist von Bedeutung, weil es mit Schwefel unverträglich ist. Die Pflanze färbt sich vollständig gelb, während die Stängel eine rote Färbung annehmen. Bei Stickstoff sind die Symptome ähnlich, aber hier sind die älteren Blätter zuerst betroffen. Alle Getreidearten besitzen eine starke Anfälligkeit für Schwefelmangel.

Schwefel ist ein Bestandteil der Aminosäuren. Es ist wichtig für die Bildung von Proteinen. In Pflanzen ist es nur eingeschränkt mobil, aus diesem Grund treten die Symptome an den jungen und an den älteren Blättern auf. Beschwerden durch Schwermetallvergiftung, unabhängig vom Metall; Kobalt, Blei, Arsen, Zink, Kadmium. *Sulphur* wird oft dann benötigt, wenn akute Krankheiten nicht vollständig ausgeheilt sind.

„Leder-Blatt“

Lederfarbene Flecken, die von einem diffusen rotbraunen Ring umgeben sind, sind ein typisches Merkmal. Wenn sich die Krankheit ausbreitet, können ganze Blätter davon bedeckt sein. Die Blätter werden steif, rollen sich ein und sehen wie Leder aus. Gebiete mit hohen Niederschlägen sind am stärksten betroffen, wie z. B. der Südosten Südaustraliens und die westlichen Teile Victorias. Trockenperioden können die Verbreitung dieser Krankheit verhindern.

E. Arzneimittelbeziehungen

Unverträglich: *Cupr.*, *Amm*oniumverbindungen, *Molyb.*, *Nit-ac.*

Ergänzend: *Acon.*

Folgt gut auf: *Acon.*

Antidotiert: *Calc.*, *Cobalt.*, *Cupr.*, *Cad.*, *Plb.*, *Ars.*, *Merc.*

Wird antidotiert von: *Zinc.*

Urea

Harnstoff. Der wichtigste solide Stoff im Urin der Säugetiere (weiße Kristalle). $CO(NH_2)_2$. Verreibung oder Lösung.

A. Allgemeines

Harnstoff wird in der Landwirtschaft als Dünger eingesetzt. Ohne ausreichend Stickstoff entwickeln Pflanzen eine Chlorose, begleitet von Problemen der Fotosynthese und einem trägen Kapillarsystem, was zu Stauungssymptomen und Aufschwemmung führen kann. Cooper erwähnt, dass ein berühmter Pferde- und Rinderzüchter das Fell seiner Tiere in einem außergewöhnlich feinen Zustand halten konnte, indem er seinen Tieren mit jeder Mahlzeit einen Esslöffel abgestandenen, menschlichen Urin verabreichte.

Eine weitere Funktion von Harnstoff ist die Vernichtung von Unkraut.

B. Anwendung in der Praxis

Probleme mit der Fotosynthese, den Kapillaren und den Blättern (Chlorose).

C. Arzneimittelbeziehungen

Vergleiche: *Amm.*, *Nit-ac.*, *Kali-n.*

Antidotiert: *Molyb.*

Ergänzend: *Molyb.*

Zincum metallicum

Elementares Zink. Zn. Verreibung des Metalls.

A. Allgemeines

Zink ist ein Metall und gehört der Magnesiumgruppe an, zusammen mit Kupfer wird es für die Herstellung von Messing verwendet. Bei Menschen und Tieren hat Zink eine toxische Wirkung auf Gehirn und Nervenzellen. Bei Pflanzen wird das Gewebe so schnell ausgelaugt, dass ein Gleichgewicht nicht wiederhergestellt werden kann. Möglicherweise spielen toxische Mengen an Zink bei der so genannten Wetzkrankheit der Schafe und beim Rinderwahnsinn eine Rolle, welche erfolgreich mit Zinkpräparaten behandelt werden können.

Im Grunde genommen ist Zink ein Spurenelement. Es ist wichtig für die Auxin-Aktivität und damit für die Zellteilung und -reproduktion. Außerdem spielt es noch eine wichtige Rolle beim Abbau von Carboxylverbindungen, die in großen Mengen für Pflanzen toxisch sind. Die sichtbaren Symptome sind blassgrüne und gelbe Blätter. In ernsten Fällen färben sich die Blätter dunkelgrün. Die älteren Blätter sind zuerst betroffen, später können sich die Symptome auch auf die jungen Blätter und frischen Triebe ausbreiten. Die Blattspitze färbt sich gelb, kann sich bei fortschreitender Symptomatik auch orange, dann rot und zuletzt grau und schwarz färben. Alle Stadien dieses Farbenwechsels kann man zuweilen auf einem einzigen Blatt beobachten.

B. Zinkmangel

Bei Pflanzen äußert sich ein Zinkdefizit als Gelbfärbung der Blätter, die in die gleiche Richtung verläuft wie die Blattadern, an den Adern beginnt und sich dann über das Blatt ausbreitet. Es unterscheidet sich von einer durch Eisenmangel verursachten Chlorose durch den starken Braunton der Gelbfärbung, die Mittel kann man daher eindeutig zuordnen. Zink ist wichtig für die Reproduktionsorgane. Ein Defizit führt zur vorzeitigen Bestäubung und folglich zu vermindertem Fruchtansatz. Es kommt zu Stauungen in den Kapillaren der Blätter; die Blattadern stehen vor. Auf den Wurzeln befinden sich Bläschen und bei Pflanzen, die von Kartoffelschorf befallen sind, findet man Wurzelgallennematoden. Die Pflanzen haben einen erhöhten Wasserbedarf, die Blätter sind chlorotisch mit eingeschränkter Fotosynthese und Stauungen in den Kapillaren. In den Blüten kommt es zur vorzeitigen Bestäubung und dadurch zur Unfruchtbarkeit.Einige Herbizide auf Schwefelbasis verringern die Aufnahme von Zink in Pflanzen.

Ein Zinkmangel kann ein verringertes Wachstum bei den Spitzentrieben verursachen und das so genannte „Little Leaf"-Syndrom, d. h. auffällig kleine Blättern, zur Folge haben. Die Triebe haben verkürzte Stängelglieder. An den Triebspitzen bilden sich Rosetten. Das Austreiben der Pflanzen ist verzögert oder findet gar nicht statt. Es kommt zum Blattverlust. Chlorose zwischen den Blattadern mit spitz zulaufenden Blättern. Absterben der Triebe. Die Blüte ist verzögert oder findet gar nicht statt. Früchte fallen verspätet ab, es gibt keinen Fruchtansatz.

Ein Zinkdefizit kann zu verkümmertem Wuchs führen. Die Blattoberseite sieht gefleckt aus, diese Fleckung kann auch auf das nekrotische Blattgewebe übergehen.

C. Anwendung in der Praxis

Kartoffelschorf, Apfel- und Zitrusschorf, Pulverschorf (*Spongospora subterranea*), *Rhizoctonia*-Befall (Abb. 30), Violetter Schorf („Violet Scab" – *Sphaceloma violae*), Nematodenbefall von Rasen und Wurzeln.

Abb. 30 Umfallkrankheit und Fäule verursacht durch Rhizoctonia solani

D. Indikationen

Haferspelz
Bei Hafer ist der Spelz dunkel gefärbt und die Blätter verdrehen sich von der Spitze nach unten. Hafer ist anfälliger als Weizen und Gerste. Werte unter 12 ppm gelten als defizitär, 20 ppm wird als normaler Wert betrachtet.

Weizen
Die Symptome verschlimmern sich bei bewölktem Wetter und bei nassen und kalten Böden. Die äußeren Anzeichen beginnen an den mittleren Blättern und breiten sich dann zu den neuen Trieben aus. Entlang der Mittelrippe der vollständig entwickelten Blätter kann man einen blassen Streifen erkennen, der sich später braun färbt und abstirbt. Dann wechselt die Färbung zu grau. Die Chlorose ist in manchen Fällen sehr ausgeprägt. Die Blätter können ähnlich wie die von Sukkulenten aussehen, d. h. Wasser staut sich an. Die abgestorbenen Stellen können von gelb geflecktem Gewebe umgeben sein. Dann werden die Blätter der Pflanzen schlaff. (Brennan 1986)

Kupfer und Zink sind in vielen Düngern enthalten. Bei Böden, die möglicherweise Defizite aufweisen, sollten die Mengenangaben für diese Spurenelemente bei der Wahl eines geeigneten Düngers berücksichtigt werden.

Kartoffelschorf (*Streptomyces scabies*)
Diese Krankheit beginnt zuerst als kleine braune Pünktchen auf der Knolle. Mit dem Wachstum der Knolle werden auch die Punkte größer und breiten sich über die gesamte Oberfläche aus. Die Symptome variieren zwischen korkähnlichen, erhöhten Stellen und tiefen Narben. Wird häufig durch infiziertes Pflanzgut übertragen. Auf den Blättern ist es zuerst an den grün verfärbten Flecken zu erkennen, etwa 3 mm im Durchmesser. Die Symptome verschlimmern sich auf Kalk- und alkalischen Böden und während Trockenperioden. Ein Zinkmangel fördert diese Symptome.

Betroffene Pflanzen: Kartoffeln, Rüben, Rote Bete.

Apfelschorf (*Venturia spp.*) (Abb. 31)
Diese Krankheit ist auch als „Black Spot" bekannt. Die betroffenen Stellen färben sich zuerst dunkel, dann schwarz und fließen zu größeren Flecken zusammen. Auf den Früchten entstehen schwarze Flecken, die danach braun und holzig werden. Junge Früchte werden rissig und verformen sich. Die Sporen verbreiten sich durch Regenspritzer. Der Erreger vermehrt sich während des Winters auf liegen gebliebenem Laub. Im Frühjahr infizieren die Sporen dann durch Windübertragung den neuen Wuchs. Blätter werden besonders häufig in feuchtem Wetter und bei 15 °C infiziert. In manchen Gegenden werden die Infektionszeiten öffentlich bekannt gegeben, damit

Abb. 31 Apfelschorf, Venturia inaequalis

rechtzeitig vorbeugend gesprüht werden kann. Auch hier spielen Zinktoxizität und Zinkdefizit eine wichtige Rolle.

Betroffene Sorten: Granny Smith, Delicious, Jonathan, Gravenstein. Der Birnenschorf ist ähnlich, es findet jedoch keine Kreuzübertragung statt.

Wurzelgallennematoden (*Meloidogyne spp.*)
Diese Nematoden verursachen hauptsächlich auf leichten Böden und im warmen Klima Probleme. Sie sind ungefähr 0,5 mm lang und können aufgrund ihrer dünnen, transparenten Körper nicht mit dem bloßen Auge gesehen werden. Die Männchen halten sich im Boden auf, während die Weibchen auf den Wurzeln zu finden sind. Die Weibchen legen ihre Eier in einer gelatineartigen Masse entweder in die Erde oder auf die Außenhaut der Wurzeln. Ein Weibchen produziert bis zu 20.000 Eier. Nach dem Schlüpfen dringen die Larven an der Wurzelspitze in die Pflanze ein. Der Speichel dieser Larven lässt sehr große Zellen entstehen, ähnlich wie bei Krebserkrankungen, die Wurzeloberfläche wird uneben. Die Wurzeln

verzweigen sich, die Nematoden greifen wieder an der Wurzelspitze an, was zur Knotenbildung führt. Die Kartoffelknollen werden unregelmäßig, wie man es beim gewöhnlichen Schorf beobachten kann. Diese Knollen können die oberirdischen Pflanzenteile nicht ernähren, die nur langsam wachsen, verkümmern und bei heißem Wetter schnell verwelken. Das Grün der Blätter ist blasser als normal. Die Nematoden werden durch fließende Gewässer, Traktorräder, Schuhe, Spaten und Pflüge und durch infizierte Pflanzen verbreitet.

F. Arzneimittelbeziehungen

Wird antidotiert von: *Sulph.*, *Zinc.*

Unverträglich: *Kali.*, *Molyb.*

Antidotiert: *Ferr.*, *Sulph.*

Vergleiche: *Nematoden*, *Calen.*, *Tanac.*

9. Nachbarschaftspflanzen als homöopathische Mittel

Allium cepa

Gemeine Zwiebel. Familie Liliengewächse (*Liliaceae*). Tinktur der frischen Zwiebel oder der ganzen, frischen Pflanze. Erntezeit Juli bis August.

A. Allgemeines

Die Zwiebel war schon bei den Römern und Griechen als Mittel gegen Pflanzenschädlinge bekannt. Unser heutiges Wissen über ihre Anwendung im Gartenbau beschränkt sich auf Informationen aus einschlägigen Büchern und alten Kräuterfibeln, die hier und da einen Gärtner dazu veranlassen, seine Pflanzen mit Zwiebelextrakt zu sprühen. Diese Extrakte werden oft mit *Allium sativa* und Eukalyptus- oder Teebaumöl angereichert. Solche Mischungen sind zwar recht effektiv, haben aber den Nachteil, dass sie oft auch den Nützlingen im Garten schaden.

Der Einsatz von Giftkeulen führt auf dem gleichen Wege zum Ziel, und selbst mit dem Etikett „umweltfreundlich" ist nicht immer drin, was draufsteht. Wie wir schon in unserer Einleitung erwähnten, ist die Jagd auf Schädlinge ein Fass ohne Boden, da diese lediglich als Symptom einer tiefer gehenden Problematik betrachtet werden können. Ein falsches „Spacing" und das Anlegen großer Monokulturen sind für Schädlinge und Krankheiten geradezu einladend. Kahle Böden sind besonders anfällig für Krankheiten, da ihnen ein adäquater Humusgehalt zur Regulation von Bodenbakterien und Pilzen fehlt. Als Konsequenz greifen sie die lebenden Pflanzen an.

In Monokulturen ist das natürliche Gleichgewicht hochgradig gestört, was sie für Schädlinge enorm attraktiv macht. Wenn man es aber schafft, die Natur ein bisschen an der Nase herumzuführen, indem man gesunde Mischkulturen anlegt und somit die Natur glauben lässt, es sei gar keine Monokultur vorhanden, hält man auch schädliche Insekten in Schach. Nimmt man noch ein paar Pheromone dazu, die den Eindruck erwecken, eine ganze Armee von Feinden sei ebenfalls anwesend, ist die Täuschung perfekt.

Vorsicht

Allium cepa darf nicht bei Pflanzen angewendet werden, die sich nicht mit Zwiebeln vertragen, z. B. Bohnen und Erbsen! Es sollte nur zur Behandlung von verträglichen Nachbarpflanzen eingesetzt werden, da noch viel

Abb. 32 Rüsselkäfer, Listroderes costirostris obliquus, ausgewachsenes Insekt

zu wenig über mögliche Wechselwirkungen mit anderen Pflanzen bekannt ist.

B. Anwendung in der Praxis

Zwiebel- und Möhrenfliege. Gute Nachbarschaftspflanze für Möhren. Gegen Kaninchen, Mäuse und Ratten. Rüsselkäfer (Abb. 32), Milben. Gut für Rosen. Gegen Schildläuse, Blattläuse, Thysanoptera.

Hyssopus

Ysop. *Hyssopus officinalis*. Familie Lippenblütler (*Lamiaceae/Labiatae*). Tinktur der ganzen Pflanze.

A. Allgemeines

Ursprünglich in den Gebirgsregionen Italiens heimisch.

Ysop ist eine gute Nachbarschaftspflanze für Rebstöcke und steigert deren Erträge. Steiner wendet es als Teeaufguss gegen bakterielle Krankheiten an. Wenn man die vielen Anwendungsgebiete dieser Pflanze betrachtet, müsste auch die potenzierte Form ein großes Wirkspektrum haben. Ysop verträgt sich nicht mit Rettichen. Blauer Ysop eignet sich am besten zur Abwehr von Insekten, gefolgt von den rosa und weißen Varianten. Diese Information ist in der Literatur über Nachbarschaftspflanzen zu finden und dürfte durch eine Potenzierung der Pflanze bestätigt werden.

Die heilenden Eigenschaften von *Ysop* sind auch bei der Behandlung von Atemwegsproblemen von Bedeutung. Der Signaturenlehre zufolge muss es eine ähnliche Wirkung auf Pflanzen haben und ist daher bei Atemschwierigkeiten, also beim Gasaustausch, indiziert. Durch die Beispiele, die wir hier sehen, wird der Begriff des Ähnlichkeitsgesetzes deutlich.

Ähnliches bringt Ähnliches hervor, Ähnliches zieht Ähnliches an, Ähnliches wird von Ähnlichem geheilt, Ähnliches imitiert Ähnliches und Ähnliches wird von Ähnlichem neutralisiert. Das Ähnlichkeitsgesetz lässt sich auf viele Situationen übertragen, es ist allgemeingültig. Prozesse, die sich von Grund auf gleichen, kann man sich auch bei der Behandlung von Pflanzen zunutze machen. Das Verhältnis von Beute/Räuber entspricht in großen Teilen dem von Krankheitsbild/Mittel und kann selbstverständlich in diesem Sinne angewendet werden.

B. Anwendung in der Praxis

Durch Bakterien verursachte Fäule, Brandkrankheiten, als Falle für den Kleinen Kohlweißling, allgemein zur Insektenabwehr geeignet. Probleme der Atemwege. Am besten für den Weinbau geeignet.

Mentha viridis/piperita/sativa spp.

Spearminze. Pfefferminze. Familie Lippenblütler (*Lamiaceae/Labiatae*). Tinktur der ganzen Pflanze.

A. Allgemeines

Die Pflanze wächst bevorzugt auf Uferlandschaften und feuchten Gebieten. *Mentha* ist für Atemwegsprobleme das, was *Arnica* bei Verletzungen und *Aconitum* bei Entzündungen ist. Sänger werden ihre Stimme halten können, wenn sie kurz vor ihrem Auftritt Minze einnehmen. Weil ein Großteil der *Mentha*-Symptome in den Bereich der Atemwege fällt, könnte sie durchaus für Pflanzen nützlich sein, die unter saurem Regen leiden (Verlust der Blätter und Nadeln; allmähliches Absterben des gesamten Waldes). Diese Symptome werden von Flecken und Punkten auf der Pflanze begleitet, Verletzungen verursachen Fäule.

Die verschiedenen Pfefferminzarten haben viel gemeinsam und werden schon seit dem Altertum als Heilpflanze geschätzt. Kultivierte Minze ist selbst sehr anfällig für Krankheiten. Die Kräuterfibel von Mrs. Grieve erwähnt, dass sie anfällig für Rostkrankheiten ist. Zu ihrer Zeit waren Rostkrankheiten noch „unheilbar".

Vom homöopathischen Standpunkt aus gesehen ist keine Krankheit unheilbar, vorausgesetzt man wählt das richtige Mittel. *Acon.* und *Bell.* können diese Krankheit heilen. Sie werden von der Pflanze aufgenommen und führen zur Heilung, obwohl oder gerade weil der Erreger dieser Krankheit, *Puccinia mentha*, sich innerhalb der Pflanze entwickelt. Dies steht im Gegensatz zu den konventionellen, landwirtschaftlichen Chemikalien, die nicht in die Pflanze eindringen, sondern nur als Kontaktgifte gesprüht werden.

Alle Pfefferminzarten lassen sich gut zur Schädlingsbekämpfung bei Kohlgewächsen und anderen Kreuzblütengewächsen einsetzen. *Mentha* ist auch ein effektives Mittel gegen Fliegen, Mäuse und Ratten. Zu diesem Zweck sollte es als verdünnte Lösung eingesetzt werden.

Was Pflanzen betrifft, besitzen fast alle Lippenblütler heilende Kräfte und bewirken als

Familie viel Gutes im Garten. Wir halten es für sehr erstrebenswert, ein universelles Mittel aus verschiedenen *Lippenblütlern* zu entwickeln, mit dem man Gemüsepflanzen generell behandeln könnte. In der klassischen Homöopathie werden in der Regel keine kombinierten Mittel verwendet. Das ist nur bei den Komplexmitteln der Fall, die sich aus bereits potenzierten Einzelmittel zusammensetzen. Häufig antidotieren sich die Ausgangsstoffe aber in ihrer potenzierten Form, besonders dann, wenn sie derselben Familie angehören. Gerade bei den Komplexmitteln findet man das oft.

Bei den neuen Präparaten werden die Rohstoffe im Ausgangsstadium gemischt, d.h. die ganze Pflanze bzw. die arzneilich verwendeten Pflanzenteile – Blüten, Blätter oder Wurzeln – der verschiedenen Lippenblütler werden gemischt und zur Urtinktur verarbeitet. Diese Urtinktur wird potenziert und sollte auch als solche homöopathisch geprüft werden.

Es wird sich wahrscheinlich herausstellen, dass diese kombinierte Urtinktur eine eigenständige Heilwirkung besitzt, unabhängig von ihrer potenzierten Form. In diesem Sinne ist es Hahnemanns *Hepar sulphuris calcarea* ähnlich, welches weder *Calc-c.* noch *Sulph.* entspricht, sondern ein unabhängiges Mittel darstellt, aber dennoch verschiedene Aspekte dieser beiden Mittel in sich vereint.

B. Anwendung in der Praxis

Schädlingsbekämpfung auf Kreuzblütengewächsen allgemein. Fliegen auf Vieh. Mäuse und Ratten. Ameisen, Blattläuse, Flohkäfer (*Phyllotreta striolata*), Moskitos, Mücken, Kohlweißlinge, Raupen. (Abb. 33, 34)

Abb. 33 Kleiner Kohlweißling, Pieris rapae, Larve

Abb. 34 Kleiner Kohlweißling, Pieris rapae, Ei

Tropaeolum

Abb. 35 Weizenälchen (Nematoden), Anguina tritici

Kapuzinerkresse. *Tropaeolum majus*. Familie Kapuzinerkressengewächse (*Tropaeolaceae*). Tinktur der Samen bzw. der ganzen Pflanze.

A. Allgemeines

Tropaeolum ist eine Nachbarschaftspflanze, deren Fähigkeit, andere Pflanzen vor Blattläusen zu schützen, schon von Hylton, Grieve und anderen Autoren bestätigt wurde. Es ist daher sehr wahrscheinlich, dass eine homöopathische Verdünnung Pflanzen gegen Blattläuse „immun" machen kann.

Aus unseren Versuchen wurde deutlich, dass Blattlauspopulationen nur minimal von *Tropaeolum* D3 beeinflusst wurden. Weitere Prüfungen müssten stattfinden, um die Wirkung des Mittels zu bestätigen. Einige Versuche wurden mit schwarzen Blattläusen auf Fenchelpflanzen durchgeführt. Es lohnt sich, weitere Versuche und Prüfungen mit unterschiedlichen Potenzen an einer größeren Auswahl verschiedener Pflanzenarten durchzuführen.

B. Anwendung in der Praxis

Weiße Blattläuse, Kürbiswanzen (*Anasa tristis*), Mottenläuse auf Tomaten. Nematoden (Abb. 35). Wolllaus (*Planococcus*). (Abb. 36)

Abb. 36 Apfelwolläuse

Ocimum spp. minimum/basilicum

Basilikum. Familie Lippenblütengewächse (*Lamiaceae/Labiatae*). Tinktur der ganzen Pflanze.

A. Allgemeines

Als Nachbarschaftspflanze schützt das Basilikum Tomaten vor Krankheiten und Schädlingen, als ob

> *... es ein unsichtbares Schild um die Pflanzen lege ...*
>
> (Hylton 1974)

Für kommerzielle Tomatenzüchter und diejenigen, die aus Platzmangel keine Mischkulturen anlegen können, bieten homöopathische Mittel praktische Lösungswege.

Alle unten genannten Krankheiten und Schädlinge können mit *Ocimum* behandelt werden. Dazu kommen noch die Anthraknose (Abb. 38), Pflanzenkrebs, Fusarium-Welke, der Tospovirus TSWV (Abb. 37), der Mosaikvirus und die Blütenendfäule bei Tomaten. Basilikum ist eine spezifische Nachbarschaftspflanze für Tomaten und daher nicht unbedingt zur Behandlung anderer Pflanzen geeignet.

Aufgrund seiner besonderen Affinität zu Tomaten kann es als Konstitutionsmittel dieser Pflanze bezeichnet werden. Dieses Phänomen kann man bei gut verträglichen Pflanzen häufig beobachten und birgt die Möglichkeit neuer Erkenntnisse über die Beziehung der verschiedenen Mittel untereinander, auch im Hinblick auf die Humanmedizin. Auf diesem Wege könnten sich uns durch weitere Studien Mittel erschließen, die bislang wenig Beachtung finden.

Andere Basilikumarten, wie z.B. *O. canum* oder *O. gratissimum*, sind in ihrer Wirkung genauso effektiv und können in ihren entsprechenden Ursprungsländern Indien, Japan, Indonesien, Malaysia, Persien und Afrika das europäische *O. minimum* ersetzen.

Basilikum verbessert den Geschmack von geernteten Tomaten.

B. Anwendung in der Praxis

Alle Krankheiten und Schädlinge auf Tomaten. *Heliothis virescens*, Tomatenrostmilbe (*Aculops lycopersici*). Fliegen. Moskitos. Red Legged Earth Mite (*Halotydeus destructor*). Gemeine Spinnmilbe (*Tetranychlus urticae*) (Abb. 39)

Abb. 37/1 Tospovirus TSWV auf Paprika, Symptome

Abb. 37/2 Tospovirus TSWV auf Tomaten, Symptome

Abb. 37/3 Tospovirus TSWV auf Tomaten, Symptome

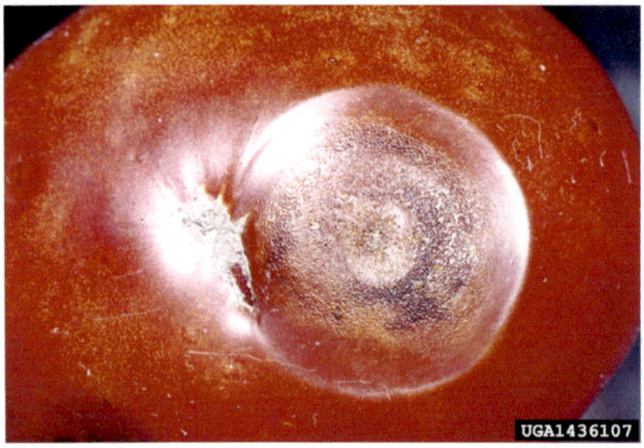

Abb. 38 Anthraknose der Tomate, Colletotrichum coccodes, Symptome

Abb. 39 Spinnmilben-Befall

Ricinus communis

Wunderbaum. Christuspalme. Familie Wolfsmilchgewächse (*Euphorbiaceae*). Tinktur oder Verreibung der frischen Samen/der frischen Pflanze.

A. Allgemeines

Der Wunderbaum ist in Indien heimisch.

Von Clarkes Materia Medica erfahren wir, dass die Blätter dieser Pflanze eine besonders starke Wirkung auf die Brüste und die Geschlechtsorgane haben. Diese Information lässt uns Rückschlüsse auf ihre Wirkung auf Blüten und Früchte ziehen. *Ricinus* hat sich als gute Nachbarschaftspflanze für Rebstöcke bewährt und die Prüfungen bestätigen seine wohltuende Wirkung auf die Blüten und Früchte. Wie bei allen Mitteln gegen Pflanzenschädlinge und -krankheiten haben wir die Anwendungen durch analoge Schlussfolgerungen erarbeitet. Die darauf folgenden Prüfungen bestätigen meistens – aber nicht immer – den angestellten Vergleich. Manchmal finden sich bei den Mitteln allerdings auch zusätzliche Merkmale, die sich nicht durch Vergleiche, sondern nur durch praktische Erfahrungen oder Prüfungen erschließen.

In der Materia Medica werden die anthelmintischen Eigenschaften dieser Pflanze deutlich benannt, allerdings muss man es mit Vorsicht anwenden, da eine Überdosis extrem abführend wirkt und das Tier enorm schwächen kann. Die Wirkung der Pflanze auf Nematoden entspricht diesen anthelmintischen Eigenschaften.

B. Anwendung in der Praxis

Schädlinge im Weinbau: Milben auf Rebstöcken, Kräuselmilbe, „Grapevine Moth“ (*Phalaenoides glycine*), Schwärmer, Schildläuse Schädlinge auf Kürbisgewächsen. Würmer.

Salvia officinalis

Salbei. Familie Lippenblütler (*Lamiaceae/ Labiatae*). Tinktur der frischen Blätter und Blüten.

A. Allgemeines

Salvia ist ein weiteres Mittel aus der Familie der Lippenblütler und seine Wirkung ist vergleichbar mit anderen Arten dieser Familie. Da sich das Wirkspektrum von *Salvia* auf die Kürbisgewächse und Kreuzblütengewächse beschränkt, sollte noch ein Mittel entwickelt werden, das auch umfassender wirken kann. Es empfiehlt sich, eine Urtinktur aus verschiedenen Lippenblütlern herzustellen. Daraus könnte dann ein Polychrest zur Bekämpfung von Pflanzenschädlingen mit einem entsprechend großen Wirkspektrum gewonnen werden.

Das Verschreiben von Komplexmitteln an sich ist unsinnig, da sich viele potenzierte Mittel gegenseitig antidotieren. In ihrer Rohform tun die Pflanzen dies jedoch nicht und können daher zu einer spezifischen Tinktur verarbeitet werden, die alle Schädlingsmittel derselben Familie zusammenfasst.

Dafür werden die Pflanzen (zu gleichen Teilen an Gewicht und Volumen) zu einer Urtinktur verarbeitet. Aus dieser Urtinktur werden anschließend die Potenzen hergestellt, mit denen Prüfungen an allen Pflanzenarten durchgeführt werden. Gleichermaßen sollten eine Anzahl von Schädlingen und Krankheiten klinischen Tests unterzogen werden.

Muller und Haines (1964) konnten an der Universität Kalifornien, Santa Barbara, beobachten, dass der Tau von Salbeipflanzen eine keimungshemmende Substanz enthält. In potenzierter Form kann diese zur Unkrautbekämpfung eingesetzt werden.

Darf nicht bei jungen Pflanzen angewendet werden.

B. Anwendung in der Praxis

Schädlinge auf Kürbisgewächsen und Kreuzblütengewächsen, Milben, Motten, Blattläuse, Kohlfliege. Auf anderen Kürbisgewächsen wie Melone, Gurke, Kürbis etc. Möhrenfliege (Abb. 40). Zur Unkrautbekämpfung.

C. Vergleiche

Fenchel zur Unkrautbekämpfung.

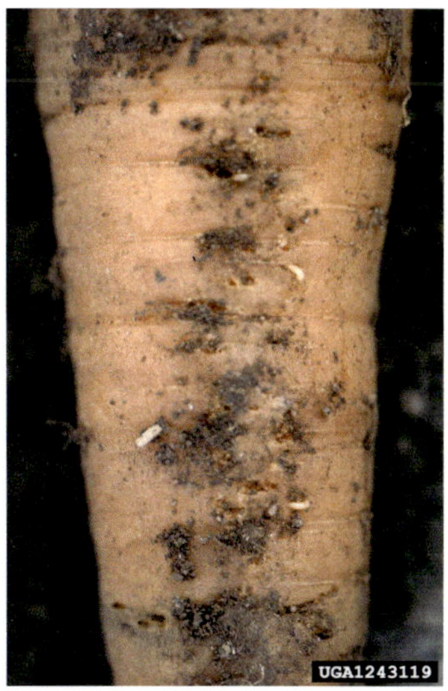

Abb. 40 Larven der Möhrenfliege

Sambucus nigra

Holunder. Familie Geißblattgewächse (*Caprifoliaceae*). Tinktur der frischen Blätter und Blüten.

A. Allgemeines

Sambucus ist eine Heckenpflanze und bevorzugt an feuchten Stellen zu finden. Die zerdrückten Blätter geben einen unangenehmen Geruch ab, der auf die meisten Insekten abschreckend wirkt. Aus diesem Grund wird es von manchen Gärtnern dazu benutzt, Raupen von empfindlichen Pflanzen fernzuhalten. *Sambucus* war die bevorzugte Heilpflanze des Hippokrates. Der aktive Wirkstoff in der frischen Pflanze ist die Blausäure.

Die Wirkung von Sambucus wurde, in Anlehnung an die Aussagen der Literatur über Nachbarschaftspflanzen, durch Feldstudien bestätigt.

Schafe, die an Distomatose erkrankt sind, können sich mit Hilfe der Rinde und jungen Blättern selbst heilen. Millspaugh schreibt, dass eine Abkochung oder eine Salbe aus den Blüten und Blättern auf große Wunden aufgetragen wurde, um

> *... die verderblichen Folgen von Fliegen zu verhindern.*
>
> (Millspaugh, 1892)

Sambucus enthält eine Säure, die man auch in *Valeriana* und *Viburnum* vorfindet, und aus diesem Grund werden wir die Pathogenese dieser beiden Pflanzen ebenfalls berücksichtigen.

Ödematöse Schwellungen, besonders in den Zweigen, Stielen und Blättern. Die Kapillaren lassen keine Säfte durch, was an den entsprechenden Stellen zur Stauung von Flüssigkeit führt. Die Pflanze kann Kohlendioxid aufnehmen, aber keinen Sauerstoff abgeben. Tagsüber kommt es zu einer erhöhten Verdunstung, nachts findet keine Verdunstung statt.

B. Anwendung in der Praxis

Wird allgemein zur Bekämpfung von Insektenschädlingen eingesetzt, besonders bei Raupen. Helicoverpa punctigera, die Mottenart Pseudaletia unipuncta, Pflanzenwespen (*Symphyta*), Kohlmotte (*Plutella xylostella*) (Abb. 41), Larven des Schwammspinners (*Cymantria dispar*), Mottenlarven allgemein. *Phthorimaea operculella*, Ansammlungen von Raupen, Myiasis und Distomatose bei Schafen. Blattläuse.

C. Arzneimittelbeziehungen

Vergleiche: *Bombyx.*, *Valer.*, *Vib.*

Abb. 41 Larven der Kohlmotte

Satureia hortensis

Bohnenkraut. Familie Lippenblütler (*Lamiaceae/Labiatae*). Tinktur der ganzen Pflanze.

A. Allgemeines

Man geht im Allgemeinen davon aus, dass Bohnenkraut nicht so effektiv wie Basilikum ist, dies konnten wir aber nicht verifizieren. In seiner Funktion als Nachbarschaftspflanze ist es dem Basilikum tatsächlich unterlegen. Da aber bestimmte medizinische Eigenschaften erst durch den Prozess der Potenzierung freigesetzt werden, trifft dies auf die homöopathischen Präparate nicht zu. Wenn man potenziertes *Satureia* einsetzt, kann man die Empfehlungen der Fachliteratur über Nachbarschaftspflanzen, nämlich die Eier und Larven des Mex. Bohnenkäfers regelmäßig von den Pflanzen abzupflücken, getrost ignorieren und damit viele Arbeitsstunden einsparen.

Verschiedene Versuche haben bestätigt, dass dieses Mittel erfolgreich gegen alle Krankheiten und Schädlinge auf Bohnen eingesetzt werden kann.

B. Anwendung in der Praxis

Krankheiten und Schädlinge auf Bohnen. Mexikanischer Bohnenkäfer (*Epilachna varivestis*) (Abb. 42), Befall durch *Thysanoptera*, Bohnenfliege (*Melanagromyza phaseoli*), Javanische Kakaomotte (*Conopomorpha cramerella*), Eckige Blattfleckenkrankheit (*Pseudomonas syringae*), Anthracnose, Späte Rübenfäule (*Rhizoctonia solani*), Befall durch *Pseudomonas amygdali*, Blattrollkrankheit (LRV – Leaf Roll Virus), Rost, Welke. Wird allgemein zur Bekämpfung von Insektenschädlingen eingesetzt.

Abb. 42 Mexikanischer Bohnenkäfer, Epilachna varivestis, ausgewachsenes Insekt

C. Arzneimittelbeziehungen

Zur Prophylaxe kann *Sal-ac.* verwendet werden.

Vergleiche: *Nat-sal.* und/oder *Sal-ac.*

10. Pflanzenschädlinge

Einleitung

Natürlich müssen wir zuerst einmal definieren, was ein Pflanzenschädling überhaupt ist. Ein Schädling ist ein Lebewesen, welches durch sein Verhalten und seine Lebensweise den Kulturpflanzen, die wir anbauen, Schaden zufügt. Es gibt einige Insekten, Nagetiere und andere Tiere, die wir im engen Sinne des Wortes als Schädlinge bezeichnen können. Die konventionelle Landwirtschaft ist sehr darum bemüht, diese Schädlinge so weit wie möglich zu vernichten, ohne zu beachten, warum sie überhaupt zum Problem werden konnten.

Hier spielt das Thema Raum eine große Rolle. In der Natur wachsen alle Pflanzen so, dass genügend Platz für andere Pflanzen bleibt. Selbst wenn die Pflanzen sehr eng beieinander stehen, arrangieren sie sich untereinander, damit sich alle harmonisch entwickeln können. Darüber hinaus gestattet es eine natürliche Umgebung in der Regel nicht, dass Pflanzen derselben Spezies an einer Stelle dominieren. Das gilt auch für größere Flächen, außer wenn die Umgebung und die Lebensbedingungen etwas anderes zulassen oder sogar erfordern. In der Natur ist die Abwechslung das Salz des Lebens.

Der Mensch jedoch neigt dazu, Pflanzen einer einzigen Spezies auf relativ engem Raum anzubauen, um mit möglichst geringem Einsatz maximale Ergebnisse zu erzielen. Ein solcher Ansatz bringt natürlich Nachteile mit sich. Zum einen ist es dem Menschen nicht gelungen, die Umstände und Wachstumsbedingungen, die unsere Kulturpflanzen beeinflussen, zu kontrollieren. Zum anderen wird es dadurch so gut wie unmöglich den Verlust von zumindest Teilen der Ernte zu verhindern. Während ein Ernteverlust von 5–10% völlig akzeptabel und auch zu erwarten ist – Insekten müssen schließlich auch leben –, konnten wir feststellen, dass ein Verlust von 20–30% der Erntemenge der Regelfall ist, unabhängig davon, wie viel Gift eingesetzt wurde, um die so genannten Schädlinge zu vernichten.

Aus diesem Grund ist es äußerst wichtig und auch offensichtlich, dass wir für die Lösung dieses Problems einen neuen Ansatz brauchen. Die etablierten Methoden sind nicht nur nicht mehr effektiv, sondern vergiften auch noch unsere Lebensmittel und unsere Umwelt. Schädlinge werden gegen diese Gifte einfach resistent, was dazu führt, dass wir immer stärkere Gifte in immer höheren Dosierungen benötigen. Das wiederum hat zunehmend negative Auswirkungen auf uns und unsere Umwelt.

In diesem Buch stellen wir unseren Lesern nicht nur eine völlig neue Methode, sondern auch eine Auswahl an neuen Mitteln vor, die zur Schädlingsbekämpfung im Garten und in der Landwirtschaft eingesetzt werden können.

Wir haben die erste Ausgabe überarbeitet, verbessert und gleich zwei signifikante Veränderungen eingeführt. Um das Nachschlagen zu erleichtern, werden alle Mittel, die gegen eine oder mehrere Insektenarten eingesetzt werden können, zusammen in einem Kapitel aufgeführt. Wir wollten das Buch übersichtlicher gestalten, indem wir die Mittel nicht mehr alphabetisch, sondern problemorientiert ordnen.

Zusätzlich haben wir die Klassifizierung der erwähnten Kulturpflanzen berücksichtigt. Wir konnten nämlich feststellen, dass manche botanischen Ordnungen und Familien bestimmte Arten von Schädlingen anziehen. Die *Gramineae (Süßgräser)* z. B. müssen sich mit Blattläusen und Heuschrecken herumschlagen, während die *Brassicaceae (Kreuzblütengewächse)* von Raupen, Weißen Fliegen und Blattläusen geplagt werden. Es gibt Mittel, die nur bei bestimmten Pflanzen eingesetzt werden können, nicht aber bei anderen. Wenn ein Mittel sich bei mehreren Pflanzenfamilien bewährt hat, wird es im entsprechenden Kapitel ausführlich beschrieben, in den weiteren mit einem Querverweis aufgeführt. Also wird ein Mittel, das sich bei Kulturpflanzen verschiedener Familien bewährt hat, unter jeder Familie aufgeführt, aber nicht immer ausführlich besprochen.

Die Mittel haben wir der Reihenfolge nach gewichtet, d. h. die wichtigsten Mittel/das wichtigste Mittel wird zuerst beschrieben. Die Bedeutung der Mittel nimmt zum Ende des Kapitels hin ab, was aber nicht heißen soll, dass sie als weniger wertvoll betrachtet werden dürfen. Vielleicht ist es gerade das zuletzt besprochene Mittel, welches Sie als Leser für ein bestimmtes Problem brauchen. Die Rangordnung der Mittel ist lediglich als Hinweis zu verstehen, dass dieses Mittel oft für weit verbreitete Probleme eingesetzt werden kann.

Natürlich waren wir bestrebt, die Anzahl der Mittel, die man so einsetzen kann, zu erweitern. Damit uns das gelingen konnte, durchforsteten wir Literatur über Nachbarschaftspflanzen und zogen die Möglichkeit in Betracht, natürliche Prädatoren homöopathisch auf diesem Gebiet einzusetzen. Wir haben unsere Forschungen auch auf das Gebiet der elementaren Substanzen ausgeweitet, da diese vor dem Erscheinen der ersten Ausgabe noch nicht ausgiebig geprüft waren. Die Indikationen, die wir in unserem ersten Buch erwähnen, stützen sich alle zum großen Teil auf Berichte über Toxizität und Defizite.

Bei den Nachbarschaftspflanzen haben wir Mittel wie *Allium*, *Phaseolus*, *Ocimum* und *Mentha piperita* berücksichtigt. Für Landwirte kann es unter Umständen schwierig sein, diese zusammen mit den Kulturpflanzen anzubauen, da es bei der Ernte zu Problemen kommen kann. Um diesen Schwierigkeiten entgegenzuwirken und den Schutz der Pflanzen dennoch zu gewährleisten, haben wir aus diesen Nachbarschaftspflanzen homöopathische Mittel hergestellt und sie zu diesem Zweck eingesetzt. In der ersten Ausgabe des Buches war dieser Ansatz lediglich als Theorie beschrieben, mittlerweile wissen wir, dass es sich auch in der Praxis bewährt.

Wir waren hauptsächlich daran interessiert Mittel aus Insekten und Spinnentieren herzustellen, da diese bereits im Rahmen des integrierten Pflanzenschutzes im Treibhaus und auf dem Feld gegen Schädlinge eingesetzt werden. Der integrierte Pflanzenschutz bringt mehrere Nachteile mit sich, die durch den Einsatz homöopathischer Mittel vermieden werden können.

Die größten Schwierigkeiten entstehen schon bei der Aufzucht der Prädatoren. Die Nützlinge sind während ihrer Entwicklungsphase auf konstante klimatologische Bedingungen angewiesen. Der Zeitpunkt, zu dem der Nützling zur Verfügung steht, stimmt nicht unbedingt mit dem Auftreten des Schädlings überein, da die natürlichen Wetterbedingungen das Wachstum dieser Räuber verlangsamen oder beschleunigen können.

Außerdem kann es durch den übermäßigen Einsatz von Düngern wie Phosphor und Kalium zum explosionsartigen Wachstum von Schädlingen kommen, während der Nützling nicht vorhanden ist, um sie zu bekämpfen.

Schwierig ist auch abzuwägen, in welcher Entwicklungsphase der Nützling überhaupt eingesetzt werden kann, wie schnell und zu welchem Prozentsatz Resultate erzielt werden können. Viele Räuber sind nur im Larvenstadium nützlich, während sie als ausgewachsene Insekten oder in den Stadien zwischen den Häutungen nicht zur Schädlingsbekämpfung geeignet sind.

Zusätzlich wandern viele Insekten im Erwachsenenstadium ab und müssen bei einem wiederholten Schädlingsbefall erneut eingeführt werden.

Das führt uns zum letzten problematischen Aspekt, nämlich dass es im Rahmen des integrierten Pflanzenschutzes nicht möglich ist, einen Befall durch Schädlinge zu vermeiden.

Ein homöopathisches Mittel, das aus einem Insekt im Erwachsenenstadium zubereitet wird, kann sowohl prophylaktisch als auch aktiv gegen einen akuten Befall eingesetzt werden. Natürlich können wir diese Mittel auch aus Insekten herstellen, die sich in unterschiedlichen Entwicklungsstadien befinden, einfach um sicherzustellen, dass alle Varianten abgedeckt sind. Wir haben allerdings durch unsere Versuche mit dem Mittel *Coccinella* festgestellt, dass durch die Verarbeitung des erwachsenen Insekts alle Entwicklungsstadien abgedeckt sind und ein umfassender Schutz gegeben ist.

Vielversprechend scheint auch die homöopathische Anwendung von Pilzen, die bereits für den integrierten Pflanzenschutz eingesetzt werden. Pilzerkrankungen befallen schädliche Insekten auch in der Natur und werden dementsprechend im Rahmen des integrierten Pflanzenschutzes genutzt.

Wir haben diese Pilze bei den entsprechenden Firmen bestellt, potenziert und als homöopathische Mittel angewandt.

10.1 Mittel gegen Schädlinge allgemein

Allgemeine Mittel

A. Latrodectus spp. (*katipo/hasselti/mactans*)[1]

Katipo-Spinne (*Latrodectus katipo*), Australische Rotrücken-Spinne (*Latrodectus hasselti*), Amerikanische Schwarze Witwe (*Latrodectus mactans*). Familie: Radnetzspinnen (*Araneidae*), Klasse: Spinnentiere (*Arachnida*). Tinktur des lebenden Tieres. Verreibung des lebenden Tieres.

Allgemeines

Die Rotrücken-Spinne ist ein aggressiver Räuber, dessen Gift sogar für den Menschen gefährlich werden kann. Menschen, die von dieser Spinne gebissen werden, sollten umgehend durch einen Giftnotdienst medizinisch versorgt werden, da das Gift das menschliche Blut zersetzt. Das Gift ist mit dem der gewöhnlichen Kreuzspinne (*Aranea diadema*) und der Schwarzen Witwe verwandt. Wirkung und Erscheinungsbild sind dem der Schwarzen Witwe am ähnlichsten.

Das Tier ist leidlich groß und kann anhand der roten Zeichnung auf dem Rücken leicht identifiziert werden. Wenn sich dieser Räuber im Garten aufhält, sollte er am besten ungestört bleiben, da er nicht nur aggressiv, sondern vor allem sehr nützlich ist.

Da diese Spinne ein fast unersättlicher Räuber ist, kann sie, als homöopathisches Mittel zubereitet, gegen die meisten Arten von Schädlingen verwendet werden. Dieses kann zuhause und im Garten universal gegen eine Vielzahl von Schädlingen ein gesetzt werden, die unsere Kultur- und Zierpflanzen befallen.

1 Alle drei Arten sind homöopathisch als Mittel wirksam.

B. Porcellio

Kellerassel. *Porcellio scaber*. Ordnung: *Isopoda*. Verreibung des lebenden Tieres.

Allgemeines

Clarke erwähnt ein Mittel namens *Oniscus*, dessen Beschreibung auch auf *Porcellio* zutrifft und das gleiche Mittel sein könnte[2].

Ausgewachsene Kellerasseln sind 9–15 mm lang, haben eine ovale, leicht abgeflachte Form und sind, altersabhängig, entweder grau, braun oder pink. Sie leben von organischem Material und fressen unter anderem Pflanzenstängel und die Keimblätter junger Pflanzen. Sie können sich zu einer ernsthaften Plage entwickeln.

2 Oniscus asellus ist die Landassel und mit Porcellio verwandt.

Ausgezeichnete Ergebnisse konnten mit einer einmaligen Gabe der frisch zubereiteten D6-Potenz erzielt werden, deren Wirkung bis zu 3 Monate andauerte.

Anwendung in der Praxis

Kellerasseln (Porcellio scaber). Rollasseln (Armadillidium vulgare)

Arzneimittelbeziehung

Vergleiche: *Canth.*

C. Tarantula spp. cubensis/hispanica

Spanische Vogelspinne (*Tarentula hispanica*). Kubanische Vogelspinne (*Tarentula cubensis*) Familie Radnetzspinnen (*Araneidae*), Klasse Spinnentiere (*Arachnida*). Tinktur des lebenden Tieres. Verreibung des lebenden Tieres.

Allgemeines

Die Vogelspinne ist aus ganz unterschiedlichen Gründen berühmt – oder berüchtigt, je nachdem. Erstens ist sie eines der größten Spinnentiere. Zweitens – und hier ist sie berüchtigt – wird sie mit dem Phänomen des „Tarantismus" in Verbindung gebracht – in Italien als Krankheit bekannt, die den Betroffenen dazu zwingt auch bei der leisesten Musik zu tanzen. Der Biss einer Tarantel verursacht eine Wunde, die nur langsam heilt – manchmal dauert es mehr als 6 Wochen – und zu entzündlichen Geschwüren führen kann, die jedes Jahr an dem Tag wieder auftreten, an dem der Betroffene ursprünglich gebissen wurde.

Diese Beobachtung ist sehr wichtig und führt uns bei der Behandlung von Pflanzen möglicherweise zur Signatur des Mittels. Es gibt uns auch eine wichtige Indikation, weil es durchaus möglich sein könnte, das Mittel in einer entsprechenden Dosierung so anzuwenden, dass dieses Symptom wiederholt nach Schädlingsattacken herbeigeführt werden kann und somit ein permanenter Schutz gegen Schädlinge entsteht. Diese Theorie sollte nicht als Faustregel betrachtet werden, da sie bislang noch nicht in Feldstudien getestet wurde. Es handelt sich hier lediglich um Beobachtungen, die weitere Nachforschungen verdienen.

D. Theridion

Braune Kugelspinne. Familie Radnetzspinnen (*Araneidae*). Klasse Spinnentiere (*Arachnida*). Tinktur des lebenden Tieres. Verreibung des lebenden Tieres.

Allgemeines

Dieses Spinnengift kann ebenfalls sehr erfolgreich gegen Schädlinge eingesetzt werden. Die Klasse der Spinnentiere ist eine sehr wichtige, weil ihr Wirkungsspektrum gegen Schädlinge, ähnlich den Polychresten, sehr groß ist. Bei der Behandlung von Menschen sind sich die Symptome der verschiedenen Spinnentiere in der Regel sehr ähnlich, unterscheiden sich aber in den Modalitäten Zeit, Heftigkeit, Ort und Periodizität. Auch bei den Gemütssymptomen lassen sich Unterschiede erkennen.

Gemütssymptome bei Pflanzen

Während solche Gemütssymptome augenscheinlich für die Behandlung von Pflanzen keine Bedeutung haben, müssen wir dennoch beachten, dass viele unserer Küchenkräuter und essbaren Pflanzen weit reichende Gemütssymptome vorweisen, sobald sie als homöopathische Mittel verarbeitet werden. Folglich ist es nicht übertrieben zu sagen, diese Gemütszustände seien auch in den lebenden Pflanzen zu finden. Eher kann man es als logische Schlussfolgerung betrachten.

Die Beziehungen der Mittel untereinander spielen daher eine stärkere und wichtigere Rolle, wenn wir sie in Bezug auf die Pflanzen untersuchen, die wir als Lebensmittel und Gewürze anbauen. Wenn die Pflanzen schon in ihrer potenzierten Form sehr ausgeprägte Gemütssymptome besitzen, scheint die Schlussfolgerung nur logisch, dass ein solcher Zustand auch im lebenden Wesen zu finden ist. Wir können diesen Aspekt am Beispiel der Kamille verdeutlichen.

Als homöopathisches Mittel neigt *Chamomilla* sehr zu Zorn und Gereiztheit. Daraus lässt sich folgern, dass die Mittel, die in der Materia Medica als Antidote zu *Chamomilla* aufgeführt werden, auch auf die lebende Pflanze eine starke Wirkung haben. Hier wäre es hilfreich, Versuche durchzuführen, um die Wirkungen dieser Antidote auf die Pflanze zu evaluieren. Das gleiche gilt für Mittel, die aus solchen Pflanzen hergestellt werden. Dieser Einfluss auf den Gemütszustand von *Chamomilla* im ganzheitlichen Sinne muss im Prozess der Verarbeitung deutlich werden – es kann die Gereiztheit und den Zorn verstärken oder vollständig neutralisieren.

Steiner setzte *Chamomilla* als Kompost-Starter ein, um die Rotte in Schwung zu bringen und voranzutreiben, wenn der Prozess stagniert. Kompostieren ist dem Verdauungsvorgang sehr ähnlich und es ist von großer Bedeutung, dass *Chamomilla* eine starke Wirkung auf Koliken bei Säuglingen hat – was ja nichts anderes ist als eine gestörte Verdauung. Das Kompostieren kann man insofern als Weg der Natur betrachten, mit ihrem Zorn in einer positiven und konstruktiven Art und Weise umzugehen. Jedes Mittel, das als Antidot, Folgemittel, Ergänzungsmittel, chronisches Pendant oder als unverträglich zu *Chamomilla* bekannt ist, muss daher auch in der potenzierten Form einen Einfluss auf die Fähigkeit dieser Pflanze haben, solche Symptome hervorzurufen.

Dieses Beispiel zeigt, dass es solche interaktiven Beziehungen bei allen Pflanzen, die wir als Nahrungsmittel anbauen oder im Garten als Heilmittel einsetzen, geben muss. Während eine heilende Wirkung immer eine Verbesserung herbeiführt und somit als positiv betrachtet werden kann, können wir uns genauso gut vorstellen, dass eine falsche Anwendung auch negative Folgen haben kann. Hierzu könnten noch interessante Versuche durchgeführt werden, um die eben aufgeführten Thesen zu belegen oder zu widerlegen. Aus unserer Erfahrung und Intuition heraus gehen wir davon aus, dass diese Versuche unsere Theorien bestätigen werden. Die Wahrscheinlichkeit hierfür liegt bei über 50%, einfach auch weil diesen Ansätzen ein tiefes Bewusstsein zugrunde liegt. Tote Materie wird sich immer in der vorgesehenen und vorgegebenen Art und Weise verhalten, einfach weil hier die wichtigen Symptome von Leben und Bewusstsein nicht existieren. Lebewesen reagieren nicht immer so, wie man es erwartet, weil sie Individuen sind. Weil aber die Mittel ihre Wirkung nach einem bestimmten Muster erkennen lassen, können die entsprechenden Symptome als Leitfaden benutzt werden.

Wie Hahnemann schon im Organon schreibt:

> *Jede auf das Leben einwirkende Potenz, jede Arznei, stimmt die Lebenskraft mehr oder weniger um, und erregt eine gewisse Befindens-Veränderung im Menschen auf längere oder kürzere Zeit.*
>
> (Hahnemann S. Organon 6. Auflage § 63)

Dies geschieht aus folgendem Grund:

> *Jede wahre Arznei wirkt nämlich zu jeder Zeit, unter allen Umständen auf jedes Lebewesen (im Orginal: auf jeden lebenden Menschen) und erregt in ihm die ihr eigentümlichen Symptome (selbst deutlich in die Sinne fallend, wenn die Gabe gross genug war) …*
>
> (Hahnemann S. Organon 6. Auflage § 32)

Anwendung auf Kreuzblütengewächsen (*Cruciferae/Brassicaceae*)

A. Mentha viridis/piperita/sativa spp.

Pfefferminze. Engl.: Spearmint. Familie Lippenblütler *(Lamiaceae/Labiatae)*. Tinktur der ganzen Pflanze.

Allgemeines (siehe auch Kapitel 9)

Alle Pfefferminzarten lassen sich gut zur Schädlingsbekämpfung bei Kohlgewächsen und anderen Kreuzblütengewächsen einsetzen. *Mentha* ist auch ein effektives Mittel gegen Fliegen, Mäuse und Ratten. Zu diesem Zweck sollte es als verdünnte Lösung eingesetzt werden.

Anwendung in der Praxis

Allgemeine Schädlingsbekämpfung auf den Kreuzblütengewächsen. Fliegen auf Vieh. Mäuse und Ratten. Ameisen, Blattläuse (Abb. 43), Flohkäfer (*Phyllotreta striolata*), Moskitos, Mücken, Kohlweißlinge (Abb. 44), Raupen.

B. Bacillus thuringiensis

Eine Bodenbakterie. *Bacillus thuringiensis*. Familie Bazillen (*Bacillaceae*). Kommerziell angesetzte Tinktur.

Allgemeines

Die Einführung der Bodenbakterie *Bacillus thuringiensis* als Pflanzenschutzmittel sah anfangs sehr vielversprechend aus. Diese Bakterie produziert Giftstoffe, die so genannten

Abb. 43 Apfelblattlaus, Aphis pomi

Abb. 44 Kleiner Kohlweißling, Pieris rapae, ausgewachsene Insekt

Bt-Toxine, die in der Lage sind ernsthafte Schädlinge wie Raupen, Käfer und Fliegenlarven abzutöten, während sie für Menschen, Spinnen und andere Räuber unbedenklich bleiben. Mittlerweile bilden einige Schädlinge Resistenzen gegen diese Gifte aus.

Bt-Toxine haben einen großen Nachteil, der noch krasser erscheint, wenn man sich die sehr begrenzte Wirkzeit dieses Mittels anschaut, denn seine Dosierung zielt auf einen „Knock-out"-Effekt. Das mag die ersten paar Male funktionieren, aber nach einem gewissen Zeitraum entwickeln die Schädlinge Resistenzen, einfach auch deswegen, weil sie ihre eigentliche Aufgabe erfüllen müssen – das von Menschen geschaffene, unnatürliche „Spacing" wieder auszugleichen.

Man kann nie eine perfekte Kontrolle erlangen, schon deshalb nicht, weil es das in der Natur nicht gibt. Jede Pflanzenart opfert rund 5% ihres Bestandes an Insekten, die auch gebraucht werden, um ein verlorenes Gleichgewicht wiederherzustellen. Natürlich muss sich auch ein Landwirt damit abfinden, dass bis zu 5% seiner Ernte an Krankheiten, Insekten, Sturmschäden und dergleichen verloren geht.

Potenziertes Bt-Toxin hat keine der Nachteile des Rohstoffes, da die Wirkungen auf einer subtileren Ebene stattfinden.

Eine minimale Dosis zu verabreichen bedeutet auch, die kleinstmögliche Menge zu verwenden. Die Natur produziert alle Effekte mit dem kleinstmöglichen Energieaufwand. In der Natur gibt es keine Verschwendung, d. h. eine Verschwendung von Materie wird immer das Gegenteil des gewünschten Effekts bewirken – früher oder später, je nachdem, wie sensibel die betroffenen Lebewesen sind und wie flüchtig das Produkt, das verwendet wird.

Natürlich muss man damit rechnen, dass Insekten Resistenzen entwickeln, da die Methode, mit der man versucht, sie loszuwerden, die falsche ist. Homöopathische Mittel haben diesen Nachteil nicht, da sie sich nicht gegen die Insekten richten, sondern die Pflanze behandeln. Würden wir die Insekten mit unseren Mitteln bekämpfen wollen, müsste jeder, der sie anwendet, damit rechnen, dass sich die Problematik der Resistenz ebenso deutlich zeigt. Der Vorteil der Homöopathie liegt darin, dass das Insekt lediglich als Symptom interessant ist und nicht als etwas, das man um jeden Preis ausmerzen muss.

Anwendung in der Praxis

Allgemeine Schädlingsbekämpfung auf den Kreuzblütengewächsen. Fliegen auf Vieh. Mäuse und Ratten. Ameisen, Blattläuse, Flohkäfer (*Phyllotreta striolata*), Moskitos, Mücken, Kohlweißlinge, Raupen. (Abb. 43, 44)

C. Pyrethrum

Ein Produkt , das aus verschiedenen Chrysanthemenarten gewonnen wird, insbesondere aus der Dalmatinischen Insektenblume (*Chrysanthemum cinerariifolium syn. Tanacetum cinerariifolium)* und der Kaukasischen Insektenblume (*Tanacetum coccineum syn. Chrysanthemum coccineum*). Familie: Compositae/ Asteraceae (Korbblütler).

Kommerziell hergestellte Tinktur, auch unter dem Namen Pyrethrin bekannt.

Allgemeines

Die meisten Chrysanthemen besitzen eine natürliche Resistenz gegen Schädlinge, auf die auch ihre Beliebtheit bei Blumenzüchtern zurückzuführen ist. Schon seit Jahrhunderten weiß man, dass diese Pflanzen andere vor Schädlingen und Läusen schützen. Manche Biogärtner stellen Aufgüsse her um ihre Pflanzen damit zu sprühen. Dabei achten sie darauf, diese Aufgüsse bei der Anwendung so zu verdünnen, dass bei den Insekten, die sie vertreiben sollen, keine Resistenzen entstehen.

In einem Versuch, sich als „ökologisch korrekt" zu verkaufen, versuchen viele Agrarfirmen das, was Gärtner und Züchter bereits wissen - nämlich Pflanzen zur Schädlingsbekämpfung einzusetzen. Sie haben zwei verschiedene Formen des Pyrethrins isoliert und diese in konzentrierter Dosierung vermarktet, um die Wirksamkeit des Mittels zu erhöhen. Es gibt auch synthetisch hergestelltes Pyrethrin.

Obwohl die Vorstellung eines „natürlichen" Insektizids für Produzenten und Kunden gleichermaßen attraktiv ist, zeigen die Erfahrungen in der Praxis, dass doch relativ schnell Resistenzen entstehen. Wir sind überzeugt, dass eben diese massiven Dosierungen maßgeblich an der Entwicklung von Resistenzen beteiligt sind. Aus diesem Grund haben wir die Pyrethrine potenziert und festgestellt, dass Resistenzen entweder gar nicht erst auftreten oder sich so langsam entwickeln, dass entsprechende Maßnahmen ergriffen werden können, um eine vollständige Resistenz zu verhindern.

D. Salvia officinalis

Salbei. Familie Lippenblütler (*Lamiaceae/Labiatae*). Tinktur der frischen Blätter und Blüten.

Allgemeines (siehe auch Kapitel 9)

Salvia ist ebenfalls ein Mittel aus der Familie der Lippenblütler und ist in der Wirkung vergleichbar mit anderen Arten dieser botanischen Familie. Das Wirkspektrum von *Salvia* beschränkt sich auf die Kürbisgewächse und Kreuzblütengewächse.

Muller und Haines (1964) an der Universität Kalifornien, Santa Barbara, konnten beobachten, dass der Tau von Salbeipflanzen eine keimungshemmende Substanz enthält. In potenzierter Form kann diese zur Unkrautbekämpfung eingesetzt werden.

Darf nicht bei jungen Pflanzen angewendet werden.

Anwendung in der Praxis

Schädlinge auf Kürbisgewächsen und Kreuzblütengewächsen, Milben, Motten (Abb. 45), Blattläuse, Kohlfliege. Auf weiteren Kürbisgewächsen wie Melone, Gurke, Kürbis etc. Möhrenfliege. Zur Unkrautbekämpfung.

Vergleiche

Fenchel zur Unkrautbekämpfung.

E. Hyssopus

Ysop. *Hyssopus officinalis*. Familie Lippenblütler (*Lamiaceae/Labiatae*). Tinktur der ganzen Pflanze.

Allgemeines (siehe auch Kapitel 9)

Ursprünglich in den Gebirgsregionen Italiens heimisch.

Ysop ist eine gute Nachbarschaftspflanze für Rebstöcke und steigert deren Erträge. Steiner wendet es als Teeaufguss gegen bakterielle Krankheiten an. Wenn man die vielen Anwendungsgebiete dieser Pflanze betrachtet, müsste auch die potenzierte Form ein großes Wirkspektrum haben. Ysop verträgt sich nicht mit Rettichen. Blauer Ysop ist am besten zur Abwehr von Insekten geeignet, gefolgt von den rosa und weißen Varianten. Diese Information ist in der Literatur über Nachbarschaftspflanzen zu finden und dürfte durch eine Potenzierung der Pflanze bestätigt werden.

Die heilenden Eigenschaften von Ysop sind auch bei der Behandlung von Atemwegsproblemen von Bedeutung.

Anwendung in der Praxis

Durch Bakterien verursachte Fäule, Brandkrankheiten, als Falle für den Kleinen Kohlweißling (Abb. 46), allgemein zur Insektenabwehr geeignet. Probleme der Atemwege. Am besten für den Weinbau geeignet.

Abb. 45 Apfelwickler, Cydia pomonella, ausgewachsenes Insekt

Abb. 46 Kleiner Kohlweißling, Pieris rapae, ausgewachsenes Insekt

Anwendung auf Kürbisgewächsen (*Cucurbitaceae*)

A. Thuja occidentalis

Lebensbaum. E: Yellow Cedar. Arbor vitae. Familie: Koniferen (*Coniferae*). Tinktur der frischen Zweige.

Allgemeines

Die Pflanze ist auf steinigen Flussufern und an niedrig gelegenen, feuchten Stellen heimisch.

Das ätherische Öl wird auf den westindischen Inseln als starkes Insektizid eingesetzt. Teste erwähnt in seiner Materia Medica, dass das Holz des Lebensbaums nicht verrottet. Außerdem bestätigt er Hahnemanns Vorstellung von Signatur, indem er schreibt, dass

> *... die harzhaltigen Schwielen des Stammes und der Blätter von Thuja ein Hinweis seien, dass die Pflanze spezifisch ist für die Sykose und Warzen.*
>
> (Teste A. 1974)

Den Lehren Hahnemanns zufolge ist die Sykose eine konstitutionelle Krankheit, die aus einer konstitutionellen (d. h. vererbten) Gonorrhö hervorgeht. Die charakteristischen Merkmale sind weiche oder harte Warzen, Krebs und Blumenkohltumore.

Aufgrund der Prüfungen kann man davon ausgehen, dass Hahnemann Recht hatte, was auch von Kent belegt wird. Hering sagt, dass es auf die Säfte wirkt:

> *... und eine Zersetzung der Säfte herbeiführt, welche dadurch scharf werden. Es bringt die Verdauung durcheinander.*

Für das Pflanzenreich:

> *Ein Überschuss an entstehendem Leben; ungehemmtes Wuchern pathologischer Vegetationsformen, warzenähnliche Kondylome, sykotische Wucherungen, schwammartige Tumore. Alle Anzeichen einer Krankheit sind im Übermaß vorhanden, in ihrem Auftreten aber so unscheinbar, dass man ihre Entstehung kaum bemerkt.*
>
> (Hering 1990)

Bei Pflanzen kann man diese Diagnose auf die Entstehung von harten und weichen Gallen übertragen, bei Bäumen auf weiche, krebsartige Auswüchse. Ein gutes Beispiel hierfür ist der Befall von Akazien durch den *Uromycladium*-Erreger.

Ein Befall durch Bohrkäfer kann oft mit *Thuja* behandelt werden, da es als Mittel „Gifte tierischen Ursprungs“ neutralisieren kann, ähnlich wie die Impfstoffe und ihre negativen Auswirkungen beim Menschen. Viele Insekten, die Pflanzen und Bäume angreifen, werden auf dieses Mittel ansprechen, besonders dann, wenn die Krankheit auf einen Schädlingsbefall wie z. B. den Gelbverzwergungsvirus, den Mosaikvirus und andere zurückzuführen ist.

Es werden noch viele Prüfungen durchgeführt werden müssen, um diese Theorie zu bestätigen. In diesem Fall wird die Übertragung der *Thuja*-Symptome auf die Pflanzen der ausschlaggebende Faktor für die Anwendung des Mittels sein. Das Wässern der Pflanzen mit *Thuja*, d. h. die innere Anwendung des Mittels erzielt hier weitaus bessere Resultate als das Sprühen. Dies wurde in unseren Tests bestätigt

Anwendung in der Praxis

Gegen Schädlinge allgemein, Milben, Schwärmer, Schildläuse auf Zimmerpflanzen, *Eriophyidae*-Milben, Raupen auf Johannisbeere, Schädlinge auf Kürbisgewächsen, Baumkrebs, Gallen, Kräuselkrankheit bei Pfirsichen, Rotzkrankheit bei Pferden (*Burkholderia mallei*), Pilzgallen.

Im Folgenden möchte ich einen Testbericht von B. P. Singh, Girish Gupta und K. M. Srivastava aus Indien zur Bekämpfung des Mosaikvirus erwähnen.

Homoeopathica September 2003

Die Bekämpfung von Viruskrankheiten auf Pflanzen mit Hilfe homöopathischer Mittel wurde schon von mehreren Seiten untersucht. In Hinblick auf die ermutigenden Resultate, die gegen den Tabakmosaikvirus (TMV) und den Papayamosaikvirus erzielt werden konnten, haben wir in der folgenden Versuchsreihe weitere Mittel getestet.

Arsenicum album, *Thyroidinum* und *Uranium nitricum* wurden von einer D3-Potenz auf eine D7-Potenz erhöht. Anschließend wurde daraus unter Verwendung von destilliertem Wasser eine Trägerflüssigkeit hergestellt. *Sulphur* C100, *Carcinosinum* C1.000, Morgan C30, *Dolichos* C6, *X-ray* C30, *Influenzinum* C200 und *Vaccininum* C30 wurden um eine Potenzstufe erhöht, indem 1 ml der Droge mit 99 ml destilliertem Wasser aufgefüllt wurde.

Eine Kultur des Tabakmosaikvirus wurde mit *Nicotiana tabacum* var. White Burley angelegt, die Versuche selbst wurden mit *Nicotiana glutinosa*, einem hypersensitiven Wirt des TMV, durchgeführt. Die Pflanzen wurden mit dem Virus geimpft und anschließend jeweils nach 15 Minuten und nach 24 Stunden mit *Sulphur*, *Carcinosinum*, *Morgan*, *Dolichos*, *Thyroidinum*, *Arsenicum* und *Uranium nitricum* besprüht. *Influenzinum*, *X-ray* und *Vaccininum* wurden zwei Mal (48 Stunden und 24 Stunden) vor der Impfung besprüht.

Für das TMV-Inokulum wurde junges infiziertes Pflanzengewebe in einem Mörser zu gleichen Teilen mit Phosphatpuffer (pH 7) mazeriert. Die Paste wurde anschließend 17 Minuten lang bei 5.000 rpm zentrifugiert. Die so gewonnene Flüssigkeit wurde als Inokulum benutzt. Dieses Inokulum wurde auf mit *Carborundum*-Pulver präparierte Blätter aufgetragen. Am vierten Tag nach der Impfung wurden die entstandenen Läsionen gezählt und die Inhibitionsrate (in Prozent) durch den Vergleich mit Kontrollpflanzen berechnet.

An Pflanzen, die vor der Virusimpfung mit *Influenzinum*, *Vaccininum* und *X-ray* gesprüht wurden, war kein Schutz zu erkennen. Im Gegenteil, die Anzahl der Läsionen auf den behandelten Pflanzen war im Vergleich zur Kontrollgruppe erhöht.

Von den sieben Ausgangsstoffen, die unter therapeutischen Aspekten untersucht wurden, konnten *Arsenicum*, *Thyroidinum* und *Uranium nitricum* die Anzahl der Läsionen effektiver reduzieren als *Morgan*. Das Sprühen mit *Dolichos*, *Sulphur* und *Carcinosinum* hatte jedoch keine signifikante Auswirkung auf die entstandenen Läsionen (Tab. 1).

Tabelle 1

Der Effekt verschiedener Drogen auf lokale Läsionen bei N. glutinosa verursacht durch den Tabakmosaikvirus. Die Drogen wurden nach der Impfung anhand eines Sprays aufgetragen.

Arzneimittel	Potenz	Prozentualer Rückgang in der Anzahl der Läsionen gegenüber der Kontrolle
Thyroidinum	7x	45
Arsenicum	7x	44
Morgan	31	21
Uranium nitricum	7x	46
Dolichos	7	0
Sulphur	101	0
Carcinosinum	1001	0
Influenzinum	C 201	↑
Vaccininum	C 31	↑
X-ray	C31	↑

Die Suche nach Inhibitoren für Pflanzenviren war bislang nicht sehr erfolgreich. Sowohl unsere Untersuchungen als auch vorangegangene Versuche haben jedoch ausreichend positive Resultate gebracht, um den Einsatz von homöopathischen Mitteln zur Prävention und Bekämpfung von Pflanzenviren weiterhin zu erforschen.

Offensichtlich könnte eine systematische Vorgehensweise in Bezug auf die homöopathische Behandlung von Virenerkrankungen bei Pflanzen durchaus zuverlässige und konkrete Daten liefern. Es scheint sinnvoll, in folgende Richtungen zu forschen:

(i) die Herstellung von homöopathischen Mitteln aus infiziertem Pflanzengewebe in Anlehnung an die homöopathische Theorie der Nosoden. Beobachtung dieser Mittel auf ihre prophylaktische Wirkung gegen Pflanzenviren.

(ii) verschiedene Drogen an gesunden Pflanzen prüfen und auf virenähnliche Symptome untersuchen. Es könnte möglich sein, bestimmte Mittel gegen verschiedene Pflanzenviren differenziert einzusetzen. Durch diese Vorgehensweise könnten große Fortschritte erzielt werden in Hinblick auf die Bekämpfung von Pflanzenviren, die ansonsten nur schwer zu behandeln sind.

Referenzen

Abidi, S. M. H., Srivastava, K. M., Gupta, R. P., Singh, B. P. (1977): Effect of Some Medicinal Drugs on Distortion Ring Spot Virus of Papaya, New Botanist, IV: 13-14.

Khurana, S. M. P. (1971): Effect of Homoeopathic Drugs Against Plant viruses, Planta Medica, 20: 142.

Verma, H. N., Verma, G. S., Verma, V. K., Ram Krishna and Srivastava, K. M. (1969): Homoeopathic and Pharmacopoeial Drugs as Inhibitors of Tobacco Mosaic Virus. Indian Phytopathology, 12: 188.

Dieses Forschungsprojekt wurde 1979 am Plant Virology Laboratory, National Botanical Research Institute, Lucknow, Indien, durchgeführt.

B. Bufo

Bufo. Kröte. Familie *Bufonidae*, Klasse *Amphibia*. Tinktur der giftigen Hautausscheidungen in Ethanol.

Allgemeines

Die Anwendung dieses Mittels lässt sich bis zu den Römern und Griechen zurückverfolgen.

Es wird sogar in einem Buch aus dem Jahre 1700 als Mittel gegen Schädlinge erwähnt. In diesem Buch wird empfohlen, sich eine Kröte in einem Eimer Wasser zu halten und dann das Wasser in verdünnter Form als Abwehrmittel gegen Maulwürfe, Mäuse, Ratten und andere schädliche Nager in Haus und Hof einzusetzen. Auf Kulturpflanzen wurde es gegen Raupen, Weiße Fliegen, Blattläuse und Schildblattläuse verwendet. Natürlich ist auch eine Kröte im Garten hilfreich gegen Insektenschädlinge, aber die Kröte ist kein differenzierter Insektenjäger und wird ihrerseits auch andere nützliche Räuber vernichten.

Selbstverständlich sind Krötengifte in potenzierter Form besser geeignet, Pflanzen vor Schädlingen zu schützen.

Anwendung in der Praxis

Raupen, Weiße Fliegen, Blattläuse, Schildblattläuse. Kann möglicherweise auch gegen Nagetiere eingesetzt werden.

Indikation

Befall durch Insekten wie Blattläuse und Weiße Fliegen, die nach dem Befall ein flauschig weißes Aussehen annehmen und sich bald darauf hell orange färben. Im Rahmen einer regulären biologischen Schädlingsbekämpfung kann dieses Mittel den Befall um ca. 75% verringern. In potenzierter Form liegt die Erfolgsrate bei ca. 99%.

Wasserbedarf

Aufgrund des Befalls durch Schädlinge relativ hoch.

Arzneimittelbeziehungen

Vergleiche: *Bomb-pr., Samb., Mant-r.*

Ergänzend: *Carc., Chrysop., Cocc-s., Staphyoc.*

Anwendung auf Süßgräsern (*Gramineae*)

Viburnum opulus

Gemeiner Schneeball. E: Cramp Bark. Familie Geißblattgewächse (*Caprifoliaceae*). Tinktur der frischen Rinde.

Allgemeines

Die Pflanze ist an Flussufern heimisch.

Hale schreibt, dass die wilde Form des Schneeballs in Amerika auch „Cramp Bark" genannt wird. Die Indianer verwendeten diese Pflanze, um Krämpfe zu lindern. *Viburnum* hat einen ähnlichen Geruch wie *Valeriana* und *Sambucus* und besitzt vergleichbare, „abstoßende" Eigenschaften. Hale schreibt auch, dass es einen Einfluss auf die Geschlechtsorgane hat und bei rechtzeitiger Anwendung das vorzeitige Abfallen des Obstes verhindern kann.

Die Wurzeln sehen blass aus, die Epidermis kann trocken sein. Nährstoffe werden möglicherweise nicht aufgenommen, die Aufnahme von CO_2 ist ebenfalls eingeschränkt, der Protein- oder Kohlenhydratgehalt der Pflanze ist niedrig. Wie bei *Sambucus* und *Valeriana*, gibt es bei *Viburnum* reichlich Verdunstung. Die Blätter geben nachts kein CO_2 ab. Fotosynthese und Gasaustausch sind nicht adäquat. Der ganze Verdauungsapparat ist stark beeinträchtigt, während das Kapillarensystem nicht aktiv zu sein scheint. Die weiblichen Geschlechtsorgane der Blüten sind betroffen, was zum frühzeitigen Abfallen der Früchte führt. Eine rechtzeitige Anwendung von *Viburnum* wird zu einer vollständigen Reifung der Früchte beitragen.

Anwendung in der Praxis

Wird allgemein zur Bekämpfung von Insektenschädlingen eingesetzt.

Wasserbedarf

Normal bis erhöht.

Arzneimittelbeziehungen

Vergleiche: *Bombyx.*, *Samb.*, *Valer.*

Anwendung auf Hülsenfrüchten (*Leguminoseae*)

Satureia hortensis

Bohnenkraut. Familie Lippenblütler (*Lamiaceae/Labiatae*). Tinktur der ganzen Pflanze.

Allgemeines (siehe auch Kapitel 9)

Verschiedene Versuche haben bestätigt, dass dieses Mittel erfolgreich gegen alle Krankheiten und Schädlinge auf Bohnen eingesetzt werden kann. (Abb. 47)

Anwendung in der Praxis

Krankheiten und Schädlinge auf Bohnen. Mexikanischer Bohnenkäfer (*Epilachna varivestis Mulsant*), Befall durch *Thysanoptera* (Abb. 48), Bohnenfliege (*Melanagromyza phaseoli*), Javanische Kakaomotte (*Conopomorpha cramerella Snellen*). Wird allgemein zur Bekämpfung von Insektenschädlingen eingesetzt.

Arzneimittelbeziehungen

Zur Prophylaxe kann *Sal-ac.* verwendet werden.

Vergleiche: *Nat-sal.* und/oder *Sal-ac.*

Abb. 47 'Limabean Vine Borer', Monoptilota pergratialis, Larve

Abb. 48 Thripse (Thysanoptera), Schadbild

Anwendung auf Nachtschattengewächsen (*Solanaceae*)

Sambucus nigra

Holunder. Familie Geißblattgewächse (*Caprifoliaceae*). Tinktur der frischen Blätter und Blüten.

Allgemeines (siehe auch Kapitel 9)

Die zerdrückten Blätter geben einen unangenehmen Geruch ab, der die meisten Insekten abschreckt. Aus diesem Grund wird es von manchen Gärtnern dazu benutzt, Raupen von empfindlichen Pflanzen fernzuhalten.

Die Wirkung von *Sambucus* wurde, in Anlehnung an die Aussagen der Literatur über Nachbarschaftspflanzen, durch Feldstudien bestätigt.

Anwendung in der Praxis

Wird allgemein zur Bekämpfung von Insektenschädlingen (Abb. 49) eingesetzt, besonders bei Raupen. *Helicoverpa punctigera*, die Mottenart *Pseudaletia unipuncta*, Pflanzenwespen (*Symphyta*), Kohlmotte (*Plutella xylostella*), Larven des Schwammspinners (*Lymantria dispar*), Mottenlarven allgemein. *Phthorimaea operculella*, Anhäufungen von Raupen (Abb. 50), Myiasis und Distomatose bei Schafen. Blattläuse.

Arzneimittelbeziehungen

Vergleiche: *Bombyx.*, *Valer.*, *Vib.*

Abb. 49 Raupenansammlung

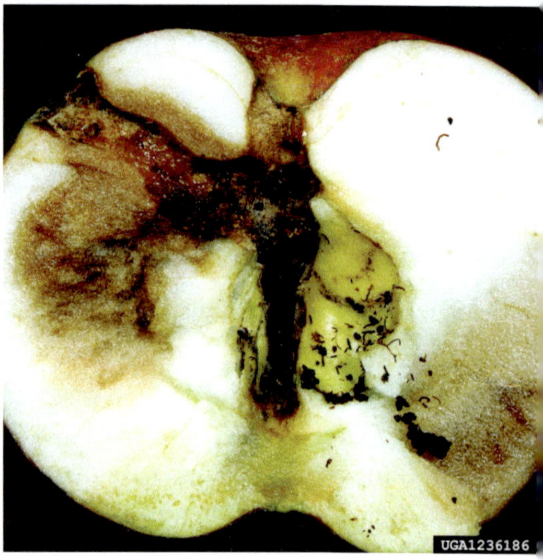

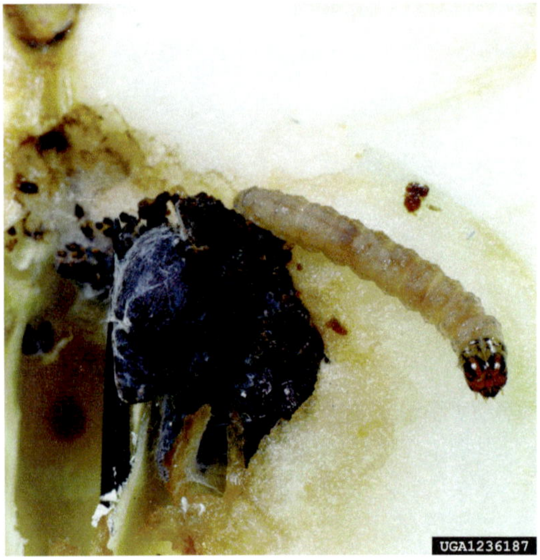

Abb. 50 Apfelwickler, Cydia pomonella

10.2 Mittel gegen Blattläuse und Schildläuse

Anwendung auf Kreuzblütengewächsen (*Brassicaceae*)

A. Aphidius sp.

Ordnung *Hymenoptera*. Gattung *Aphidius*. Tinktur des lebenden Insekts. Verreibung des lebenden Insekts.

Allgemeines

Alle Blattlausparasiten gehören der Ordnung der Hymenoptera oder Wespen im weitesten Sinne an und können zwei verschiedenen Familien zugeordnet werden. Einmal den Aphidiidae, die wichtigste Familie, der ausschließlich Blattlaus parasitierende Arten angehören, und den Aphelinidae, die auch als Parasiten auf anderen Insekten zu finden sind, z. B. auf Schildläusen und Mottenläusen.

Den Aphidiidae gehören viele wichtige Gattungen an: Aphidius, Praon, Ephedrus, Lysiphlebus, Monoctus und Trioxys. Die ausgewachsenen Wespen sind klein und schmal mit einer schwarzen, braunen, orangenen oder gelben Färbung.

(Hussey N.W.
Biological Pest Control)

Während die lebende Wespe ihre Eier auf den Blattläusen ablegt und diese erst nach ein paar Tagen schlüpfen, wirkt das homöopathische Mittel sofort und gewinnt dadurch Zeit im Kampf gegen einen akuten Befall. Wenn sich die parasitären Wespen noch in ihren verschiedenen Häutungsstadien befinden, sind sie gegen die Schädlinge wirkungslos. Erst im 4. Entwicklungsstadium wird der Prädator aktiv, um in den Lebenszyklus der Blattläuse einzugreifen.

Bei den homöopathisch zubereiteten Wespen fällt diese Verzögerung weg. Außerdem wirkt das Mittel unabhängig vom Wetter und von den verschiedenen Entwicklungsstadien der Blattläuse und kann so zum Zeitpunkt eines akuten Befalls eingesetzt werden. Diese sofortige Wirkung zeichnet das homöopathische Mittel im Gegensatz zum integrierten Pflanzenschutz aus.

Anwendung in der Praxis

Alle Arten von Blattlausbefall auf fast allen Pflanzenarten. *Aphidius* wirkt bevorzugt auf Pflanzen der *Brassicaceae*, kann aber auch auf anderen Pflanzen zuverlässig eingesetzt werden. (Abb. 51)

Abb. 51 Russische Weizenblattlaus, Befall importierter Ware

Abb. 52 Florfliege, Chrysopa spp.

B. Chrysopa carnea

Gemeines Goldauge/Florfliege oder Grüne Florfliege. Ordnung *Neuroptera.* Familie *Chrysopidae.* Synonym *Chrysoperla carnea.* Tinktur des lebenden Insekts. Verreibung des lebenden Insekts. (Abb. 52)

Allgemeines

Befall der Pflanzen durch Blattläuse, kann auch kommerziell eingesetzt werden. Die Florfliege ernährt sich hauptsächlich von Blattläusen und ist bei Sonnenaufgang und Sonnenuntergang aktiv. Man erkennt das Insekt an seinen transparenten, mit grünen oder gelblichen Venen durchzogenen Flügeln.

Das Mittel eignet sich zur Bekämpfung eines akuten Befalls, kann aber auch zur Vorbeugung eingesetzt werden. Prophylaktisch angewendet schützt es ein- und zweijährige Pflanzen den ganzen Lebenszyklus hindurch gegen Blattläuse.

Zu diesem Zweck kann man natürlich auch lebende Insekten züchten, was sich aber aufgrund des unberechenbaren Verhaltens dieser Schädlinge oft als schwierig erweist. Zudem ist die Methode kostspielig, z. B. wenn die Insekten dann nicht zur Verfügung stehen, wenn sie gebraucht werden, oder wenn der Züchter seine Insekten nicht zum richtigen Zeitpunkt verkaufen kann. Außerdem kann es passieren, dass die ausgewachsenen Räuber abwandern, obwohl ihnen genügend Blattläuse vor Ort zur Verfügung stehen.

Die Lösung, die wir hier vorstellen, ist eine ausgezeichnete Alternative, da bei dieser Art der Schädlingsbekämpfung weder der Lebenszyklus des Prädators noch der des Schädlings beachtet werden muss – das Mittel ist immer zur Hand und erzielt jederzeit und unter allen Umständen die gewünschten Ergebnisse.

Herkömmliche Pestizide müssen den ganzen Sommer über ca. 5–6 Mal im Abstand von 8–10 Tagen eingesetzt werden. Sobald sich eine Resistenz entwickelt, muss die Zahl der Anwendungen auf 6–10 Mal im Abstand von 8 Tagen erhöht werden. Die zusätzlichen Kosten sind enorm. Im Zuge des integrierten Pflanzenschutzes müssen die Kokons der Prädatoren im Abstand von 5 Tagen eingeführt werden und zwar dreimal hintereinander im Verhältnis von 1 Kokon pro 25 Blattläuse. Oft ist es so, dass die Larven eines Prädators nicht in der Lage sind, die Blattläuse adäquat zu bekämpfen, weil sie sich bei heißem, trockenem Wetter explosionsartig vermehren, manchmal um das 30-fache pro Tag. Um in diesen Fällen eine effektive Schädlingsbekämpfung zu gewährleisten, müssen zusätzliche Prädatoren eingeführt werden, was wiederum die Kosten in die Höhe treibt. Während diese Methode immer dann zuverlässig funktioniert, wenn sich Schädlinge und Prädatoren parallel entwickeln, ist sie bei wechselhaftem Wetter wegen der rapiden Entwicklung der Schädlinge nicht tragbar.

Homöopathische Mittel können jederzeit und unter allen Umständen eingesetzt werden, auch um einem erneuten Befall vorzubeugen. Der IPS dagegen kann nicht prophylaktisch eingesetzt werden und verursacht dem Landwirt weitere Kosten.

Anwendung in der Praxis

Befall durch Blattläuse. Schildläuse.

C. Syrphina larva

Larven der Schwebfliegen. Ordnung: *Syrphidae.* Tinktur des lebenden Insekts. Verreibung des lebenden Insekts. (Abb. 53)

Abb. 53 Schwebfliege, ausgewachsenes Insekt

Allgemeines

Syrphina sind grüne, gelbe oder braun gefärbte, schwebende Insekten, deren Larven ausgesprochen gerne Blattläuse vertilgen – in dieser Hinsicht sind sie vergleichbar mit den Larven der Marienkäfer. Wird der Boden allerdings bearbeitet, sterben die Larven ab, da sie in der Regel nur in der Erde überleben können.

Anwendung in der Praxis

Befall durch Blattläuse; auch zur Prophylaxe. (Abb. 54, 55)

D. Indikationen

Befall durch Blattläuse. Der Autor hat mit *Syrphina* als Spray oder im Gießwasser ausgebracht, schon ein rasches Verschwinden der Blautläuse beobachtet.

Abb. 54 Grüne Pfirsischblattlaus, Myzus persicae

Abb. 55 Grüne Pfirsischblattlaus, Myzus persicae, erwachsenes Insekt

Anwendung auf Kürbisgewächsen (*Cucurbitae*)

A. Coccinella

Marienkäfer. Siebenpunkt. *Coccinella septempunctata*. Familie Marienkäfer (*Coccinellidae*). Ordnung *Coleoptera*. Tinktur der frisch zerdrückten Käfer. (Abb. 56)

Allgemeines

Befall durch Blattläuse auf Getreide, Obst, Gemüse und Zierpflanzen (z. B. Rosen und Schneeball)

Die meisten Blattlaus-Arten werden 1–2 mm groß, obwohl es durchaus auch größere gibt (4–5 mm). Die verschiedenen Arten besitzen unterschiedliche Färbungen von grün, blau und rosa über dunkelgelb und zitronengelb bis hin zu grau, weiß oder schwarz. Einige Arten sind geflügelt, bei anderen wiederum findet man geflügelte und ungeflügelte Formen. Wenn eine Population zu dicht wird, entwickeln die Insekten Flügel, um auf andere Pflanzen oder eine andere Stelle derselben Pflanze zu fliegen. Am hinteren Ende befinden sich zwei röhrenförmige Körperanhänge, die so genannten Honigröhren, eine Besonderheit der Blattläuse. Blattläuse sind vivipar, d. h. sie gebären lebende Junge, was unter Umständen zu einem explosionsartigen Wachstum der Population führen kann.

Abb. 56 Siebenpunkt, Coccinella septempunctata, ausgewachsenes Insekt

Als Pflanzensauger mit Stechrüssel entziehen die Blattläuse den Pflanzen ihren Saft und bevorzugen dabei junge Triebe und Knospen, die sich anschließend zu verformten Blüten weiterentwickeln. Manche Blattläuse verursachen Pflanzengallen und greifen den Wurzelstock an. Andere wiederum übertragen den Gelbverzwergungsvirus (BaYDV). Blattläuse werden von Ameisen geschützt und produzieren für diese Honigtau.

Die Größe einer Blattlauspopulation ist abhängig von der Temperatur und der Nährstoffdichte. Bei 15 °C produzieren die Weibchen 3 Junge pro Tag, bei 25 °C erhöht sich die Zahl auf 6 und bei hohen Kalium- und/oder Phosphorkonzentrationen kann diese Zahl bis auf 10 Junge pro Tag steigen. Aus diesem Grund findet man ein explosionsartiges Wachstum vorwiegend bei warmem bis sehr warmem Wetter, wenn die relative Luftfeuchtigkeit zwischen 40 und 50% liegt.

Coccinella kann Blattlauspopulationen sehr schnell verringern, indem man es direkt auf die Blattläuse sprüht oder dem Gießwasser beimischt.

Coccinella ist bereits extensiv und mit guten Ergebnissen angewendet worden, in der Regel ist eine Gabe ausreichend. Eine Überdosierung zieht Blattläuse an, wobei es zu wiederholtem Blattlausbefall kommen kann.

Anwendung in der Praxis

Blattläuse. Schildläuse (Abb. 57). Weiße Fliegen. (Abb. 58)

Abb. 57 San Jose-Schildlaus, Quadraspidiotus perniciosus, ausgewachsenes Insekt auf Mandeln

B. Coccus

Cochenille/Koschenilleschildlaus. Rote Schildlaus. Coccus cacti oder Dactylopius coccus. Ordnung Schnabelkerfe (*Hemiptera*). Verreibung des getrockneten weiblichen Insekts.

Allgemeines

Da *Coccus* selbst zu den weichen Schildläusen zählt, kann es aufgrund des Ähnlichkeitsprinzips spezifisch gegen diese eingesetzt werden. Schellack dagegen gehört zu harten Schildläusen und wird dementsprechend als Mittel gegen harte Schildläuse angewandt. *Coccus* wurde bereits gegen verschiedene Arten von Schildläusen auf unterschiedlichen Bäumen verwendet. Schildläuse auf Eukalyptusbäumen (*Cryptes baccatus, Coccus hesperidum*), auf Zitrussträuchern und auf Zylinderputzerpflanzen (*Callistemon*) verschwanden schon nach einer einzigen Gabe. Ähnlich wie bei *Coccinella* sollte man darauf achten, dieses Mittel nicht zu wiederholen.

Es gibt ca. 20 verschiedene Arten von weichen Schildläusen, die alle mit diesem Mittel bekämpft werden können. Die verbleibenden

Abb. 58 Weiße Fliege (Bemisia argentifolii), ausgewachsenes Insekt

harten Schildläuse, ca. 10 Arten, sollten mit Schellack behandelt werden. Diese Mittel sind bis zu einem gewissen Grad an bestimmte Gattungen gebunden.

Anwendung in der Praxis

Gegen alle weichen Schildläuse. (Abb. 59, 60)

Abb. 59 Putnam-Schildlaus, Diaspidiotus ancylus, Befall

Abb. 60 Putnam-Schildlaus, Diaspidiotus ancylus, Schadbild

Anwendung auf Nachtschattengewächsen (*Solanaceae*)

Tropaeolum

Kapuzinerkresse, *Tropaeolum majus*. Familie Kapuzinerkressengewächse (*Tropaeolaceae*). Tinktur der Samen bzw. der ganzen Pflanze.

Allgemeines (siehe auch Kapitel 9)

Tropaeolum ist eine Nachbarschaftspflanze, deren Fähigkeit, andere Pflanzen vor Blattläusen zu schützen, schon von Hylton, Grieve und anderen Autoren bestätigt wurde. Es ist daher sehr wahrscheinlich, dass eine homöopathische Verdünnung Pflanzen gegen Blattläuse „immun" machen kann.

Anwendung in der Praxis

Weiße Blattläuse, Kürbiswanzen (Anasa tristis), Mottenläuse auf Tomaten. Nematoden. Wolllaus (Planococcus). (Abb. 61)

Abb. 61 Papaya Wolllaus, Befall

10.3 Mittel gegen Käfer

Anwendung auf Nachtschattengewächsen (*Solanaceae*)

Cantharis

Spanische Fliege. *Lytta vesicatoria*, Synonym *Cantharis vesicatoria*. Familie Ölkäfer (*Meloidae*). Ordnung Käfer (*Coleoptera*). Verreibung des lebenden Insekts. Tinktur des lebenden Insekts.

Allgemeines

Cantharis hilft bei Verbrennungen und Brandschäden auf Pflanzen. Der Blasenkäfer *(Epicauta rufidorsum)* zählt ebenfalls zur Familie der Ölkäfer. Bei einem Massenauftreten kann es zu einem Kahlfressen der befallenen Pflanzen kommen. Nach Hahnemanns Ähnlichkeitsprinzip liegt die Vermutung nahe, dass *Cantharis* Abhilfe schafft.

Anwendung in der Praxis

Sonnenbrand (Abb. 62), Blasen auf Blättern und Blütenblättern. Brandschäden durch Dünger, durch Wassertropfen, Buschfeuer, Wind und Sonne. *Musgraveia sulciventris*. Rostkrankheiten auf *Chrysanthemum* und *Pelargonium*. Blasenkäfer (*Epicauta rufidorsum*) auf Kartoffeln. (Abb. 63)

Wasserbedarf

Hoch. Die Pflanzen sind sehr durstig. Zum Auffrischen der Pflanzensäfte nach Feuerschäden (*Carb-v.*).

Arzneimittelbeziehungen

Vergleiche: *Bombyx.*, *Carb-v.*

Abb. 62 Schadbild Sonnenbrand

Abb. 63 Schwarzer Blasenkäfer, Epicauta pensylvanica, ausgewachsenes Insekt

10.4 Mittel gegen Mottenschildläuse und Fliegen

Allgemeine Mittel

Encarsia formosa

Schlupfwespe. Familie *Aphelinidae*. Ordnung Hautflügler (*Hymenoptera*). Tinktur der lebenden Wespe. Verreibung der lebenden Wespe.

Anwendung in der Praxis

Weiße Fliegen (*Trialeurodes vaporariorum*) im Gewächshaus. Andere Weiße Fliegearten (Abb. 64). Möhren- und Kohlfliege.

Die Weiße Fliege oder Mottenschildlaus ist als ernsthafter Schädling auf 249 verschiedenen Arten von Wirtspflanzen bekannt. Zu den Wirtspflanzen zählen unter anderem auch die Gurke und andere Kürbisgewächse sowie Tomaten, Paprika und andere Nachtschattengewächse. Viele Zierpflanzen wie z. B. Azaleen, Pantoffelblumen, Fuchsien, Pelargonien, *Poinsetta* und Verbenen gehören ebenfalls dazu.

Bei einer Temperatur von 21–24 °C schlüpfen die Larven nach 8 Tagen. Bei niedrigeren Temperaturen schlüpfen die Larven später oder erst dann, wenn die richtige Temperatur erreicht ist. Zur weiteren Entwicklung gehören 4 verschiedene Häutungsphasen und Puppen,

Abb. 64 Baumwoll-Weiße Fliege (Bemisia argentifolii), ausgewachsenes Insekt

deren Entwicklung bei den entsprechenden Temperaturen 6, 2, 3 bzw. 5 Tage dauert.

Anfangs sind die frisch geschlüpften Larven des ersten Larvenstadiums, „Kriecher“ genannt, mobil. Sie kriechen ein paar Stunden lang herum und lassen sich dann nieder. Nachdem sie sich mit ihrer Mundöffnung am Pflanzengewebe festgebissen haben, verlieren diese Larven ihre funktionstüchtigen Beine und bleiben während ihrer restlichen Entwicklung unbeweglich. Nach der dritten Häutung gibt es noch drei weitere Entwicklungsstadien. Während des ersten davon – also des insgesamt 4. Larvenstadiums – nimmt die Larve eine flache Form an. Im zweiten Stadium wird die Larve dicker und entwickelt seitliche Stacheln. Das dritte Stadium, die Pupa, ist dem des ersten Stadiums sehr ähnlich, allerdings werden jetzt die roten Augen des ausgewachsenen Insekts sichtbar.

Die Entwicklung ist von der Temperatur abhängig und die Zeitspanne für alle Entwicklungsstadien zusammen beträgt zwischen 18 und 28 Tagen.

10.5 Mittel gegen Raupen

Anwendung auf Kreuzblütengewächsen (*Cruciferae/Brassicaceae*)

Bombyx processionea

Prozessionsspinner. Syn. *Thaumetopoea processionea*. Familie Zahnspinner (*Notodontidae*). Ordnung Schmetterlinge (*Lepidoptera*). Tinktur der lebenden Raupe.

Allgemeines

Tagsüber leben die Raupen des Prozessionsspinners in Kolonien am untersten Ende des Baumstamms, um nachts das Laub abzufressen. Nachdem sie einen Baum völlig kahl gefressen haben, ziehen sie im Gänsemarsch zum nächsten, ein Verhalten, auf das auch ihr Name zurückzuführen ist. Prozessionsspinner produzieren zwei Generationen pro Jahr.

Clarke berichtet von einem Fall, in dem

> *... ein Junge eine Vielzahl an Raupen aus einem Baum herausschüttelte, die auf seinen nackten Oberkörper fielen. Die verursachten einen solch heftigen Juckreiz, dass er Hilfe holen musste. Darauf folgten Fieber, Schläfrigkeit und Delirium und schließlich verstarb er.*
>
> (Clarke 1991)

In der Zeitschrift Rodale (1976) wird der Fall eines Erdnuss- und Sojabauern beschrieben, der aus *Trichoplusia* ein unverdünntes Präparat herstellte und damit Erfolge erzielen konnte. In einem anderen Bericht aus dem Jahre 1978 wird ein ähnlicher Fall beschrieben, in dem die Larven von Pflanzenwespen eingesetzt wurden.

Potenziertes *Bombyx* wurde bereits als generisches Mittel zur Bekämpfung vieler Arten von Raupen auf den unterschiedlichsten Kulturpflanzen eingesetzt. Sowohl die Sprühmethode als auch das Tropfbewässerungssystem sind hier sehr effektiv. Beide Anwendungsmöglichkeiten können einen Schutz der Pflanzen gegen Raupen gewährleisten.

Anwendung in der Praxis

Raupen, Gemüseeule (*Trichoplusia ni*), Larven der Pflanzenwespe (Abb. 65), Pseudaletia-Motte und andere Raupen.

Arzneimittelbeziehungen

Vergleiche: *Canth.*, *Samb.*, *Valer.*, *Vib.*

Anwendung auf Hülsenfrüchten (*Leguminosae/Fabaceae*)

Camphora

Kampfer. *Cinnamonium camphora*. (Kampferbaum). Familie Lorbeergewächse (*Lauraceae*). Das Harz von *Cinnamomum camphora*. Lösung in reinem Alkohol.

Allgemeines

C. camphora wächst in Südostasien und Australien. Kampfer ist eine weiße, kristallene Substanz, die aus dem Kampferbaum gewonnen wird. Es existieren andere, stark riechende ätherische Substanzen, die den gleichen

Abb. 65 Pflanzenwespe

Namen tragen. Echter Kampfer wird entweder aus länglichen Aushöhlungen im Inneren des Stammes gewonnen oder von den Blättern und Zweigen extrahiert.

Grieves Kräuterfibel erwähnt, dass:

> *... es ein bekanntes Mittel gegen Motten und andere Insekten ist, wie zum Beispiel Holzwürmer; die Ausstellungskästen für naturgeschichtliche Exponate sind oft aus diesem Holz hergestellt; Entomologen lassen zuweilen das Holz importieren, um maßgeschneiderte Vitrinen fertigen zu lassen.*
>
> (Grieve 1931)

Kampfer ist ein sehr starkes Mittel, das wegen der heftigen Reaktionen, die es hervorrufen kann, mit Vorsicht angewendet werden sollte. Es wird vorwiegend in den niedrigen Potenzen verschrieben,

> *... aber diejenigen, deren Wissen über Kampfer sich auf die eher groben Wirkungen beschränkt, werden nie begreifen, welch großartiges Mittel es sein kann, wenn es gemäß seines feineren Symptombildes verschrieben und in den höheren Potenzen gegeben wird.*
>
> (Clarke 1991)

Aufgrund seines breit gefächerten Symptombildes und seiner sich überschneidenden primären und sekundären Reaktionen kann man es beim Menschen nur schwer therapeutisch einsetzen. Bei Pflanzen jedoch bringt es genug Symptome hervor, um es z. B. bei der Umlegekrankheit einzusetzen. Das ist besonders dann wichtig, wenn diese durch Staunässe verursacht wird, da *Camphora* für Krankheiten indiziert ist, die durch nasskaltes Wetter entstehen.

Die Wurzeln fühlen sich schmierig an, der Schleim ist zäh, anders als bei gesunden Wurzeln. Der Wasserbedarf der Pflanzen ist ungewöhnlich hoch.

Das Kapillarensystem funktioniert nicht richtig und behindert den Transport von Zucker zu den Wurzeln sowie die Aufnahme von

Nährstoffen in die Pflanze. Gasaustausch und Fotosynthese sind dementsprechend beeinträchtigt, die Pflanze verwelkt und es kommt zum Kollaps.

Anwendung in der Praxis

Motten, Holzwürmer, Weiße Ameisen (Termiten) und andere Schädlinge. Negative Folgen von Umlegen und Staunässe. Kakerlaken, Ameisen. (Abb. 66)

Termiten

Termiten (Abb. 67) gehören der Überordnung der Schaben an und nicht der der Ameisen, wie ihr umgangssprachlicher Name, „Weiße Ameisen", vermuten lässt. Sie leben in Kolonien, die im Gegensatz zu anderen staatenbildenden Insekten wie Ameisen oder Bienen nicht nur eine Königin, sondern auch einen König haben. Zum Stamm gehören Arbeiter, Soldaten und andere Kasten. Die Soldaten haben große Köpfe und starke Kauwerkzeuge, bringen sich aber als erstes in Sicherheit, sobald das Nest gestört wird. Dieses Verhalten findet man besonders bei den unterirdischen Arten.

Die meisten Termitenarten sind ca. 4–10 mm lang, weiß bis cremefarben, und haben einen weichen Körper. Die Nester werden artenspezifisch entweder unter der Erde, auf Bäumen oder in Hügeln angelegt. Die meisten Arten befallen sowohl lebendes als auch totes Holz. Aus diesem Grund sind auch die meisten Holzhäuser und Pfahlbauten nicht vor Termiten sicher.

Manche Arten ernähren sich von Pilzen, die sie in unterirdischen Gängen züchten, während andere Termiten Torf bevorzugen oder die Wurzeln von bestimmten Pflanzen abfressen. Im Frühjahr schwärmen Termiten, den Ameisen ähnlich, aus. Eine Vielzahl von geflügelten Männchen und Weibchen verlässt das Nest, um sich zu paaren. Anschließend verlieren sie ihre Flügel und die neuen Königspärchen richten eine eigenständige Kolonie ein. Sie legen Eier, aus denen Arbeiter schlüpfen und ein neues Nest aufbauen. Innerhalb von

Abb. 66 Feuerameise, Solenopsis geminata (Fabricius), Schadbild

Abb. 67 Termiten

2–3 Jahren entwickeln sich immer mehr Eier legende Weibchen, die immer mehr Eier produzieren. Manche Königinnen werden so riesig, dass sie sich nicht mehr bewegen und nur noch Eier legen können; manche Arten können bis zu 4.000 Eier in 24 Stunden legen.

In Australien befallen die Termiten eine große Anzahl von Bäumen, wobei sie Eukalyptus und einige andere Arten bevorzugen. Mit der Abholzung der Urwälder dringen die Termiten immer weiter in menschliche Siedlungen vor. *Camph.* ist ein gutes Mittel gegen Termiten. Als Rohstoff dient er diesem Zweck schon seit hunderten von Jahren. Der Kampferbaum, *Cinnamomum camphora*, wird wegen seines intensiven Geruches von Termiten nicht aufgesucht. Dass *Camphora* ein ausgezeichnetes Mittel gegen Termiten ist, liegt jedoch nicht nur am Geruch. In der potenzierten Form wirkt es genauso gut, obwohl in den hohen Verdünnungen natürlich kein Geruch mehr vorhanden ist. Andererseits wirken Pheromone auch wesentlich subtiler, als unsere groben Nasen das wahrnehmen können. Und wenn wir bedenken, dass der Geruchssinn eines Hundes hunderttausendmal besser ist als der unsere, kann man durchaus die Überlegung anstellen, dass die Sinnesorgane der Insekten noch um ein Vielfaches empfindlicher sein könnten.

Es ist natürlich auch möglich, dass *Camph.* eine weitere, für Insekten abstoßende Qualität besitzt oder dass die Insekten auf *Camph.* besonders sensibel reagieren. Die Entkräftung und Schwäche, die *Camphora* bei Menschen hervorruft, wäre auch für ein Termitennest ein äußerst unerwünschtes Phänomen. In einem Bau gibt es unzählige Arbeiten zu erledigen, die Eier und Larven pflegen, Nahrungsreserven anlegen und vieles mehr. Ein schläfriger und geschwächter Zustand der Arbeiter könnte für den ganzen Staat den Tod bedeuten. *Camphora* wurde bereits mit guten Ergebnissen gegen Termiten in Holzvorräten eingesetzt.

Camphora wirkt auch gegen Motten.

10.6 Mittel gegen Nematoden und andere Würmer

Wurzelgallennematoden (*Meloidogyne hapla*)

Nematoden sind kleine „Älchen", die man mit bloßem Auge nicht sehen kann. Sie leben auf und ernähren sich von den Blättern, Stängeln und Wurzeln einer Pflanze und legen ihre Eier im pflanzlichen Gewebe ab. Dadurch bilden sich auf der Pflanze kleine Knoten und die Pflanze verkümmert. Wachstum, Fortpflanzung, Quantität und Qualität der Früchte einer Pflanze werden dadurch beeinträchtigt. Von den Nematoden ist die Wurzelgallennematode am weitesten verbreitet. Südliche Regionen sind wegen ihres milden Klimas und warmen Wintern besonders betroffen. Unter diesen Bedingungen können die Nematoden recht lange im Boden überdauern. Bei Verdacht auf einen Befall sollte man immer die Wurzel der Pflanze gründlich untersuchen. Die Knoten auf den Wurzeln von Bohnen und Erbsen deuten jedoch nicht unbedingt auf Nematoden hin. Diese Knötchen enthalten für die Pflanzen nützliche Bakterien und lassen sich leicht von den Wurzeln ablösen. Die Gallen der Nematoden jedoch sitzen fest auf den Wurzeln und sind nur schwer zu lösen.

Diesen Parasiten kann man mit guter Gartenpflege und einer gesunden Fruchtfolge erfolgreich bekämpfen. Organische Dünger und natürliches Mulchmaterial fördern die Vermehrung von nützlichen Pilzen und Bakterien, die sich ihrerseits von Nematoden ernähren. Traditionell werden Ringelblumen gepflanzt, um diesen Schädling von anderen Pflanzen fern zu halten. Der Katzen-Gamander (Teucrium marum) hat im Garten eine ähnliche Funktion.

Anwendung auf Rosengewächsen (*Rosaceae*)

Tanacetum vulgare

Rainfarn. Familie Korbblütengewächse (*Asteraceae/Compositae*). Tinktur der ganzen, blühenden Pflanze.

Allgemeines

Wächst auf hoch gelegenen Orten und Weideland. Das ätherische Öl von *Tanacetum* ist laut Hale identisch mit Santonin, was die Wirkung dieser Pflanze als Anthelmintikum erklärt. Peyraud benutzte den Rainfarn als

Abb. 68 Weizenälchen (Nematoden), Anguina tritici

Abb. 69 Blattnematode, Subanguina chilensis, befallenes Blattwerk

Impfersatz gegen Tollwut und in Russland wird es als Hopfenersatz verwendet. Es hat einen kampferartigen Geruch und wird bei Rindern und Schafen zur Behandlung von Würmern eingesetzt.

Kräuterbücher wie Grieve 1931, Hylton 1974 und andere beschreiben es als Pflanze, die Fliegen, Japankäfer und Ameisen vertreibt.

In der potenzierten Form wird es von den Pflanzen aufgenommen und macht sie immun gegen Schädlinge. Besonders wirksam ist es, um Pflanzen, die von Blattläusen befallen sind, vor Ameisen zu schützen. Für die Larven der Marienkäfer ist es nämlich äußerst schwierig, Blattläuse zu fressen, die von Ameisen beschützt werden.

Anwendung in der Praxis

Fliegen, alle Arten von Würmern, Japankäfer (*Popillia japonica*), Ameisen, Motten, Flöhe. Tollwut. Nematoden. (Abb. 68, 69) Pfirsichbäume reagieren besonders empfindlich auf *Tanacetum*. Vorzeitiges Abfallen des Obstes.

Anwendung auf Lippenblütengewächsen (*Lamiaceae/Labiatae*)

Teucrium marum

Katzengamander. Familie Lippenblütengewächse (*Lamiaceae/Labiatae*). Tinktur der ganzen, frischen Pflanze.

Allgemeines

Es gibt kein anderes Mittel, das Fälle von Nematoden besser behandeln könnte als *Teucrium*. Nematoden, besonders die der Gattung *Meloidogyne*, behindern das Wachstum der Pflanzen und beeinträchtigen den Gasaustausch. Bei den Kartoffeln werden die Knollen klumpig. Andere Mittel wie *Calendula* kann man ebenfalls gegen Nematoden einsetzen.

Von den Symptomen, die in der Materia Medica aufgelistet sind, kann man Rückschlüsse auf das Nährstoffgleichgewicht ziehen – die Symptome für Nematoden und *Teucrium* sind identisch.

Unter den Nachbarschaftspflanzen sind die verschiedenen Arten von *Teucrium* nicht so effektiv wie *Ruta*, in potenzierter Form geben sie jedoch den Pflanzen einen guten Schutz gegen Schädlinge. Alle Gamander haben diese Fähigkeit, ebenso die verschiedenen Thymianarten.

Verschiedene Bücher über Kräuter (Grieve 1931, Hylton 1974) und Nachbarschaftspflanzen (Hemphill 1990, Philbrick und Gregg 1966) beschreiben, wie getrockneter Thymian, in Kleiderschränken aufgehängt, die Motten vertreibt.

Viele Prüfungen werden noch nötig sein, um das vollständige Wirkspektrum von *Teucrium* zu erforschen.

Anwendung in der Praxis

Bandwurm. Kohlfliege (Delia radicum). Motten. Nematoden. Mastitis bei Kühen. Probleme bei der Blüte und dem Fruchtansatz.

Arzneimittelbeziehungen

Vergleiche: *Mentha*

10.7 Mittel gegen Milben

Anwendung auf Kreuzblütengewächsen (*Cruciferae/Brassicaceae*)

A. Amblyseius spp. cucumeris/californicus/mackenzie

Raubmilbe. *Amblyseius mackenzie*. Ordnung Vorratsmilben (*Acaridae*), Klasse Spinnentiere (*Arachnidae*). Tinktur des lebenden Insekts. Verreibung des lebenden Insekts.

Allgemeines

Selbstverständlich waren wir bemüht, die Auswahl an homöopathischen Mitteln zur Schädlingsbekämpfung so umfangreich wie möglich zu gestalten. Nach unseren Erfahrungen mit *Coccinella*, dem ersten Mittel, für das wir einen natürlichen Räuber homöopathisch verarbeiteten, waren wir natürlich neugierig herauszufinden, ob es noch weitere Prädatoren gibt, die in diesem Sinne eingesetzt werden können. Dazu haben wir uns in viele Bücher über Integrierten Pflanzenschutz vertieft und kamen zu der Überzeugung, dass es eine große Anzahl an Mitteln geben muss, die zur Schädlingsbekämpfung geeignet sind. Viele der Mittel, die wir hier vorstellen, haben wir durch das Studium dieser Literatur entdeckt. Mehr noch, wir haben die entsprechenden Tiere von einschlägigen Firmen bestellt und getestet. Die Ergebnisse übertrafen unsere Erwartungen bei weitem und wir können hier homöopathische Mittel allerersten Ranges vorstellen. Die Bedeutung für den Pflanzenschutz ist enorm.

Milben stellen ein großes Problem für Pflanzenzüchter dar. Die Schädlinge weben ein feines Netz um Zweige und Blätter und drosseln auf diese Weise die Zufuhr von Sauerstoff und Kohlendioxid, was schließlich zum Ersticken der Pflanzen führt.

Milben wandern, indem sie sich von Insekten mitnehmen lassen. Viele Wissenschaftler gehen daher davon aus, dass die Milben parasitär auf diesen Insekten leben. Diese Auffassung ist nicht korrekt. Die Rote Samtmilbe (*Trombidium holosericeum*) ist ein gutes Beispiel. Auch erwachsene Raubmilben wandern und machen es dadurch schwierig zu erfassen, wie viele Raubmilben in welchem Stadium zur Schädlingsbekämpfung benötigt werden. Raubmilben schwärmen und wandern auf die gleiche Art und Weise wie andere Milben. Das macht es auch kompliziert zu berechnen, wie viele Raubmilben zur Bekämpfung anderer Milben nötig sind. Die Anzahl der Milben vor Ort variiert nämlich stark durch die ständige Zu- und Abwanderung.

Gärtner, die das homöopathische Mittel verwenden, brauchen sich mit solchen Überlegungen nicht herumzuschlagen, da es erstens immer zur Verfügung steht und zweitens eine einzige Gabe genügt, um ein- oder zweijährige Pflanzen ihren gesamten Lebenszyklus hindurch zu schützen. Es gibt keine vergleichbare Methode.

Was das Mittel *Amblyseius* betrifft, sind die verschiedenen Arten dieser Milbe gleichermaßen effektiv. Im kommerziellen Anbau kann jede der Unterarten erfolgreich gegen Milben eingesetzt werden, egal ob im Treibhaus oder auf dem freien Feld.

Anwendung in der Praxis

Milben. Red Legged Earth Mite (*Halotydeus destructor*). Gemeine Spinnmilbe (*Tetranychus urticae*) (Abb. 70). Tomatenrostmilbe (*Aculops lycopersici*). Kräuselmilbe (*Calepitrimerus vitis*). Pockenmilbe (*Eriophyes vitis*).

B. Bovista

Bovist. *Lycoperdon bovista*. Reich Pilze (*Fungi*). Verreibung. Verreibung des frischen Pilzes.

Allgemeines

> *Dieser Kugelpilz, der Berichten zufolge in Italien verspeist wird, bevor er reif ist, füllt sich während des Heranreifens mit schwarzem Staub und lässt die Hülle, die ihn umgibt, mit einem leichten Knall zerplatzen.*
>
> (Clarke 1991)

Die Signatur deutet auf Blähungen, Aufschwemmungen und Vergrößerungen hin. Blumen haben Probleme mit den Fruchtknoten. Trocken- und Nassfäule an vielen Pflanzen. Wurzeln faulen mit widerlichem Geruch. Die Pflanzen haben viel Durst, besonders nachmittags und abends.

Ursprünglich wurde *Bovista* mit wenig Erfolg gegen den bekannten Hexenring des Rasens eingesetzt. Die Entdeckung von *Bovista* als Mittel gegen die Gemeine Spinnmilbe war ein glücklicher und willkommener Zufall. Es war

Abb. 70 Spinnmilben Schadbild

für mich natürlich eine große Überraschung und ich stellte mir die Frage, welcher Aspekt dieses Pilzes seine Wirkung erklären könnte. Die wichtigsten Hinweise kamen vom Integrierten Pflanzenschutz.

Die Tatsache, dass der IPS verschiedene Pilze zur Schädlingsbekämpfung einsetzt, hat uns zu einer Reihe von Mitteln geführt, die wir mit Erfolg anwenden werden können. Der Bovist gehört zum Reich der *Fungi* und die homöopathische Wirkung dieses Pilzes auf Spinn- und andere Milben ist wahrscheinlich auf einen ähnlichen Mechanismus zurückzuführen, wie wir ihn aus dem IPS kennen. Weitere mikroskopische Untersuchungen werden nötig sein, um diese These zu untermauern oder zu verwerfen.

Die Spinnmilbe ist anhand ihrer deutlich sichtbaren Farbkontraste noch mit bloßem Auge zu erkennen. Die Weibchen sind sehr zahlreich und durch ihre blassgrüne Farbe schwerer auszumachen. Im Winter färben sich die Weibchen orangerot, verstecken sich aber unter Rinde, in Astgabelungen oder am unteren Pflanzenstängel. Im Frühjahr ernähren sie sich von jungen Trieben und Keimlingen, nehmen wieder ihre grüne Farbe an und wandern an der Pflanze hoch.

Die Milben überwintern gerne in verwelktem Bohnenkraut und richten bei trockenem, heißem Wetter den größten Schaden an. Schwere Regenfälle können die Verbreitung der Milben eindämmen. Geschädigte Pflanzen erkennt man an der entstehenden Chlorose, sie trocknen aus und werden brüchig. Die Blätter färben sich grau.

Anwendung in der Praxis

Gemeine Spinnmilbe und andere Milben (Abb. 71). Deformationen und andere Probleme der Fruchtknoten; Erschlaffung der Kapillaren. Trockenfäule. Nasse Fäule. Schimmel.

Abb. 71 Spinnmilbenbefall

C. Ricinus communis

Wunderbaum. Christuspalme. Familie Wolfsmilchgewächse (*Euphorbiaceae*). Tinktur oder Verreibung der frischen Samen/der frischen Pflanze.

Allgemeines (siehe auch Kapitel 9)

Der Wunderbaum ist in Indien heimisch. Er wirkt als Nachbarschaftspflanze von Weinreben gut gegen deren Schädlinge.

Anwendung in der Praxis

Schädlinge des Weinbaus: Milben auf Rebstöcken, Kräuselmilbe, engl. Grapevine Moth (*Phalaenoides glycine*), Schwärmer, Schildläuse (Abb. 72). Schädlinge auf Kürbisgewächsen. Würmer.

D. Trombidium muscae domesticae

Stubenfliegenmilbe. *Trombidium muscae domesticae.* Klasse *Arachnida*. Ordnung *Acari* (Clarke). Familie *Trombidiidae.* Tinktur des lebenden Insekts.

Wirte: Stubenfliege, Stallfliege (*Stomoxys calcitrans*), Goldfliege.

Allgemeines

Zur Klassifizierung dieser Milbe gibt es unterschiedliche Meinungen. J. H. Clarke erwähnt dieses Mittel in seinem „Dictionary of Materia Medica“ und beschreibt das winzige Tier wie folgt:

> *Trombidium ist ein Parasit der gewöhnlichen Stubenfliege, besitzt eine hellrote Farbe und eine fast kreisförmige Form. Die stark orangefarbene Tinktur wurde aus ca. 115 Tierchen hergestellt, die im September 1864 in Frankfort, Philadelphia, gesammelt wurden.*
>
> (Clarke, J.H., Dictionary of Materia Medica)

Daher also der lateinische Artname „muscae domesticae“, Stubenfliege.

Clarke beschreibt die Milbe als „Parasit der gewöhnlichen Stubenfliege“. Sie gehört der modernen Forschung zufolge zu den *Tarsone-*

Abb. 72 Napfschildlaus, Parthenolecanium corni, Befall

mus-Milben und wird aufgrund ihrer orangeroten Färbung als Rote Spinnmilbe bezeichnet.

> *Die Tarsonemus-Milbe schwärmt, indem sie sich auf der Fliege festhält.*
>
> (Hussey 1981)

Clarke hat sie also auch fälschlicherweise als Parasit bezeichnet. Tatsächlich schwärmt die Stubenfliegenmilbe auch auf Stallfliegen und anderen Insekten.

Die wandernden Milben werden relativ oft und fälschlicherweise für Parasiten der Insekten, die sie tragen, gehalten. Dieses Missverständnis ist unter Hobby-Entomologen weit verbreitet. Die meisten hören etwas über Parasiten, befassen sich aber nicht näher mit den Wandereigenschaften der Spinnmilben.

Die Milben vermehren sich auf Komposthaufen und in Stalldung und ernähren sich vom Myzel der verschiedenen Pilze, die sich auf Dung und Stroh ansiedeln. Außerdem befällt diese Milbe das Myzel von essbaren Pilzen und ist für Pilzzüchter ein ernst zu nehmender Schädling.

Das Keynote von *Tromb.* ist die Verschlimmerung durch Nährstoffe und Wässern. Alle kranken Pflanzen, deren Zustand sich durch Düngen oder Gießen verschlechtert, werden auf eine Gabe *Tromb.* ansprechen. Man findet auch Flecken und fleckige Stellen vor, besonders auf behaarten Blättern.

Wurzeln können schimmelig sein, Nährstoffe werden nur unzureichend aufgenommen. Die Kapillaren scheinen verstopft. Besonders die Blätter von behaarten Pflanzen wirken gefleckt. Atmung, Fotosynthese und Verdunstung sind gestört. Bei extensiven Versuchen des USDA (United States Department of Agriculture) konnte festgestellt werden, dass Pflanzen mit einem hohen Kalium- und Phosphorgehalt wesentlich schneller von Blattläusen und Milben befallen werden und dass sich die Schädlinge auf überdüngten Pflanzen schneller vermehren.

Arzneimittelbeziehungen

Vergleiche: *Bovista*

10.8 Mittel gegen Schnecken

Abb. 73 Der Albtraum eines jeden Gärtners

Gehäuse- und Nacktschnecken gehören der Klasse der *Gastropoda (Bauchfüßler)* an, einer Tierklasse aus dem Stamm der *Mollusca (Weichtiere)*. Die Gastropoden stellen nach den Insekten die artenreichste Tierklasse, mit einer großen Anzahl an unterschiedlichen Gruppierungen, die eine Vielfalt an Formen, Verhaltensweisen und Lebensräumen hervorgebracht hat. Schnecken bevölkern nicht nur die Tiefsee, flache Küstengewässer und Süßgewässer, sondern sind die einzigen Weichtiere, die auch auf dem trockenen Land weit verbreitet sind. Bei den Schnecken finden sich mikroskopisch kleine Winzlinge aber auch große Exemplare wie die afrikanische Riesenschnecke *Achatina fulica*, die große Achatschnecke, die bis zu 20cm lang und 700g schwer werden kann.

Abb. 74 Achatina fulica

Gastropoden, die ihr Gehäuse verloren oder ein rudimentäres bzw. ein inneres Gehäuse besitzen, sind allgemein als Nacktschnecken bekannt, ansonsten unterscheiden sie sich von den Gehäuseschnecken nicht. Der Verlust der Schale bringt mehrere Vorteile: Ohne Gehäuse sind die Tiere beweglicher, sie können sich auch durch enge Spalten und Ritzen quetschen. Diese Entwicklung fand bei vielen Arten unabhängig voneinander statt, die einzelnen Familien sind deshalb nicht unbedingt eng miteinander verwandt. Um sich vor einem Angriff zu schützen, ziehen sich Nacktschnecken bei Gefahr zusammen, werden härter und kompakter. Die weichen Körper der Gehäuse- und besonders der Nacktschnecken trocken sehr schnell aus. Schnecken halten sich deshalb bei trockenem Wetter bevorzugt in feuchten Plätzen wie Stein- und Holzstapeln und unter Blumenkübeln auf. In den gemäßigten Klimazonen gibt es Arten, die unter der Erde überwintern, während bei anderen Arten die ausgewachsenen Schnecken im Herbst sterben. Eine dünne Schleimschicht auf der Haut macht die meisten Schnecken schlüpfrig und ungenießbar und verhindert Feuchtigkeitsverlust. Der dickere, zähe Schleim, den die Schnecken auf ihrer Unterseite absondern, dient als Schmiere, verbessert die Griffigkeit und schützt den muskulösen Fuß vor Verletzungen. Außerdem nutzen die Schnecken diesen Schleim um auf chemischem Wege Nachrichten an ihre Artgenossen zu schicken.

Von außen betrachtet scheinen die Körper der Schnecken, wie die der Muscheln, symmetrisch zu sein. In der Tat ist der Körperbau der Schnecken jedoch asymmetrisch. Außerdem können sie ihre Fühler (die oberen, lichtempfindlichen und die unteren, geruchsempfindlichen) einziehen. Die meisten Gartenschnecken sind zwittrig, d.h. jedes Exemplar besitzt männliche und weibliche Geschlechtsmerkmale. Obwohl Schnecken in der Lage sind, Eizellen und Spermien zu produzieren, ist die Selbstbefruchtung ein relativ seltenes Phänomen. Das Fortpflanzungsverhalten der Schnecken ist ebenfalls abhängig von der relativen Größe der Tiere. Bei einer Kopulation von zwei Schnecken gleicher Größe kommt es zu einer bilateralen Befruchtung. Paaren sich zwei Schnecken unterschiedlicher Größe, befruchtet das kleinere Männchen das größere Tier, welches dann als Weibchen die Eier austrägt.

Obwohl Schnecken durchaus auch als proteinhaltiges Nahrungsmittel gezüchtet werden, gehören die meisten Schnecken zu den großen Plagen des Garten- und Ackerbaus. Man erkennt sie sofort an den silbrigen Schleimspuren, die sie in Folge ihrer nächtlichen Streifzüge hinterlassen. Die Pflanzenfresser unter den Schnecken können ganze Felder zerstören, indem sie die Pflanzen komplett abfressen – von der Wurzel bis zur Blüte. Besonders junge Setzlinge sind extrem gefährdet und fallen den äußerst beweglichen und effektiven Kauwerkzeugen der Schnecken häufig zum Opfer.

Abb. 75 Schadbild Schneckenbefall

Schnecken können sowohl im Garten als auch im Treibhaus großen Schaden anrichten. Man kann sie von Treibhäusern fernhalten, indem man eine Einfassung um die Häuser anlegt, die nicht bepflanzt wird und eine Pufferzone zum Rest des Gartens bildet. Blumentöpfe und Pflanzkübel sollte man getrennt von Beeten und Anpflanzungen aufbewahren, da sich die Schnecken gerne darunter verkriechen und ihre unzähligen Eier dort ablegen. Im Kampf gegen die Schnecken ist der Erfindungsreichtum vieler Gärtner ungebrochen: Angefangen mit Gänsen im Garten (eine ausgezeichnete Lösung, da Gänse keine kultivierten Pflanzen fressen) bis hin zum Ausstreuen von Salz und Essig- oder Bierfallen. Viele dieser Methoden sind zwar effektiv, haben aber den Nachteil, dass sie ständig erneuert werden müssen und keinen Langzeitschutz gewährleisten können. Aus diesem Grund wird doch immer wieder das Schneckenkorn eingesetzt, mitsamt unangenehmen Nebenwirkungen für die Umwelt. Vögel müssen sterben, weil sie die Schnecken fressen und das Gift in die Lebensmittelkette gelangt.

Bei trockenem und kaltem Wetter und tagsüber bei jedem Wetter, verstecken sich die Schnecken unter alter Pappe und Steinen, unter liegen gelassenen Blätterhaufen und anderem Abfall im Garten. In einem ordentlichen und aufgeräumten Garten bietet sich wie von selbst die Möglichkeit, den Schneckenbefall zumindest einzudämmen. Man kann auch Pappfallen auslegen, diese regelmäßig inspizieren und die darunter versteckten Schnecken „abpflücken".

Bei allem Unwesen, das Schnecken im Garten treiben, können sie für den Gärtner doch auch nützlich sein. Wenn ihnen leckere Nutzpflanzen vorenthalten werden, wenden die Schnecken sich dem Unkraut zu und können vom findigen Gärtner zur Unkrautbekämpfung eingesetzt werden.

Schneckenmittel für alle Pflanzentypen

Landschnecken haben viele natürliche Feinde, zu denen auch andere, räuberische Schnecken gehören, wie z.B. die Stumpfschnecke. Auch Käfer, Egel, Vögel und Kröten fressen Schnecken. In Indien findet man zu den Schmerlenartigen gehörende Süßwasserfische, die sich von Wasserschnecken ernähren, indem sie diese aus ihren Gehäusen saugen und fressen.

Auch der Mensch gehört zu den natürlichen Feinden der Schnecke, da er durch Umweltverschmutzung und andere Faktoren die natürlichen Lebensräume der Gastropoden zerstört, was in den letzten Jahren zur Ausrottung mehrerer Schneckenarten geführt hat.

In diesem Kapitel stellen wir Ihnen verdünnte und potenzierte Arzneimittel vor, die aus den folgenden Rohsubstanzen gewonnen wurden: die Weinbergschnecke (*Helix tosta*), die Stumpfschnecke (*Rumina decollata*), zwei auf Schnecken lebende Parasiten – der Schalentierfresser *(Hyposmocoma molluscivora)* und ein Saugwurm (*Leucochloridium paradoxum*) - sowie zwei pflanzliche Mittel, der Wermut *(Absinthium)* und der Quassiabaum *(Quassia).* Von all diesen Mitteln ist und bleibt *Helix tosta* weiterhin das wichtigste Mittel zur Bekämpfung einer Schneckenplage, vielleicht auch deswegen, weil es schon so extensiv eingesetzt worden ist. Auch das Mittel *Bufo,* das in dem

Kapitel über Mittel gegen Schädlinge allgemein vorgestellt wird, könnte sich gegen Gehäuse- und Nacktschnecken als nützlich erweisen.

Abb. 76 Helix pomatia

A. Helix tosta

Geröstete Schnecke. *Helix tosta.* Als Ausgangssubstanz dienen Schneckenarten wie z.B. *Helix pomatia* und *Helix aspera.* Klasse: *Gastropoda.* Familie: *Helicidae (Schnirkelschnecken).* Verreibung der gerösteten Schale.

Allgemeines

Als Weichtier kriecht eine Schnecke förmlich mit ihrem ‚Magen' über eine Pflanze. Ein einziges Tier kann innerhalb weniger Stunden ein ganzes Kohlblatt abfressen. Dieser weit verbreitete Schädling gehört mit zu den schlimmsten für Gärtner, Gemüsebauern und Landwirte gleichermaßen und kann ungeheuren Schaden anrichten. Die wohlbekannte Schleimspur zersetzt dabei das pflanzliche Gewebe, welches von einer mit unzähligen Zähnchen bedeckten Raspelzunge abgeschmirgelt, in den Verdauungstrakt aufgenommen und anschließend verdaut wird. Hier lässt sich eine deutliche Analogie zur traditionellen Humanmedizin erkennen, in der die Schnecke zur Behandlung von Schwindsucht (TB) eingesetzt wird.

In der Homöopathie wurde das Mittel potenziert und weiter geprüft. Ausgiebige Versuche im kommerziellen Kräuteranbau und in privaten Gärten haben gezeigt, dass *Helix tosta D6* sehr effektiv zur Schneckenabwehr eingesetzt werden kann. Die Pflanzen müssen dafür mit dem Mittel gewässert oder besprüht werden. Der Schutz besteht darin, dass die Schnecken die so behandelten Pflanzen verweigern und nur unbehandelte Pflanzen fressen. Bei keinem anderen Mittel konnten wir eine Wirkdauer von bis zu vier Monaten nach einer einzigen Gabe beobachten, selbst wenn die Pflanzen in dieser Zeit heftigem Regen ausgesetzt waren. Wenn man die Schnecken direkt mit dem Mittel besprüht, zersetzt sich deren Schale, sie wird weich und schmierig. Aufgrund des Ähnlichkeitsprinzips und des Erscheinungsbildes müssten schmierige Schimmelerkrankungen ebenfalls mit diesem Mittel behandelt werden können, dies konnte in der Praxis jedoch noch nicht verifiziert werden.

Helix wirkt nicht auf die Kleine Australische Schnecke, sondern nur auf die so genannte Italienische Schnecke sowie andere eingeführte Arten und Nacktschnecken. Die in Australien heimischen Schneckenarten sind häufig keine Pflanzenfresser, sondern ernähren sich von Fels und Geröll. Im australischen Outback konnten wir viele Arten beobachten, die sich buchstäblich in den Felsen fraßen und dort, wo sie ‚grasten' deutliche Rillen hinterließen. Ein homöopathisch zubereitetes Mittel würde wohl selbst diesen Schnecken ein Ende setzen, aber da sie keinen großen Schaden anrichten, wollen wir die Sache auf sich beruhen lassen.

Anwendung in der Praxis

Gehäuse- und Nacktschnecken und möglicherweise Befall durch schleimigen Schimmel.

B. Rumina decollata

Stumpfschnecke. Klasse: *Gastropoda*. Verreibung der gerösteten Schale.

Allgemeines

Rumina decollata oder Stumpfschnecke ist eine räuberische Schnecke, die sich von anderen Gehäuse- und Nacktschnecken ernährt. Der Name ‚decollata' bedeutet so viel wie ‚enthauptet' und bezieht sich auf das Verhalten der ausgewachsenen Schnecke, die das Endstück ihres ca. 40 mm langen Gehäuses an einer harten Fläche reibt, bis die Spitze völlig stumpf ist. Ursprünglich am Mittelmeer beheimatet, wird sie weltweit zur biologischen Bekämpfung von Schneckenplagen eingesetzt. Die Schnecke ist ein unersättlicher Räuber und ernährt sich in Europa vorwiegend von heimischen Gartenschnecken, manchmal auch von Pflanzen. Die Stumpfschnecke frisst sowohl ausgewachsenen Schnecken als auch Schneckeneier, die sie aus der Erde ausgräbt. Allerdings macht sie auch Jagd auf harmlose Schnecken und nützliche Gartenbewohner wie den Regenwurm. Die Schnecke bevorzugt feuchtes Wetter und vermehrt sich unter diesen Voraussetzungen explosionsartig. Sie kann aber auch relativ trockene und kalte Wetterperioden tolerieren, indem sie sich in den Boden eingräbt. Die Stumpfschnecke ist überwiegend nachts und bei Regenwetter aktiv. Bei dieser Schneckenart kann es allerdings ein paar Jahre dauern bis sie sich in einer neuen Umgebung etabliert hat und dort einen Schneckenbefall erfolgreich eindämmen kann. Das homöopathisch potenzierte Mittel hat in diesem Punkt einige Vorteile, da es in der Schneckenbekämpfung schneller und effektiver eingesetzt werden kann. Der nützliche Regenwurm bleibt von dem Mittel verschont, was das Mittel natürlich besonders attraktiv macht. Der positiven Auswirkungen des Mittels sind sofort zu erkennen und treten unabhängig von äußeren Faktoren und Zeitvorgaben ein. Da die Schnecken von dem homöopathischen Mittel *Rumina* nicht abgetötet, sondern nur von den angebauten Pflanzen ferngehalten werden, können sie sich in der Unkrautbekämpfung nützlich machen.

Anwendung in der Praxis

Gehäuse- und Nacktschnecken

Abb. 77 das stumpfe Schneckenhaus der räuberischen Stumpfschnecke *Rumina decollata*

C. Hyposmocoma molluscivora

Die räuberische Larve eines auf Hawaii heimischen Falters. Ordnung: *Lepidoptera* (Schmetterlinge). Verreibung der lebenden Raupe. Tinktur der lebenden Raupe.

Räuberische Larven findet man nur bei einem sehr kleinen Prozentsatz (0.2%) aller Schmetterlings- und Mottenarten. Die Raupe dieser Schmetterlingsart, die ausschließlich auf Hawaii heimisch ist, ist eine von nur vier Arten, die sich unter anderem von Schnecken ernähren.

Die Raupe wird bis zu 0.75 cm lang. Trifft die Raupe auf eine langsam kriechende Schnecke, greift sie sehr schnell an und wickelt ihr Opfer fest mit einem Seidenfaden ein. Die so gefangene Schnecke wird anschließend Schritt für Schritt verzehrt. Die Raupen tragen auf ihrem Rücken einen Seidenbehälter, der ihnen zum Schutz dient und bei der Verpuppung behilflich ist. Nicht selten erweitern die Raupen diesen Behälter mit den leeren Schneckenhäusern ihrer Opfer und tragen sie bis zur nächsten Mahlzeit mit sich.

In ihrem natürlichen Lebensraum auf Hawaii ernähren sich die Raupen vorwiegend von sehr kleinen pazifischen Schneckenarten, die zur Gattung der *Tornatellides* gehören. Unsere noch recht überschaubare Versuchsreihe mit diesem homöopathischen Mittel war aber auch im Einsatz gegen gewöhnliche Gartenschnecken sehr vielversprechend.

Anwendung in der Praxis

Gehäuse- und Nacktschnecken.

D. Leucochloridium paradoxum

Leucochloridium. Ein parasitischer Plattwurm. Klasse: *Trematoda* (Saugwürmer). Verreibung des lebenden Plattwurms. Tinktur des lebenden Plattwurms.

Allgemeines

Als Zwischenwirt dient dem parasitischen Saugwurm *Leucochloridium paradoxum* die kleine europäische Bernsteinschnecke *Succinea putris.* Der Parasit befällt die Augenfühler der Schnecke, macht sie so zur leichten Beute für Vögel, die den Saugwurm dann als Endwirt aufnehmen.

Wenn einer der kleinen, freibeweglichen Saugwürmer im ersten Larvenstadium durch die Mundöffnung in den Körper der Schnecke eindringt, siedelt er sich zunächst im Verdauungstrakt als Sporozyst an. Die Sporozysten sind lange Schläuche, die sich durch die weitere Entwicklung der Larven durch den gesamten Körper der Schnecke bis zu den Fühler fressen. Wann immer möglich befallen die Larven bevorzugt den linken Fühler. In einem genialen Beispiel aggressiver Nachahmungsstrategie, verfärbt sich die Larve unter Lichteinwirkung, pulsiert in bunten Farben und lässt den Fühler der Schnecke wie eine appetitliche Raupe aussehen. Der Fühler schwillt an, kann von der Schnecke nicht mehr eingezogen werden und macht sie zur leichten Beute für Vögel und andere natürliche Feinde. Diese charakteristischen Merkmale machen aus *Leucochloridium* ein wertvolles homöopathisches Mittel gegen Schnecken. Die Schnecken nehmen die energetische Schwingung des Mittels wahr und erkennen einen gefährlichen Feind, dem sie normalerweise schutzlos ausgeliefert sind. Diesen Feind, den sie entweder durch ihren Geruchssinn, ihr Sehvermögen oder, im Fall des homöopathischen Mittels, auf energetischer Ebene wahrnehmen, wollen sie unter allen Umständen vermeiden.

Abb. 78 Bernsteinschnecke, deren linker Fühler von dem Parasiten Leucochloridium paradoxum befallen ist

Vielleicht ist es an dieser Stelle nicht passend, tiefer auf das Konzept der Energiemuster allgemein einzugehen. In der Homöopathie werden Rohsubstanzen so weit verdünnt, dass keine molekularen Rückstände mehr vorhanden sind. In der Einleitung haben wir bereits das Konzept der Nanophasen vorgestellt, ein Prozess, durch den das einer jeden Substanz innewohnende Bewusstsein freigesetzt wird. Das Energiemuster spiegelt dieses Bewusstsein wieder. Wenn eine Pflanze das homöopathische Mittel aufnimmt, absorbiert sie auch dieses Bewusstsein und gibt anschließend eine Signatur ab, die zum Teil aus ihrer eigenen und zum Teil aus der des Saugwurmes besteht. Jede Schnecke, die sich dieser Pflanze nähert, wird beide Signaturen wahrnehmen, die Gefahr erkennen und sich sofort abwenden.

Anwendung in der Praxis

Gehäuse- und Nacktschnecken.

E. Absinthium

Gemeiner Wermut. Absinth. *Artemisia absinthia.* Familie: *Compositae/Asteraceae.*

Allgemeines

Seit Jahrhunderten wird der Wermut zur Schneckenabwehr im Garten und im Landbau eingesetzt. In der traditionellen Anwendung wird das frische Kraut getrocknet, zermahlen und in Pulverform um die Pflanzen, die geschützt werden sollen, gestreut. Heute setzen wir das homöopathische Mittel gleichermaßen erfolgreich ein.

Anwendung in der Praxis

Gehäuse- und Nacktschnecken

F. Quassia

Quassibaum. Bitterholz. *Quassia amara* und andere Arten. Ordnung: *Sapindales (Seifenbaumartige)/Rutales (Rautenartige),* Familie: *Simaroubaceae* (Bittereschengewächse). Verreibung des Pflanzenauszugs.

Allgemeines

Quassia amara ist ursprünglich in Südamerika heimisch, ist aber mittlerweile in den Tropengebieten Afrikas, Australiens und Asiens weit verbreitet. Es existieren eine Anzahl von Bäumen mit sehr ähnlichen Eigenschaften und solche, die den Namen der Gattung *Quassia* tragen, werden heute häufig anderen Gattungen derselben Familie zugeordnet. Dazu gehören:

Quassia (Simaba) africana
Quassia (Simaba) cedron
Quassia (Picrasma) excels
Quassia (Samadera) indica
Quassia (Simaba) undulate
Simarouba amara

Die Rinde des Baumes enthält das weiße, kristalline Alkaloid Quassin. Quassin besitzt einen Bitterwert von 1:40 000 bis 1:50 000, ist also 50mal so bitter wie Chinin und gehört zu bittersten Rohstoffen der Natur. Diese Bitterstoffe machen es besonders geeignet zur Insektenabwehr, aber auch als Mittel gegen Schnecken. In der biologischen Landwirtschaft ist es Bestandteil vieler kommerzieller Präparate, die als natürliche Insektenschutzmittel verkauft werden. In den USA wird ein zum Beispiel unter dem Namen Fertosan vertrieben. Ziel dieser Produkte bleibt es natürlich, so viele Schädlinge wie möglich zu vernichten, womit man sich letztendlich immer ins eigene Bein schießt, denn sobald man einen Schädling abtötet, nehmen hundert andere seinen Platz ein.

Wenn wir die Landwirtschaft im homöopathischen Sinne betrachten, dann erkennen wir den Schädling oder die Krankheit als ein Symptom unter vielen, die uns zur Ursache des Stresses führen, unter dem unsere Pflanzen leiden. Die Pflanze hat ein Problem und deshalb müssen wir auch die Pflanze behandeln. Die Jagd auf die Wanze oder die Laus ist ein sinnloses Unterfangen, an deren Ende nur das große Versagen stehen kann.

Anwendung in der Praxis

Gehäuse- und Nacktschnecken.

Abb. 79 Helix aspera

11. Krankheiten, die durch Bakterien, Viren und Pilze verursacht werden

Die bekanntesten der so genannten Pflanzenpathogene sind die Bakterien, Viren und Pilze. Mit Ausnahme der Pilze vielleicht können wir diese Organismen jedoch nicht als Ursache von Pflanzenkrankheiten im homöopathischen Sinne betrachten. Wir müssen davon ausgehen, dass die Anbaubedingungen unserer Pflanzen der entscheidende Faktor für die Entstehung dieser Pathologien sind. Denn was wir dem Boden zuführen und wie wir die Pflanzen behandeln hat einen großen Einfluss auf ihre Empfänglichkeit für Krankheitserreger. Leider hat sich aber die in der Humanmedizin allgemein gültige Theorie bezüglich der Rolle dieser Krankheitskeime auch hier durchgesetzt.

A. Nahrungszufuhr, Düngemittel und biologische Anbaumethoden

„Ich wünschte, ich könnte ein klar umrissenes Bild der Pflanzenkrankheiten zeichnen, mit einer klaren Lösungsstrategie; wenn nur die Biogärtner Recht hätten mit ihrer Behauptung, alle durch den Boden übertragenen Pflanzenkrankheiten – durch Bakterien, Viren und Pilze verursacht – könnten vermieden werden, solange wir keine chemischen Dünger benutzen. Leider ist die Antwort darauf nicht ganz so einfach."

Der Autor dieser Zeilen ist R. Milton Carleton, dessen Buch über Bodengesundheit bereits 1961 veröffentlicht wurde. Das Buch ist ein Klassiker der biologischen Gartenbewegung und erörtert ausführlich, welche Auswirkungen die unterschiedlichen Anbaumethoden auf unsere Pflanzen haben können. Denn dass Ernährungsgewohnheiten auch bei Pflanzen sowohl positive als auch negative Auswirkungen haben können, steht fest. Zum Beispiel kann das Ausbringen von Stallmist auf kargem Boden der Bodenverbesserung dienen und Pflanzen vor der Welke schützen, auf stickstoffreichem Boden aber genau das Gegenteil bewirken und diese Krankheit begünstigen.

Es ist bekannt, dass der Kartoffelschorf, ebenfalls eine bodenbürtige Krankheit, auf alkalischem Boden meist einen schwerwiegenden Verlauf nimmt. Dem kann durch entsprechende Düngung und einer Regulierung des pH-Werts des Bodens vorgebeugt werden, so dass sich die Krankheitserreger nicht vermehren können. Bei den Welkekrankheiten und der Kohlhernie (Plasmodiophora brassicae) verhält es sich genau umgekehrt, sie können auf sauren Böden mehr Schaden anrichten; in diesen Fällen hilft das Kalken des Bodens. (Für eine ausführliche Diskussion dieser und anderer Krankheiten empfehle ich das ‚Plant Disease Handbook' von Cynthia Westcott, Hrsg. D. van Nostrand Co.)

B. Ernährung ist wichtig

Bei vielen Krankheiten ist die Ursache in einem unausgewogenen Nährstoffhaushalt zu finden. Manchmal ist zu viel Stickstoff vorhanden und zu wenig Phosphor, oder es mangelt einfach an allen Nährstoffen. Organische Dünger erzielen oft bessere Ergebnisse, da sie ganzheitlich arbeiten und wichtige Elemente enthalten, die bei chemischen Düngemitteln fehlen. Ein gesunder, nährstoffreicher Lehmboden hat schon vielen Krankheiten entgegenwirken können.

Es sind also nicht die unterschiedlichen Reaktionen der Pflanzen auf bestimmte Düngemittel (organisch oder chemisch), die die Sache kompliziert machen, sondern viel mehr der Boden, auf dem die Pflanzen wachsen. Konventionelle Gärtner sehen im Boden lediglich ein Medium, in dem Nährstoffe suspendiert sind. Die Nährstoffe sind dann nur in ihrer Funktion als Pflanzennahrung von Bedeutung. Dementsprechend werden die Pflanzen ständig mit Nährstoffen versorgt, was zur einseitigen Nahrungsaufnahme führt. Wenn sich dann herausstellt, dass der ein oder andere Mikronährstoff fehlt, wird entweder zu viel oder zu wenig des entsprechenden Elements zugeführt, oder in der falschen Form, was das Problem nur noch verstärkt.

C. Der Herbstputz

„Viele Gartenexperten reden über das herbstliche Reinemachen im Garten wie ein Zahnarzt, der uns einbläut, dreimal am Tag die Zähne zu putzen. Er weiß, dass sich die wenigsten daran halten, aber er hat zumindest seine Pflicht getan. Diesen Aufruf zum Großreinemachen haben wir so oft gehört, dass er meistens ohne große Wirkung verpufft. Ich habe das Aufräumen im Herbst meistens vernachlässigt und in vier von fünf Jahren hat es keine Auswirkungen auf den Gesundheitszustand meines Gartens gehabt. Im fünften Jahr jedoch wurde ich meistens doppelt und dreifach für meine Nachlässigkeit bestraft.

Die Tatsache ist nämlich, dass man mit guter Hygiene vielen Krankheiten vorbeugen kann, mit Ausnahme der aerogenen Krankheiten, und derer, die von Insekten übertragen werden, wie z.B. Phytoplasma asteris und einige Virenkrankheiten. Die meisten werden von Blattläusen und Heuschrecken in den Garten gebracht. Der herbstliche Großputz sollte jedoch nicht nach einem starren Ritual praktiziert werden. Es ist sinnvoll, die verblühten Pflanzen ca. 1 cm oberhalb des Bodens abzuschneiden und die Stängel zusammen mit etwas Erde zu entfernen. Das abgeschnittene Kraut und die Erde kommen anschließend in die Schubkarre und werden entsorgt.

Der Herbst ist die ideale Zeit, einen neuen Komposthaufen anzulegen, den man mit kleinen Mengen des nährstoffreichen Materials der letzten Kompostmiete ‚impft'. Dieser reife Kompost bildet das Fundament für den gesammelten Gartenabfall, der jetzt die erste Schicht der neuen Kompostmiete bildet, es sei denn, das erste Herbstlaub wurde bereits geschichtet. Es ist wichtig, dass alle Pflanzenabfälle, auf denen sich Krankheitserreger befinden könnten, tief in der Kompostmiete vergraben werden: Sie sollten auf alle Fälle gute 25 cm von der äußeren Schicht der Miete entfernt sein. Denn nur wenn diese Erreger der Hitze des Fermentationsprozesses ausgesetzt sind, können sie im Komposthaufen unschädlich gemacht werden. Der neuen Kompostmiete sollte außerdem ein guter organischer Dünger und, wenn möglich, etwas Zucker und Stärke beigemischt werden (verdorbene Marmelade, Gelee und Mehl sind bestens geeignet).

Es gibt eine Vielzahl von bodenbürtigen Krankheiten, deren Erreger über viele Jahre hinweg im Garten überleben können. Es ist aber unwahrscheinlich, dass sie Pflanzen angreifen, die auf einem guten Lehmboden an einem sonnigen und gut belüfteten Standort wachsen."

(Carleton, ‚Your Garden Soil: How to Make the Most of It, 1961)

Auch die Angewohnheit mancher Gärtner, den Pflanzenabfall direkt im Garten liegen zu lassen, damit er vor Ort von Pilzen abgebaut werden kann, bringt keinen besonderen Nachteil für die Pflanzen mit sich. Im Gegenteil, die Pflanzen bekommen einen zusätzlichen Schutz vor Pilzerkrankungen, weil diese Organismen dann damit beschäftigt sind, Pflanzenabfälle, Humus, Kompost und Dung zu zersetzen.

D. Der Mythos Mikrobe

Obwohl die Theorie, dass Viruserkrankungen von rein äußerlichen Faktoren abhängig seien, für manche Krankheiten (siehe Gelbverzwergungsvirus) zutrifft, sollte man sich immer vor Augen halten, dass die Bedingungen, in denen die Pflanzen wachsen, eine weitaus größere Bedeutung für die Entstehung von Krankheit haben, als die infizierte Blattlaus, die den Erreger überträgt. Denn ein Virus kann nur dann aktiv werden, wenn die Rahmenbedingungen dafür gegeben sind. Die Homöopathie vertritt das Konzept des ‚Milieus' und geht davon aus, dass der Schlüssel zu einer Krankheit im Wirtsorganismus zu finden ist und nicht im Mikroorganismus selbst, also dem ‚Keim' oder dem ‚Samen'.

Im Gegensatz hierzu richtet sich der Fokus der Schulmedizin auf Viren, Bakterien und andere Mikroorganismen. Die medizinische Forschung geht davon aus, dass diese Mikroben die Macht besitzen uns krank zu machen und sogar zu töten. Aus diesem Grund werden sie als überaus gefährlich eingestuft und müssen vernichtet werden.

Mit Ausnahme vielleicht der Berufskrankheiten misst die Schulmedizin den weiter gesteckten Umwelteinflüssen nur wenig Bedeutung bei. Auch die sozialen, kulturellen und psychologischen Aspekte, die die individuelle Erfahrung eines Patienten prägen, werden immer noch weitestgehend ignoriert. Iatrogene Faktoren werden ausgeblendet. Man verlässt sich in der Hauptsache auf computergenerierte Zahlen aus dem Testlabor, welche die Anzahl der vorliegenden schädlichen Krankheitserreger belegen sollen.

Schauen wir uns die Theorie hinter den Krankheitserregern einmal genauer an. Die Tatsache, dass eine Krankheit verschwindet, sobald die Erreger abgetötet werden, wird von vielen als Beweis für die Richtigkeit dieser Theorie gesehen.

Viren werden von außen aktiviert, meist durch eine Invasion dergleichen. Sie greifen die lebenden Zellen an und vernichten sie, indem sie sich mit Hilfe der DNA der Wirtszelle reproduzieren. Ein Virus ist aber nichts weiter als ein Strang mRNS- Zellen, die die DNA anderer Zellen benötigen, um sich vermehren zu können. Wenn dieser Prozess uneingeschränkt stattfinden kann, wird der Körper schließlich unter der Last dieser Attacke nachgeben und das Opfer sterben.

So jedenfalls lautet die schulmedizinische, orthodoxe Erklärung. Schließlich haben. Pasteur und andere schon vor 150 Jahren bewiesen, dass es so ist und auch die moderne Landwirtschaft hat diese Theorie übernommen. Pasteurs Thesen waren jedoch schon zu seinen Lebzeiten umstritten. Erst auf dem Sterbebett soll Pasteur seinen Irrtum mit den Worten „Der Keim ist nichts, das Milieu ist alles“ zugegeben haben.Pasteur stellte eine Reihe von Behauptungen auf, die wir einmal näher betrachten werden, um herauszufinden, ob sie den Tatsachen entsprechen oder nicht. Die erste ist die These, dass Keime Krankheiten verursachen können.

Wie sieht das Blutbild während einer akuten Krankheit aus?

Eine akute, so genannte bakterielle oder virale, Krankheit zeichnet sich durch hohe Werte des Erregers oder anderen Keimen im Blut des Kranken aus – der Keimanzahl. Das ist – wir sollten uns das gut merken – bei allen bakteriellen und viralen Krankheiten der Fall und besonders natürlich bei akuten Krankheiten. Wenn wir das Blut eines gesunden Menschen untersuchen (oder den Saft einer Pflanze) finden wir dort ab und zu mehrere Exemplare eines Erregers, aber niemals in unverhältnismäßigen Mengen. Solche Werte sind aber bei jedem Kranken enorm hoch. Wenn man normalerweise von Werten um 1ppm ausgehen kann, findet man bei Kranken oft 1 oder 2 Mikroben in jeder dritten Zelle.

Sind Ursache und Wirkung das Gleiche?

Es ist sehr wichtig, dass wir das, was wir beobachten, sorgfältig abwägen. Wenn wir eine akute Erkrankung vor uns haben, dann sehen wir den Höhepunkt dieser Krankheit. Es ist das Endresultat.

Hahnemanns Theorie über Krankheit wurde bereits viele Jahre vor den Abhandlungen Pasteurs formuliert:

> *„Krankheit ist kein innerlich verborgenes Wesen, das vom lebenden Ganzen, vom Organismus und von der ihn belebenden Dynamis gesondert wäre, so fein es auch gedacht wird. So ein Unding konnte bloß in materiellen Köpfen entstehen.“*
>
> (Hahnemann S. Organon §13)

> *„Die natürliche Krankheit ist keine irgendwo im Inneren oder Äußeren des Menschen sitzende schädliche Materie.“*
>
> (Hahnemann S. Organon §148)

Hahnemann gibt uns schließlich eine klare Definition von Krankheit:

> „*Ein vorurteilsloser Beobachter kennt die Nichtigkeit übersinnlicher Ergrübelungen, die sich in der Erfahrung nicht nachweisen lassen. Auch der Scharfsinnigste nimmt an jeder einzelnen Krankheit nur Veränderungen im Befinden des Leibes und der Seele, die äußerlich durch die Sinne erkennbar sind. Das sind die Abweichungen vom ehemaligen gesunden Zustand des Kranken, die dieser selbst fühlt, die die Umstehenden an ihm wahrnehmen und die der Arzt an ihm beobachtet* (bei den Pflanzen wird dies durch die optischen Anzeichen und Symptome sichtbar). *Diese wahrnehmbaren Zeichen repräsentieren die Krankheit in ihrem ganzen Umfang. Sie bilden zusammen ihre wahre und einzig denkbare Gestalt.*
>
> (Hahnemann S. Organon §6)

Daraus lässt sich schließen, dass Krankheit nichts weiter ist als eine Veränderung des geistigen und körperlichen Gesundheitszustandes, die durch die Symptome sichtbar wird. Das ist der Kern einer jeden Krankheit, egal ob diese durch Medikamente oder natürliche, dynamische Prozesse verursacht wird.

> „*Dieses Kraftwesen, das an sich unsichtbar und bloß an seinen Wirkungen im Organismus erkennbar ist, gibt seine krankhafte Verstimmung nur durch Äußerung von Krankheit in Gefühlen und Tätigkeiten, das heißt durch Krankheits-Symptome zu erkennen. Das ist die einzige den Sinnen des Beobachters und Heilkünstlers zugekehrte Seite des Organismus. Es kann sie nicht anders zu erkennen geben.*“
>
> (Hahnemann S. Organon §11)

Für Hahnemann kamen Mikroorganismen als Krankheitsursache nicht in Frage. Er war fest davon überzeugt, dass man eine Krankheit umfassend anhand der veränderten subjektiven Empfindungen des Patienten und der sichtbaren Veränderungen in der körperlichen Verfassung diagnostizieren kann. Er sah keine Notwendigkeit für invasive Methoden und betrachtete sie als unnötig. Für ihn waren Laborwerte nutzlos, außer sie stammten von normalen Absonderungen, wie Urin, Kot und Menstruationsblut.

Hahnemann wusste, dass Krankheit eine Veränderung des Gesundheitszustandes bedeutet und durch ein Mittel geheilt werden kann, welches im gesunden Menschen genau diese Krankheit verursacht. Ein Virus war zu Hahnemanns Zeiten nichts weiter als ein Gift – z.B. „der Virus“ der Kobra.

Jenner führte seine ersten Versuche mit der Pockenimpfung zu Hahnemanns Zeiten durch und man wusste zunehmend mehr über Bazillen, Bakterien und andere Keime. Gleichzeitig gelangte man immer mehr zu der Überzeugung, dass diese Erreger die wichtigsten Anzeichen einer Krankheit waren. Hahnemann lehnte dies ab, weil sich die Gedankengänge nicht mit seinem Argument vereinbaren ließen, dass Krankheit und Heilung gleichermaßen als dynamische Prozesse betrachtet werden müssen.

Die moderne Medizin zieht weder die Dynamik der Krankheit noch des Heilungsprozesses in Betracht. Die gängige Theorie lautet, dass ein Erreger sich fortpflanzt, solange die Krankheit besteht und schließlich zum Tode des Patienten führt. Kommt die These dazu, dass der Tod lediglich als Endresultat angesehen werden kann, können wir schlussfolgern, dass eine große Menge an Erregern ebenfalls als Resultat und nicht als Ursache bezeichnet werden kann. Wenn das so ist, wie können diese Mikroorganismen dann als Ursache einer Krankheit betrachtet werden?

> *„Letztendlich können nur die Pilze Krankheiten verursachen, da sie im Boden leben und der Zersetzung lebender Organismen dienen. Auf der nackten Erde eines modernen landwirtschaftlichen Betriebes gibt es nur die Kulturpflanzen, an denen sie diese Aufgaben erfüllen können. Deshalb greift der Pilz gesunde Pflanzen an, um sein eigenes Überleben zu sichern."*
>
> (Kaviraj V.D. AIDS – Antibiotic Induced Deficiency Syndrome)

E. Pilze Fungi

Die Pilze, oder Fungi, sind die größte Gruppe der Pflanzenpathogene. Man kann sie sich als Pflanzen vorstellen, denen das Chlorophyll fehlt. Pilze sind aber keine Pflanzen, sondern Organismen, die ihrem eigenen Reich zugeordnet werden. Pilze ernähren sich von anderen lebenden Organismen oder von sich zersetzender organischer Materie. Sie produzieren mikroskopisch kleine Sporen, die vergleichbar sind mit den Samen der höheren Pflanzen. Diese Sporen entwickeln sich zu Fäden, den Hyphen, die wachsen und sich zu einem Geflecht verzweigen, dem so genannten Myzel.

Pilze dringen über Wunden, natürliche Öffnungen oder das Oberflächengewebe in eine Pflanze ein. Das Myzel verbreitet sich in der Pflanze und bildet Sporen. Anhand dieser Sporen wird die Krankheit auf andere empfängliche Pflanzen übertragen. Manche Pilze haben einen sehr komplizierten Lebenszyklus und benötigen mehrere Arten von Sporen und/oder mehrere Wirtspflanzen, um diesen Zyklus schließen zu können.

Fungi breiten sich durch aerogene Sporen (Wind), im Boden, durch Wasser (Gießwasser oder Regenspritzer), durch Samen oder über Vektoren aus. Vektoren sind Überträger, die Krankheiten von einer Pflanze zur anderen tragen. Beispiele für Vektoren sind: der Mensch, andere Tiere, Insekten, Werkzeug, sowie andere Mikroorganismen (Fungi, Nematoden), etc.

Pilze sind in der Regel mit bloßem Auge zu erkennen und für Rostkrankheiten, Blattfleckenkrankheiten, Mehltau und Pflanzenfäule verantwortlich. Begünstigende Faktoren für diese Krankheiten sind Nässe, Wärme und hohe Luftfeuchtigkeit (Abb. 79).

F. Zusammenfassung

Wir empfehlen deswegen, den Einsatz von chemischen Düngemitteln zu vermeiden und diese durch einen guten Kompost und biodynamische Präparate, wie z. B. B-500, zu ersetzen. Den Einsatz von chemischen Präparaten zur Schädlings- und Unkrautbekämpfung befürworten wir nicht. Diese Präparate sollten allenfalls in potenzierter Form und nur wenn unbedingt notwendig angewendet werden.

Chemische Dünger laugen den Boden aus, diese These wird in der Praxis immer wieder bestätigt. Ein ausgelaugter Boden enthält Pilze, die ihre eigentliche Aufgabe, nämlich Pflanzenreste zu zersetzen, nicht erfüllen können. Wenn ihre natürliche Nahrung aber nicht vorhanden ist, sind sie gezwungen, gesunde, lebende Pflanzen anzugreifen. Dieses Szenario finden wir in der Natur nur dann, wenn der Mensch in das natürliche Gleichgewicht eingegriffen hat.

Eine der Ursachen des Baumsterbens im westlichen Australien und anderen Gebieten ist das Abholzen des Baumbestandes. Dabei werden so viele Bäume entfernt, dass den Pilzen die natürliche Nahrungsgrundlage entzogen wird und sie die noch überlebenden Bäume angreifen. Diese können der zusätzlichen Belastung nicht standhalten und sterben ab. Die an sich nützlichen Pilze müssen also auf lebende Pflanzen ausweichen um ihr eigenes Überleben zu sichern.

Der einzige sinnvolle Lösungsansatz besteht darin, die Baumbestände aufzuforsten und nicht, wie viele konventionelle Fachleute argumentieren, den Pilz zuerst zu vernichten, damit er sich nicht weiter ausbreiten kann. Wir argumentieren, dass ein adäquater Baumbestand genügend organischen Abfall produziert um die Bedürfnisse der Mikroben zu erfüllen. Diese müssten dann nicht mehr über gesunde Bäume herfallen.

Lebende Pflanzen anzugreifen ist wesentlich schwieriger als deren Abfälle zu verdauen. Viele Pflanzen besitzen nämlich ihre eigenen Abwehrsysteme, wie z.B. die Salicylsäure der Weidenbäume. Wieder einmal sollten wir die Natur ein bisschen mehr an der Nase herumführen, indem wir mit unseren Anbaumethoden glauben machen, alles sei in bester natürlicher Ordnung. Dazu gehören möglichst natürliche Pflanzabstände und gesunde Mischkulturen. Monokulturen müssen unbedingt vermieden werden.

Wir wollen uns einmal näher mit verschiedenen Lösungsansätzen beschäftigen, deren Ziel es ist, eben dieses Gleichgewicht zu erhalten.

Die Behandlung von Astern, Sonnenblumen und anderen Korbblütlern (Asteraceae/Compositae)

Ferrum sulphuricum

Eisensulfat. FeSO4. Verreibung der zubereiteten Kristalle oder als Lösung.

Allgemeines

Ferr-s. hat, wie *Calc.*,*Calc-f.* und *Sil-f.*, eine Beziehung zu Baumkrebs, wenn Nährstoffe nicht aufgenommen werden können. Es kann auch zur Ausleitung bzw. Modifizierung von Quecksilber eingesetzt werden. Alle Symptome verschlimmern sich im Sommer, an warmen Tagen, nachts und morgens. Am Nachmittag ist in der Regel eine Besserung zu erkennen.

Die Wurzeln scheinen rötlich verfärbt zu sein oder haben hellrote Pusteln. Sie sind zum Teil geschwollen. Unter der Epidermis fühlen sich die Wurzeln trocken an (bei gesunden Pflanzen ist es hier feucht). Die Aufnahme von Nährstoffen ist unvollständig oder findet überhaupt nicht statt.

Indiziert bei allen Arten von Schimmel, Mehltau und Falscher Mehltau. Eine Ausnahme bilden die Schleimpilze, die aufgrund ihrer Symptomatik mit den Schnecken zusammengefasst werden, und unter Helix. aufgeführt sind.

Anwendung in der Praxis

Unvollständige Fotosynthese. Deformierte Blüten. Wuchernde, verdrehte Pflanzen mit einem deformierten Erscheinungsbild. Baumkrebs (Nectaria u.a.), Schimmel und Mehltau, Infektion mit Bipolaris spp, Blattfleckenkrankheiten (Septoria spp), Kohlschwärze, Schwarzfleckenkrankheit (Alternaria spp) (Abb. 80)

Abb. 80 Blattflecken durch Alternaria spp.

Erscheinungsbilder

Grauschimmel (*Botrytis* spp.)(Abb. 81)

Bei diesem Pilz bildet sich ein Dauermyzel und kann im Pflanzenabfall das ganze Jahr über zu finden sein. Eine graue, pelzige Oberfläche deutet auf Sporenbildung hin. Die Sporen gedeihen in kühlen, feuchten Bedingungen. Die Sporen werden durch den Wind verbreitet. Alle oberirdischen Pflanzenteile sind betroffen, wobei bevorzugt die Früchte befallen werden. Bei Birnen entwickelt sich eine weiche, braun gefärbte Fäule. Die Sporen haben unter idealen Voraussetzungen eine typische, graue und pulvrige, Erscheinung.

Oft werden die absterbenden Blüten als erstes befallen und der Schimmel breitet sich von dort aus.

Indikationen für F*errum sulphuricum* in weiteren Pflanzenfamilien:

<u>Infektionen mit *Bipolaris* spp.:</u>

Der Keim der Pflanze färbt sich dunkel. Die Krankheit wird von zwei Pilzen ver-

ursacht, die auf Grasschnitt überleben und sehr häufig vorkommen. Die Sporen werden überall verteilt. Wenn es bei Getreide während der Wachstums- und Kornfüllungsphase entsprechend viel regnet, können die Erreger den Samen oder das Korn infizieren und sich während des Reifungsvorgangs langsam entwickeln. Die Körner können trotzdem zur Aussaat verwendet werden, da die Keimung nur selten betroffen ist.

(Grains R&D Corp.)

Das Getreide wird jedoch empfindlicher und die Krankheit kann sich durch die Aussaat infizierten Saatguts weiter verbreiten, was zu Unfruchtbarkeit und Ernteverlusten führen kann. Bei infiziertem Saatgut empfiehlt es sich, kurz nach dem Ausbringen mit Ferrum zu sprühen, um die Infektionsrate zu senken und sauberes Saatgut für die nächste Ernte zu erhalten. Auf diese Weise wird die Widerstandsfähigkeit erhöht und auf die nächste Generation übertragen. Die Empfindlichkeit gegenüber Krankheitserregern und Schädlingen verringert sich somit drastisch. Das, was sich die Gentechnologie mit einem enormen Aufwand an Zeit und Geld erarbeitet, kann der Einsatz von homöopathischen Mitteln wesentlich billiger, und vor allem schneller, erreichen.

Abb. 81 Grauschimmel, Botrytis cinerea, Symptome

Septoria-Blattfleckenkrankheit (*Mycosphaerella* spp.)

Ungleichmäßig geformte, hell- bis dunkelbraun gefärbte Flecken auf den Blättern (Abb. 82). Diese können unter Umständen auch eine silbrige Färbung mit gelben Rändern aufweisen. Entlang der Blattadern verlaufende Flecken haben einen regelmäßigen Umriss. Die Fruchtkörper kann man als schwarze Pünktchen innerhalb dieser Flecken sehen. Der Pilz überlebt in Weizenrückständen. Die Sporen werden im Herbst bei feuchtem Wetter in großen Mengen produziert, vom Wind verstreut und können auch über weite Strecken hinweg in sehr feuchte Gebiete getragen werden, wo die Sporen dann durch fließendes Wasser verbreitet werden. Infektionen treten meistens auf frisch ausgesäten Feldern auf. Nach ungefähr drei Wochen erscheinen die kleinen schwarzen Fruchtkörper auf den Blättern. Jetzt ist die beste Zeit mit *Ferr-s.* zu behandeln. Die Sporen werden bei feuchtem Wetter gebildet und durch Regenspritzer von Blatt zu Blatt getragen. Bei schweren Regenfällen kann der Ernteausfall bis zu 30% betragen. Die Verbreitungsrate ist während Trockenperioden, die einen Monat und mehr dauern, wesentlich geringer. Grasendes Vieh wird nicht beeinträchtigt, da der Pilz weniger schädlich ist als zum Beispiel Mutterkorn oder die Brandererreger. Im Erscheinungsbild ähneln diese Pflanzen eher der Schwarzfleckenkrankheit als dem Mutterkorn oder den Branderregern.

Blatt- und Spelzenbräune, *Septoria*-Blattfleckenkrankheit des Getreides (*Leptosphaeria nodorum*)

Auf den Blättern entwickeln sich ovale Flecken von gelb bis hell- oder dunkelbrauner Färbung, die größer werden und sich dann gräulich verfärben. Die Pflanzen haben ein chlorotisches Aussehen. Die Fruchtkörper erscheinen als graubraune Pünktchen innerhalb der Blattflecken. Im Laufe der Wachstumsperiode werden auch die Stängel und der Spelz befallen. Es zeigen sich graue und braune Flecken, die Körner verkümmern. Es kann zum vollständigen Verlust des Saatguts kommen. Die Fruchtkörper mitsamt Sporen befinden sich häufig auf den Stängelknoten und dem Spelz.

Der Pilz überlebt auf den Stoppeln und Überresten der Halme, Weizen, Gerste, Süßgras und Zwenken (Brachypodium spp.) sind besonders häufig betroffen. Die Sporen entwickeln sich nach Regenfällen und werden vom Wind über große Gebiete verteilt. Früh ausgesätes Saatgut ist deutlich anfälliger. Ein warmes, feuchtes Klima mit reichlichen Regenfällen begünstigt die Krankheit. Die Sporen werden durch Regenspritzer übertragen.

Arzneimittelbeziehungen

Vergleiche: *Sulph.*

Antidotiert: *Calc., Cupr., Phos.*

Unverträglich: *Kali., Molyb., Phos.*

Wird antidotiert von: *Cupr., Mang., Zinc.*

Abb. 82 Septoria Blattfleckenkrankheit und Krebs, Septoria musiva, Symptome

Abb. 83 Phytophthora Wurzel- und Kragenfäule, Phytophthora spp., Symptome

Die Behandlung von Kürbisgewächsen (Cucurbitaceae)

A. Ferrum metallicum

Eisen. Fe. Verreibung. Für die Mittelzubereitung wird elementares Eisen verwendet.

Allgemeines (s. auch Kapitel 8)

Eisen ist für den Ablauf der Fotosynthese wichtig. Eisenmangel führt bei Pflanzen zur Chlorose, d.h. zu einem Mangel an Chlorophyll.

Anwendung in der Praxis

Chlorose. Blass aussehende, kränkelnde Pflanzen, die fast umfallen. Unvollständige Assimilation, unvollständige Fotosynthese. Niedriger Proteingehalt. Obst und Gemüse haben keinen Geschmack. Blattfleckenkrankheit, Staunässe, Umknicken des Kopfes, Verwelken der Pflanze. Phytophthora spp.

Erscheinungsbild

Wurzelfäule (*Phytophthora* spp.) (Abb. 83)
Für eine erfolgreiche Behandlung der verschiedenen Phytophthora- Erkrankungen ist eine korrekte Diagnose des Problems unerlässlich. Obwohl der Phytophthora- Erreger weit verbreitet ist, wird in ca. 50% der Fälle falsch diagnostiziert. Es gibt verschiedene Anbaumethoden und chemische Mittel, die bei einer Phytophthora- Erkrankung eingesetzt werden können. Um eine korrekte Diagnose zu gewährleisten, sollte man darauf achten, ausreichende Informationen zu sammeln. Langfristig gesehen lohnt sich der zusätzliche Zeitaufwand unbedingt.

Chemisch

Unvollständige Fotosynthese, niedriger Proteingehalt, der Kollaps der Kapillaren ist systemisch, es kommt zur Lähmung des Kapillarsystems. Unzureichende Ernährung, wenig oder keine Fotosynthese findet statt, niedriger Phosphor- und Kalziumgehalt. Zucker- und Kohlehydratwerte sind niedrig.

Blüten und Früchte

Es tritt eine verstärkte Blütenbestäubung auf, dennoch sind die Blüten unfruchtbar. Es bilden sich keine Früchte, oder die Entwicklung der Früchte bleibt unvollständig. Unreife Früchte fallen zu früh ab.

Wasserbedarf

Großer Durst oder Verschlimmerung durch Gießen.

Anmerkung

Ferrum sollte nur mit großer Sorgfalt angewendet werden (s. auch Kapitel 8).

Arzneimittelbeziehung

Antidotiert: *Calc., Phos.*

Unverträglich: *Kali., Phos.*, aber nicht als *Ferr-p.*

Wird antidotiert von: *Cupr., Mang., Zinc*

Ergänzend. *Mag.*

Vergleiche: die *Ammonium*verbindungen, *Calc., Kali., Mag., Mang., Nit-ac., Phos.*

B. Ferrum phosphoricum

Eisenphosphat. *Ferrum phosphoricum album.* Weißes Eisenphosphat (Schüßler). Wahrscheinlich das echte Eisenphosphat ($FePO_4$) im Gegensatz zum gewöhnlichen Eisenphosphat, welches eher ein Eisen-Hydrogen-Phosphat ($Fe(H_2PO_4)_2$) ist. Verreibung.

Allgemeines (s. auch Kapitel 8)

Schüßler benutzte *Ferr-p.* anstelle von *Aconitum, Belladonna, Gelsemium, Arnica* und anderen Mitteln, die einen Bezug zu Durchblutungsstörungen haben. Entspannt das Gewebe. Wenn die Eisenmoleküle, die in den Zellen des Kambiums enthalten sind, durch eine Verletzung oder Wunde gestört werden, werden die betroffenen Zellen schwammig. Wenn diese Verletzung in den ringförmigen Fasern der Kapillaren entsteht, weiten diese sich aus und der Saftpegel steigt. Dieser Zustand entsteht im ersten Entzündungsstadium. Wenn die Zellen in diesem Stadium mit *Ferr-p.* in ihren Normalzustand zurückgebracht werden, können sie die Krankheit überwinden.

Anwendung in der Praxis

Bei frischen Wunden, Prellungen und Verstauchungen etc. Beseitigt eine übermäßige Produktion an Pflanzensaft und konkurriert mit *Arnica* und *Calendula* als Notfallmittel. Indiziert im Anfangsstadium von Rostkrankheiten; rötlich verfärbte Wurzeln, unter der Epidermis trocken. Sehr durstige Pflanzen, die Nährstoffe nicht gut aufnehmen. Kongestion in den Kapillaren. Blasse, stark austreibende Pflanzen mit zahlreichen Veränderungen der Blattoberfläche. Weizenblattdürre, Fleckenkrankheiten, Brandkrankheiten, Schwarzbeinigkeit (Abb. 84).

Erscheinungsbild

Bakterienbrand (*Pseudomonas* spp.)
Kleine, schmale, ovale wässrige Flecken von bis zu 10 mm Durchmesser, die auf den Blättern und der Blattscheide zu finden sind. In der Mitte können sich die Flecken rötlich bis braun verfärben. Ein kleiner, grüner, wässriger Hof entsteht auf dem umliegenden Blattgewebe. Später nehmen diese Flecken eine starke bräunliche Färbung an und fließen in einem unregelmäßigen Muster zusammen (Abb. 85).

Abb. 84 Brandkrankheit, Ustilaginoidea virens, Anzeichen

Abb. 85 Pseudomonas-Befall (halo spot) der Bohne

Schwarzspelzigkeit *(Xanthomonas translucens)*

Ähnlich wie bei Pseudomonas, allerdings sind die Flecken länglich und haben keinen Hof. Zuerst wässrig, dann erscheinen braune Streifen mit gelben Rändern, die später in einem unregelmäßigen Muster zusammenlaufen. Einzelblüten verschmelzen und sehen braun oder weiß marmoriert *(Acon., Bell.)* aus; können unfruchtbar sein. Die Blätter welken und sterben ab.

Die Bakterien überleben auf Samen und Pflanzenabfällen und werden durch Regenspritzer oder Blätterkontakt übertragen. Können auch von Blattläusen übertragen werden. Feuchtes Wetter begünstigt die Vermehrung der Bakterien, trockenes Wetter dagegen hält die Verbreitung des Erregers auf.

Bakterienwelke (*Erwinia* spp./*Ralstonia* spp.)

Das Welken einer Pflanze kann man in der Regel auf einen Flüssigkeitsmangel zurückführen. Durch das Eindringen der Bakterien entsteht in der Pflanze eine zähflüssige, weiße Substanz, die den Wassertransport in der Pflanze beeinträchtigt.Die Pflanze verwelkt und stirbt ab. Die Bakterien werden durch

Abb. 86 Südlicher Maiswurzelbohrer, Diabrotica undecimpunctata, ausgewachsenes Insekten

Insekten übertragen, die im oder in der Nähe des Gartens überwintern. Maispflanzen werden oft von Flohkäfern befallen, die den Erreger übertragen können. Bei Gurken und Wassermelonen übertragen der „Striped Cucumber Beetle“ (Acalymma vittata) und der Maiswurzelbohrer (Diabrotica undecimpunctata) die Krankheit (Abb. 86). Bei Gurkenpflanzen welken die Blätter als erstes, gefolgt von den Ranken.

Wasserbedarf

Es ist ratsam, bei trockenem Wetter nicht übermäßig zu gießen, da dies die Verbreitung des Erregers fördert. Die Pflanzen sind allerdings sehr durstig und welken. Wir empfehlen ein Tropfbewässerungssystem.

Blüten und Früchte

Der Pollen ist entweder reichlich vorhanden oder gar nicht. Vorzeitige Blüte, die Entwicklung der Blüten und der Fruchtansatz verlaufen schwierig.

Arzneimittelbeziehungen

Die oben genannten Krankheiten deuten bei der Arzneimittelwahl nicht ausschließlich auf die Eisenverbindungen hin. Die Schwäche und die suppurativen Vorgänge, die man bei *Ferr-p.* beobachten kann, vermitteln auch einen guten Eindruck von der Fähigkeit des *Phosphors*, die Epidermis durch schwarze Geschwüre zu zerstören. Vergleichbare Symptome können unter anderem auch mit *Nit-ac., Kali-c., Nat-s.* und *Nat-c.* behandelt werden. Obwohl *Phosphor* die Wirkung von Ferrumin in der Regel antidotiert, ist es als Ergänzungsmittel aufgeführt, weil sich hier zwei normalerweise antagonistisch verlaufende Vorgänge vereinen. Durch diese Kombination entsteht ein Mittel, das nicht nur auf die Kapillaren wirkt – daher kommt die Fäule – sondern auch eine anregende Wirkung auf die Blüten und den Fruchtansatz hat.

Die Behandlung der Süßgräser (Gramineae/Poaceae)

A. Aconitum napellus

Aconitum napellus. Blauer Eisenhut. Familie: *Ranunculaceae.* Tinktur der ganzen Pflanze.

Allgemeines

Die Pflanze ist auf feuchten Wiesen und in kargen Bergregionen heimisch.

Das plötzliche Auftreten und die Intensität der Symptome sind der ausschlaggebende Faktor für die Anwendung des Mittels, z.B. bei den Rostkrankheiten. Homöopathisch gesehen hat *Aconitum* einen Bezug zu Spannung. Akute Stauungssymptome in den Kapillaren, besonders nach kalter Witterung, durch kalte Nachtluft. Die schneidend kalten Winde der Bergregionen (in denen die Pflanze heimisch ist) geben uns einen Hinweis auf die Signatur dieses Mittels. Unterkühlung, Verletzungen oder Schäden durch mechanische Einflüsse. Ausgeprägte Empfindlichkeit gegenüber Licht. Die Pflanzen sind ausgesprochen durstig. Großes und plötzliches Abfallen der Kräfte als Folge von Hitze oder Kälte. *Aconitum* wurde bereits mit großem Erfolg gegen Rostkrankheiten eingesetzt.

Anwendung in der Praxis

Weizengelbrost (Puccinia striata), Braunrost (Puccinia recondita) (Abb. 87), Rostkrankheiten besonders auf Roter Bete, Bohnen, Ringelblumen, Iris, Pappel, Rosen, Löwenmäulchen, Bananen. Thysanoptera auf Bohnen. Rostmilbe (Calepitrimerus vitis). Akute Stauungssymptome in den Kapillaren. Rostkrankheiten mit plötzlichem Auftreten der Symptome. Verschlimmerung in kalten, trockenen Nächten, durch Verletzungen, Schäden durch mechanische Einwirkungen. Gelbverzwergungsvirus der Gerste.

Abb. 87 Blattrost auf Weizen, Puccinia recondita

Abb. 88 (Zedern-)Apfelrost, Gymnosporangium juniperi-virginianae, Symptome

Erscheinungsbild

Rostflecken mit hellroter Färbung und gelben Rändern. Ausgeprägte, rote, geschwollene und glänzende Punkte. Plötzliches Welken.

Rostkrankheiten (*Puccinia* spp.)
Man geht davon aus, dass es mehrere Hundert verschiedene Pilze gibt, die mit Rosterkrankungen in Verbindung gebracht werden können. Betroffene Pflanzen entwickeln kleine gelbliche Stellen oder Flecken auf der Blattoberseite. An diesen Stellen entstehen kleine, erhabene und mit feinem Staub gefüllte Pusteln, die als Sporenlager dienen. Die Sporen können von Windböen mehrere hundert Kilometer weit getragen werden. Als Blattrost werden generell alle von (unterschiedlichen) Pilzen verursachte Krankheiten bezeichnet, zu deren Krankheitsbild die typischen dunkel gefärbten Sporenlager (Pusteln) auf der Blattoberseite der betroffenen Pflanzen gehören (Abb. 88). Weitere Symptome sind Blatt- und Stammbrandkrankheiten, Kümmerwuchs, Gelbfärbung, Gallen und ein allgemein unschönes Aussehen der erkrankten Pflanze.

Zur Behandlung der Rostkrankheiten stehen uns verschiedene Strategien zur Verfügung, die am besten in Kombination angewendet werden sollten. Bei Rostkrankheiten mit zwei

Wirten empfiehlt es sich den Wechselwirt, soweit er für die Pflanze relativ unattraktiv ist, zu entfernen.

Im Garten kann man die Ausbreitung dieser Krankheit verhindern, indem man infizierte Pflanzen, vor allem unter den Einjährigen, entfernt. Unter Umständen können auch resistente Sorten gepflanzt werden.

Mit den Mitteln der konventionellen Landwirtschaft und des modernen Gartenbaus hat sich die Bekämpfung der Rostkrankheiten als äußerst schwierig herausgestellt. Es liegt zum einen daran, dass sich die Sporen durch Wind und Regen großräumig und schnell verbreiten und nur schwer einzudämmen sind. Manche Rosterreger bilden Gallen, die in der Regel ein sehr einheitliches Erscheinungsbild besitzen und bestimmten Erregern zugeordnet werden können. Die großflächige Bekämpfung dieser Erreger auf Weizen und anderen Kulturpflanzen ist teuer und wirtschaftlich nicht vertretbar.

Gelbverzwergungsvirus

Diese Krankheit findet man auf vielen Gräsern, besonders betroffen sind die Getreidesorten (Abb. 89). Der Erreger kann jedoch nur auf lebenden Pflanzen überdauern, da sich die Infektion auf das Phloem beschränkt. Der Virus ist nur unter dem elektronischen Mikroskop zu sehen.

Epidemien scheinen im 2-3 Jahresrhythmus aufzutreten, sind aber auf Regionen mit hohen Niederschlägen begrenzt. Bei Getreide betragen die Ernteverluste bis zu 80%. Tritt die Infektion relativ spät auf, sind die Verluste mit 20% wesentlich geringer. Für die Bekämpfung einer Infektion mit dem Gelbverzwergungsvirus gibt es kein effektives chemisches Mittel.

Die einzige Bekämpfungsmöglichkeit besteht darin, die Vektorenblattlaus so bald wie möglich zu vernichten.

Fazit ist, dass man nichts mehr für die Pflanzen tun kann, sobald die Infektion erst einmal Fuß gefasst hat. Homöopathisch kann man auch noch nach Ausbruch der Krankheit erfolgreich mit *Acon.* und *Bell.* behandeln.

Der Virus wird von Blattläusen übertragen. Um den Virus übertragen zu können, muss

Abb. 89 Gelbverzwergungsvirus an Winterweizen

die Blattlaus infiziertes Pflanzengewebe ansaugen, danach ist sie ein lebenslanger Träger.

Bisher wurden vier verschiedene Varianten des Gelbverzwergungsvirus identifiziert. Diese unterscheiden sich in den Vektoren (Blattlausarten), Übertragbarkeit und das Ausmaß des Schadbildes.

Besonders aktiv sind die Haferblattlaus (Rhopalosiphum padi) und die Maisblattlaus (Rhopalosiphum maidis). Die Haferblattlaus ernährt sich von Hafer, Weizen, Gerste und Gräsern. Kornblattläuse befallen Mais, Gerste und einige Grassorten. Drei weitere Blattlausspezies werden mit der Verbreitung des Virus in Verbindung gebracht: die Getreideblattlaus (Sitobion spp.) und zwei Blattläuse (Rhopalosiphum insertum und Rhopalosiphum rufiabdominalis), die Getreidewurzeln befallen.

Im Frühjahr und Herbst wandern die Blattläuse vom Kikuyugras, von Paspalum, den Quecken und dem African Lovegrass (Eragrostis curvula), ab. Dabei wird das Kikuyugras anscheinend stärker befallen als andere Gräser.

Die Symptome werden oft mit Nährstoffmangel, Staunässe und andere Stresssymptome verwechselt. Auf Hafer, Gerste und Weizen zeigen sich unterschiedliche Symptome.

Pflanzen, die besonders betroffen sind:

<u>Hafer</u>

Bei dieser Pflanze steht die hochrote Verfärbung der Blätter im Vordergrund und wird deshalb unter *Bell.* ausführlicher beschrieben. Von der Blattspitze ausgehend breiten sich Flecken aus, die sich auf den älteren Blättern rot färben, während die jüngeren Blätter zwischen den Blattadern eine Chlorose entwickeln. Wenn eine orange – gelbe Färbung vorliegt, sollte man mit *Acon.* behandeln.

Rote Punkte, Rost, unter Umständen austretender Saft, rot, violett oder bläulich gefärbt. Läsionen schwellen an. Rostflecken mit orangefarbenen oder dunkelgelben Rändern. Dunkelbraune Punkte. Die Wurzeln sind glänzend und geschwollen oder trocken und angeschwollen. Faule Stellen am Stängel, an den Blättern und Blüten. Blutrote Punkte.

<u>Weizen</u>

Eine Chlorose zwischen den Blattadern ist häufig das erste Anzeichen einer Infektion. Die Blätter verfärben sich orange gelb, die Rotfärbung der Blattspitzen ist dagegen weniger ausgeprägt.

<u>Gerste</u>

Bei der Gerste gibt es eine ausgesprochen starke Gelbfärbung, die Chlorose zwischen den Adern ist blass gelb. In manchen Fällen ist eine Rotfärbung der Blattspitzen vorhanden. Wenn junge Pflanzen von dem Gelbverzwergungsvirus befallen werden, kommt es in allen Fällen zu Kümmerwuchs und folglich zu Ernteeinbußen. Oft sind die Ähren verschrumpft. In der Regel kommt es zur übermäßigen Samenbildung, um das Überleben der Pflanze zu sichern. Bei Getreidepflanzen sind die Bestockungstriebe nur schwach entwickelt und die Ähren häufig unfruchtbar.

<u>Gräser</u>

Bei den Gräsern sind sichtbare Symptome nicht zwingend vorhanden. Die Glanzgräser (*Phalaris* spp.) entwickeln eine Gelbfärbung, bei den Weidelgräsern (Lolium spp.) dagegen färben sich die Blattspitzen rötlich bis violett. Die letzteren sollten dann mit *Bell.* behandelt werden. Es gibt allerdings mehrere Rostpilze, die auf verschiedenen Gräsern überwintern können und man sollte diese immer zuordnen können.

Blüten und Früchte

Die Blüten sind trocken, heiß und produzieren zuviel Blütenstaub. Der Fruchtansatz ist langsam.

Wasserbedarf

Erhöht, aber Gießen verschlimmert.

Arzneimittelbeziehungen

Vergleiche: *Ammonium*verbindungen, *Bell.*

Antidot: *Bell.*

B. Secale cornutum

Mutterkorn. *Claviceps purpurea*. Reich: *Fungi*.

Allgemeines

Der Pilz *Claviceps purpurea* verwandelt die Körner des Roggens in schwarze, verkrümmte Sporne. Roggen und andere Getreide- und Grassorten werden besonders dann befallen, wenn sie auf nassen, schlecht entwässerten Böden stehen.

Kühe, die mit infiziertem Gras – frischem Gras oder Heu – gefüttert werden, verlieren häufig ihre Kälber. Das Mutterkorn ist vermutlich eine Ursache der Brucellose. Die Beziehung zwischen Mutterkorn und Brucellose ist nicht eindeutig nachgewiesen, die Symptome sind sich aber sehr ähnlich und eine Verbindung liegt nahe. Bei einer Mutterkornvergiftung kommt es in der Regel im siebten Monat zur Fehlgeburt, während eine Brucellose ab dem siebten Monat entsteht, eine Beziehung zwischen den beiden kann daher als offensichtlich bezeichnet werden.

Brucellose

Diese Krankheit lässt sich mit konventionellen Methoden nur schwer in den Griff bekommen. Betroffene Ställe werden in der Regel mit Flammenwerfern behandelt und der gesamte Viehbestand geschlachtet. Trotzdem kehrt die Krankheit immer wieder und ungetrübt zurück. In unserer Praxis in Indien konnten wir diese Krankheit wiederholt und mit ausgezeichneten Erfolgen mit *Secale* behandeln, egal ob die Symptome auf eine Brucellose oder eine Mutterkornvergiftung zurückzuführen waren. Auch für die Nachwirkungen der Krankheit beim Menschen hat sich *Secale* bewährt. Stall und Weide müssen allerdings ebenfalls behandelt werden. Auch Getreide und Stroh, welches ebenfalls infiziert sein könnte, muss entfernt und behandelt werden.

Das Mutterkorn befällt alle Getreidesorten und auch Gräser. Aus diesem Grund kann *Secale* als generisches Mittel gegen alle Arten von Mutterkorn eingesetzt werden, denn selbst in der Materia Medica unterscheiden sich die Eigenschaften der Getreide und Gräser nur mäßig. Lediglich in den Begleiterscheinungen und den Modalitäten lassen sich größere Unterschiede erkennen (vergleiche Boerickes Materia Medica –Ruchgras (*Anthoxanthumodorarum*), Hafer (*Avena sativa*) und Mais (*Stigmata maydis*).

Bei allen kann man mehr oder weniger schwere Störungen der Fortpflanzungsorgane beobachten, die man auf die Blüten und Früchte der Pflanzen übertragen kann. Die folgenden Symptome sind typisch, beziehen sich aber nicht auf das Mutterkorn:

Avena: Blüten und Früchte beeinträchtigt, die Körner sind klein, oder gar nicht vorhanden

Stigmata maydis: Blüten und Früchte beeinträchtigt

Die Ähnlichkeiten dieser Mittel sind hier deutlich zu erkennen und man kann daraus folgern, dass auch *Secale* vergleichbare Eigenschaften besitzt. Diese These wird durch die Beschreibung des Mittels in der Materia Medica bestätigt.

Der Taumel-Lolch, der zu den Süßgräsern gehört, wird ebenfalls häufig von Mutterkorn befallen und hat schon manche Fehlgeburt-Epidemie ausgelöst. Sein schlechter Ruf reicht mehrere Jahrhunderte zurück und auch der Name weist auf die berauschenden Eigenschaften dieser Pflanze hin (‚temulentum' bedeutet im Lateinischen so viel wie ‚berauschend, taumeln'). Ein Mr. A. S. Wilson schrieb 1874 für die Edinburgh Botanical Society, dass die giftigen Eigenschaften des Grases vom Mutterkorn herrühren, von welchem es oft befallen ist. Man beachte, dass Vergiftungen gehäuft in niedrig gelegenen, feuchten Gebieten sowie bei feuchter Witterung auftraten. (Wilson, 1874, zitiert von Clarke)

Anwendung in der Praxis

Mutterkorn auf allen Gräsern und Getreidesorten (Abb. 90).

Erscheinungsbild

Violett bis schwarze, gekrümmte Mutterkörner, die die Samenkörner der Ähren mehr oder weniger ersetzen. Die Mutterkörner sind größer als das eigentliche Korn. Die ersten Anzeichen einer Infektion werden während der Blüte sichtbar, wenn sich die typischen gelblichen, süßlichen, schleimigen Tröpfchen bilden.

Das Mutterkorn kann bis zu einem Jahr im Boden überdauern, wobei es Sporen bildet, die den blühenden Weizen und andere Gräser während der Blüte infizieren. Begünstigende Faktoren für eine Infektion sind die Blütezeit und kühles, feuchtes Wetter. Die Sporen werden durch Regenspritzer und Insekten über-

Abb. 90 Mutterkorn

tragen, die sich von dem süßlichen Saft ernähren. Eine offene Bestäubung macht Pflanzen besonders anfällig. Das ist auch der Hauptgrund, warum die meisten Getreidesorten und Gräser so häufig betroffen sind. Hybriden werden besonders oft infiziert, Hafer und Gerste dagegen weniger.

In Australien ist das Mutterkorn selten. Es gibt keine effektiven konventionellen Behandlungsmethoden. Die offiziellen Empfehlungen legen Landwirten nahe, nur einwandfreies Saatgut auszubringen, betroffene Felder ein Jahr lang brach liegen zu lassen, oder andere Kulturpflanzen anzubauen. Das Abmähen oder Sprühen der Felder, um eine Blüte zu verhindern, ist nur teilweise erfolgreich und hat den Nachteil, dass die Ernte mit Herbiziden belastet wird.

Anmerkung

Wird Secale cereale (Roggen) zwei Jahre in Folge ausgesät, vernichtet es Quecke, Vogelmiere und andere Unkräuter.

C. Ustilago

Maisbeulenbrand. Reich: Fungi. Verreibung.

Allgemeines

Ustilago ist vergleichbar mit *Secale*, da es bei Tieren, die sich von infizierten Pflanzen ernähren, die gleichen Auswirkungen hat – es führt zur Fehlgeburt. Roulin schreibt, dass „Schafe ihre Wolle verlieren, Maulesel ihre Hufe und Hühner legen Eier ohne Schale“ (Roulin, zitiert von Clarke).

Wie das Mittel *Secale* hat *Ustilago* eine Beziehung zu den Geschlechtsorganen. Clarke berichtet von einer Hündin, die in der fünften Woche ihrer Schwangerschaft alle fünf Föten und ihr gesamtes Fell verlor; außerdem lockerten sich ihre Krallen. Bei Pflanzen kann man in vergleichbaren Fällen ein Lockern der Rinde beobachten. Es ist nicht auszuschließen, dass das Mittel ähnliche Wirkungen zeigt wie *Silicea* und das Absterben einer Pflanze verhindert.

Abb. 91 Maisbeulenbrand, Ustilago maydis,

Abb. 92 Maisbeulenbrand, Ustilago maydis,

Anwendung in der Praxis

Maisbeulenbrand (Abb. 91, 92), Blattstreifenbrand des Weizens, Indischer Weizenbrand, Fusarium graminearum, Flugbrand. Befällt Hafer, Weizen, Sorghumhirse, Gerste, Weichweizen (Triticum aestivum) und Mais.

Erscheinungsbild

Blattstreifenbrand des Weizens *(Urocystis tritici)*

Lange, graue, hervorstehende Streifen auf den Blättern, dem Schaft und den Stängeln. Die Ähren sind stark beschädigt. Diese Streifen brechen schließlich auf und Massen von grauschwarzen Sporen quellen hervor, die auf Kleidung, Tieren und Insekten haften bleiben und so übertragen werden. Die betroffenen Blätter sind verdreht und platzen der Länge nach auf.

Es gibt frühe Anzeichen für eine Infektion, die aber nicht unbedingt leicht zu erkennen sind. Über die Bestockungstriebe überträgt sich der Schaden auf nachfolgende Kulturen. Die Sporen sind aerogen und können mehrere Jahre überleben. Eine frühe Aussaat bei warmer Witterung begünstigt eine Infektion.

Wasserbedarf

Bevorzugt die Bewässerung am Abend. Sieht am Morgen verwelkt aus.

Indischer Weizenbrand *(Noevossia indica – Tilletia indica)*

Der Weizenbrand kann anfangs leicht übersehen werden, aber im Laufe der Abreife verfärben sich die Ähren zu schmutziggrau. Es entwickeln sich deutlich gespreizte Ährenanlagen, in denen die Brandbutten das eigentliche Korn ersetzen. Infizierte Pflanzen sind kürzer, bleiben länger grün und werden später reif. Zur Erntezeit brechen die Brandbutten auf und setzen die Sporen frei. Die Butten haben einen fischähnlichen Geruch. Eine kühle, feuchte Witterung während der Pflanzzeit begünstigt einen Befall. Das Schadbild tritt nur an den Ähren auf. Bei wärmeren Temperaturen sinkt die Wahrscheinlichkeit einer Infektion. In schlechten Jahren können sogar auch resistente Sorten befallen werden. Die Sporen können mehrere Jahre überdauern.

Wasserbedarf

Normal.

Ährenfusariose *(Fusarium graminearum)*

Die Ährenfusariose ist vergleichbar mit den Brandkrankheiten und wird von *Ustilago* abgedeckt. Infizierte Futterpflanzen werden in der Regel von Vieh nicht gefressen. Wird es dennoch mit verseuchtem Futter gefüttert, kommt es zu Fehlgeburten, Kühe werden unfruchtbar, leiden unter Blutungen im Verdauungstrakt und verweigern die Nahrungsaufnahme. Für diese Krankheit gibt es keine effektive konventionelle Behandlung.

Vorzeitiges Verblassen der Ähren, ganz oder teilweise. Über den Ähren entwickeln sich pink- oder orangefarbene Pilzstränge. Befalle Stellen werden unfruchtbar. Die Samenkörner schrumpfen und färben sich pink. Der Erreger überdauert im Boden, auf Getreiderückständen und Gräsern. Die Sporen werden durch Regenspritzer verbreitet. Zu den begünstigenden Faktoren gehören feuchte Böden und eine warme bis heiße Witterung.

Wasserbedarf
Normal.

Flugbrand *(Ustilago nudasp. tritici)*
Während der Kornfüllungsphase kann man die Massen an dunkelbraunen pulvrigen Sporen erkennen (Abb. 93). Zuerst werden die Sporen von einer zarten Membran umschlossen, die aber bald aufbricht. Von den Ähren bleibt nur der nackte Stängel und Überreste der Sporen erhalten. Die Sporen sind aerogen und werden durch den Wind auf andere Weizensorten und Gerste übertragen. Eine Infektion wird durch feuchtes, warmes Wetter begünstigt.

Infiziertes Getreide kann man erst in der Kornfüllungsphase eindeutig identifizieren.

Wasserbedarf
Normal.

Abb. 93 Flugbrand, Ustilago hordei, Symptome

D. Berberis vulgaris

Gemeine Berberitze. Familie: Berberidaceae. Tinktur der Wurzelrinde.

Allgemeines

Die Pflanze ist nicht in Europa heimisch, wurde aber schon vor langer Zeit eingeführt und gilt als verbreitet.

Prof. Henslow schreibt, dass:

> „...*Mitte des 19. Jahrhunderts die Bauern noch überzeugt waren, dass Weizen, der in der Nähe einer Berberitzenhecke angebaut wurde, sehr anfällig für den Rost sei. Diese Vorstellung wurde von den Botanikern als lächerlich abgetan, aber natürlich hatten die Bauern Recht. Sie konnten nämlich beobachten, wie Weizenpflanzen, die in der Nähe der Berberitzen wuchsen, zuerst vom Rost befal-*

len wurden. Die Krankheit breitete sich anschließend über das ganze Feld aus.

Der Pilz befällt die Blätter der Berberitze und verursacht dabei kleine orangefarbene Pusteln. Die darin enthaltenen Sporen befallen wiederum den Weizen. Auf den Blättern des Weizens entwickeln sich parasitäre Fäden, aus denen sich die roten Sporen des Rosts bilden. Anschließend erscheinen die dunkelbraunen und die schwarzen zweizelligen Sporen, der so genannte ‚Mehltau des Weizens'. Nach einiger Zeit entwickeln sich aus diesen Zweizellern einzellige, rote Sporen, die dann wiederum die Berberitze befallen und der Zyklus ist vollendet. Die Berberitze ist in diesem Fall der ‚Primärwirt'.“

(Henslow, zitiert von Clarke)

Die Wurzeln sind hier auf ungewöhnliche Weise betroffen, denn sie entwickeln weißliche Bläschen auf der Epidermis. Die Wurzeln fühlen sich trocken an, oder sind mit schaumigem, zähem Schleim bedeckt. Die Bläschen können auch rötlich gefärbt sein (wie bei Rost), während man den weißlichen Schaum eher mit Mehltau in Verbindung bringt.

Die Pflanze ist entweder sehr durstig oder hat einen eher geringen Wasserbedarf. Nährstoffe werden entweder sehr schnell oder überhaupt nicht aufgenommen. Die Verdunstungsrate ist höher als gewöhnlich, was den extremen Durst dieser Pflanzen erklären kann.

Durch den Mehltau bzw. Rost sind die Atmung und die Fotosynthese beeinträchtigt. Die Pflanzen neigen zum Umlegen.

Die Blüten haben unvollständige Staubgefäße oder produzieren keinen Blütenstaub. Der Fruchtknoten ist nicht voll funktionstüchtig, was zu einem reduzierten Fruchtansatz führt.

Der Rost beginnt als kleine rote Pusteln und wird allmählich bräunlicher und größer.

Anwendung in der Praxis

Rost, Mehltau.

Arzneimittelbeziehungen

Vergleiche: *Acon.*, *Am.*, *Bell.*

E. Belladonna

Tollkirsche. *Atropa belladonna*. Familie: *Solanaceae*. Tinktur der ganzen Pflanze zu Beginn der Blüte.

Allgemeines

Die Pflanze wächst bevorzugt in bewaldeten Regionen auf trockenem Kalkstein. Besiedelt natürliche Böden und Anbauflächen gleichermaßen.

Ziegen und Hasen können diese Pflanze fressen ohne Schaden zu nehmen. Für Katzen und Hunde ist die Pflanze nur gering schädlich. Bei Obstbäumen wurde *Bell.* sehr erfolgreich eingesetzt. *Bell.* wirkt auf den gesamten Organismus.

Empfindlichkeit gegenüber Licht ist das Leitsymptom (*Acon.*) und äußert sich in Blättern, die sich entweder nicht öffnen oder leicht verbrennen. Empfindlichkeit gegenüber Wetterumschwung von warm nach kalt bei feuchter Witterung, Empfindlichkeit gegenüber Zugluft.

Wie *Aconitum* wirkt *Belladonna* sehr schnell und ist bei Symptomen indiziert, die sich

Abb. 94 Schadbild Sonnenbrand

rapide entwickeln. Hitze, Rötung und Brennen. Das Rot von *Bell.* ist dunkler als das von Acon. Rote Stellen mit orangefarbenen Rändern *(Acon.*: Rot mit Gelb). Violettes Rot, orange getöntes Gelb. Die roten Teile einer Pflanze (z.B. Blumen oder Früchte) sehen blass aus. Hitze verursacht Blasen. Schwellungen, bläulich rot. Sonnenbrand (Abb. 94) Verbrennungen durch Wind. *Bell.* wurde mit großem Erfolg gegen die dunklen Rostkrankheiten eingesetzt.

Es gibt Hunderte von Pilzen, die mit den so genannten Rostkrankheiten in Verbindung gebracht werden. In der Regel verursachen sie kleine, gelbe oder rote Flecken auf der Blattoberfläche. Im Pflanzengewebe unter diesen Flecken bilden sich kleine Sporenpusteln. Das passiert dann, wenn der Pilz seine Sporenstiele bildet. Diese Stiele brechen die Epidermis der Pflanze auf und setzen die Sporen frei.

Rostkrankheiten sind nur schwer in den Griff zu bekommen, weil sie sich über weite Strecken ausbreiten können. Außerdem entwickeln sie sich sehr schnell. *Aconitum* und *Belladonna* sind zwei schnell wirkende homöopathische Mittel, die diese Krankheit sehr erfolgreich eindämmen können.

Manche Rosterreger bringen die Pflanzen dazu, Gallen zu bilden. Aus ökonomischen Gründen lohnt es sich nicht, Rostkrankheiten auf Getreidekulturen mit chemischen Mitteln zu bekämpfen, in beiden Fällen bieten *Aconitum* und *Belladonna* eine gute Lösung.

Einige Rosterreger brauchen zwei verschiedene Wirtspflanzen, um ihren Lebenszyklus zu vollenden und in kalten Regionen den Winter zu überdauern. In Europa, z.B., überwintert der Pappelrost auf der Lärche, und der Weizenrost auf der Berberitze. Beide produzieren im Herbst dickwandige Sporen, die den Winter überleben können und die nachfolgende Generation im Frühjahr infizieren. Die Sporen benötigen zum Keimen etwas Feuchtigkeit, aber im Großen und Ganzen lässt sich bei den Rostkrankheiten wenig über begünstigende Witterungen sagen.

Anwendung in der Praxis

Rostkrankheiten der Nelken (Dianthus), Fuchsien (Fuchsia), auf Pfirsichen (Prunus persicus), Iris (Iris) und Himbeeren (Rubus idaeus). Rost mit orangefarbenen Rändern, dunkler als bei *Aconitum*. Verschlimmerung bei kalter, nasser Witterung (kalt, trocken: Acon.). Gelbverzwergungsvirus, weiß verfärbte Blütenblätter, die restliche Pflanze hat eine gesunde Färbung. Schwarzbeinigkeit, Anthracnose. ‚Acacia Spotting Bug' (Rayieri-atumidiceps). Thysanoptera auf Bananen. Rostmilbe (Aculops spp.).

Erscheinungsbild

Die Symptome werden häufig mit Nährstoffmangel, Staunässe und anderen Stressfaktoren verwechselt. Die Blattsymptome bei den Kreuzblütengewächsen (Cruciferae/Brassicaceae), Kürbisgewächsen (Cucurbitaceae) und Rosengewächsen (Rosaceae) unterscheiden sich deutlich. Ebenso bei den Gräsern (Gramineae/Poaceae) wie Hafer, Gerste und Weizen.

Getreiderost (Puccinia graminis)

Beim Hafer ist die starke Rotfärbung der Blätter sehr ausgeprägt und wird deshalb mit *Bell.* behandelt. Beginnend an der Spitze wird das Blatt fleckig, die älteren Blätter färben sich rot, während sich auf den jüngeren Blättern zwischen den Blattadern eine Chlorose entwickelt. In den Fällen, in denen sich die Blätter gelborange färben, sollte man mit *Acon.* behandeln (Abb. 95).

Rote Punkte, Rost, manchmal tritt Saft aus, violett oder bläulich. Läsionen schwellen an. Rost mit orangefarbenen oder dunkelgelben Rändern. Dunkelbraune Punkte. Die Wurzeln sind glänzend und geschwollen oder trocken und angeschwollen. Faule Stellen am Stängel, an den Blättern und Blüten. Blutrote Punkte.

Blüten und Früchte

Die Blüten produzieren zu wenig Blütenstaub (*Acon*: zu viel). Kleine Früchte, die vorzeitig abfallen. Rost führt zum Abwurf der Blätter. Scharlachroter Rost auf Blättern, Stängel und Blüten. Rote Punkte auf den Früchten.

Arzneimittelbeziehungen

Vergleiche: *Acon.*, *Am.*

Abb. 95 Getreiderost, Puccinia graminis, Symptome

Die Behandlung der Minzen und anderer Lippenblütengewächse (*Labiatae/Lamiaceae*)

Lacticum acidum

Milchsäure. *Lacticum acidum*. HC3H5O3. Dilution.

Allgemeines

> *Die Milchsäure wurde von Scheele in saurer Milch entdeckt, das Ergebnis einer spontanen Fermentation von Milchzucker unter dem Einfluss von Kasein. Man trifft es auch in vielen Gemüseprodukten an, die sauer geworden sind.*
>
> (Hering)

Milchsäure ist besonders bei Pflanzen ein Bakterizid allerersten Ranges. Wenn Milchsäure auch nur leicht oxidiert, entsteht Brenztraubensäure, die in Pflanzen den Krebszyklus auslöst. Aus diesem Grund müsste auch *Lacticum acidum* für die Atmung der Pflanzen eine wichtige Rolle spielen. Benztaubensäure ist für die chemischen Abläufe vieler biologischer Prozesse wichtig. Es ist ein Zwischenprodukt im Abbau von Proteinen, Kohlehydraten und Fetten. Sie ist auch in großen Mengen in Gurken enthalten.

Mithilfe von Milchsprays kann der Mosaikvirus effektiv bekämpft werden (Conacher, 1991). Conacher empfiehlt, Milch im Verhältnis 1:9 mit Wasser zu verdünnen und wiederholt mit zehn tägigem Abstand anzuwenden.

Zur Behandlung von Mehltau wird Milch im Verhältnis 1:2 mit Wasser verdünnt. Um eine Fläche von $20m^2$ zu behandeln, benötigt man einen halben Liter Milch in einem Liter Wasser. Auf einer Fläche von $10000m^2$ (1ha) würde man 250 Liter Milch benötigen, was allein schon aus Kostengründen nicht in Frage käme. Mit potenzierter Milchsäure *(Lac-ac.)* kann man die gleichen Ergebnisse für einen Bruchteil der Kosten erzielen.

Anwendung in der Praxis

Mosaikvirus und Mehltau.

Arzneimittelbeziehungen

Vergleiche: *Sal-ac.*

Ergänzend: *Acet-ac., Ox-ac.*

Die Behandlung der Nachtschattengewächse *(Solanaceaea)*

Ocymum spp. minimum/basilicum

Basilikum. Familie: Lippenblütengewächse *(Labiatae/Lamiaceae)*. Tinktur der ganzen Pflanze.

Allgemeines (s. auch Kapitel 9)

Aufgrund seiner besonderen Affinität zu Tomaten kann *Oci-b.* als Konstitutionsmittel dieser Pflanze bezeichnet werden. Dieses Phänomen kann man bei gut verträglichen Pflanzen häufig beobachten und öffnet uns die Türen zu neuen Erkenntnissen über die Beziehung der verschiedenen Mittel untereinander, auch im Hinblick auf die Humanmedizin. Auf diesem Wege könnten sich uns durch weitere Studien Mittel erschließen, die bislang wenig Beachtung finden.

Basilikum verbessert den Geschmack der geernteten Tomaten.

Anwendung in der Praxis

Alle Krankheiten und Schädlinge auf Tomaten. Anthracnose, Bakterienbrand, Helicoverpapunctigera (Abb. 96), Tomatenrostmilbe (Aculopslycopersici), Fusariumwelke, Tospoviren, Tabakmosaikvirus, Blütenendfäule.

Abb. 96 Heliothis virescens, Larve

Die Behandlung der Hülsenfrüchte (Leguminosae/Poaceae)

A. Aconitum napellus

Aconitum napellus. Blauer Eisenhut. Familie: Hahnenfußgewächse (Ranunculaceae). Tinktur der ganzen Pflanze.

Allgemeines

Die Verwendung von *Aconitum* zur Behandlung von Rostkrankheiten wird in dem Kapitel „Die Behandlung der Süßgräser“ ausführlich beschrieben. An dieser Stelle möchten wir die für dieses Mittel typischen Symptome nur kurz zusammenfassen: plötzliches Auftreten der Symptome, heftige Verschlimmerung, Verletzungen und Schäden aufgrund mechanischer Einflüsse, Durst. Großes und plötzliches Abfallen der Kräfte als Folge von Hitze oder Kälte.

Anwendung in der Praxis

Weizengelbrost (Puccinia striata), Braunrost (Puccinia recondita), Rostkrankheiten besonders auf Rote Bete, Bohnen, Ringelblumen, Iris, Pappel, Rosen, Löwenmäulchen, Bananen. Thysanoptera auf Bohnen. Rostmilbe (Calepitrimerus vitis), Akute Stauungssymptome der Kapillaren. Rostkrankheiten mit plötzlichem Auftreten der Symptome (Abb. 97). Verschlimmerung in kalten, trockenen Nächten, durch Verletzungen, Schäden durch mechanische Einwirkungen. Gelbverzwergungsvirus der Gerste.

Erscheinungsbild

Rostflecken mit hellroter Färbung und gelben Rändern. Ausgeprägte, rote, geschwollene und glänzende Punkte. Plötzliches Welken.

Abb. 97 Rost, Puccinia hordei, Anzeichen

Blüten und Früchte

Die Blüten sind trocken, heiß und produzieren zuviel Blütenstaub. Der Fruchtansatz ist langsam.

Wasserbedarf

Erhöht, aber Gießen verschlimmert.

Arzneimittelbeziehungen

Vergleiche: Ammoniumverbindungen, *Bell.*

Antidot: *Bell.*

B. Chamomilla

Echte Kamille. Matricaria chamomilla. Familie: Korbblütengewächse *(Asteraceae/Compositae)*. Tinktur der ganzen Pflanze.

Allgemeines

Die Pflanze wächst bevorzugt auf steinigen Böden an Wegrändern und auf brachen Flächen.

Hahnemann schreibt:

> *„Eine schmerzlich erhöhte Empfindlichkeit, gefolgt von einer beachtlichen Schwächung der Lebenskraft. Es erhöht die allgemeine Empfindlichkeit der Pflanze, eine Eigenschaft, die als Nebeneffekt bestimmte organische Veränderungen verursacht, wie sie auch Cham. hervorbringen kann.“*
>
> (Hahnemann)

Cham. hat viel mit *Calc.* gemeinsam, da es für akute Zustände eingesetzt werden kann, denen eine *Calc.* - Problematik zugrunde liegt, d. h. bei denen ein Kalziumüberschuss oder Kalziummangel im Boden zum Symptombild beiträgt. In allen Fällen spielt das Karbonat eine wichtige Rolle. *Cham.* hat eine enge Beziehung zu allen Karbonaten, einschließlich Kohlenstoff selbst. Es hat ein weites Wirkspektrum, wird aber selten als Konstitutionsmittel eingesetzt. Eine homöopathische Beratung im Garten oder auf dem Feld beinhaltet immer auch die Ausarbeitung eines Plans zur Umstrukturierung der Anbaumethoden – im Garten oder auf dem Bauernhof sollte es immer so natürlich wie möglich aussehen, damit sogar die Natur ein bisschen an der Nase herumgeführt werden kann.

Ein Landwirt sollte unbedingt auf NPK-Dünger verzichten und auf *Cham.* umsteigen, um eine gesunde Kompostierung und damit das biologische Gleichgewicht zu fördern. Ein gesunder Boden mit seiner mikrobiologischen Vielfalt trägt viel dazu bei, die Schädlinge auf unseren Kulturpflanzen zu reduzieren. Wir empfehlen vorsichtig zu sprühen und die Unkräuter an den Feld- und Beeträndern immer stehen zu lassen. Dies dient den Schädlingen als Nahrung und den nützlichen Insekten als Lebensraum. Wenn man diesen Nützlingen aber die Nahrungsquelle entzieht, können sie nicht überleben.

Pilzkulturen sollte man unbedingt genügend Nahrung zur Verfügung stellen, weil sie sonst die lebenden Pflanzen angreifen. Ein Großteil der Pilze im Garten hat die Aufgabe, Abfälle zu kompostieren und in Nährstoffe für die Pflanzen umzuwandeln. Eine dicke Schicht Stroh oder Kompost unterstützt sie dabei, diese Aufgabe zu erfüllen.

Überprüfen Sie den Kohlenstoffgehalt des Bodens, möglichst auch auf Kohlenstoffverbindungen (siehe auch Kapitel 12 unter *Carbo vegetabilis*).

Anwendung in der Praxis

Umfallkrankheit. Kompostierung. Wachstumsfördernd. Enthält ein Hormon, welches die Hefebildung anregt. Welken, Schwade. Gelber und roter Rost.

Erscheinungsbild

Chamomilla ist vor allem bei überdüngten Pflanzen indiziert. Es besteht eine ausgeprägte Schwäche. Die Pflanze ist heiß und durstig. Die Wurzeln können schimmeln.

Umfallkrankheit

Diese Art der Schwäche ist typisch für einen *Chamomilla*-Zustand. Die Ursache ist häufig eine Überdüngung mit Stickstoff während der Keimungsphase, was zum Kollaps oder Umfallen der Sämlinge führt. Pflanzen, die schon früh mit *Chamomilla* behandelt werden, sind widerstandsfähiger gegen eine Reihe von Krankheiten.

Die Wurzeln sehen rötlich aus, sind an der Wurzelspitze trocken oder sind mit Schaum bedeckt. Die Pflanze hat einen großen Wasserbedarf. Die Wurzeln haben einen faulen Geruch. Manchmal tritt ein dicker, gelber Schimmel auf oder Blasen, die aufbrechen. Die Pflanze sieht aus als ob sie Nährstoffe brauche, der Zustand ändert sich durch Düngung nicht. Die Pflanze welkt und hat großen Durst. Die Atmung ist beeinträchtigt, die Abgabe von Sauerstoff langsam. Es kommt allgemein zu Atmungsbeschwerden. Die Fotosynthese ist beeinträchtigt, der Protein- und Stärkegehalt niedrig. Die Bindung von Kohlenstoff ist ebenfalls beeinträchtigt (*Calc-c., Mag-c., Kali-c., Amm-c.*). Die Chlorophyllzellen ziehen sich zusammen.

Nährstoffgehalt

Der Nährstoffgehalt ist niedrig, Nährstoffe sind im Boden ‚eingeschlossen' und werden nicht assimiliert. Der Brennwert ist wegen des niedrigen Protein- und Stärkegehaltes reduziert. *Chamomilla* macht das Kalken des Bodens zum großen Teil überflüssig.

Blüten und Früchte

Die Blüte ist beeinträchtigt, möglicherweise sind die Fruchtknoten unterentwickelt oder es werden nicht genug produziert.

Die Staubgefäße sind geschwollen, die weiblichen Blüten funktionieren nicht richtig. Deformierte Früchte, die überreif sind und am Baum verfaulen.

Wasserbedarf

Hoch.

Arzneimittelbeziehungen

Vergleiche: *Calc.*

Die Behandlung der Rosen *(Rosaceae)*

A. Lapis albus

Kalksilikat. $CaSiF_6$. *Lapis albus* ist nach Grauvogl benannt, der das Mineral in der Gasteiner Gegend entdeckte. In den Gasteiner Bergen in der Nähe von Aachen fließt Wasser über den Gneiss ins Tal. Die Gegend ist für ein gehäuftes Auftreten von Kretinismus und andere Schilddrüsenerkrankungen bekannt. Verreibung.

Allgemeines

Das Leitsymptom für *Lapis* ist das Schadbild der Fäule und der Fortpflanzungsorgane. Die Pflanzen entwickeln in der Regel keine Blüten. Wenn es die Pflanze doch bis dahin schafft, dann sind diese verkümmert, geschrumpft oder in irgendeiner Weise verformt. Jeder Boden, auf dem kranke Pflanzen wachsen, sollte ein Jahr lang brach liegen und in dieser

Zeit mit Kompost und kompostierbarem Material angereichert werden.

Alle Arten von Fäule, Baumkrebs ohne Geschwürbildung, gefleckte und faule Blätter. Narbenbildung auf der Rinde, blasses Aussehen.

Anwendung in der Praxis

Baumkrebs. Narbenbildung auf Rinden, Geschwüre auf den Wurzeln, Kartoffelfäule. Wurzelhals- und Stängelfäule der Kartoffel, Schwarze Wurzelfäule, Rettichschwärze (Aphanomycesraphani), Pseudomonasbefall, Schwarzfäule der Rosen, Blütenendfäule der Erdbeeren, Phomafäule (Phoma exigua) der Kartoffel. Fäule und Verrotten bei allen Pflanzen. Einige Varianten des Mosaikvirus. Die Fäule ist immer eine Trockenfäule.

Erscheinungsbild

Da sich alle Varianten der Trockenfäule sehr ähnlich sind, werden hier nur drei Beispiele beschrieben. Die Symptome sind auf allen Pflanzenteilen gleich, egal, ob es sich um Wurzeln, Stängel, Blätter, Blüten oder Früchte handelt.

Bitterfäule *(Glomerella cingulata)*
Die Symptome dieser Krankheit entwickeln sich spät, erst zu Beginn der Reife. Auf der Schale breiten sich innerhalb von zwei bis drei Tagen kleine braune Stellen aus. Meist bedecken sie bis zu einem Drittel der Frucht. Bei schwüler Witterung bilden sich Massen von pinkfarbenen Sporen, die konzentrisch angeordnet sind.

Die Schale sinkt immer tiefer ins Fruchtfleisch ein, bis sie völlig ausgetrocknet und komplett mumifiziert ist. Der Pilz überwintert anschließend in seinem selbstgemachten Kokon. Unter bestimmten Bedingungen (Temperatur unter 20° C und ausreichend Regen), kollabiert dieser Kokon und die Sporen werden vom Wind auf den Baum zurück getragen.

Die Sorten Willy Sharp, Gravensteiner und Granny Smith werden bevorzugt befallen, alle anderen Sorten aber auch.

Indikationen für Lapis albus bei weiteren Pflanzenfamilien:

<u>Rettichschwärze *(Aphanomyces raphani)*</u>

Dieser Pilz verursacht unregelmäßige schwarze Flecken auf den Wurzeln, die auch einsinken können. In manchen Fällen bricht die Wurzel auf, das Gewebe bleibt jedoch fest. Eine warme feuchte Witterung begünstigt einen Befall. Der Erreger kann mehrere Jahre überdauern und wird durch Regenspritzer und fließendes Wasser übertagen.

Spitze Rettiche werden häufiger befallen als runde Sorten.

<u>Blütenendfäule der Tomaten</u>

Die Symptome treten nur an der Blütenseite der Früchte auf. Die Stelle färbt sich braun, wird hart und sinkt ein. In manchen Fällen, z.B. bei Auberginen, fault die Frucht innen und auf der Schale ist lediglich ein dunkelbrauner Schatten zu erkennen. Die Fäule tritt meistens zur Mitte des Reifeprozesses auf.

Das Schadbild entsteht durch einen Kalziummangel, die Frucht kann nicht ausreifen. Der Kalziumgehalt des Bodens kann entweder zu hoch oder zu niedrig sein. Weitere Ursachen sind: der Boden ist zu sauer, es wird mit NPK-Dünger überdüngt, die Wasserzufuhr ist nicht konstant, oder der Blätterwuchs während der Fruchtreife ist zu stark (das Kalzium wird in die Blätter geleitet). Wo genügend Kalzium vorhanden ist, kann *Lapis* das gesunde Gleichgewicht wieder herstellen. Der pH-Wert des Bodens ist in der Regel nicht für den Gesundheitszustand einer Pflanze ausschlaggebend. Der pH-Wert des Bodens auf biodynamisch bewirtschafteten Höfen liegt in der Regel bei ca. 3.5. *Lapis* (enthält Kalksilikat) hält den Fäulnisprozess auf und gleicht die Kalzium aufnahme aus.

Befallene Tomaten sollte man gleich bei den ersten Anzeichen mit *Lapis D6* sprühen, damit sich die Infektion nicht ausbreitet.

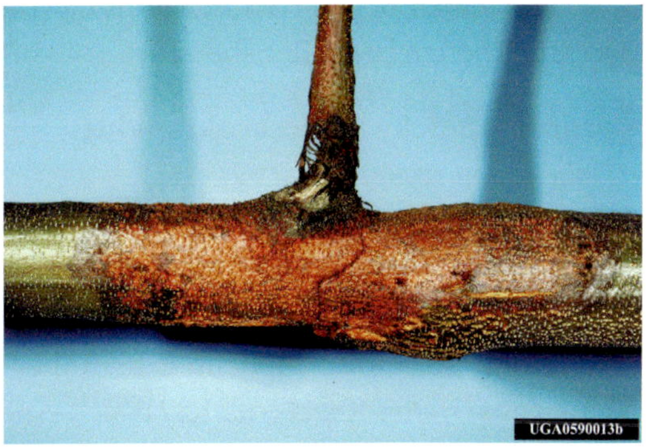

Abb. 98 Baumkrebs der Kastanie, Cryphonectria parasitica, Symptome

Baumkrebs

Lapis ist bei Trockenfäule und Baumkrebs besonders häufig indiziert (Abb. 98).

Wie alle Kalziumverbindungen sollte man auch *Lapis* mit großer Sorgfalt anwenden. Man kann nicht genug betonen, dass auch kleinste Mengen auf Pflanzen eine sehr große Wirkung haben. Das trifft besonders auf die Schüßlersalze zu, die zu den Grundbausteinen der pflanzlichen Physiologie gehören.

Arzneimittelbeziehungen

Vergleiche: *Amm-c., Calc-c., Cham., Kali-c., Mag-c., Nat-c.*

Wird antidotiert von: den Ammoniumverbindungen, *Nit-ac., Sulph.*

Ergänzend: *Sil., Nat-sil-f.*

Antidotiert: *Ferr., Magnesiumverbindungen, Mang., Zinc.*

Unverträglich: *Magnesiumverbindungen, Phos.*

B. Belladonna

Tollkirsche. *Atropa belladonna*. Familie: Nachtschattengewächse *(Solanaceae)*. Tinktur der ganzen Pflanze zu Beginn der Blüte.

Allgemeines

Das Arzneimittelbild von Belladonna wird in dem Kapitel „Die Behandlung der Süßgräser (Gramineae) ausführlich beschrieben. An dieser Stelle werden wir uns auf die Verwendung des Mittels zur Behandlung verschiedener Rostkrankheiten beschränken.

Anwendung in der Praxis

Rostkrankheiten der Nelken (*Dianthus*), Fuchsien (*Fuchsia*), Pfirsichs (*Prunus persicus*), Iris (*Iris*) und Himbeeren (*Rubus idaeus*). Rost mit orangefarbenen Rändern, dunkler als bei Aconitum. Verschlimmerung bei kalter, nasser Witterung (kalt, trocken: *Aconitum*). Gelbverzwergungsvirus, weiße verfärbte Blütenblätter, die restliche Pflanze hat eine gesunde Färbung. Schwarzbeinigkeit, Anthracnose. Thysanoptera auf Bananen.

Abb. 99 Diplocarpon rosae auf Rosen

Abb. 100 Schorf der Pekannuss, Cladosporium scaryigenum

Erscheinungsbild

Symptome erscheinen plötzlich; viele Pflanzen werden innerhalb kürzester Zeit befallen. Die Pflanzen sind durstig und schlaff. Die Blätter hängen herab und lassen die Pflanze welk aussehen. Der Rost selbst ist dunkelrot oder hat hochrote Ränder; er breitet sich sehr schnell von den Blättern auf den Stängel und auf benachbarte Pflanzen aus.

Rostkrankheiten der Rosen

Zur Behandlung von Rostkrankheiten stehen uns verschiedene Strategien zur Verfügung, die am besten in Kombination angewendet werden sollten. Bei Rostkrankheiten mit zwei Wirten empfiehlt es sich den Wechselwirt, soweit er für die Pflanze relativ unattraktiv ist, zu entfernen.

Im Garten kann man die Ausbreitung dieser Krankheit verhindern, indem man infizierte Beetpflanzen und andere einjährige Pflanzen entfernt. Unter Umständen können auch resistente Sorten gepflanzt werden. *Belladonna* und *Aconitum* haben sich bei der Behandlung von Rostkrankheiten besonders bewährt.

Sternrußtau/Schwarzfleckenkrankheit

(Diplocarpon rosae) (Abb. 99)

Die Schwarzfleckenkrankheit der Rosen wird von dem Pilz *Diplocarpon rosae* verursacht. Die Krankheit breitet sich vor allen bei mäßigen Temperaturen und feuchten Blattoberflächen aus. In der Regel entwickelt sich eine Chlorose mit runden, klar umrissenen Punkten auf den Blättern. Ähnlich dem Mehltau überdauert der Erreger auf den Stängeln und abgefallenem Laub. Unter günstigen Bedingungen keimt der Pilz und wird entweder aerogen oder durch Regenspritzer auf geeignete Wirtspflanzen übertragen. Zur Bekämpfung des Sternrußtaus ist eine gute Gartenhygiene unerlässlich. Befallene Zweige sollten herausgeschnitten werden und zusammen mit den infizierten Blättern entsorgt werden. Pflanzen Sie resistente Sorten, falls die Krankheit in Ihrer Gegend verbreitet ist.

Schwarzer Rußtau (*Cladosporium* u. a.) (Abb. 100)
Als Schwarzen Rußtau bezeichnet man den dunklen rußigen Pilzbelag, der viele Bäume und Sträucher befällt. Es gibt verschiedene Pilze, die diese Krankheit verursachen. Sie sind im Allgemeinen nicht parasitär, sondern ernähren sich vom Honigtau verschiedener Insekten (Blattläuse, Schildläuse und Wollläuse). Rußtau breitet sich bei warmer, schwüler Witterung aus. Den Pilz erkennt man auf Blättern, Stängel und Früchten als oberflächlichen, schwarzen Belag. Dieser Belag dringt nicht in das Gewebe der Pflanze ein und kann mit einem feuchten Tuch entfernt werden. Obwohl der Pilz keine direkten Schäden verursacht, ist ein Befall für die Pflanzen nicht ganz unproblematisch. Wenn der Pilzbelag zu dicht wird, bekommt die Pflanze nicht mehr genügend Licht, sie kann nicht mehr ausreichend Kohlehydrate herstellen, wird geschwächt und verkümmert. Um den Pilz effektiv zu bekämpfen, sollte man in erster Linie einen Insektenbefall vermeiden oder bereits befallene Pflanzen mit *Belladonna* behandeln.

Wie *Aconitum* wirkt *Belladonna* sehr schnell und ist bei Symptomen indiziert, die sich rapide entwickeln. Hitze, Rötung und Brennen. Das Rot von *Belladonna* ist dunkler als das von *Acon.* Rote Stellen mit orangefarbenen Rändern (*Acon.*: rot mit gelb). Violettes Rot, orange getöntes Gelb. Die roten Teile einer Pflanze (z.B. Blumen oder Früchte) sehen blass aus. Gegen die dunklen Rostkrankheiten wird *Bell.* mit ausgezeichneten Erfolgen eingesetzt.

Weitere Zierpflanzen, die anfällig für Rostkrankheiten sind:

<u>Nadelrost auf Fuchsien (Pucciniastrum epilobii)</u>

Verursacht violett-rote Flecken auf der Blattoberfläche. Die Flecken sterben anschließend ab, werden trocken und brüchig, mit violetten Sporen an den Rändern und auf der Blattunterseite. Die Sporen können gelb bis orangerot und violett gefärbt sein.

<u>Rostkrankheiten der Iris (Puccinia iridis)</u>

Dieser Rost verursacht typische, rostrote, pulvrige Flecken auf beiden Seiten des Blattes. Um diese Stellen herum entsteht eine chlorotische Färbung, die sich über das ganze Blatt ausbreiten kann. Obwohl die Pflanze häufig wegen des Rosts ihre Blätter abwirft, überlebt sie meistens. Der Rost wird durch Wind übertragen und ist schlimmer bei warmer, schwüler Witterung. Alle Irissorten werden befallen, die Sorten, die Rhizome bilden, aber am häufigsten.

Echter Mehltau auf Rosen (Sphaerotheca pannosa)
Der Erreger des Echten Mehltaus auf Rosen, Sphaerotheca pannosa, ist weltweit verbreitet. Der Pilz greift vorwiegend junge saftige Triebe an. Die Symptome beginnen als leicht angeraute, blasenartige, rote Stellen auf den Blättern. Mit der Zeit wächst auf allen oberirdischen Teilen der Pflanze ein weißer pulvriger Pilzbelag.

S. pannosa überwintert auf Stängeln und abgefallenen Blättern. Im Frühjahr werden dann die frischen Triebe durch die Konidien (asexuellen Sporen) oder Ascosporen (sexuelle

Sporen) des Myzels infiziert. Diese Sporen werden aerogen auf geeignete Wirtspflanzen übertragen, keimen dort und dringen direkt in die Pflanze ein. Die Krankheit bevorzugt Nachttemperaturen zwischen 14.5- 16.5 °C und Tagestemperaturen zwischen 18.5-25.5 °C. Die Sporen können nicht direkt im Wasser keimen, vermehren sich aber wenn die Luftfeuchtigkeit im Blattwerk relativ hoch ist (97-99% bei Nacht und 40-70% am Tag).

Eine gute Gartenpflege ist zur Bekämpfung des Erregers unerlässlich. Entfernen Sie alle befallenen Zweige und Blätter. Diese sollten fachgerecht entsorgt werden. Bei einem starken Befall empfiehlt es sich, widerstandsfähige Sorten zu pflanzen.

Zierpflanzen, die gerne von Echtem Mehltau befallen werden:

Spindelsträucher (Euonymus), Glanzmispeln (Photinia), Flieder (Syringa), Pekan-Nuss (Carya), Verbene (Verbena), Rose von Indien (Lagerstroemia), Sonnenblume (Helianthus), Trompetenbäume (Catalpa), Zwergmispeln (Cotoneaster), Stechpalme (Ilex), Robinie (Robina), Mesquite (Prosopis), Maulbeere (Morus), Buxbaum (Cylindrocladium), Apfel (Malus), Birne (Pyrus), Flammenblumen (Phlox), Zinnien (Zinnia) und die meisten Steinobstsorten. Es gibt mehrere Steinobstsorten, die gut auf dieses Mittel ansprechen und es ist das erste Mittel an das man bei einer Rosterkrankung denken sollte. Dazu gehören Pfirsich, Pflaumen, Nektarinen und Apfel.

Blüten und Früchte

Die Blüten produzieren nicht genug Blütenstaub (*Acon.*: zu viel). Die Früchte sind klein und fallen in der Regel vorzeitig ab. Der Rost verursacht ein Abwerfen der Blätter. Scharlachroter Rost auf den Blättern, Stängel und Blüten. Rote Punkte auf den Früchten.

Arzneimittelbeziehungen

Vergleiche: *Acon., Am.*

Abb. 101 Fusariose, Gibberella zeae

Abb. 102 Ringfleckenkrankheit, Xanthomonas vesicatoria, Symptome

C. Natrium salicylicum

Natriumsalizylat. $NaC_7H_5O_3$. Verreibung/ Lösung.

Allgemeines

Der Natriumanteil bezieht sich auf ein Ungleichgewicht im Salzhaushalt einer Pflanze. Alle Salze einer Pflanze werden von diesem Mittel beeinflusst. Pflanzen mit einem Kalksalzmangel können nicht aufrecht stehen. Der Saft dieser Pflanzen hat eine veränderte Konsistenz, es sieht aus und fühlt sich an, als zersetze er sich. Es kommt zur Kongestion der Kapillaren, die Nährstoffaufnahme ist unausgewogen. Die Pflanzen werden krank und sterben ab.

Anwendung in der Praxis

Tabakmosaikvirus, Grünfäule (*Penicillium expansum*), Anthracnose, Falscher Mehltau, Eckige Blattfleckenkrankheit (*Xanthomonas* spp.), Kartoffelvirus Y, Alfalfa Mosaikvirus, Gelbverzwergungsvirus, Septoria Blattfleckenkrankheit, Weizenblattdürre (Phyrenophora triticirepens), Ringfleckenvirus, *Rhyncosporium* Blattfleckenkrankheit. *Fusarium* spp. (Abb. 101, 102).

Arzneimittelbeziehungen

Vergleiche: *Sil., Ferr-p., Phos., Calc-f., Sal-ac.*

Unverträglich: *Kali.*

Wird antidotiert von: *Phos.*

D. Salicylicum acidum

Salizylsäure. $C_6H_4(OH)COOH$. Wird künstlich aus Phenol hergestellt.

Allgemeines

Natürliche Salizylsäure findet man in der Rinde und den Blättern des Weidebaums und in dem ätherischen Öl der Wintergrünpflanze. Synthetisch wird sie aus Karbolsäure gewonnen. Aktuelle Forschungen haben gezeigt, dass Aspirin den Genesungsprozess bei kranken Pflanzen beschleunigt. Auch als Konservierungsmittel findet sie breite Anwendung. Zu den Nebenwirkungen bei langfristigem

Gebrauch beim Menschen gehören Morbus Menière (eine Erkrankung des Innenohrs mit Schwindel), Verdauungsbeschwerden, Delirium, Septikämie und Nekrose des Schienbeins. Obgleich diese Symptome beim Menschen beobachtet wurden, geben sie uns wertvolle Hinweise für die Verwendung von Salizylsäure an Pflanzen: Die Wurzeln können mit weißen oder roten Flecken bedeckt sein. Viele blasse oder braune Pusteln auf den Blättern. Die Vermutung liegt nahe, dass *Sal-ac.* eine positive Wirkung zeigt bei Septoria Blattfleckenkrankheit, Weizenblattdürre (Phyrenophora triticirepens), Ringfleckenvirus, Halmbruchkrankheit, Rhynchosporium-Blattfleckenkrankheit und allen anderen Blattfleckenerkrankungen und Mosaikviren unabhängig von der Pflanzenspezies.

Versuche mit Hydrokulturen werden seit 1992 von Malany, Klessig, Pierpoint und Vernooy et al. durchgeführt. Bei den angebauten Kulturen konnte lediglich eine durch ‚Impfung' erzeugte Resistenz festgestellt werden, keine Heilung im eigentlichen Sinne. Dennoch lassen sich Schlussfolgerungen auf eine Anwendung mit homöopathischen Potenzen ziehen. Das homöopathische *Sal-ac.* unterscheidet sich deutlich von der Ausgangsdroge, die in den Versuchen eingesetzt wurde. Weitere Versuche werden notwendig sein, wir können aber davon ausgehen, dass das homöopathische Mittel weniger aggressiv sein wird, dafür aber über längere Zeiträume hinweg geprüft werden muss, um aussagekräftige Resultate zu bringen. Pflanzen haben ein eigenes, individuelles Immunsystem. Bei Pflanzen wirkt *Sal-ac.* auch auf andere physiologische Vorgänge. Man konnte feststellen, dass sich bei Pflanzen, die mit *Sal-ac.* gespritzt werden, die Blüten schneller entwickeln, üppiger blühen, sowie die Bildung von Adventivwurzeln und -knospen gefördert wird. *Sal-ac.* verbessert die Aufnahme von Kalium und hemmt die Keimfähigkeit von Salatsamen.

Salizylsäure spielt im Immunsystem der Pflanzen eine wichtige Rolle. Ohne Salizylsäure kann sich eine Pflanze nicht gegen Krankheiten oder Schädlinge wehren. Dringt ein Krankheitserreger in eine Pflanze ein, löst das eine Reihe von Reaktionen im benachbarten Gewebe aus. Die betroffenen Zellen sterben

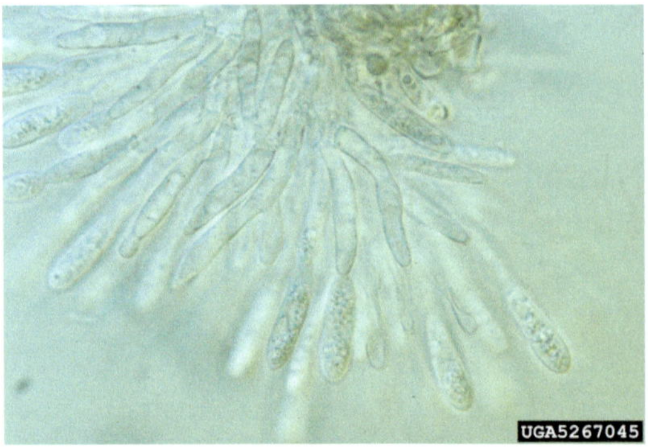

Abb. 103 Anthraknose, Colletotrichum spp., Asexuelle Spore

Abb. 104 Asexuelle Anthraknose, Colletotrichum spp., Symptome

schnell ab, um eine Ausbreitung des Erregers zu verhindern. Die Zellen der gesunden Zellen dagegen bilden Substanzen, die die Zellwände stärken und gegen die Pathogene aktiv werden. Dadurch werden die gesunden, nicht betroffenen Pflanzenteile in ihrer Widerstandsfähigkeit gegen alle Krankheiterreger gestärkt.

Diese Form der Widerstandsfähigkeit wird in Fachkreisen SAR (Systemic Acquired Resistance) genannt. Man weiß schon seit Anfang des letzten Jahrhunderts, dass diese Mechanismen existieren, aber die einzelnen Prozesse sind noch nicht ausreichend erforscht. Man vermutet, dass es eine Art Botenstoff gibt, der diese Reaktion in den gesunden Zellen auslöst. Es gibt Hinweise, dass Salizylsäure an diesen Vorgängen beteiligt sein könnte.

Dabei ist die Salizylsäure nicht der eigentlich Botenstoff, sondern eher am Prozess der Übertragung beteiligt. So wie in der Humanmedizin, gibt es nun auch eine Lobby, die sich für das „Impfen" von Pflanzen einsetzt. Wir warnen allerdings davor etwas vorneweg zu nehmen, wofür es keinen Bedarf gibt. In infiziertem Blattgewebe sammelt sich an der Infektionsstelle Salizylsäure. Ist die Salizylsäure nicht vorhanden, funktioniert auch die SAR nicht. Wenn aber zusätzlich *Sal-ac.* verabreicht wird, steigert sich die Widerstandsfähigkeit der Pflanze. Die Forschung hat sich vorwiegend mit dem Tabakmosaikvirus beschäftigt und es wurden bislang nur wenige Krankheiten auf einer begrenzten Anzahl von Pflanzenspezies untersucht. Weitere Versuche sind mit Sicherheit sinnvoll, diese sollten aber mit potenziertem *Nat-sal.* und *Sal-ac.* durchgeführt werden. Die beiden Mittel werden in den entsprechenden Kapiteln ausführlicher beschrieben.

Anwendung in der Praxis

Kartoffelvirus. Tabakmosaikvirus. Mosaikvirus. Grünfäule *(Penicillium expansum)* (Abb. 103, 104). Anthracnose. Falscher Mehltau. Eckige Blattfleckenkrankheit (Xanthomonas spp.). Pseudomonas-Befall.

Erscheinungsbild

Es gibt verschiedene Viren, die ein Mosaikschadbild auf Kartoffeln und anderen Pflanzen verursachen. Diese sind als Virus X, A und Y bekannt. Das Schadbild reicht von einer Grün- und Gelbfleckung der Blätter bis zu gelben Punkten oder dem Kräuseln der Blätter In manchen Fällen sind die Blattadern schwarz

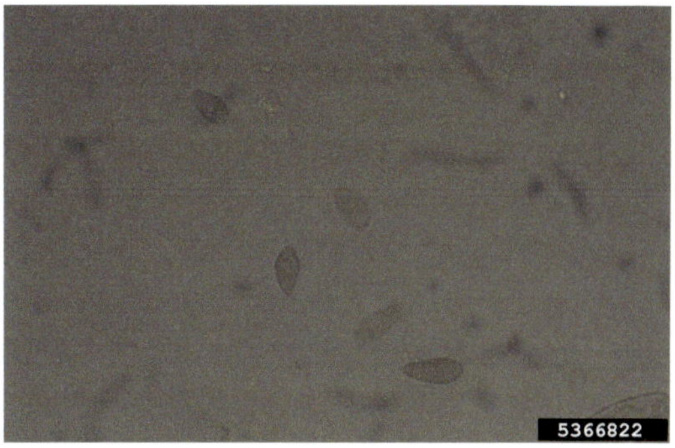

Abb. 105 Apfelschorf; Venturia inaequalis, Asexuelle Spore

Abb. 106 Apfelschorf

verfärbt und die Pflanzen sterben ab. Die Mosaikviren werden in dem Kapitel „Krankheiten auf Gemüse" ausführlicher beschrieben.

Arzneimittelbeziehungen

Vergleiche: *Nat-sal., Lac-ac.*

E. Allium cepa

Gemeine Zwiebel. Familie: Liliengewächse (Liliaceae). Tinktur der frischen Zwiebel oder der ganzen, frischen Pflanze. Erntezeit Juli bis August.

Allgemeines

Allium heilt Entzündungen und vermehrte Absonderungen wie z.B. bei Apfelschorf und falschem und echtem Mehltau. Durch Verletzungen entstandene Wunden heilen nicht. Beeinträchtigt das Wachstum von Bohnen und Erbsen, was durch Versuche mit dem potenzierten Mittel bestätigt wurde.

Die Wurzeln der kranken Pflanze riechen schlecht. Die Pflanze hat großen Durst und hat ein großes Verlangen nach Nährstoffen und Düngern. Die Verdunstung ist erhöht oder findet gar nicht statt. Die Fotosynthese ist beeinträchtigt, die Atmung verlangsamt (es empfiehlt sich, nachts die Sauerstoffwerte zu messen), was zu Mehltau führen kann. Brandstellen.

Anwendung in der Praxis

Brand, Apfelschorf (Abb. 105, 106). Falscher und Echter Mehltau auf Stachelbeeren und

Abb. 107 Kraut- und Braunfäule der Kartoffel, Phytophthora infestans, Symptome

Gurken. Atmungsbeschwerden. Nährstoffe werden nicht aufgenommen. Nachbarschaftspflanze für Möhren und Rosen, Kraut- und Knollenfäule (Phytophthora infestans) auf Kartoffeln (Abb. 107) und Tomaten. Braunfäule auf Steinobst.

Erscheinungsbild

Die Blätter sind schlaff, mit Mehltau bedeckt, auch die Früchte können befallen sein.

Wasserbedarf

Hoch.

Vorsicht!

Allium cepa darf nicht bei Pflanzen angewendet werden, die sich nicht mit Zwiebeln vertragen, wie z.B. Bohnen und Erbsen! Es sollte nur zur Behandlung von verträglichen Nachbarpflanzen eingesetzt werden, da noch viel zu wenig über mögliche Wechselwirkungen mit anderen Pflanzen bekannt ist.

Die Behandlung der Weinrebengewächse (Vitaceae)

A. Hyssopus

Ysop. *Hyssopus officinalis.* Familie: Lippenblütler *(Labiatae/Lamiaceae)*. Tinktur der ganzen Pflanze.

Allgemeines

Hyssopus wird in Kapitel 9 ausführlich beschrieben. Das Mittel ist für den Weinbau von besonderer Bedeutung, da es für bakterielle Erkrankungen sowohl als Nachbarschaftspflanze als auch in Form einer Abkochung eingesetzt werden kann.

Anwendung in der Praxis

Durch Bakterien verursachte Fäule, Brandkrankheiten. Probleme der Atemwege. Für den Weinbau besonders gut geeignet. (Abb. 108)

Abb. 108 Schwarzfäule, Guignardia bidwelii, Symptome

B. Valeriana

Baldrian. *Valeriana officinalis.* Familie: Baldriangewächse *(Valerianaceae)*. Tinktur der frischen Pflanze.

Allgemein

Baldrian wächst vorwiegend in Gräben und in der Nähe von Bächen und wird daher bei Staunässe eingesetzt. Im Gegensatz zu *Sambucus*, wo sich die Nässe in den Blättern staut, ist bei diesem Mittel der Boden betroffen. *Baldrian* wird daher für Beschwerden eingesetzt, die auf Staunässe im Boden zurück zu führen sind. Die Pflanze strömt einen unangenehmen Geruch aus, der Insekten von Tieren, Menschen und Pflanzen fernhält.

Auf den Wurzeln einer betroffenen Pflanze entstehen weißliche Blasen. Obwohl die Pflanze Nährstoffe aufnimmt, gedeiht sie nicht. Der Proteingehalt ist niedrig, die Fotosynthese ist beeinträchtigt. Die Aufnahme von CO2 ist wegen der verstopften Poren auf der Epidermis verringert. Erhöhte Verdunstung. Die Blüten kommen zu früh oder bleiben unterentwickelt. *Baldrian* regt die Wirkung von *Phosphor* an. Zieht Regenwürmer an. Kann allen Pflanzen gegeben werden.

Den Pflanzen geht es bei Wind besser. Auf den Blättern entstehen entweder zusammenlaufende, nicht einzeln auftretende, Rostflecken, ähnlich wie bei Bananen Thrips (Thysanoptera), oder Schimmelflecken, besonders die speckige Variante.

Anwendung in der Praxis

Schleimfäule, Schimmel allgemein.

Blüten und Früchte

Die Blüten kommen zu früh und bleiben in manchen Fällen unterentwickelt.

Wasserbedarf

Wegen der vermehrten Verdunstung sehr hoch.

Arzneimittelbeziehungen

Vergleiche: *Bombyx., Samb., Vib.*

Als Quelle für die im Buch veröffentlichten Informationen über Bakterien, Pilze und Viren danken wir den unterschiedlichsten Forschungseinrichtungen und Fakultäten, die ihre Forschungsergebnisse einer breiten Öffentlichkeit zugänglich machen. Besonders das College of Agricultural, Consumer and Environment Science at New Mexico State University stellt Gärtnern und Landwirten eine Fülle an Informationsmaterial zur Verfügung.

12. Verletzungen

Arnica montana

Arnika. Familie Korbblütengewächse (*Asteraceae/Compositae*). Tinktur der ganzen, frischen Pflanze.

A. Allgemeines

Die Pflanze ist in den Alpen und anderen Bergregionen heimisch.

Arnica ist das Erste-Hilfe-Mittel; für Schock in allen Formen und Varianten. Für Folgen des Umpflanzens und andere mechanische Verletzungen eignet sich *Arnica* wie kein anderes Mittel. (Abb. 109) Es sollte allerdings nicht auf offene Wunden aufgetragen werden, da es sonst Entzündungen und Eiterungen hervorrufen kann. *Arnica* wurde extensiv und mit guten Ergebnissen bei diesen Indikationen eingesetzt.

Arnica heilt auch Tumore und krebsartige Geschwüre auf Bäumen, vorausgesetzt sie sind durch Verletzungen, z. B. unsachgemäßen Baumschnitt, entstanden. Blutende Wunden als Folge von Baumschnitt. Wurzelschäden durch Umpflanzen, nach Hagel, wenn sich die beschädigten Blätter gelb oder rot färben, ähnlich wie die Blätter der Laubbäume im Herbst.

B. Anwendung in der Praxis

Nach dem Umsetzen oder Zurückschneiden. (Abb. 110) Auch nach Schäden, die durch Herbizide verursacht werden. Darf nicht auf offene Wunden aufgetragen werden. Pflanzen, die umgetopft und gleichzeitig zurückgeschnitten wurden, dürfen nicht mit *Arnica* behandelt werden, sondern brauchen *Calendula* (siehe auch *Calendula*).

C. Indikationen

Die Pflanzen verwelken nach dem Umpflanzen, weil die Wurzeln beschädigt wurden; dazu sollte man *Arnica* auf die Blätter sprühen.

Abb. 109 Schock durch Umtopfen/Verpflanzen

Abb. 110 Verletzung durch Rückschnitt

Nässende Wunden nach dem Pflanzenschnitt. In diesem Fall sollte die Pflanze mit *Arnica* gegossen werden. Fäule beim Pfropfen, Geschwüre auf alten Wunden, insbesondere auf großen Bäumen mit extrem großen Narben. Das Narbengewebe ist weich und schwammig, die darunter liegenden Fasern rotten. Die Schwellungen sind heiß, hart und glänzend; rote, bläuliche oder gelbe Flecken. Krankheiten oder Prellungen verursachen gelbe Flecken; Ausschläge mit kleinen, rauen Flecken, wie bei Gelbrost (Puccinia striiformis).

D. Wasserbedarf

Hoch, wenn die Pflanzen nach dem Umpflanzen welken. Ansonsten nur leicht erhöht.

E. Arzneimittelbeziehungen

Vergleiche: *Calen.*, *Ferr.*, *Carb-v.*

Calendula

Ringelblume. *Calendula officinalis*. Familie Korbblütengewächse (*Asteraceae/Compositae*). Tinktur der Blüten. Tinktur der ganzen Pflanze.

A. Allgemeines

Was *Arnica* für Schockeinwirkungen ist, ist *Calendula* für offene Wunden. Wo *Arnica* nicht weiter hilft oder der Pflanze sogar schadet, kann mit *Calendula* erfolgreich behandelt werden. Wie *Arnica* gehört die Pflanze zu den Korbblütlern. Rissige und offene Wunden, wie sie durch das Herausreißen oder Beschneiden von Wurzeln (Umpflanzen) entstehen. *Calendula* ist in diesen Fällen sehr hilfreich, was bereits durch Feldstudien bestätigt werden konnte.

Calendula wirkt antiseptisch und gibt verletzten Pflanzen ihre Lebenskraft zurück. Bei Verletzungen verhindert es das Eintreten von externen Krankheitserregern und die Entwicklung interner latenter Viren. Das trifft besonders auf Wunden zu, die von Nematoden verursacht werden. *Calendula* hat sich hier sehr bewährt.

Während *Arnica* das Gewebe reizt, hat *Calendula* eine beruhigende Wirkung. Es eignet sich für alle Fälle, in denen die Haut oder die Rinde beschädigt ist. Die Blüten der Ringelblume schließen sich bei schlechtem Wetter, d. h. es ist auch bei kranken Pflanzen indiziert, denen es bei bedecktem Wetter und in kalten Winternächten schlechter geht. Diese Bedingungen können schlecht heilende Schnittwunden und beschädigte Wurzeln hervorrufen.

Calendula enthält viel Stickstoff und Phosphorsäure, was vielleicht die großen Heilkräfte dieser Pflanze erklärt. Beide Substanzen können starke Vereiterungen hervorrufen, sie aber auch heilen. Stickstoff fördert bei Pflanzen die Gewebsbildung, während Phosphor den Stoffwechsel unterstützt, der bei Verletzungen angekurbelt werden muss. Wenn man Stecklinge nimmt, sollte man die Schnittstelle immer in eine *Calendula*- Lösung tauchen, um den Heilungsprozess und das Wurzelwachstum zu fördern. Der Mondkalender ist dabei für die Berechnung des besten Zeitpunkts enorm hilfreich. (s. *Nit-ac.* und *Phos.*)

Auch für die Schädlingsbekämpfung bringt *Calendula* einige hilfreiche Eigenschaften mit: Es vertreibt den Spargelkäfer und kann erfolgreich auf Rasenflächen eingesetzt werden. Auf künstlich angelegten Rasenflächen, z. B. Parkrasen, vertreibt es Nematoden. Auch *Tagetes patula* und *T. erecta* werden als natürliche Mittel gegen Nematoden sehr geschätzt. Wir haben durch die Anwendung dieser Mittel als biodynamische Präparate (Tees) genügend Informationen gesammelt, um sie auch homöopathisch einsetzen zu können.

B. Anwendung in der Praxis

Umpflanzen (Abb. 111), Schnittwunden, mechanische Schäden, z. B. Sturmschäden. Spargelkäfer, Nematoden.

Abb. 111 Schock durch Umtopfen/Verpflanzen

C. Indikationen

Leichtes bis starkes Welken der Pflanze nach dem Umpflanzen.

D. Wasserbedarf

Niedrig bis normal, besonders bei Stecklingen oder bei Schäden durch Stürme, andere mechanische Einwirkungen oder Schädlinge.

Bei Stecklingen heilt *Calendula* die Wunde und fördert das Wachstum der Wurzeln. *Calendula* ist eines der vier Mittel, die in jedem Erste-Hilfe-Kasten für Pflanzen dabei sein sollten, zusammen mit *Arnica*, *Carbo vegetabilis* und *Silicea*. Diese vier Mittel werden die meisten Probleme, die uns beim Umpflanzen von Pflanzen begegnen, erfolgreich beheben können.

E. Arzneimittelbeziehungen

Vergleiche: *Arnica*

Siehe auch: *Nit-ac.*, *Phos.*

Cantharis

Spanische Fliege. Ordnung Käfer (*Coleoptera*). Verreibung des lebenden Insekts. Tinktur des lebenden Insekts.

A. Allgemeines

Cantharis greift die Geschlechtsorgane einer Pflanze an, indem es Verbrennungen verursacht. Folglich können Pflanzen, die in heißem Wetter wie verbrannt aussehen, mit *Cantharis* behandelt werden. Dieses Mittel verursacht und heilt eine übermäßige Bestäubung, die auf zu lange Staubgefäße zurückzuführen ist und von den weiblichen Organen aufgenommen wird. Durch Sonneneinwirkung bilden sich auf Blättern und Blütenblättern Blasen, besonders nachdem sie feucht waren. Die Pflanze kann verbrannt aussehen. Brandschäden durch Dünger. Nach Buschfeuer, um die Regeneration der Pflanzen zu unterstützen.

B. Anwendung in der Praxis

Sonnenbrand (Abb. 112), Blasen auf Blättern und Blütenblättern. Brandschäden durch Dünger, durch Wassertropfen, Buschfeuer, Wind und Sonne. *Musgraveia sulciventris*. Rostkrankheiten auf Chrysanthemum und Pelargonium. Blasenkäfer (*Epicauta rufidorsum*) auf Kartoffeln.

C. Indikationen

Brandschäden wie nach einem Buschfeuer. Blasen auf Blättern und Blütenblättern durch

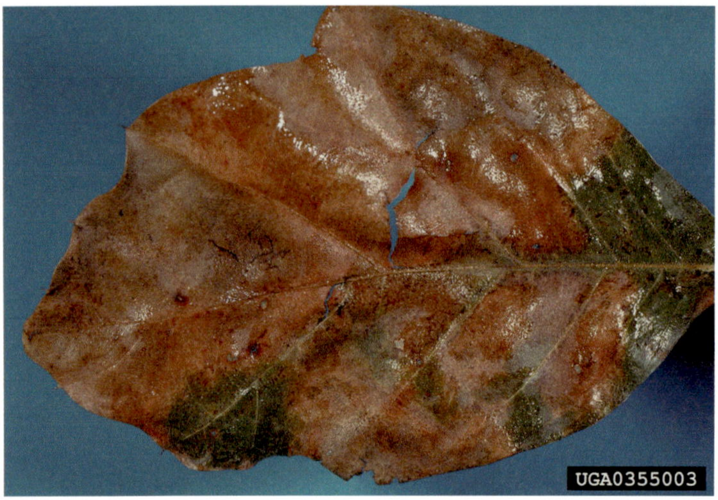

Abb. 112 Schadbild Sonnenbrand

Dünger, Wassertropfen oder Sonneneinwirkung.

D. Blüten und Früchte

Als Reaktion auf ein Feuer erhöht sich die reproduktive Tätigkeit der Pflanze, anschließend stirbt die Pflanze ab. Reichlich Blütenstaub, gute Bestäubung. Früchte reifen nicht aus und fallen vorzeitig ab.

E. Wasserbedarf

Hoch. Die Pflanzen sind sehr durstig. Zum Auffrischen der Pflanzensäfte nach Feuerschäden (*Carb-v.*).

F. Arzneimittelbeziehungen

Vergleiche: *Bombyx*, *Carb-v.*

Carbo vegetabilis

Holzkohle. Unreine Kohle. Verreibung

A. Allgemeines

Holzkohle hat sowohl im rohen Zustand als auch in der potenzierten Form antiseptische und desodorierende Eigenschaften. Die Anzeichen des Verfalls und der Verwesung sind hier die Leitsymptome.

Carbo vegetabilis ist durchaus mehr als der Retter vom Tode bedrohter Pflanzen. Der Kohlenstoff hat eine tiefe Wirkung auf die Atemorgane und das Chlorophyll, aber außer einem verkümmerten bzw. welken Aussehen sind keine anderen, offensichtlichen Symptome vorhanden. Die Ausnahme bilden die kollabierenden Kapillaren, eine unvermeidliche Folge der übermäßigen Aufnahme an Kohlenstoff (dieses Symptom zieht sich durch die gesamten Kohlenstoffverbindungen).

In seiner Beziehung zu den anderen Elementen kann man den Kohlenstoff als Dreh- und Angelpunkt bezeichnen. Nicht der Ruhepol, sondern die Achse, um die sich die Elemente in ihrem sich stets verändernden Gleichgewicht drehen. Die chemische Einheitlichkeit der Kohlenstoffverbindungen gibt uns einerseits ein sehr einseitiges und begrenztes Wirkspektrum, andererseits umfasst die Wirkung des Kohlenstoffs alle Lebewesen und macht ihn somit universell einsetzbar.

Alle Kohlenstoffverbindungen, egal mit welchem Element sie eingegangen werden, können medizinisch eingesetzt werden. Für Pflanzen kommen natürlich nur die in Frage, die für den pflanzlichen Lebenszyklus von Bedeutung sind. Verbindungen wirken in der Regel langsamer als die reine Substanz und bringen daher ein breiteres Symptombild mit. Kohlenstoff ist in einer solchen Vielzahl von Verbindungen zu finden, dass man ihn in der Behandlung von Pflanzen, und möglicherweise von anderen Lebewesen auch, als Rückgrat bezeichnen kann. Zusammen mit *Silicea* ist er eins der großen Polychreste der Landwirtschaft. Kohlenstoff ist die Säule der gesamten organischen Sphäre, während man das Silizium als anorganische Hülle bezeichnen kann, die den Kohlenstoff umgibt. Kohlenstoffverbindungen sind in der Natur weit verbreitet, nicht nur deshalb, weil der Kohlenstoff sich mit sich selbst verbinden kann.

Die Beziehung zu *Silicea* ist exquisit und extensiv, wobei der Kohlenstoff der Baustein ist und *Silicea* der Zement.

B. Anwendung in der Praxis

Verzögerter Heilungsprozess bzw. Absterben der Pflanze nach dem Umpflanzen. Bei starker Verstümmelung durch Sturmschäden oder mechanische Verletzungen. (Abb. 113) Nach Fäule. Verfall, Verwesung, Anthraknose. Verlust der Lebenssäfte. Nematoden.

C. Indikationen

Schwach und welk. Verlust fast aller Blätter (trifft nicht auf das natürliche Abwerfen der Blätter im Herbst zu). Sieht schwach aus, durch Buschfeuer verbrannt, oder stirbt wegen zu viel oder zu wenig Wasser ab. Stressbedingte Blüte (s. *Canth.*), um sich vor dem Absterben noch einmal zu vermehren, es ist aber keine Frucht- oder Samenbildung möglich, weil die Pflanze zu schwach ist. Früchte

Abb. 113 Unsachgemäßer Rückschnitt

fallen vorzeitig ab. Rötlich braune Streifen auf den Blättern, die Blattadern stehen vor. Beim Abbrechen eines Blattes oder eines Zweiges verliert die Pflanze zu viel Saft. In West-Australien wurde *Carb-v.* ausgiebig nach dem Umpflanzen von Grasbäumen (*Xanthorrhoea*) und Palmen eingesetzt. Besonders bei den Grasbäumen konnten sehr gute Ergebnisse verzeichnet werden.

D. Blüten und Früchte

Stressbedingte Blüte. Lange Staubgefäße, reichlich Blütenstaub. Die Funktion der weiblichen Blütenorgane ist beeinträchtigt. Vorzeitiges Abfallen der Früchte, kein Fruchtansatz.

E. Wasserbedarf

Hier müssen die Pflanzen ganz individuell betrachtet werden, da der Wasserbedarf variieren kann. Besonders bei den Bäumen muss man die individuellen Symptome berücksichtigen.

F. Arzneimittelbeziehungen

Vergleiche: *Arn.*, *Calen.*

Ergänzend: *Sil.*

Magnesium carbonicum

Basisches Magnesiumkarbonat. $MgCO_3$. Verreibung.

A. Allgemeines

Magnesium spielt für die Photosynthese eine wichtige Rolle (siehe auch Kapitel 8). Magnesium carbonicum ist nicht nur bei Magnesiummangel sondern auch bei Verbrennungssymptomen u. ä. angezeigt.

B. Anwendung in der Praxis

Welken, Temperaturschock, Schock durch Frost. Chlorose, schmutzig gelbe Verfärbung. Verbrennungssymptome durch Wind, Umfallkrankheit.

C. Arzneimittelbeziehungen

Vergleiche: *Acon.*, *Amm-m.*, *Bell.*, *Ferr.*, *Ferr-m.*, *Kali-m.*, *Nat-m.*

Unverträglich: *Calc.*, *Kali-c.*, *Kali-m.*, *Kali-p.*, *Kali-s.*, *Nat-c.*, *Nat-m.*, *Phos.*

Ergänzend: *Calc.*, die *Kaliumverbindungen*, *Nit-ac.*, *Phos.*, *Zinc.*

Wird antidotiert von: *Mang.*

Silicea

Kieselerde. *Silicea terra*. Silex. Siliziumdioxid. SiO_2. Verreibung des reinen Bergkristalls.

A. Allgemeines

Kieselsäure ist ein Bestandteil der Zellen des Bindegewebes. Die Epidermis bildet die schützende Hülle um das Kambium, wo *Silicea* den langen Molekülen der Fasern Kraft verleiht. *Sil.* lässt die Rinde an gesunden Bäumen verkrüppeln, was zum Absterben des Baumes führen kann. Der Verlust an Säften, der dadurch herbeigeführt werden kann, reicht aus, um eine Pflanze oder einen Baum zu töten. Die Bedeutung von *Silicea* beim Absterben von Pflanzen („Die-back") wurde durch beeindruckende Ergebnisse in der Praxis bestätigt. Ein junger Baum, der an dieser Krankheit litt, hatte nur noch ein Viertel seiner Rinde intakt, diese hing lose und trocknete aus. Eine Gabe *Sil.* C6 wurde verabreicht und schon am nächsten Tag war die Rinde fest mit dem Kambium verbunden. Nach einer Woche bildeten die obersten Zweige wieder neue Triebe und Blätter.

Auf sandigen Böden kann *Silicea* wahre Wunder vollbringen, trotz rauer Bedingungen (oder vielleicht gerade wegen dieser Umstände). *Silicea* kann bewirken, dass Pflanzen gedeihen. Es kann auf Böden eingesetzt werden, die allem Anschein nach gesund sind, auf denen aber immer wieder kümmerliche Pflanzen wachsen. Es kann bei allen Pflanzen zum Zeitpunkt der Aussaat gegeben werden oder als Schutz vor Mehltau und Schimmel, schwachen Zellen und Erschöpfung. Auch zur Unterstützung des Fruchtansatzes, zur Verwurzelung, zum Umtopfen und zur Gründüngung ist es geeignet. Ebenso gegen alle Erkrankungen der Rinde und gegen das Absterben von Pflanzen und Bäumen („Die-back").

B. Anwendung in der Praxis

Absterben der Pflanze („Die-back"). Frühzeitige Blüte. Schock durch Umtopfen/Umpflanzen. Schwache, wuchernde Pflanzen. Kümmerlicher Wuchs. Krankheiten der Rinde und der Blattscheide. Chlorose. Blattläuse. Befall durch Falter der Spezies Heliothis virescens. Zitrusmilben (Eutetranychus banksi). Backobstkäfer (Carpophilus hemipterus). Wildkräuter.

C. Arzneimittelbeziehungen

Vergleiche: *Lapis albus*.

Antidotiert: *Mang*.

Ergänzend: *Calc*.

13. Unkräuter & Allelopathie

Die Allelopathie und ihre Bedeutung für die Unkrautbekämpfung

A. Geschichte

Bereits Theophrastus (ca. 300 v. Chr.), ein Schüler und Nachfolger Aristotele, schrieb in seinen botanischen Werken über allelopathische Reaktionen. Er wird auch „Vater der Botanik“ genannt und schrieb darüber, dass Kichererbsenpflanzen den Boden „auslaugen“ und Unkräuter vertreiben können.

Im Jahr 1 n. Chr. schrieb der römische Gelehrte und Naturforscher Gaius Plinius Secundus, auch als Plinius der Ältere bekannt, dass Kichererbsen und Gerste die Felder „verbrennen“. Er erwähnte auch, dass Walnussbäume für andere Pflanzen giftig sind.

Der Botaniker und Naturforscher Augustin Pyramus De Candolle vermutete schon 1832, dass ein kranker Ackerboden durch chemische Stoffe verursacht wird, die von den darauf angebauten Nutzpflanzen abgesondert werden.

Und in den Jahren 1907–1909 untersuchten die Wissenschaftler Schreiner und Reed die Eigenschaften mehrerer isolierter phytotoxischer Substanzen in Pflanzen und Boden.[1]

Wir möchten hinzufügen, dass bestimmte Pflanzen aufgrund ihrer gegenseitig verträglichen Eigenschaften schon immer zusammen angebaut wurden. Diese Pflanzen werden Nachbarschaftspflanzen genannt und ihre Beziehungen zueinander gehören ebenfalls dem Gebiet der Allelopathie an. So wie manche pflanzlichen Stoffe eine toxische Wirkung auf bestimmte Pflanzen haben, können sie auf andere stimulierend wirken.

B. Was bedeutet Allelopathie?

Der Begriff Allelopathie wird von den Wörtern allelon = einander, gegenseitig und pathos = leiden abgeleitet. Allelopathie bezeichnet also die Eigenschaft von Pflanzen, organische Verbindungen auszuscheiden, welche das Wachstum anderer Pflanzen unterbinden.[1]

Die Allelopathie befasst sich besonders mit Pflanzen, die organische Verbindungen ausscheiden (im Englischen die so genannten „allelochemicals“) und damit das Wachstum und Keimen anderer Pflanzen beeinflussen. Dieser Effekt kann sich im negativen (z. B. verminderte Keimung) und im positiven Sinne (vermehrtes Wachstum) auswirken. Bei der Unkrautbekämpfung stehen natürlich die hemmenden Eigenschaften einer Pflanze (in der Regel der Nutzpflanze) auf eine andere (das Unkraut oder die Unkräuter) im Vordergrund. Diese besonderen organischen Verbindungen (Allelochemicals) können aktiv von einer Pflanze produziert werden oder durch das Absterben der Pflanze entstehen. Die Wirkung dieser Verbindungen kann durch Mikroor-

ganismen verstärkt oder verringert werden.[2]

Allelopathische Substanzen können in jedem Teil einer Pflanze vorkommen – Blättern, Blüten, Wurzeln, Früchten oder Stängeln. Auch der Boden, in dem die Pflanze wächst, ist mit diesen Verbindungen angereichert. Die Auswirkungen auf die einzelnen Pflanzen sind sehr unterschiedlicher Natur. Es kann zu Beeinträchtigungen bei der Wurzel- und Triebentwicklung kommen, die Nährstoffaufnahme kann gestört sein oder die allelopathischen Stoffe wirken sich nachteilig auf eine wichtige, natürliche, symbiotische Verbindung der betroffenen Pflanze aus, was zu Schwierigkeiten in der Nahrungszufuhr führen kann.[1]

C. Haben alle Pflanzen allelopathische Eigenschaften?

Nicht alle Pflanzen lassen allelopathische Eigenschaften erkennen. Es gibt Pflanzen, die ähnliche Neigungen aufweisen, bei denen diese Eigenschaften aber eher auf ein nicht chemisches, aggressives Konkurrenzverhalten zurückzuführen sind. Die kontroverse Debatte um die Allelopathie gründet hauptsächlich auf der Auseinandersetzung, welche Art der Konkurrenz vorhanden ist. In der Regel wird konkurrierendes Verhalten, das auf chemische Vorgänge zwischen den Pflanzen zurückzuführen ist, als Allelopathie bezeichnet. Kürzlich wurde auch allelopathisches Verhalten von Pflanzen gegenüber Tieren beobachtet, allerdings liegen hier nur wenige Daten vor.[1]

D. Auswirkungen auf die Umwelt

Die Allelopathie ist eine Form chemischen Konkurrenzverhaltens. Die allelopathische Pflanze mischt sich über ihre aktiven organischen Verbindungen in das natürliche Geschehen ein. Natürlicher Wettbewerb findet per definitionem auf zwei verschiedene Arten statt – Ausbeutung oder Beeinflussung/Einmischung.

Durch Wettbewerb versuchen Pflanzen und Tiere gleichermaßen sich ihren Platz in der Natur zu sichern. Pflanzen konkurrieren um Sonnenlicht, Wasser, Nährstoffe und – das haben sie mit den Tieren gemeinsam – um ihr Revier. Dieser Wettbewerb, der sich durch Parasitismus, Krankheit und Räubertum ausdrückt, beeinflusst die Anzahl und die Verbreitung der Organismen eines Ökosystems. Die Interaktionen innerhalb eines Ökosystems definieren die Umgebung.

Wenn Organismen miteinander konkurrieren, schaffen sie das Potenzial für eine Begrenzung der Ressourcen und, möglicherweise, fürs Aussterben. Allelopathische Pflanzen halten andere Pflanzen davon ab, Ressourcen zu nutzen, und können so auf die Entwicklung und Verbreitung anderer Arten Einfluss nehmen. Man könnte auch sagen, dass allelopathische Pflanzen ihre Umgebung kontrollieren.[1]

Wenn das so ist, deutet dies auf die Existenz eines Bewusstseins in Pflanzen und eine entsprechende Mentalität hin. Ohne Bewusstsein und ohne Mentalität kann es offensichtlich keine Kontrolle geben und schon gar nicht in Bezug auf die eigene Umgebung. Auf die gleiche Art und Weise können wir beobachten, dass verwandte Pflanzen immer zueinander finden. Das kann man nicht allein an der Wirkung der allelopathischen Verbindungen festmachen, sondern muss diese Tatsache ebenfalls auf ein gewisses Bewusstsein zurückführen. Immerhin können sich diese Verbindungen nur dann entwickeln, wenn die richtige bewusste Mentalität vorhanden ist. Ohne Bewusstsein und ohne Mentalität ist Wettbewerb nicht möglich, ebenso wie Stimulation und Kooperation bestimmte Parallelen im Bewusstsein und in der Mentalität voraussetzen.

Eine Entwicklung verläuft immer vom Subtilen zum Ganzen, da sich die inneren Qualitäten in den äußeren Eigenschaften spiegeln. Das, was im Bewusstsein nicht vorhanden ist, kann sich nicht entwickeln, da der Auslöser für diese Entwicklung fehlt. Das beste Beispiel dafür sind die bewusste Mentalität und die Gefühle, die als Krankheit zum Ausdruck kommen. Ein glücklicher, zufriedener Mensch wird nicht krank, während sein trauriger, ängstlicher oder zorniger Nachbar fürs Kranksein prädestiniert ist, einfach, weil ihm der innere Frieden fehlt.

Es ist offensichtlich, dass die Regulierung der Umgebung durch hemmende oder stimulierende organische Verbindungen als bewusstes Vorgehen betrachtet werden kann. Natürlich können wir uns diese Eigenschaften für den Anbau unserer Nutzpflanzen zunutze machen. Wir sehen natürlich auch, dass die mechanistisch denkenden Forscher anstreben werden, aus diesen allelopathischen Substanzen sehr teure Produkte herzustellen, die schon aufgrund ihrer relativ hohen Dosierung problematisch sein werden. Sie sind getrieben von der Hoffnung, dass die Problematik der Resistenz durch diese „natürlichen“ Produkte überwunden werden kann. Diese ignorante Haltung wird sicherlich zu einer Verschlimmerung des Problems führen.

An anderer Stelle werden wir ausführlich auf den Zusammenhang von Resistenzverhalten und der Bedeutung der richtigen Dosierung eingehen. Hier möchten wir lediglich betonen, dass hohe Dosierungen immer eine unterdrückende, extrem niedrige Dosierungen dagegen immer eine anregende Wirkung haben. Da nur die Stimulation schnelle und nachhaltige Ergebnisse garantieren kann, ist es offensichtlich, dass hohe Dosierungen niemals zum Ziel führen können, sondern eher das Gegenteil bewirken.

Während der Einsatz von natürlichen Mitteln prinzipiell von Vorteil ist, muss die Art der Anwendung ebenfalls eine wichtige Rolle spielen. Homöopathische Dosierungen sind immer extrem niedrig. Die Schulmedizin wertet unsere Mikrodosierungen gerne als Placebos ab, da sich ihre mechanistische Denkweise nicht mit der Vorstellung solch winziger oder sogar nicht vorhandener Wirkstoffe vereinbaren lässt.

Soweit das allgemein gefasste, fundierte Modell. Wir können daraus schließen, dass das, was zwischen den Pflanzen mit ihren allelopathischen Eigenschaften funktioniert, auch auf die homöopathisch potenzierten Mittel zutrifft, da das Ähnlichkeitsprinzip immer funktioniert, ganz gleich, in welcher Form es angewendet wird. Natürlich werden wir vermehrt nach Kulturpflanzen suchen, die diese Eigenschaften aufzeigen. Wir wissen schon jetzt, dass Getreidepflanzen das eigene Wachstum behindern, wenn man das Stroh auf dem Acker liegen lässt. Wir wissen auch, dass die Natur dem Landwirt auf diesem Wege mitteilen will, dieselbe Frucht nicht zweimal hintereinander anzupflanzen. Die Natur besitzt eine eingebaute Hemmschwelle, die dem Auslaugen des Bodens vorbeugt. Pflanzt der Bauer aber anschließend Kartoffeln, werden diese mithilfe des Strohs besonders gut wachsen, Unkräuter dagegen nicht.

E. Welche Pflanzen besitzen allelopathische Eigenschaften?

Es gibt eine Reihe von Nutzpflanzen, mit denen immer wieder mal allelopathische Eigenschaften in Verbindung gebracht werden. Viele Landwirte berichten zum Beispiel, dass auf einem Acker mit Hafer weniger Unkräuter keimen als auf anderen Feldern. Folgende Pflanzen teilen diese Eigenschaft:

Weizen, Gerste, Hafer, Roggen, Kohlgewächse, Rotklee, Honigklee, Klee, Wicke, Buchweizen, Luzerne, Reis, Sorghumweizen.[2]

Das führt uns direkt zu den homöopathischen Mitteln aus den Familien der Süßgräser und der Kohlgewächse, die zur Unkrautbekämpfung eingesetzt werden können. Diese Mittel können sehr effektiv und umfassend für alle Nutzpflanzen eingesetzt werden, unabhängig davon, welche Frucht anschließend gepflanzt wird, und ohne dass die entsprechenden allelopathischen Pflanzen angebaut werden müssen. Es ist natürlich davon abzuraten, verschiedene Getreidearten auf demselben Acker mehrmals hintereinander anzubauen, dennoch werden diese Getreidesorten der nachfolgenden Frucht als Stimulus dienen.

Die Mittel wirken sofort und hemmen das Wachstum und die Keimung der Unkräuter. Eventuelle Rückstände der Mittel werden innerhalb von 24 Stunden von der UV-Strahlung abgebaut oder von den Unkräutern selbst absorbiert. Dadurch kann die gewünschte Frucht sofort auf einem gesunden Acker ausgesät werden, auf dem die Pilze, Bakterien und Viren mit dem Abbau der Gründüngung beschäftigt sind. Durch den Gebrauch homöopathisch potenzierter Mittel können die Nachteile allelopathisch aktiver Pflanzen umgangen werden. Wichtig sind diese Überlegungen besonders für die Reisbauern, da diese immer und immer wieder die gleiche Frucht auf demselben Acker anbauen müssen. Wie das funktionieren kann, wird in Furuokas Buch „The One-Straw Revolution“ ausführlich erörtert.

Die Nachteile dieser Methode erörtern wir im Folgenden. Dazu gehören Schwankungen in der Stärke dieser Eigenschaften, spezifische Wirkweisen, die sich auf bestimmte Unkräuter beschränken oder die eigene Keimung unterdrücken. Das Letztere ist natürlich im Interesse des Landwirtes, da es das Auslaugen des Bodens verhindert. Moderne landwirtschaftliche Methoden hinterlassen karge Böden und scheinen sich damit über jegliche natürliche Beschränkungen hinwegzusetzen, indem die gleichen Getreidesorten mehrmals hintereinander auf demselben Feld angebaut werden. Dieses Vorgehen laugt jedoch den Boden aus und bringt Probleme für die nachfolgende Frucht.

F. Andere Faktoren, die berücksichtigt werden müssen

Bevor die Allelopathie in der Unkrautbeseitigung eingesetzt werden kann, sollte man eine Reihe von Faktoren berücksichtigen.

Schwankungen

Die allelopathischen Eigenschaften der verschiedenen Pflanzen können großen Schwankungen unterliegen.

Spezifität

Die Spezifität der allelopathischen Wirkweisen ist sehr hoch, d. h. eine Pflanzenart, die eine starke allelopathische Wirkung gegenüber einem bestimmten Unkraut hat, zeigt diesen Effekt nicht unbedingt auch bei anderen Pflanzen.

Autotoxizität

Allelopathische Verbindungen können nicht nur das Wachstum anderer Pflanzenarten unterdrücken, sondern auch die Keimung und das Wachstum von Pflanzen derselben Spezies. Die autotoxische Wirkung der Luzerne, zum Beispiel, ist bereits ausgiebig erforscht worden. Auch die toxische Wirkung von Weizenstroh auf eine darauffolgende Weizenkultur ist bestens bekannt.

Negative Auswirkungen auf die Folgefrucht

Rückstände von allelopathischen Pflanzen können nicht nur die Entwicklung von Unkräutern, sondern auch die der nachfolgenden Kulturen beeinträchtigen. Folgekulturen dürfen erst nach einem gewissen Zeitabstand ausgesät werden. Weniger betroffen sind großsämige Kulturen sowie Topfpflanzen.

Umweltfaktoren

Es gibt eine Reihe von Faktoren, die den allelopathischen Effekt verstärken oder verringern können. Dazu gehören Schädlinge, Krankheiten und besonders die Fruchtbarkeit des Bodens. Ein karger Boden regt die Produktion von allelopathischen Verbindungen an. Nachdem diese Verbindungen im Boden aufgenommen werden, lässt ihre Wirkung bei warmen, feuchten Bedingungen am schnellsten nach, während feuchte, aber kalte Bedingungen die allelopathische Wirkung verlängern.[2]

Aus diesen Gründen arbeiteten früher viele Landwirte mit bestimmten Fruchtfolgen. Geschieht dies nicht, wird nicht nur der Boden ausgelaugt, sondern auch durch die allelopathischen Ausscheidungen der Pflanzen „vergiftet". Aus diesem Grund können Nutzkulturen zwar eine Zeitlang auf derselben Stelle angebaut werden, ihre allelopathischen Eigenschaften verhindern jedoch, dass der Boden durch Monokulturen missbraucht werden kann. Chemische Dünger erwecken dabei nur den Anschein, dass dieses Problem überwunden werden könnte.

Während sich solche allelopathischen Eigenschaften in den Pflanzen bemerkbar machen, gibt es die damit verbundenen Probleme bei homöopathischen Mitteln nicht, da diese eine sehr spezifische Wirkung haben. Eine überdurchschnittlich lange Wirkdauer ist meist nur bei Samen zu finden, die das Mittel absorbiert haben. Homöopathische Mittel hinterlassen keine Rückstände und lassen aus diesem Grund keine Auswirkungen für nachfolgende Kulturen befürchten. Folgekulturen können jederzeit problemlos angebaut werden.

In Natura haben allelopathische Verbindungen durchaus Nachteile, die die homöopathisch potenzierten Mittel nicht haben. Es gibt keine Autotoxizität, keine nachteilige Auswirkung auf Folgekulturen und keine Umweltfaktoren, die man bei der Anwendung beachten muss. Allein die unterschiedlich starken allelopathischen Eigenschaften der verschiedenen Pflanzen könnten die Wirkweise der Mittel beeinflussen, man kann aber davon ausgehen, dass das Problem durch den Vorgang der Potenzierung aufgehoben wird. Die besondere Spezifität der Mittel ist oft von Vorteil, da Unkräuter, die in der Natur mit bestimmten Kulturpflanzen wachsen, auch auf die allelopathischen Eigenschaften dieser Kulturpflanzen ansprechen und damit auch auf das entsprechende homöopathische Mittel.

G. Allelopathische Unkräuter?

Bei mehreren Unkrautarten konnten allelopathische Eigenschaften beobachtet werden. Dazu gehören die Quecke, die Ackerdistel und die Vogelmiere. An Stellen, an denen diese Pflanzen zusammen auftreten, kann es zu negativen, synergistischen Auswirkungen auf die Nutzpflanzen kommen.[2]

Das ist an sich noch kein Problem, vorausgesetzt, man findet das richtige Mittel, um diese Unkräuter fernzuhalten.

H. Welche Auswirkungen hat die Allelopathie?

Zu den allelopathischen Wirkungen gehören eine verminderte Keimungsrate, verminderte Wurzelbildung und verkümmerter Wuchs bei den jungen Trieben. Ganz offensichtlich können diese Erscheinung auch andere Ursachen haben. Aus diesem Grund ist es in der Praxis manchmal sehr schwer echte allelopathische Wirkungen zu erkennen.[2]

Anhand des homöopathischen Potenzierungsverfahrens ist es jedoch möglich, diese Eigenschaften nachzuweisen. In den meisten Fällen können die allelopathischen Wirkungen in Studien bestätigt werden.

I. Ist dies wichtig?

Weil es schwierig sein kann, die Auswirkungen eines natürlichen Konkurrenzverhaltens (z. B. um Licht, Wasser und/oder Nährstoffe) in der Praxis von allelopathischen Auswirkungen zu unterscheiden, hegen manche Wissenschaftler Zweifel, ob die Allelopathie für die Praxis überhaupt relevant sein kann. Für die alltägliche Arbeit auf dem Feld ist es natürlich irrelevant, welche Ursache dem Pflanzenverhalten zugrunde liegt. Für Forschungszwecke ist diese Differenzierung jedoch wichtig.[2]

Wie wir schon erörtert haben, wird sich uns dieses faszinierende Thema weiter erschließen, je mehr homöopathische Mittel in der Praxis angewendet werden. Es wird sich auf alle Fälle lohnen, auf diesem Gebiet ausführlicher zu forschen.

J. Welchen praktischen Nutzen hat die Allelopathie?

Wie wir schon beschrieben haben, kann es in der Praxis möglicherweise zu Problemen im Umgang mit allelopathisch aktiven Pflanzen kommen, insbesondere weil

- *die Information über die Beziehungen zwischen den einzelnen Pflanzen noch recht spärlich ist;*
- *es noch keine Information darüber gibt, welche Nutzpflanzen die stärksten allelopathischen Eigenschaften besitzen.*

Um diese Art der Unkrautbeseitigung nachhaltig ausschöpfen zu können, müssen allelopathische Kulturen effektiv gemanagt werden. Bislang gibt es keine ausführlichen Richtlinien dazu.[2]

K. Was heißt das für die Praxis?

Der aktuelle Stand zeigt uns, dass die Rolle der Allelopathie in der Unkrautbekämpfung noch sehr unklar ist. Wir können daher zu diesem Zeitpunkt noch keine Empfehlungen für den Einsatz allelopathischer Pflanzen zur Unkrautbeseitigung aussprechen.[2]

Während für konservative Wissenschaftler die Ungewissheit und die damit verbundenen Schwierigkeiten als Hinderungsgrund betrachtet werden könnten, auf diesem Gebiet nicht weiter zu forschen, bietet die Homöopathie ein kostengünstiges, einfaches, umweltfreundliches und sicheres Verfahren, diese Eigenschaften zu untersuchen. Mit diesem Verfahren können Nutzpflanzen in relativ kurzer Zeit gezüchtet, potenziert und in der Praxis getestet werden. Mittel, die viel versprechende Ergebnisse zeigen, können anschließend weiter untersucht werden. Auf diese Art und Weise lässt sich eine Auswahl spezifischer Mittel gegen Unkräuter entwickeln, was uns zu einem individuelleren und effektiveren Behandlungsansatz führen kann.

L. Wohin führt uns das in punkto Unkrautbekämpfung?

Eine Deckfrucht kann sehr effektiv zur Unkrautbekämpfung eingesetzt werden, unabhängig davon, ob sie allelopathische Eigenschaften besitzt oder nicht. Zur Unkrautbeseitigung sollte man kräftige Sorten auswählen und auf den richtigen Zeitpunkt der Aussaat achten, was besonders bei der Winterdeckfrucht wichtig ist.

Bei den Kulturpflanzen gibt es zum Teil sehr große Schwankungen was ihre Unkraut vernichtenden Eigenschaften betrifft. Wählen Sie stark unterdrückende Pflanzen wie Kartoffeln und Hafer um schwach unterdrückende Pflanzen wie Lauch oder Möhren auszugleichen.

Die verschiedenen Nutzpflanzensorten unterliegen leichten Schwankungen, was ihre Fähigkeiten, Unkraut zu beseitigen, betrifft. Machen Sie sich dieses Wissen zunutze. Wenn Sie mit Gründüngung arbeiten, die möglicherweise einen allelopathischen Effekt auf die Folgefrucht haben kann, sollten Sie dem Boden eine Ruhepause gönnen, bevor Sie die Folgefrucht aussäen. Das ist besonders bei den kleinsämigen Pflanzen wichtig.[2]

Während solche Maßnahmen sinnvoll sein können, lohnen sie sich meist nur für Hobbygärtner und Großbetriebe, die einen Fruchtwechsel praktizieren können. Ein Tomatenzüchter muss andere Methoden einsetzen als zum Beispiel ein Bauer, der Kartoffeln anpflanzt und im nächsten Jahr Bohnen. Homöopathische Mittel ermöglichen es auch dem Landwirt, der eine Monokultur betreibt, diese ohne größere Probleme natürlich zu bewirtschaften.

M. Wohin führt uns die Forschung?

Forschungen auf dem Gebiet der Allelopathie und deren genetischer Grundlagen sind fortlaufend. Mit der Zeit sollte es möglich sein, Empfehlungen für den Einsatz allelopathischer Eigenschaften zur Unkrautbekämpfung und die Züchtung entsprechender Pflanzen auszusprechen. Ziel unseres laufenden Projektes ist es, Informationen über die Allelopathie zusammenzutragen, und wir hoffen, dass wir so in der Lage sind, einen Leitfaden über die allelopathischen Eigenschaften bestimmter Nutzpflanzen zum Zweck der Unkrautvernichtung zu entwickeln.[2]

N. Aktuelle Ergebnisse

Beispiele von Allelopathie aus wissenschaftlichen Veröffentlichungen

Allelopathische Wirkungen bei Pflanzen

Schwarznussbäume wurden im Rahmen eines Alley-Cropping-Systems mit Mais angepflanzt, wobei sich der Ertrag der Maisernte verringerte. Dieser Effekt wird dem Juglon zugeschrieben, einem Inhaltsstoff der Schwarznuss. Juglon wurde noch bis zu 4,25 Meter von den Bäumen entfernt gefunden.

Bei Feldstudien mit Leucaena im Rahmen eines Alley-Cropping-Systems konnte der Ertrag von Mais und Reis gesteigert werden, der Ertrag von Weizen und Kurkuma (Curcuma longa) wurde jedoch verringert.

Lantana ist ein ausdauerndes, hölzernes Unkraut in Zitronenhainen in Florida. Lantana hemmt das Wachstum der Seidenpflanze.

Früher war die Pomeranze ein beliebter Zitrusbaum, der aber wegen seiner Anfälligkeit für den Citrus Tristeza Virus (CTV) kaum noch angebaut wird. Auszüge aus den Blättern und die ätherischen Verbindungen der Pflanze hemmen die Keimung und Wurzelbildung bei Portulak (Portulaca), Bermudagras (Cynodon) und Gänsefuß (Chenopodium).

Rotahorn, „Swamp Chestnut Oak", Sumpfmagnolie, Riesenlebensbaum. Erste Untersuchungen lassen vermuten, dass Extrakte aus diesen Bäumen das Wachstum von Salatpflanzen noch mehr hemmen als Schwarznussextrakte.

Eukalyptus und Neembäume. Eine räumlich bedingte allelopathische Beziehung war deutlich, wenn Weizen in einem Umkreis von 5 m angebaut wurde.

Mango. Die Keimung des Zyperngrases (Cyperus spp.) wurde durch Pulver aus getrockneten Mangoblättern vollständig gehemmt.

Götterbaum. Der isolierte Inhaltsstoff Ailanthon besitzt nicht selektive, unkrautvernichtende Eigenschaften, ähnlich wie bei Glyphosat und Paraquat.

Bei Roggen und Weizen kann eine allelopathische Unterdrückung von Unkräutern beobachtet werden, wenn diese als Deckfrucht oder als Mulch eingesetzt werden.

Brokkoli. Überreste von Brokkolipflanzen wirken sich negativ aus, wenn andere

Kreuzblütler im Anschluss gepflanzt werden. (Orhan Ozcatal 2006)[3]

O. Wie kann man einen allelopathischen Effekt erkennen?

Manche Pflanzen besitzen allelopathische Eigenschaften; sie sondern organische Verbindungen ab, die benachbarte Pflanzen beeinflussen können, indem sie die Keimung der jungen Triebe hemmen. Diese Verbindungen werden entweder von der lebenden Pflanze ausgeschieden oder während der Verrottung der Pflanze gebildet. Viele Landwirte sind daran interessiert, sich diese Eigenschaften zunutze zu machen.

Als Allelopathie bezeichnet man den Effekt auf Unkräuter, der weit über das hinaus geht, was man üblicherweise mit einem natürlichen Konkurrenzverhalten zwischen Nutzpflanzen in Verbindung bringt, und sich auf die chemischen Effekte bezieht, die eine Pflanze, direkt oder indirekt, auf die Keimung, das Wachstum und die Entwicklung benachbarter Pflanzen ausübt. Dieser Effekt wird durch die Ausscheidung allelopathischer Verbindungen bewirkt, die entweder während der Wachstumsphase einer Pflanze gebildet werden oder nach dem Absterben der Pflanze durch den Verrottungsprozess entstehen. Diese Verbindungen können sich in den Samen einer Pflanze befinden, von den Wurzeln ausgeschieden oder von den oberirdischen Pflanzenteilen ausgedünstet werden. In der Praxis könnte die Allelopathie dafür eingesetzt werden, die Toxizität von Nutzpflanzen gegenüber Unkräutern zu erhöhen. Ein anderer Ansatz könnte darin bestehen, mit den Rückständen allelopathisch aktiver Deckfrüchte zu mulchen, um die Keimung von Unkräutern zu hemmen.

Zurzeit führen wir eine Umfrage durch, um Erfahrungswerte von Landwirten auf diesem Gebiet zu bündeln. Gleichzeitig werden wir die Fachliteratur zur allelopathischen Forschung sichten. Wir hoffen, die Ergebnisse abgleichen und sie als Grundlage für zukünftige Forschungsprojekte etablieren zu können.

Gibt es auf Ihren Feldern Pflanzen, die das Wachstum von Unkräutern mehr als andere hemmen? Bitte beziehen Sie Gründüngung und andere Düngepflanzen in Ihre Überlegungen mit ein. Beobachten Sie die Entwicklung Ihres Feldes und vergleichen Sie es mit anderen, die ohne diese Pflanzen bestellt werden. Wachsen auf diesem Feld weniger Unkräuter? Gibt es bei einer bestimmten Fruchtfolge weniger Unkraut? Welche Kulturpflanzen oder Kombinationen von Nutzpflanzen sind besonders effektiv?

Neueste Untersuchungen heben folgende Pflanzen besonders für ihre allelopathischen Eigenschaften hervor:

- *Sommerhafer*
- *Roggen*
- *Tricitale*
- *Klee*

Empfehlungen für individuelle Forschungsprojekte:

- *Erstellen Sie ein Liste von Nutzpflanzen, die Unkräuter unterdrücken.*

- *Stellen Sie Nachforschungen an, ob diese Eigenschaften artspezifisch sind.*
- *Versuchen Sie herauszufinden, wie stark der allelopathische Effekt ist.*
- *Versuchen Sie herauszufinden, ob zwei unterschiedliche Pflanzenarten, die allelopathisch wirken, miteinander verträglich sind.*
- *Welche Art von Gründüngung wirkt am stärksten auf Unkräuter?*
- *Wie verhält es sich mit dem gegenteiligen Effekt – welche Nutzpflanzen begünstigen Unkräuter?*[3]

Ein Großteil dieses Kapitels sind zusammengetragene Informationen zum Thema Allelopathie. Die Fußnoten hinter einzelnen Abschnitten weisen auf die folgenden Quellen hin:

1 http://csip.cornell.edu/Projects/CEIRP/AR/Allelopathy.htm

2 http://www.organicgardening.org.uk/ organicweeds/downloads/allelo.pdf

3 http://www.organicgardening.org.uk/ organicweeds/farmer_trials/show_project_results.php?id=7

14. Mittel gegen Unkräuter

Athyrium filix-femina

Frauenfarn.

A. Allgemeines

Bei Fichtenwäldern (*Picea abies*) findet man oft eine defizitäre Regeneration vor. Obwohl in diesen Wäldern ein ausgesprochen starker Parasitenbefall nicht ungewöhnlich ist, kann man damit nicht die mangelnde Regeneration vor allem der alpinen Fichtenwälder erklären. Aus diesem Grund wurden anhand von in-situ- und in-vitro-Studien allelopathische Phänomene untersucht, die für den Regenerationsprozess eine wichtige Rolle spielen könnten.

Es wurden in-vitro-Versuche mit wässrigen Extrakten (Blätter) von *Vaccinium myrtillus*, *Athyrium filix-femina* und *Picea abies*, sowie wässrigen humosen Lösungen durchgeführt. Ziel der Untersuchungen war, die Keimung der Fichtensamen und das Wachstum von Mykorrhizapilzen zu evaluieren. Die größte Wachstumshemmung wurde mit wässrigen Extrakten von *A. filix-femina* und deren humosen Lösungen erzielt. Anhand einer Analyse des Blattmaterials konnten vier Phenolsäuren identifiziert werden, die von den Fichtennadeln und den Blättern dieser zwei Unterholzgewächse stammten.

Diese Verbindungen wurden auch in humosen Lösungen (10^{-5} Mol) gefunden und anschließend für eine zweite, identische Versuchsreihe von in-vitro-Bioassays ausgewählt. Dadurch konnte die Phytotoxizität der Phenole sehr genau bestimmt werden. Anhand einer „Polarographic Oxygen Electrode“ konnte die Auswirkung der Phenolsäuren auf den Stoffwechsel ermittelt werden: Die Verbindungen übernehmen hier anscheinend die Funktion der Entkoppler. Die Versuchsreihe wurde mit in-situ-Versuchen (mit und ohne humose Lösung) abgerundet und bestätigten die Ergebnisse der Laboruntersuchungen.

Wir können schlussfolgern, dass diese Methode erfolgreich zur Unkrautbekämpfung eingesetzt werden kann, besonders dann, wenn die gewünschte Kulturpflanze unter optimalen Bedingungen angebaut wird.

Bei homöopathisch potenziertem *Athyrium* gibt es keine Rückstände, da es innerhalb von 24 Stunden von der UV-Strahlung abgebaut wird. Das, was von den Pflanzen aufgenommen wurde, bleibt in den Pflanzen gebunden und ist somit woanders nicht verfügbar. Nach einer Behandlung mit diesem Mittel können die erwünschten Kulturpflanzen keimen und sich entwickeln, ohne mit Unkräutern konkurrieren zu müssen.

Foeniculum vulgare radix

Fenchel. *Foeniculum vulgare*. Familie Doldenblütler (*Umbelliferae*). Verreibung der frischen Wurzel.

A. Allgemeines

In den Wurzeln von *Foeniculum vulgare* ist eine Substanz enthalten, die für andere Pflanzen enorm unattraktiv ist. In dieser Kapazität kann es deshalb gegen Unkräuter eingesetzt werden, **aber nur, wenn an dieser Stelle für einige Zeit danach keine Pflanzen wachsen sollen.** Diese Vorkehrung sollten Sie unbedingt treffen, da *Foeniculum* eine längere Wirkdauer besitzen kann, als vielleicht erwartet. Man kann aus der Wurzel eine Abkochung herstellen, allerdings empfehlen wir diese Art der Anwendung nicht, da die Gefahr einer langfristigen Wirkung sehr hoch ist.

Diese Komplikationen kann man durch eine Potenzierung vermeiden, aber auch in der potenzierten Form kann die Wirkdauer länger als 24 Stunden betragen. Man sollte, je nach Wetterlage, etwas abwarten. Bei sonniger Witterung kann man schon nach 48 Stunden die gewünschten Pflanzen aussäen. Bei Regen oder sehr bewölkter Witterung ist es wichtig bis zu 7 Tage mit der Aussaat/Pflanzung neuer Pflanzen an der behandelten Stelle zu warten.

Wir empfehlen diese Wartezeiten, da das Mittel noch nicht umfassend geprüft wurde. Bis jetzt haben wir das Mittel an ein paar Unkräutern ausprobiert und einfach abgewartet, bis wir uns ganz sicher waren, dass seine Wirkung nachgelassen hat.

Wir wissen, dass es in der Natur unter Umständen einige Jahre dauern kann, bevor andere Pflanzen auf einem „Fenchelfleck" wachsen können. Wir gehen davon aus, dass das homöopathische Mittel ebenfalls eine verlängerte Wirkdauer hat. In der Regel werden die Eigenschaften eines Rohstoffes durch den Vorgang der Potenzierung verfeinert. Da aber auch dieses homöopathische Mittel empfindlich auf UV-Strahlen reagiert, gehen wir nicht davon aus, dass die Wirkdauer in diesem Fall länger als eine Woche beträgt.

B. Anwendung in der Praxis

Zur Unkrautbekämpfung.

Ruta graveolens

Weinraute. *Ruta graveolens*. Familie Rautengewächse (*Rutaceae*). Tinktur der ganzen Pflanze.

A. Allgemeines

Die Weinraute enthält wie der Fenchel Substanzen, die für andere Pflanzen unattraktiv sind. In der freien Natur und im Garten wachsen nur wenige Pflanzen in der Nähe dieses Strauches. Fliegen haben eine große Abneigung gegen den Geruch und halten sich fern. Da in der Natur auch die Pheromone eine große Rolle spielen, ist der Gedanke, dass sie die Keimung bestimmter Pflanzen beeinflussen könnten, nicht ganz abwegig.

Ruta besitzt ebenfalls allelopathische Eigenschaften, über die wir alle Daten gesammelt haben, die zurzeit zur Verfügung stehen. Wir haben uns die chemischen Wege angeschaut, die für die Wirkung des Mittels verantwortlich sein sollen, und die chemischen Stoffe, die an diesen Reaktionen beteiligt sind. Daraus lassen sich deutlich hemmende Eigenschaften erkennen.

Wie bei *Foen*. muss auch das homöopathische Mittel *Ruta* völlig verbraucht sein, bevor die behandelte Stelle für den Anbau anderer Pflanzen geeignet ist. Die Stelle sollte mindestens eine Woche lang brach liegen und man sollte auch hier die jeweilige Wetterlage berücksichtigen. Bei sonnigem Wetter sollten Sie 48 Stunden Wartezeit einplanen. Bei bewölktem Wetter beträgt die Wartezeit 4–8 Tage, je nachdem, wie dicht die Wolkendecke ist. Auch hier gilt: Man muss das Mittel zweimal hintereinander in kurzen Abständen – abends und am nächsten Morgen – auftragen, um die gewünschten Resultate zu erzielen.

B. Anwendung in der Praxis

Als Tinktur gegen Insekten, bei Tieren und im Haushalt. Zur Unkrautbekämpfung (D6).

Silicea

Kieselerde. *Silicea terra*. Silex. Siliziumdioxid. SiO_2. Verreibung des reinen Bergkristalls.

A. Allgemeines

Silicea wird oft in der biodynamische Landwirtschaft als Mittel eingesetzt. Es wurde von Hahnemann in die Medizin eingeführt und erst seine Methode, unlösliche Substanzen zu verdünnen, machte es möglich, die heilenden Kräfte von *Silicea* freizusetzen. Ein großer Teil der Erdkruste besteht aus *Silicea*. Meeressand (Silicea marina) besteht hauptsächlich aus dieser Substanz. Silicea wird von Pflanzen aufgenommen und an der Innenseite der Stängel deponiert. Es ist auch ein wichtiger Baustein der Scheide oder der Rinde, welche die Pflanze aufrecht hält. „Mangelndes Rückgrat" ist die Hauptindikation für *Silicea*.

Ein weiteres Merkmal von *Silicea* ist dessen Fähigkeit, eine vorzeitige Blüte zu forcieren. Dadurch wird die Samenbildung bei einjährigen Unkräutern verhindert, was den Einsatz dieses Mittels als Herbizid möglich macht. Zu diesem Zweck muss es zweimal innerhalb von zwei Tagen verabreicht werden. Auf diese Vorgehensweise sind wir durch eine Warnung Rudolf Steiners gekommen: Steiner warnt davor, das Mittel B501 – ein *Silicea*-Präparat – bei Obstbäumen zweimal hintereinander anzuwenden, da es die gesamte Energie der Pflanze in die Blüte treiben würde, damit aber die Ernte umso dürftiger ausfallen würde. Ästhetisch gesehen wäre das natürlich wunderbar, für den Obstbauern aber unbrauchbar. Allerdings können wir hier noch etwas anderes lernen – wenn wir die Mittel zum richtigen Zeitpunkt anwenden, können wir bei den Unkräutern eine Blüte forcieren.

Zur Unkrautbekämpfung, auch um eine großflächige Ausbreitung zu verhindern, muss *Silicea* mindestens zweimal innerhalb von 2 Tagen gesprüht werden. Damit wird die Samenbildung verhindert. Mit der letzten Anwendung wird auch das Saatgut ausgesät.

Silicea hat eine stärkende Wirkung auf die Pflanzen, macht die Pflanzen kräftiger und gibt ihnen eine dickere, festere Epidermis, die die Pflanze weniger anfällig für Schädlinge macht.

B. Anwendung in der Praxis

Absterben der Pflanze („Die-back"). Frühzeitige Blüte. Schock durch Umtopfen/Umpflanzen. Schwache, wuchernde Pflanzen. Kümmerlicher Wuchs. Krankheiten der Rinde und der Blattscheide. Chlorose. Blattläuse. Befall durch Falter der Spezies *Heliothis virescens*. Zitrusmilben (*Eutetranychus banksi*). Backobstkäfer (*Carpophilus hemipterus*). Wildkräuter.

Kann als Herbizid, als Tonikum, zur Bodenverbesserung und zur Unterstützung der Keimung angewendet werden.

Tingis cardui

Distelnetzwanze. *Tingis cardui*. Ordnung: Schnabelkerfen (*Hemiptera*). Verreibung des lebenden Insekts.

A. Allgemeines

Die meisten Wanzen sind Schädlinge, die unseren Kultur- und Nutzpflanzen erheblichen Schaden zufügen können. Es gibt allerdings ein paar Arten, die man gut zur Unkrautbekämpfung einsetzen kann.

Das Ähnlichkeitsgesetz kann universell eingesetzt werden. In diesem Fall heißt das, dass die Wanze in potenzierter Form den Disteln mindestens so effektiv wie das lebende Insekt zu Leibe rücken kann – meistens sogar noch besser und schneller. Rückstände werden durch die minimale Dosierung ausgeschlossen, was wir schon ausführlich an anderer Stelle besprochen haben.

B. Anwendung in der Praxis

Disteln.

Vaccinium myrtillus

Heidelbeere. *Vaccinium myrtillus*. Familie Heidekrautgewächse (*Ericaceae*).

Allgemeines

Vaccinium myrtillus hat wachstumshemmende Auswirkungen auf *Picea abies* und ist vergleichbar mit *Athyrium filix-femina*. Obwohl *A. filix-femina* das stärkere Mittel ist, sind die Unterschiede bei den Potenzen eher gering. Die Schlussfolgerung liegt nahe, dass man das Mittel auch allgemein zur Unkrautbekämpfung einsetzen kann. Oberflächlich betrachtet scheint das eine sehr kühne These zu sein. Wenn man die Sache aber im Hinblick auf das Ähnlichkeitsgesetz untersucht, kann man davon ausgehen, dass das potenzierte Mittel stärker wirkt als der Rohstoff.

Potenziertes *Vaccinium myrtillus* wirkt besser und hat ein größeres Wirkspektrum. Natürlich muss man es mindestens 24 Stunden wirken lassen, bis das Mittel verbraucht und eventuelle Rückstände durch die UV-Strahlung abgebaut wurden. Erst dann kann neu ausgesät/angepflanzt werden, da die wachstumshemmenden Eigenschaften des Mittels nicht mehr greifen.

Bemerkung des Herausgebers

Die Ideen des Autors über Unkrautbekämpfung werden derzeit von mehreren Anwendern überprüft. In dem Forum auf unserer Webseite www.narayana-verlag.de können Sie die gesammelten Erfahrungen nachgelesen.

15. Das Repertorium

Zurzeit ist die Materia Medica noch nicht umfangreich genug, um eine umfassende und effektive Diagnostik der Pflanzenkrankheiten zu ermöglichen. Allerdings lohnt es sich, wie es auch mit der enormen Datenfülle der humanen Materia Medica gemacht wurde, bereits zu diesem frühen Zeitpunkt einen strukturierten Index anzulegen. Ein solcher Index wird Repertorium genannt.

Um das passende Mittel für ein bestimmtes Problem zu finden, sollte man sich zuerst notieren, an welchem Teil der Pflanze das „Hauptsymptom" zu finden ist, zum Beispiel an den Früchten, Blüten, Blättern, dem Stängel oder den Wurzeln. Prägen Sie sich die Art des Symptoms ein, d. h. das Schadbild, welches aus Flecken, Punkten, Chlorosen, Schädlingen oder Larven bestehen kann. Achten Sie auch darauf, ob es mobil oder immobil ist, Flügel hat oder nicht, usw.

Notieren Sie sich alle Ereignisse in der „Krankengeschichte" der Pflanze, die von Bedeutung sein können, z. B. eine Verletzung, von der sie sich nie erholt hat.

Zu guter Letzt kommen die Begleiterscheinungen und die Modalitäten: Welche anderen Symptome traten zusammen mit dem Hauptsymptom auf, geht es der Pflanze zu einer bestimmten Tageszeit, bei einer bestimmten Temperatur oder einer bestimmten Wetterlage besser oder schlechter?

Die Mittel sind in normalem Schriftzug, kursiv oder fett gedruckt. Die fett gedruckten Mittel konnten für die betreffende Rubrik oder das betreffende Symptom immer erfolgreich eingesetzt werden. Bei den kursiv gedruckten Mitteln war dies oft der Fall und bei den Mitteln mit normalem Schriftzug gelegentlich.

Alle Hauptsymptome können im Repertorium einzeln nachgeschlagen werden, manche der Mittel werden Ihnen mehrmals begegnen. Es empfiehlt sich, diese Mittel in der Materia Medica nachzuschlagen und anschließend das geeignete Mittel, das Simillimum, auszuwählen und zu verabreichen.

Das Repertorium ist in demselben zuverlässigen Format angelegt wie die entsprechenden Pendants für uns Menschen. Es ist hilfreich, so viele Symptome wie möglich zu notieren, insbesondere die, die ungewöhnlich, selten oder merkwürdig sind. Wenn sich Symptome ganz speziell auf ein Mittel beziehen, werden diese Symptome als vorrangig eingestuft, sie sind die so genannten Leitsymptome oder Keynotes. Je mehr Keynotes ermittelt werden können, desto leichter lässt sich das passende Mittel finden.

Die augenscheinlichen Symptome haben immer Vorrang gegenüber Laborberichten oder mikroskopischen Befunden. In vielen Fällen sind Laborberichte oder andere Befunde nur sehr schwer erhältlich oder die Symptome entwickeln sich rapide und verlangen eine sofortige Behandlung.

Allgemeines

Absterben: Carb-v., Equis., Mag-p., *Sil.,* Ustil.
Umtopfen, nach: Carb-v.
Verfall, Verwesung: Carb-v.
Wasser, wegen zuviel oder zuwenig: Carb-v.
Anwachsen:
kein A., nach Umtopfen: Sil.
aufgedunsen: Calc
ausgedörrt: Equis., Sil.
feuchter Bedingungen, trotz: Nat-s.
Wasser, sehr viel, bei: Nat-s.
bei:
bakterieller Krankheit: Ferr-m., **Nat-sal., Sal-ac.**
Lähmung der Kapillaren: Acon., Arn., Ferr-m., Ferr-p.
Nematoden: *Calen.,* Carb-v., **Tanac., Teuc.,** Trop., Val.
Pilzerkrankungen: **Acon., Am-c., Bell.,** Berb., *Canth.,* **Equis.,** Phos., **Sil.**
Schädlingsbefall: Acon., All-c., Am-c., Aran., Bell., **Bombyx, Coccin., Chrysop.,** Hyssop., Kali-c., Men., **Nat-sal.,** Nat-s., Ocym., Ricin., **Ruta, Sal-ac.,** Salv., Samb., Sat., Sil., **Syrph.,** Tanac., **Teuc.,** Thuja, Trop.
Wunden, schlecht heilende, durch Schädlings-befall: Tarent.
brüchig: Calc-p.
dünn und ausgehungert: Nat-m., Sulph.
Entwicklung:
rapide: Acon., Bell.
spät: Calc
Fasergewebe, schwaches: Kali-c.
Gedeihen; gedeihen nicht, Pflanzen: Calc., Sil., Sulph., Val.
junge Pflanzen: Ferr.
Nährstoffaufnahme, trotz: Valer.
Geschmack (Obst und Gemüse):
keinen: Ferr.
wenig: Phos.
Geschwüre:
Narben, auf großen:
extrem große, auf großen Bäumen: Arn.
Schwellungen:
Flecken, mit roten, bläul. oder gelben: Arn.
glänzend: Arn.
hart: Arn.
heiß: Arn.
Wunden:
alten Wunden, auf: Arn.
entwickeln sich zu Geschwüren: Sil.
Heilprozess:
verzögerter: Carb-v.
heiß, Pflanze ist: Cham.
kränkelnd: Ferr., Mag-m.
Narben:
darunterliegende Fasern rotten: Arn.
Geschwüre, großen Bäumen mit extrem großen Narben, auf: Arn.
große: Arn.
Rinde, Narbenbildung auf: Lap-a.
schwammig: Arn.
weich: Arn.
Ödem: Berb., Sil.
plötzliches Auftreten der Symptome: Acon., Bell.
Proteingehalt, niedriger: Cham., Ferr., Valer.
Säfteverlust:
übermäßiger, bei Abbrechen eines Blattes oder Zweiges: Carb-v.
Saft, Verlust von: Am-c., Arn., Bell.
schlaff: Ferr., Bell., Sulph.
schwache Pflanzen: Sil., Cham., Mag-p.
kann sich nicht aufrecht halten und Lebenskraft stark unterdrückt: Mag-s., Nat-c., Phos.
Sämlinge: Cham.
umfallen: Cham.
Überdüngung, durch: Cham.
welk, schwach und: Carb-v.
Schwäche:
allgemein: Calc-p.
dünne, wuchernde Pflanzen: Calc-p.
kränkeln: Ferr.
Stärkegehalt, niedriger: Cham.
Stauung/Kongestion:
in einzelnen Teilen: Sulph.
Verdörren: Mag-s.
Verfärbung:
blass: Calc., Ferr., Ferr-p.
blau: Arn., Calen., **Nat-sal., Sal-ac.**
braun: Calc-p.

gelb: **Acon., Am-c.,** Arn., **Bell.,** Berb., *Canth.,* Kali-m., Sulph.
Flecken, Krankheiten oder Prellungen, durch: Arn.
hellgrün: Arn., Calen.
orange: **Acon., Am-c.,** Berb., Kali-m.
pink: Sulph.
rot: **Acon., Am-c., Bell.,** Berb., *Canth.,* **Carb-v.,** Cham., Sulph.
schwarz: Arn., Calen.
violett: **Nat-sal.,** *Nit-ac.,* **Sal-ac.,** Sulph.
Gerste, Violettfärbung bei: Kali-p.
weiß: Sulph.
Verformung: Ferr-s.
aufgedunsen: Arn., Calc-c., Calen.
verdreht; im Weinbau: Hyssop.
Verrotten, Fäule und: Lap-a.
Wachstum:
Kümmerwuchs: Calc-p., Ferr.
stark austreibend: Ferr-p.
schwach: Ferr.
ungleichmäßig: Calc.
wuchernd: Ferr-s.
Welken: Acet-ac., Calc-c., Cham., Ferr., Ferr-p. Kali-perm., Mag-c., Mag-s., Mang.
Aussehen, welkes: Bell., Mag-p., Mag-s.
Gießen bessert nicht: Kali-perm.
langsames: Camph.
plötzliches: Acon.
rapides: Acon.
starkes: Kali-perm.
Umtopfen, nach dem: Arn., Calend.
Verwelken, völliges: Mag-p.
wuchernd: Ferr-s., Nat-c., Sil., Sulph.
Wuchs:
austreibend, stark: Ferr-p.
kümmerlicher: Mag-m., Nat-s., Sil.
Zuckerbildung, keine: Sulph.

Blätter

Absterben der Blätter: Nit-ac.
ausbreitend, sich: Nit-ac.
Abwerfen der Blätter:
fast aller: Carb-v.
vorzeitig: Am-c., Bell., Cupr., Mag-p.
Atmung/Gasaustausch, unzureichend: **Acet-ac., Am-c.,** *Berb.,* **Camph., Cit-ac., Oxal-ac.,** *Tromb.*
aufgebläht durch zuviel Flüssigkeit: Kali-p.
Aussehen, kreidig: Calc-c.
Blasenbildung: Bell., Canth.
Blattadern/Blattgefäße:
Stauung in den Blattgefäßen: Phos.
vorstehende: Carb-v.
Blattscheide, Krankheiten der: Sil.
Chlorophyll, Mangel an: Ferr.
entfalten, sich nicht: Bell.
Epidermis/Blattoberfläche
Allg.: Ferr-p.
zahlreiche Veränderungen: Ferr-p.
aufgedunsen: Arn., Calen.
ausgedörrt: Sulph.
Ausschläge: Sulph.
brüchig: Kali-c.
dünn: Calc-p.
eingefallen: Sulph.
mit Stellen; eingefallenen: Berb., Sulph.
locker: Arn., Calen., Sil., Sulph., Ustil.
nass: Berb., Bov., Equis., Sil.
Poren, verstopfte: Valer.
Risse: Calc-p.
schaumig: Berb., Carb-v., Cham.
schimmelig: Cham., Coch.
schlapp: Sulph.
schleimig: Berb., Camph., Carb-v., Sulph.
trocken: Berb., Bov., Equis., Kali-c., Sil., Sulph., Vib.
weich: Calc-p.
wuchernd: Calc-p., Sil., Sulph.
Fotosynthese beeinträchtigt: **Acet-ac.,** All-c., *Am-c., Am-m.,* Berb., **Camph., Cit-ac.,** Ferr., Ferr-s., **Nat-sal., Oxal-ac., Sal-ac.,** *Sulph., Tromb., Urea, Val.,* Vib.
gerollt: Calc-p.
hart: Sil.
herabhängend: All-c., Bell.
klein, Blätter ungewöhnlich klein: Phos.
Leder, wie: Calc-p., Sil., Sulph., Val.
Punkte: Tromb.
rot: Sil.
Rost:
Blätter, auf beiden Seiten der: Am-c.

Flecken:
gelb mit hellrotem Ring und gelbem Rand: Acon.
orangefarbener Rand: Bell.
zusammenlaufende: Valer.
Pusteln, ovale: Am-c.
scharlachrot, auf Blättern, Stängeln und Blüten: Bell.
schlaff: Zinc.
Schwellungen: Bell., Calc-c.
glänzend, breitflächig: Acon.
hartes Rot: Acon., Arn.
ödematös: Zinc.
stellenweise: Nat-m.
steif: Sulph.
trocken: Calc-p.
verbrannt: Bell.
Verdrehung:
Getreide, bei: Zinc.
Verdunstung:
beeinträchtigt: **Acet-ac.,** Acon., Am-c., Bell., Cit-ac., Oxal-ac., Tromb.
übermäßig: **Acet-ac.,** *Berb.,* **Cit-ac., Oxal-ac.,** Val., Vib.
tagsüber: Samb.
unzureichend: **Acet-ac.,** *Acon.,* All-c., Am-c., Cit-ac., Oxal-ac.
nachts: Samb.
Verfärbung:
Blattadern:
rot: Nit-ac.
Blattadern, zwischen den:
blutrot: Bell.
gelbbraun mit grünen Rändern und Adern: Calc.
gelborange oder hellgelb: Acon.
pink: Calc-c., Sulph.
rot: Bell.
Blatt, ganzes:
bronze: Mag-p.
gelb: Mag-p., Mag-s., Nat-s., Nit-ac.
gelb, junge Blätter: Mag-s.
orange-rot: Nit-ac.
rot: Mag-p.
violett: Nit-ac.
violett, durch Phosphormangel: Kali-p.
Blattstiele:
pink: Nit-ac.
Blattunterseite:
pink: Nit-ac.
rot: Nit-ac.
violett: Nit-ac.
Chlorose: Acet-ac., Am-c., Calc-c., Ferr., Kali-c., Kali-perm., Kali-s., Mag-c., Mag-m., Mag-p., Mag-s., Mang., Nat-m., Nat-s., Nit-ac., Phos., Sil., Sulph., Urea., Zinc.
gelblich: Ferr.
junge Blätter: Mag-s.
junge Pflanzen: Nit-ac.
kleinen Blättern, mit ungewöhnlich: Phos.
saurem Boden, auf: Kali-c.
schmutzig-gelb: Mag-c.
schmutzig-weiß: Ferr.
Streifen, durch Manganmangel: Kali-perm.
Flecken: Phos.
Lederfarben, mit diffusem rotbraunem Ring: Sulph.
Rostflecken, gelb mit hellrotem Ring und gelbem Rand: Acon.
Rostflecken, orangefarbener Rand: Bell.
Rostflecken, zusammenlaufende: Valer.
Schimmelflecken, speckige: Valer.
Fleckung: Calc-c., Calc-p., Thromb.
behaarten Blättern, auf: Tromb.
dunkelbraun: Calc-f., Calc-p.
gelb: Calc-c., Kali-c.
Hof, mit gelbem: Calc-f.
länglich: Calc-f., Calc-p.
netzartig: Calc-p.
rot: Kali-c., Sil.
Streifen: Calc-p.
violett: Sulph.
zahlreiche Flecken: Calc-p.
zerfressen umliegendes Gewebe: Kali-c.
Mittelrippe:
pink: Nit-ac.
Streifen entlang der M., blasser, später brauner/grauer: Zinc.
Ränder:
gelb: Calc-p.
rot: Zinc.

Spitzen:
orange: Zinc.
rot: Acon.
Streifen:
rötlich-braun: Carb-v.
Verletzung, nach: Arn.
gelb: Zinc.
violett: Bell.
verdreht: Calc-p.
verknittert: Calc-p.
Zerstörung des Blattgewebes: Nat-s., Kali-c.

Blüten

allgemein, Blüten sind stark betroffen: Calc-f.
Abfallen, übermäßiges: Cupr.
Absonderung:
schleimig: Am-m.
Bestäubung: Ferr-m., Nat-c.
beeinträchtigt: Bov., Cupr., Ferr-s., Kali-c., Nat-c., Sil.
gestört: Bov., Cupr., Ferr-s., Kali-c., Nat-c., Sulph.
nachts: Camph.
nicht vorhanden: Am-c., Berb., Bov., Cupr., Ferr-s., Kali-c., Kali-p., Nat-c., Nit-ac., Sulph.
übermäßig: Acon., Am-c., Calc-p., Ferr-m., Kali-p., Ruta
vorzeitig: Nit-ac., Zinc.
Blütenblätter:
Blasenbildung: Canth.
blass: Sulph.
missgebildet: Bov., Cupr., Ferr-s., Kali-c., Nat-c., Teucr.
nicht vorhanden: Cupr., Ferr-s., Kali-c., Nat-c.
verfärbt: Kali-c.
weiß: Bell.
Blütezeit, außerhalb der: Sulph.
Dauer, von kurzer: Calc-c.
Entwicklung, schwierig: Ferr-p.
Fäule, Avocadoblüten, bei: Calc-f.
Fruchtknoten:
allgemein, Probleme: Bov.
Deformation: Bov.
Unfruchtbarkeit: Am-c., Bov., Ferr., Nat-c., Zinc.
unreif: Berb., Bov., Cupr., Ferr-s., Kali-c., Nat-c.
unterentwickelt: Cham.
verdörrt: Bov., Kali-c., Nat-c., Vib.
wenig, zu: Cham.
heiß: Acon.
herabhängend: Kali-c.
klein: Sil., Val.
kollabieren: Calc-c.
Pollen:
kein: Ferr-p.
reichlich: Calc-p., Ferr-p.
scharlachroter Rost auf Blättern, Stängeln und Blüten: Bell.
schimmeln: Kali-m.
Staubgefäße:
Blütenststaub:
früh, zu: Nat-m.
kein: Kali-c., Nat-m., Sil.
reichlich: Carb-v., Acon., Kali-c., Nat-m.
wenig: Bell., Sil.
entwickelt:
übermäßig: Ferr-m.
unterentwickelt: Sil.
unvollständig: Phos.
geschwollen: Cham.
klein: Calc-p.
lang: Calc-p., Carb-v.
unreif: Bov., Cupr., Ferr-s., Kali-c., Nat-c., Sil.
verdörrt: Berb., Bov., Cupr., Kali-c., Nat-c.
sterben ab, Gerste, bei: Calc-f.
stressbedingte: Carb-v.
trocken: Acon., Nat-c.
Tröpfchen, klebrige und glänzende, durch Mutterkorn: Kali-s.
Umknicken der Blüte (Head Tipping): Kali-p.
Unfruchtbarkeit: Phos., Sulph.
Austrocknen, durch: Kali-p.
Getreidepflanzen, bei: Nat-c.
Staunässe, durch: Kali-p.
verdörrt: Bov., Cupr., Ferr-s., Kali-c., Nat-c.
verformt und fleischig (Crazy Top): Calc-p.
vorhanden, nicht: Ferr.
vorzeitig: Am-c., Bov., Calc-c., Ferr-p., Nat-c., Phos., Sil., Sulph., Val.
zahlreich: Phos.

Früchte

Abfallen:
- vorzeitig: Bell., Calc-c., Carb-v., Kali-c., Sil., Vib.
- übermäßiges: Cupr.

Ansatz:
- beeinträchtigt: Kali-c., Nat-m., Nit-ac.
- dürftig: Camph., Kali-p., Ruta, Sil., Teucr.
- langsam: Acon., Kali-p.
- schwierig: Ferr-p.
- vorhanden, nicht: Calc-c., Carb-v., Kali-c.

blass, rote Früchte sehen aus: Bell.

deformiert: Cham.

Fäule: Calc-p., Cham., Ferr-p., Ferr-s.
- Avocados: Calc-f.
- Baum, verfaulen am: Cham.
- Blütenendfäule, mit: Ferr-s., Ocim.
  - Maden, mit: Ferr-s.
  - Raupen, mit: Ferr-s.
- Braunfäule: All-c.
- Erdbeeren, der: Lap-a.

Geschmack:
- keinen: Ferr.
- wenig: Phos.

groß: Phos.

klein: Bell., Calc-c., Calc-p.

Punkte, rote: Bell.

Reife:
- Ausreifen, kein: Kali-c., Sil.
- langsam: Calc-c., Sil.
- überreif: Cham.

runzelig: Calc.

Samen:
- Ährenbildung, verkrüppelt: Calc-p.
- Fäule: Calc-p.
- Reifung:
  - langsam, Getreide: Calc-p.
  - verzögert, Getreide, bei: Sulph.
- Samenbad: Sil.
- Schale, weich: Calc-p.
- schwammig: Calc-c.
- Spelz:
  - Verfärbung:
    - dunkel: Zinc.
- unfruchtbar:
  - Pflanze: Calc-c.
  - Getreide: Acon.
- vorhanden, nicht: Calc-c., Calc-p., Sil., Sulph.

Schale:
- hart: Phos.
- weich: Calc-p.

schwammig: Calc-c.

ungesund: Calc-c., Ferr., Ferr-s.

verringert: Am-c., Berb., Calc-c., Ferr.., Ferr-s., Kali-c., Zinc.

vorhanden, nicht: Calc-c., Carb-v., Ferr., Ferr-s., Sulph.

Wachstum, Entwicklung:
- kein: Nat-c.

wässrig, innen: Phos.

Kapillare

aufgedunsen: Am-c., Am-m., Zinc.

Erschlaffung: Bov.

gestört: Ferr., Sulph., Urea

kollabieren: Ferr.

Lähmung: Ferr, Mag-p.

Saft, Verlust von: Am-c., Arn., Bell.

Saft, zersetzt sich: Am-m., Sulph.

Schwellung: Kali-m.

Stauung/Kongestion: Acon., Samb., **Sulph.**, Tromb.

Verstopfung: Ferr-p.

Modalitäten

Besser:
- Wärme: Am-c.
  - Hitze: Mag-p.
- Wind: Val.
  - warmer: Mag-p.
- Wetter:
  - trocken: Mag-p.

Schlimmer:
- Boden:
  - kalt: Zinc.
  - nass: Zinc.
- Düngung, durch: Tromb.
  - Überdüngung: Cham.
- Gießen: Acon., Thromb.
  - nach dem: Ferr., Ferr-p., Ferr-s.
- Licht, durch: Acon., Bell.

Nacht, bei: Sulph.
Nährstoffe, durch: Tromb.
Staunässe: Ferr.
Stress durch Umweltfaktoren: Kali-p.
Wässern, beim: Acon., Tromb.
Wetter:
bewölkt: Zinc.
Hitze: Sulph.
kalt und nass: Bell., Sulph.
kalt und trocken (Nächte): Acon.
Luft, kalte: Am-c., Am-m., Calc., Calc-p., Camph., Ferr., Tromb.
Nächte, kalt und trocken: Acon.
nass: Am-c., Am-m., Calc., Calc-p., Camph., *Sulph.,* Zinc.
Sonne: Sulph.
stürmisch: Am-c.
warm auf kalt, Wechsel, von: Bell.
Wind: Bell., Calc., Sulph.
Wind, kalter: Mag-p.
Zugluft
kalte: Mag-p.

Nährstoffe

Aufnahme, beeinträchtigt: **All-c.,** Cham., Ferr., Ferr-p., Nat-m., Sil., Sulph., Tromb., Vib.
Kohlenstoff, Bindung von: Cham., Calc., Mag-c., Kali-c., Am-c.
Boden
karg: Kali-c.
ph-Wert:
alkalisch: Mang.
neutral: Mang.
Mangel:
Ammonium: Am-c., Kali-n.
Bor: Borax
Kalzium: Calc., **Ferr.,** Kali-c., **Mag., Mang., Phos., Sulph., Zinc.**
Eisen: **Cupr., Kali., Mang., Phos., Zinc.**
Kalium: **Ferr., Kali-c., Kali-n., Mang., Nat-m.,** Sulph.
Kohlenstoff: **Sil.**
Kupfer: **Cupr., Ferr., Molyb., Phos.,** *Sil.,* **Sulph., Zinc.**
Magnesium: **Calc-c., Kali., Mag-c., Nat., Phos., Sulph.**
Mangan: **Calc-c., Ferr., Kali., Mag., Phos.**
Molybdän: *Am-c.,* **Cupr.,** *Kali-n., Nit-ac.,* **Phos., Sulph.**
Natrium: Sulph.
Phosphor: **Alum., Calc-c., Ferr.,** *Kali-n.,* **Mag., Mang., Nat-m., Phos., Zinc.**
Schwefel: **Calc-c., Cupr.,** Kali-n., **Molyb., Zinc.**
Silizium: **Carb-v.**
Stickstoff: Kali-n., Molyb.
Zink: **Ferr., Calc-c., Cupr., Phos., Zinc.**
Überschuss:
Bor: Borax
Kalzium: Calc., **Ferr., Kali-c., Mag., Mang., Phos., Sulph., Zinc.**
Eisen: **Cupr., Kali., Mang., Phos., Zinc.**
Kalium: **Ferr., Kali-c., Kali-n., Mang., Nat-m.**
Kohlenstoff: **Sil.**
Kupfer: **Cupr., Cupr-s., Ferr., Molyb., Phos.,** *Sil.,* **Sulph., Zinc.**
Magnesium: **Calc-c., Kali., Mag-c., Nat., Phos., Sulph.**
Mangan: **Calc-c., Ferr., Kali., Mag., Phos.**
Molybdän: *Am-c.,* **Cupr.,** *Kali-n., Nit-ac.,* **Phos., Sulph.**
Phosphor: **Alum., Calc-c., Ferr., Mag., Mang., Phos., Nat-m., Nit-ac., Zinc.**
Schwefel: **Calc-c., Cupr., Cupr-s., Molyb., Zinc.**
Silizium: **Carb-v.**
Stickstoff: Calc-c., Kali-n., *Molyb.*
Zink: **Calc-c., Cupr., Ferr., Phos., Zinc.**
Verlangen: **All-c.,** Sil., Sulph.
alkalischen Substanzen, nach: Nit-ac.
Kalk, nach: Nit-ac.

Schädlinge

Allgemein: Acon., All-c., Am-c., Aran., Bac-th., Bell., **Bombyx,** Bufo, Camph., **Chrysop., Coccin.,** Hyssop., Kali-c., Lat-spp., Men., **Nat-sal.,** Nat-s., Ocim., Porcell., Pyret., Ricin., **Ruta, Sal-ac.,** Salv., *Samb.,* Sat., Sil., **Syrph., Tanac., Teucr.,** Ther., Thuja, Trop., Valer., Vib.
Kreuzblütengewächsen, auf: Bac-t.,Salv.
Kürbisgewächsen, auf: Bufo, Ricin., Salv., Thuj.

Nachtschattengewächsen, auf: Samb.
Resistenz, bei:
Pyrethrine: Pyret.
Süßgräsern, auf: Vib.
Tomaten, auf: Ocim.
Weinbau, Schädlinge im: Ricin.
Wunden, schlecht heilende, durch Schädlingsbefall: Tarent.
Ameisen: Bac-t., Camph., **Calen.,** Men., **Tanac., Teucr.,**
weiße: Camph.
Asseln: **Canth., Nat-sal., Porcell., Sal-ac.**
Blattläuse: All-c., Am-c., Bac-t., Bufo, Chrysop., **Coccin.,** Men., Nat-c., **Nat-sal.,** Nat-s., Ocim., Phos., **Sal-ac.,** Salv., Samb., Sil., Syrph.
alle Entwicklungsstadien: Asphid.
bedeckt, Pflanze von Blattläusen: Syrph.
Gelbverzwergungsvirus, mit: **Acon., Bell., Nat-sal.,** Ocim., Phos., **Sal-ac.**
Pfirsichblattlaus, schwarze (Brachycaudus persicae): Nat-m.
prophylaktisch: Syrph.
weiße Blattlaus: Trop.
Falter:
Heliothis virescens: Sil., Oxim.
Fliegen: All-c., Aran., Bac-thur., **Bombyx,** Hyssop., Ocim., **Ruta,** Salv., Samb., Sat., **Syrph., Tanac., Teucr.,** Tromb., Thuja, Trop.
Bohnenfliege: Sat.
Fruchtfliege: Ocim., Phos., Sulph.
Goldfliege: Tromb.
Kohlfliege: Bac-thur., Encar., Salv., *Tanac., Teucr.*
Möhrenfliege: All-c., Aran., Bac-thur., Encar., Salv.
Stallfliege: Tromb.
weiße Fliegen: Bac-thur., Bufo, Coccin., Eucar.
Zwiebelfliege: All-c.
Grillen: Aran., Hyssop.
Heupferde: Aran., Hyssop., Ocim., Sat., Thuja
Holzbohrer: **Camph.**
Käfer: **Aran.,** Bac-thur., Calen., Canth., Hyssop., Men., Ocim., Phos., Sat., Sil., Thuja
Backobstkäfer (Carpophilus hemipterus): Phos., Sil.
Blasenkäfer: Camph., Canth., **Syrph.**
Bohnenkäfer: Sat., **Syrph.**
Erdfloh: Hyssop.
Flohkäfer: Men., Bac.-t.
Japankäfer: *Tanac.*
Spargelhähnchen: Calen.
Kakerlaken: All-c., Aran., Camph.
Maden: Aran., Hyssop., Ocim., Sat., **Syrph.,** Thuja
Milben: **Acon.,** All-c., Ambly., Bell., **Bov., Coccin.,** Mag-p., Nat-c., Ocim., Ricin., Salv., Sil., Sulph., Thuja, **Tromb.,** Val., Vib.
Eriophyidae: Thuj.
Gallmilbe: Ambly., **Coccin.,** Sulph., Thuja
Halotydeus destructor: Ambly., **Coccin.,** Lact-ac., Ocim.
Kräuselmilbe, Rostmilbe (Calepitrimerus vitis): Acon., Ambly., Bell., Ricin.
Pockenmilbe: Acon., Ambly., **Aran.,** Bell., **Bombyx,** Ricin, **Syrph.** Thuja
Spinnmilbe: Ambly., Bov., **Cocin.,** Lact-ac., Tromb.
Falsche Spinnmilbe: Ambly., Ricin., Salv.
Tomaten(rost)milbe (Aculops lycopersici): Ambly., **Coccin.,** Ocim.
rotgelbe: Ambly., **Coccin.,** Ocim.
Zitrusmilbe (Eutetranychus banksi): Sil.
Miniermotten: Ocim., Sat., Thuja
Moskitos: **Coccin.,** Ocim.
Motten: Aran., **Bombyx,** *Camph.,* Hyssop., Men., Ocim., Ricin., Salv., **Samb.,** Sat., Sil., Sulph., **Tanac., Teucr.,** Thuja, Val., Vib.
Fruchttriebbohrer: Aran., Bombyx, Phos., Syrph.
Kartoffelmotte: **Aran., Bombyx, Samb., Syrph., Tanac.**
Kohleule: All-c., **Aran.,** Bombyx, Hyssop., **Syrph., Tanac.**
Kohlmotte: **Aran., Bombyx, Coccin., Samb., Staphyl., Syrph., Tanac.**
Larven: Samb.
Pseudaletia unipuncta: Bombyx., Samb.
Mücken: Bac-thur., Hyssop., Men
Mottenläuse: Encar.
Tomaten, auf: Trop.
Musgraveia sulciventris: Canth.

Nematoden: Calc-f., Calc-p., **Calen.,** *Carb-v.,* Sulph., **Tanac., Teucr.,** Trop., Val., Zinc.
Rasennematoden: Zinc.
Samengallennematoden: Calc-p.
Wurzelgallenematoden: Calc-f., **Calen.,** Sulph., **Tanac., Teucr.,** Val., Zinc.
Pflanzenwespen: All-c., Aran., **Bombyx,** Hyssop., Ocim., Salv., **Samb.,** Sat., Sil., **Syrph., Tanac.,** Thuja, Val., Vib.
Larven der: All-c., Aran., **Bombyx, Syrph.,** Tanac.,
Phalaenoides glycinae: **Aran., Bombyx,** Ricin., **Syrph., Tanac.**
Prozessionsspinner: All-c., **Aran., Bombyx, Syrph., Tanac.**
Raupen: Bac-thur., **Bombyx, Coccin.,** Hyssop., Men., Nat-c., Ocim., Ricin., Salv., **Samb.,** Sat., Sil., Sulph., **Syrph., Tanac., Teucr.,** *Thuja,* Val., Vib.
Anhäufung von Raupen: Samb.
Asiatischer Baumwollwurm: Aran., **Bombyx, Samb., Syrph.,** Tanac.
Gammaeule: All-c., *Bombyx,* **Syrph.,** *Tanac.*
Gemüseeule: Bombyx
Helicoverpa: All-c., *Bombyx,* **Samb., Sil., Syrph.,** *Tanac.*
Hyphantria cunea: **Aran., Bombyx, Samb., Syrph.,** *Tanac.*
Kohleule: All-c., **Aran.,** Bac-thur**.,** *Bombyx,* Hyssop., Salv., **Syrph.,** *Tanac.*
Prozessionsspinnerraupe: All-c., **Aran., Bombyx, Syrph.,** *Tanac.*
Pseudaletia: All-c., *Bombyx,* **Samb., Syrph.,** *Tanac.*
„Spitfire": **Aran., Bombyx, Samb., Syrph.,** *Tanac.*
Ypsiloneule: All-c., *Bombyx,* **Samb., Syrph.,** *Tanac.*
Rüsselkäfer: All-c., **Aran.,** Ferr-s., Hyssop., Nat-c., Ocim., Sat., Thuja
Schildläuse: All-c., Chrysop., **Coccin., Coccus, Salv., Shellac,** Thuja
harte: **Bombyx, Coccus,** Salv., **Shellac**
Honigschildblattlaus: **Coccus, Shellac**
weich: **Bombyx, Coccin.,** Salv., **Shellac**
Schnecken: Helix-t.
Schwärmer: **Aran., Bombyx,** Ricin., **Syrph., Tanac.,** Thuj.
Termiten: Camph.
Thripse (Fransenflügler): Acon., All-c**., Aran.,** Bell**.,** Calc-c., Hyssop., Kali-s., Nat-s., *Ocim.,* Phos., Sat., **Syrph.,** *Thuja, Val.*
Bananenrostthripse (Thysanoptera): Am-c., Bell., Kali-s., Nat-p., Nat-s., Val.
Bohnenblütenthripse: **Acon.,** Val.
Ungeziefer: All-c.
Wanzen: Aran., Canth., Ferr-m., Hyssop., Kali-c., Kali-perm., Ocim., Sat., Sulph., Thuja, Trop.
Amplypelta nitida*: Phos., Sulph.
„Bronze Orange" Wanze: Camph., Canth.
Kürbiswanze: **Syrph.,** Trop.
Wespen: **Aran.,** Hyssop., Sat., **Syrph.,** Thuja
Wolllaus: **Syrph.,** Trop.
Würmer: Ricin., Tanac.
Zikaden: Kali-perm., Ocim., **Syrph.**

Spezifische Krankheiten

Anthraknose: *Arn.,* Bell., Calc-c., *Calen.,* **Carb-v., Nat-sal.,** Ocim., Phos., **Sal-ac.,** Sat.
Blütenbrand: Nat-m., Nat-p., Phos., Sulph.
mit:
Bakterien: Ferr-m., Ferr-p., Hyssop., Lact-ac., **Nat-sal.,** Ocim., Phos., **Sal-ac.,** Sat., Sulph.
Pilzen: Equis., Sil.
Nematoden: Calc-f., Calc-p., **Calen.,** Carb-v., **Tanac., Teucr.,** Trop., Val.
Viren: **Acon., Bell.,** Kali-m., **Nat-sal., Sal-ac.**
Baumkrebs: Ferr-s., Lap-a., Sil., Thuj.
bei:
Hülsenfrüchten: Acon., Cham., Sat.
Kartoffel: Lap-a.
Korbblütengewächsen: Ferr-s.
Kürbisgewächsen: Ferr., Ferr-p.
Lippenblütengewächsen: Lact-ac.
Nachtschatten: Ocim.
Rosengewächsen: All-c., Bell., Lap-a., Nat-sal., Sal-ac.
Süßgräsern: Acon., Bell., Berb., Sec., Ustil.
Tomaten: Ocim.
Wein: Hyssop.

Brand: All-c., Ferr-p., Hyssop., Kali-m.
Bakterienbrand: Ocim.
Blattstreifenbrand, des Weizens: Ustil.
Flugbrand: Ustil.
Fusarium: Nat-sal., Ustil.
Maisbeulenbrand: Ustil.
Weizenbrand, indischer: Ustil.
Dürrfleckenkrankheit: All-c., Kali-perm., Mang., Sulph.
Gallen: Sulph., Thuj.
Krone, an der: Sulph.
Pilzgallen: Thuj.
Wurzel, an der: Sulph.
Gangrän: All-c., Lapis, **Nat-sal., Sal-ac.**, Sil., Sulph.
Fäule: Berb., Bov., **Carb-v.,** Equis., Hyssop., Lap-a., Phos., Sil., Sulph.
Armillaria-Wurzelfäule: Phos.
Blütenendfäule: Lapis-a., Oxim.
Erdbeeren, der: Lap-a.
Braunfäule: All-c., Coch., Mang., Phos., Sulph.
Steinobst, auf: All-c.
Erwiniafäule: Hyssop., Lact-ac., Nat-p., Phos., Sulph.
Glomerellafäule: Lapis.
Kartoffelfäule: Lap-a.
Pfropfen, beim: Arn.
Phomafäule der Kartoffel (Phoma exigua): Lap-a., Kali-p.
Phytophthorafäule:
Veredlungsstelle, oberhalb der: Kali-m., Sulph.
Veredlungsstelle, unterhalb der: Nat-p., Phos., Sulph.
Schwarzfäule: Lact-ac., Lapis.
Rosen, der: Lap-a.
Stängelfäule der Kartoffel: Lap-a.
Stängelgrundfäule: Am-m., Calc-f., Calc-p., Sulph.
aufgedunsen: Berb.
Avocado: Calc-f.
Flecken, mit: **Nat-sal., Sal-ac.,** Sil., Sulph.
nass: Am-m., Berb., Bov., **Carb-v.,** Equis., Sil., Sulph.
schaumig: **Nat-sal., Sal-ac.,** Sulph.
schleimig: Equis., Sil., **Nat-sal.,** Sulph., Valer.
verdörrt: Equis., Sil., **Nat-sal.,** Sulph.
Trockenfäule: Berb., Bov., **Carb-v.,** Coch., Equis., Lact-ac., Lap-a., Phos., Sil., Sulph.
Weichfäule: Lact-ac., Phos., Sulph.
Wurzelfäule: Phos., Ferr.
schwarze: Lap-a.
Wurzelhalsfäule der Kartoffel: Lap-a.
Flecken, lederfarbene (Leatherleaf): Sulph.
Fleckenkrankheiten: Ferr-p. Mag-s., Mang., Nat-c., Nit-ac., Sulph.
Blattfleckenkrankheit: Calc-f, Calc-p., Ferr-s. Mag-s., Mang., Nat-c., Nit-ac., Sat., Sulph.
Alternaria spp: Ferr-s.
eckig: Sat.
Getreide, bei: Ferr-s.
Fettfleckenkrankheit der Bohne (Pseudomonas phaseolicola): Nat-m., Nat-p., Phos., Sat., Sulph.
„Halo Spot"/Pseudomonas: Ferr-p., Nat-s., **Samb.,** Sulph.
Netzfleckenkrankheit, Blattbräune (Pyrenophora teres): Calc-p.
Rübenfäule: Sat.
Rußtau:
schwarzer (Cladosporum u.a.): Bell.
Schwarzfleckigkeit (Bipolaris spp): Ferr-s., Nit-ac.
Sternrußtau: Bell., Ferr-m., Ferr-p., *Nit-ac.,* Sat., Sulph.
Weizenblattdürre: Calc-p., Ferr-p.
Halmbruchkrankheit: Calc-p., Nat-c., Nit-ac., Sulph.
Kräuselkrankheit: *Thuja*
Kraut- und Knollenfäule (Phytophtora infestans): All-c., Sulph.
Kartoffeln, auf: All-c.
Tomaten, auf: All-c.
Mehltau: All-c., Berb., Calc-p., Equis., Ferr-s., Kali-m., Kali-perm., Lact-ac., Mag-s., Mang., *Nit-ac.,* Sil., Sulph.
Gräsern, auf: (s. Rasenkrankheiten)
Gurken, auf: All-c.
Mehl, wie: Kali-m.
Mehltau, echter: All-c., Bell., Equis., Ferr-s., Kali-m., Kali-perm., Lact-ac., Mag-s., *Nit-ac.,* Sil., Sulph.
Rosen, auf (Sphaeroteca pannosa): Bell.

Mehltau, falscher: All-c., Calc-p., Ferr-s., Kali-m., Kali-perm., Lact-ac., Mag-s., Nat-sal., *Nit-ac.,* Sal-ac., Sulph.
Stachelbeeren, auf: All-c.
Mutterkorn: Kali-s., Nat-s., **Sec.,** Ust.
Stadium, frühes: Am-m.
Pseudomonas/Phytophthora: All-c., Ferr-m., Ferr-p., Hyssop., Lap-a., Mang., Phos., Sal-ac., Sulph.
Rasenkrankheiten:
Anthraknose (Colletotrichum graminicola): Bell.
Fusarium: Bell.
Hexenbesenkrankheit (Sclerophthora macrospora): Bell.
Kupfer-Flecken (Gloeocercospora sorghii): Bell.
Mehltau, echter (Erysiphe graminis): Bell.
Pythium spp.: Bell.
Rhizoctonia solani: Bell.
Rost (verschiedene Erreger): Bell.
Talerfleckenkrankheit (Sclerotinia homeocarpa): Bell.
Typhula-Fäule (verschiedene Erreger): Bell.
"Wegschmelz"-Erkrankung (Melting-Out; Bipolaris, Drechslera u.a.): Bell.
Rettichschwärze (Aphanomyces raphani): Lap-a.
Rost (Puccinia): Acon., Bell., Berb., Kali-s., Nat-s., Phos., Sulph., Val.
Anfangsstadium: Ferr-p.
Apfel: Bell.
Bananen: **Acon., Bell.,** Canth.
Thysanoptera, verursacht durch (vgl. Schädlinge/Thripse): Kali-s.
Blatt: **Acon., Am-c., Bell.,** Berb., *Canth.,* Ferr-m., Ferr-p., Nat-s., *Phos.,* Sat., Sulph.
Bohnen: **Acon., Bell.,** Canth., Sat.
Braunrost (Puccinia recondita): Acon., Nat-p.
Chrysanthemen: **Acon.,** Am-c., **Bell.,** Canth.
Fuchsie: Bell.
Getreiderost (Puccinia graminis): Bell.
gelber Rost: Cham.
Himbeere: Bell.
Iris: **Acon., Bell.,** Canth.
Löwenmäulchen: **Acon., Bell.**
Nadelrost auf Fuchsien (Pucciniastrum epilobii): Bell.
Nelke: Bell.
Pappel: **Acon., Bell.**
Pelargonium: **Acon.,** Am-c., **Bell.,** Canth.
Pfirsich: Bell.
plötzliches Auftreten: Acon.
Ringelblume: **Acon., Bell.**
Rose: **Acon., Bell.**
Rote Bete: Acon.
roter Rost: Cham.
Stängel, am: **Acon.,** Am-c., **Bell.,** Berb., Canth., Ferr-m., Nat-s., Sat., Sulph.
Steinobst: Bell.
Streifen: **Acon.,** Am-c., **Bell.,** Berb., Canth., Ferr-m., Nat-s., Sulph.
Weizengelbrost (Puccinia striata/striiformis): Acon., Nat-p.
Schalenbräune: Nat-m., Phos.
Schimmel: Bov., Calc., Calc-f., Equis., Ferr-s., Kali-m., Lap-a., Mang., **Nat-sal.,** Phos., **Sal-ac.,** Sil., Sulph., Val.
feucht: Bov., **Nat-sal., Sal-ac.,** Sulph.
grau: Ferr-s., Kali-m., Sulph.
schleimig: Val.
schwarz: Ferr-s., Sulph., Val.
trocken: Bov., Equis., Kali-m., Mang., **Nat-sal.,** Sil., Sulph., Val.
weißlich: Kali-m.
Schorf:
Apfel (Venturia inaequalis): All-c., Zinc.
Blattfleckenkrankheit (Rhynchosporium): Nat-m., Nat-sal., Ocim., Phos.
Flugbrand: Ustil., Zinc.
Kartoffel: Ustil., Zinc.
Pulver (Spongospora subterranea): All-c., Zinc.
Rhizoctonia: Zinc.
Violett (Sphaceloma violae): Zinc.
Zitrus: Zinc.
Schwarzbeinigkeit: Bell., Ferr-p., Mang.
Schwarzspelzigkeit (Xanthomonas): Ferr-p.
Septoria: Calc-f., Calc-p., Mag-s., Mang., Nat-c., *Nit-ac.,* Phos., Sulph.
Blatt- und Spelzenbräune (Septoria nodorum): Ferr-s.
Blattfleckenkrankheit: Ferr-s., Mang., Nat-c., *Nit-ac.,* Phos., Sulph.

Getreides, des (Leptosphaeria nodorum):
Ferr-s., Mang., Nat-c., *Nit-ac.*, Phos., Sulph.
Stippfleckigkeit: Calc-c.
Streifenkrankheiten: Sulph.
Adernschwärze: Nat-s., Sulph.
Blattstreifenkrankheit, bakteriell: Ferr-m., Ferr-p., Nat-m., **Nat-sal.,** Phos., **Sal-ac.**
Gerste, der: Mang.
„Halo"/Pseudomonas: Phos.
Rost: **Acon.,** Am-c., **Bell.,** *Canth.*
Umfallkrankheit: Calc-c., **Carb-v.,** Cham., Mag-c., Mag-s.
Sämlinge: Cham.
Überdüngung, durch: Cham.
Viren: Mag-c.
Alfalfavirus: **Nat-sal., Sal-ac.**
Gelbverzwergungsvirus: **Acon., Bell.,** Kali-m., **Nat-sal., Sal-ac.**
Gerste, der: Acon.
Mosaikvirus: Lact-ac., Lapis, **Nat-sal., Sal-ac.**
Kartoffelvirus: **Nat-sal., Sal-ac.**
Ringfleckenvirus: Nat-sal.
Tomatenbronzefleckenvirus: Ocim., Sat.
Tospoviren (Tomato Spotted Wilt Virus): Ocim.
Tabakmosaikvirus: Lact-ac., Lapis, **Nat-sal.,** Ocim., **Sal-ac.**
Weizenblattdürre (Phyrenophora tritici-repentis): Nat-sal., Mang.
Welke
Bakterienwelke (Erwinia spp. / Ralstonia spp.): Ferr-p.
Fusarium-Welke: Ocim., Sat.
„windrowing": **Carb-v.,** Mag-c., Nat-c.
Wurzelkrebs: Mag-p.

Stängel

Ährenbildung:
verdreht: Calc-f.
zahlreich: Calc-f., Calc-p.
kümmerlich: Acon.
unfruchtbar: Calc-p.
Astbildung:
verminderte: Nit-ac.
Aussehen, kreidig: Calc-c.
Blattscheide, Krankheiten der: Sil.
brüchig:
brechen bei Belastung: Sil.
Zweige, Stängel und: Sil.
geschwollen:
Basis: Calc-p.
Knoten: Calc-f.
harte: Calc-f.
ödematös: Samb.
stellenweise: Nat-m.
Rinde
brüchig, Baumrinde: Nit-ac.
Flecken:
rot: Sil.
Gallen, Baumrinde, auf der: Sil.
Insektenbefall, durch: Sil.
hart: Sil.
Krankheiten der R.: Sil.
Leder, wie: Sil.
rissig: Nit-ac.
trocken und rau: Calc-f.
rot: Calc-p.
Basis: Calc-f.
Knoten: Calc-f.
schwach: Nit-ac.
starr: Nit-ac.
Umfallen (des Getreides): Am-m., Berb., Calc., Calc-p., Camph., Mag-s.
Abbrechen: Calc-p.
beinahe, bei kränkelnden Pflanzen: Ferr., Mag-p.
durch Staunässe: Camph.
Folgen von: Camph.
Rasen, des: Calc.
Sämlinge, der
Getreide, bei: Calc.
Umknicken:
Blüte, der (Head Tipping): Kali-p.
Kopfes, des: Ferr.
Verfärbung:
rot: Calc-p. Nit-ac.
Basis: Calc-f.
Flecken: Sil.
Getreide, bei: Sulph.
Knoten: Calc-f.

Rost, scharlachroter, auf Blättern, Stängeln und Blüten: Bell.
violett: Nit-ac.

Unkräuter

Allgemein: Athyr., Foen-an., Ruta, Sil., Tingis, Vacc.
Disteln: Tingis.
Wildkräuter: Sil.

Verschiedene Krankheitsursachen

Bakteriell: **Nat-sal., Sal-ac.**
Dünger: **Am-c., Kali-n., Nit-ac.**
Brandschäden durch D.: Canth.
überdüngte Pflanzen: Cham.
Herbizide: Arn., Sulph.
Krankheit: Acet-ac., **Acon.**, Am-c., **Bell.**, *Cit-ac.*, Ferr-m., Ferr-p., Nat-c., *Oxal-ac.*
ausgeheilt, nicht:
akute Krankheiten: Sulph.
Fäule, nach: Carb-v.
Nematoden: **Calen., Tanac., Teucr.**, Trop., Val.
Pilze: Berb., Bov., **Carb-v.**, Coch., Equis., Sil.
Sonnenstich, chronische Beschwerden durch: Nat-c.
Staunässe: Camph., Ferr., Mag-p., Nat-s.
Entwässerung: Val.
Versalzung: Mag-p., Mag-s., Nat-c., Nat-m., Nat-s.
Stress durch Umweltfaktoren: Kali-p.
Temperaturschock: Mag-c.
Frost, durch: Mag-c.
Umtopfen, Umpflanzen:
Schock durch: Sil.
Verletzung, durch: (siehe Verletzung)
wachsen nicht an, nach Umtopfen: Sil.
Verbrennung:
Auffrischen der Pflanzensäfte nach V.: Canth., Carb-v.
Dünger, durch: Canth.
Feuer, durch: Acon., Bell., Canth., Caps., **Carb-v.**, Ferr-m., Ferr-p., **Nat-sal., Sal-ac.**, Sulph.
Sonnenbrand: Acon., Bell., Carb-v., **Canth., Caps.**
Wassertropfen, durch: Canth.
Wind, durch: Canth., Mag-c., Nat-c.
Vergiftung, durch Schwermetalle: Sulph.
Verletzung: Acon., **Arn., Calen.**, Carb-v., **Cham.**, Ferr-p., Sil.
Insekten, durch: **Acon.**, *All-c., Am-c., Aran.*, **Bell., Bombyx,** Chrysop., **Coccin.,** Ferr-s., Hyssop., Kali-n., Kali-perm., Men., Nat-sal., Ocim., Ricin., **Ruta,** Sal-ac., Salv., Samb., Sat., Syrph., **Tanac.,** Tarent., **Teucr.,**Thuja, Trop., Val.
mechanische Ursachen, durch: Acon., **Arn., Calen., Carb-v.,** Ferr-m., Ferr-p., Sil.
Sturmschäden: **Arn., Calen., Carb-v.,** Ferr-m., Ferr-p., **Nat-sal., Sal-ac., Sil.**
„windrowing“: **Carb-v.,** Nat-s., Sulph.
Wunden und Risse:
alte, mit Geschwüren: Arn.
nässende: Arn.
Nematoden, durch: Calen.
offene: Calen.
Pfropfen/Schneiden, durch: Arn., Calen., Sil.
Umtopfen, durch: Arn., Calen., Carbo-v., Sil.
Versalzung: Nat-m.
Bohrungen, durch: Mag-m., Mag-s., Nat-m.
Dünger, Rückstände von: Mag-p., Mag-s., Nat-c., Nat-m., Nat-s.
Salze, natürliche: Mag-p., Mag-s., Nat-c., Nat-m., Nat-s.
Viren: **Acon.**, Am., **Bell.**, *Canth.*, **Nat-sal., Sal-ac.**

Wasserbedarf

agg. Gießen: Acon., Tromb.
Aufnahme beeinträchtigt: Mag-p.
erhöht: Acon., All-c., Am-c., Am-m., Bell., Berb., Bov., Bufo, Calc-c., Canth., Cham., Ferr., Ferr-p., Mag-p., Mag-s., Nat-c., Sulph., Val., Vib., Zinc.
Feuerschäden, nach: Canth., Carb-v.
nachmittags und abends: Bov.
Welken nach Umtopfen, bei: Arn.
oft: Am-c.

variabel, individuell: Carb-v.
verringert: Berb., Calen., Sil.

Wurzeln

Ablösung, Epidermis, der: Sulph.
Absonderungen:
  schaumig: Berb., Cham.
  zäh: Berb., Camph.
Anwachsen:
  kein A., nach Umtopfen: Sil.
beschädigt: Arn.
Bläschen: Am-c., Sulph., Val., Zinc-m.
  rot: Berb.
  weiß: Berb.
blass: Vib.
braun und kurz: Calc-c.
Geruch:
  faulig: Bov., Cham.
  schlecht: All-c., Nit-ac.
geschwollen: Am-c., Nit-ac.
Geschwüre: Lap-a., Mag-p., Nit-ac.
  rot: Mag-p.
  wundes Aussehen: Mag-p.
  Wurzelkrebs, bakterieller: Mag-p.
knotig: Zinc-m.
kurz: Calc.
rau, Epidermis: Mag-s.
rissig, Epidermis: Mag-p.
schimmelig: Cham., Tromb.
schleimig: Camph., Sil., Sulph.
trocken: Am-c., Berb., Mag-s., Sulph.
  unter der Epidermis: Ferr-p.
  Wurzelspitze: Cham.
Verfärbung:
  braun: Calc.
  Flecken:
    dunkel: Nit-ac.
    grün: Nit-ac.
  rot: Am-c., Cham., Ferr-p.
  weißlich: Val.
Wurzelgallen: Sulph.
Wurzelkrebs: Mag-p.

Index der Mittel und Nährstoffe

Bezugsquelle für homöopathische Präparate

Die im Buch beschriebenen homöopathischen Präparate zur Behandlung von Pflanzen und Boden sind einzeln oder als Set beim Narayana Verlag zu beziehen.

Weitere Information gibt:

Narayana Verlag
Blumenplatz 2, 79400 Kandern,
Tel. 07626 974 9700,
Fax. 07626 974 9709,
info@narayana-verlag.de
www.narayana-verlag.de

Index der Schädlinge und Krankheiten

Abkürzungsverzeichnis

Absin.	Absinthium (Artemisia absinthium)
Acet-ac.	Aceticum acidum
Acon.	Aconitum
All-c.	Allium cepa
All-s.	Allium sativa
Alumn.	Alumen
Alum.	Alumina
Am-c.	Ammonium carbonicum
Am-m.	Ammonium muriaticum
Am-p.	Ammonium phosphoricum
Am-s.	Ammonium sulphuricum
Ambly.	Amblyseius
Aphid.	Aphidius
Aran.	Aranea diadema
Arn.	Arnica montana
Ars.	Arsenicum album
Athyr.	Athyrium filix-femina
Bac-thur.	Bacillus thuringiensis
Bell.	Belladonna
Berb.	Berberis vulgaris
Bomb-pr.	Bombyx processionea
Borx.	Borax
Bor.	Boron
Bov.	Bovista
Bufo	Bufo rana
Cadm.	Cadmium metallicum
Calc.	Calcium carbonicum
Calc-f.	Calcium fluoricum
Calc-p.	Calcium phosphoricum
Calc-sil.	Calcium silicatum
Calc-s.	Calcium sulphuricum
Calen.	Calendula
Camph.	Camphora
Canth.	Cantharis
Carb-ac.	Carbolicum acidum
Carb-v.	Carbo vegetabilis
Carc.	Carcinosinum
Caust.	Causticum
Cham.	Chamomilla
Chrysop.	Chrysopidae
Cit-ac.	Citricum acidum
Cob.	Cobalt
Cocc-s.	Coccinella septempunctata
Coc-c.	Coccus cacti
Cupr.	Cuprum metallicum
Cupr-s.	Cuprum sulphuricum
Dol.	Dolichos pruriens
Encar.	Encarsia formosa
Equis.	Equisetum hyemale
Ferr.	Ferrum metallicum
Ferr-m.	Ferrum muriaticum
Ferr-p.	Ferrum phosphoricum
Ferr-s.	Ferrum sulphuricum
Foen-an.	Foeniculum vulgare
Gast.	Gastein aqua
Gels.	Gelsemium
Helx-t.	Helix tosta
Hep-s.	Hepar sulphuris calcareum
Hypo-m.	Hyposmocoma molluscivora
Hyssop.	Hyssopus officinalis
Influ.	Influenzinum
Kali-bi.	Kalium bichromicum
Kali-c.	Kalium carbonicum
Kali-i.	Kalium iodatum
Kali-m.	Kalium muriaticum
Kali-n.	Kalium nitricum
Kali-ox.	Kalium oxalicum
Kali-perm.	Kalium permanganicum
Kali-p.	Kalium phosphoricum
Kali salts	Kalium Salze
Kali-s.	Kalium sulphuricum
Lac-ac.	Lacticum acidum
Lap-a.	Lapis albus
Lat-h.	Latrodectus hasselti
Lat-k.	Latrodectus katipo
Lat-m.	Latrodectus mactans
Leuco-p.	Leucochloridium paradoxum
Mag-c.	Magnesium carbonicum
Mag-m.	Magnesium muriaticum
Mag-p.	Magnesium phosphoricum
Mag-s.	Magnesium sulphuricum
Mag.	Magnesium metallicum
Mang.	Manganum
Mang-acet.	Manganum aceticum

Menth.	Mentha piperita
Menth-s.	Mentha spicata
Menth-v.	Mentha viridis
Merc-c.	Mercurius corrosivus
Moly.	Molybdaenum
Morg.	Morgan
Nast.	Nasturtium aquaticum
Nat-c.	Natrium carbonicum
Nat.	Natrium metallicum
Nat-m.	Natrium muriaticum
Nat-p.	Natrium phosphoricum
Nat-sal.	Natrium salicylicum
Nat-s-f.	Natrium silicatum fluoricum
Nat-s.	Natrium sulphuricum
Nit-ac.	Nitricum acidum
Oci-b.	Ocimum basilicum
Oci.	Ocimum canum
Ox-ac.	Oxalicum acidum
Phase.	Phaseolus nanus
Ph-ac.	Phosphoricum acidum
Phos.	Phosphorus
Pice-a.	Picea abies
Plb.	Plumbum metallicum
Porce.	Porcellio scaber
Quas.	Quassia amara
Ric.	Ricinus communis
Rumin-d.	Rumina decollata
Ruta.	Ruta graveolens
Sal-ac.	Salicylicum acidum
Salv.	Salvia officinalis
Samb.	Sambucus nigra
Sat-h.	Satureia hortensis
Sec.	Secale cornutum
Shellac	Shellac
Sil.	Silicea terra
Sil-mar.	Silica marina
Sulph.	Sulphur
Sul-ac.	Sulphuricum acidum
Syrph.	Syrphina larva
Tage-e.	Tagetes erecta
Tage-p.	Tagetes patula
Tanac.	Tanacetum vulgare
Tarent-c.	Tarentula cubensis
Tarent.	Tarentula hispanica
Teucr.	Teucrium marum verum
Ther.	Theridion curassavicum
Thuj.	Thuja occidentalis
Thyr.	Thyreoidinum
Tingis	Tingis cardui
Trom.	Trombidium muscae domesticae
Trop.	Tropaeolum majus
Uran-n.	Uranium nitricum
Urea	Urea pura
Ust.	Ustilago maydis
Vacc.	Vaccininum
Vacc-m.	Vaccinium myrtillus
Valer.	Valeriana officinalis
Vib.	Viburnum opulus
X-ray	X-ray
Zinc.	Zincum metallicum

Literaturverzeichnis

A

Aabel S., Fossheim S., Rise F., «Nuclear magnetic resonance (NMR) studies of homeopathic solutions», Br.Hom.J., 90 : 14-20, 2001.

Aakster C. (2001). Alternatieve geneeswijzen anno 2001. Tijdschrift voor integrale Geneeskunde, 17, (5), 203-213

Aakster C., Van Dijk P. en Van Wijk R., (ed.) (1989). Integrale Geneeskunde. Groningen

Aakster C., Aakster P. en Scheffer T. (1993). Prospectief verzamelde gegevens in een natuurgeneeskundige praktijk. Tijdschrift voor Integrale Geneeskunde 8(5), 224-233.

Abdel-Rahim, M.F., Satour, M.M., Mickail, K.Y., El-Eraki, S.A., Grinstein, A., Chen, Y. & Katan, J. 1988. Effectiveness of soil solarization in furrow-irrigated soils. Plant Disease 72: 143-146.

Abu Gharbieh, W.I., Saleh, H. & Abu-Blan, H. 1990. Use of black polyethylene for soil solarization and post plant-mulching. 229-242. In DeVay, J.E., Stapleton, J.J. & Elmore, C.KL., eds. Proc. of the First Int. Conference on Soil Solarization. Amman, Jordan, 19-25 February 1990. FAO Plant Protection and Production Paper No, 109. Rome, 1991.

Abu-Gharbieh, W. 1997. Pre- and post-plant soil solarization. pp. 15-34. In Stapleton, J.J., DeVay, J.E. & Elmore, C.L., eds. Proc. of the Second Int. Conference on Soil Solarization and Integrated Management of Soil-borne pests. Aleppo, Syrian Arab Republic. 16-21 March 1997. FAO Plant Protection and Production Paper No.147. Rome, 1998.

Abu-Irmaileh, B.E. 1990. Weed control in vegetables by soil solarization. pp.155-166. In DeVay, J.E., Stapleton, J.J. & C.L. El-more, eds. Proc. of the First Int. Conference on Soil Solarization. Amman, Jordan, 19-25 February 1990. FAO Plant Protection and Production Paper No. 109. Rome, 1991.

Abu-Irmaileh, B.E. 1991a. Weed control in squash and tomato fields by soil solarization in the Jordan Valley. Weed Res. 31(3): 125-133.

Abu-Irmaileh, B.E. 1991b. Soil solarization controls broom-rapes (Orobanche spp.) in host vegetable crops in the Jordan Valley. Weed Tech. 5: 575-581.

Abu-Irmaileh, B.E. 1994. Weed control by soil solarization in newly established fruit trees. Dirasat 21(5): 207-219.

Abu-Irmaileh, B.E. & Thahabi, S. 1997. Comparative solarization effect on Cuscuta and Orobanche species. pp.227-239. In Stapleton, J.J., DeVay, J.E. & Elmore, C.L., eds. Proc. of the Second Int. Conference on Soil Solarization and Integrated Management of Soil-borne pests. Aleppo, Syrian Arab Republic. 16-21 March 1997. FAO, Plant Protection and Production Paper No. 147. Rome, 1998.

Agnastostatos G.S., "Small water clusters (clathrates) in the preparation process of homeopathy", 121-128, 5-19, in Ultra High Dilution, Physiology and Physics, Endler and Schulte Eds, Kluwer Academic Publisher, Dordrecht, ISBN 0-7923-2676-8, 1994.

Agrow. 1996. World Crop Protection News. December 13.

Agrow. 1997a. World Crop Protection News. February 14 and

Agrow. 1997b. World Crop Protection News, July 11.

Alcocer-Ruthling, M., Thill, D.C. & Shafii, B. 1992. Seed biology of sulfonylurea-resistant and -susceptible biotypes of prickly lettuce (Lactuca serriola). Weed Tech. 6: 858-864.

Allen T.F. 1863. USA Encyclopedia of Materia Medica. Reprint B.Jain 1992 India.

Al-Raddad, A. M. 1979. Soil disinfestations by plastic tarping. Faculty of Agriculture, University of Jordan, Amman. (M.Sc. thesis)

American Society of Agronomy. Multiple Cropping. 1976. ASA Special Publication No. 27. American Society of Agronomy, Madison, WI.

Andersen J.O., Kaack K., Nielsen M., Thorup- Kristensen K. en Labouriau R., (2001). Comparative study between biocrystallisation and chemical analysis of carrots (Daucus carota L.) grown organically using different levels of green manures.

Anderson, T. 2001. Biotech soybean seed helps growers produce safe and profitable crops. American Soybean Association.

Anon. 1984. Plastic mulch: the choice of film. Plasticulture 62: 37-44.

Anon. 2003. Hydrilla verticillata (Hydrilla). The Western Aquatic Plant Management Society.

Ashworth, L.J. & Gaona, J. 1982. Evaluation of clear polyethylene mulch for controlling Verticillium wilt in established pistachio nut groves. Phytopathology 72: 243-246.

Auquière, J.P., Moens, P. and Martin, P.L. (1982). Recherche de l'action de dilutions homéopathiques sur les végéteaux: II. Action du $CuSO_4$ sur la Moutarde blanche (Sinapis alba L. var. dialba) intoxiquée au $CuSO_4$ 0.1 et 0.2%. J. Pharm. Belg. 37, 117-134.

B

Back, K., He, S., Kim, K.U. & Shin, D.H. 1998. Cloning and bacterial expression of sesquiterpene cyclase, a key branch point enzyme for the synthesis of sesquiterpenoid phytoalexin capsidiol in UV-challenged leaves of Capsicum annuum. Plant Cell Physiol. 39 (9): 899-904.

Baerson, S. R., Rodriguez, D. J., Tran, M., Feng, Y., Biest, N.A. & Dill, G.M. 2002. Glyphosate-resistant goosegrass. Identification of a mutation in the target enzyme 5-enolpyruvylshikimate-3-phosphate synthase. Plant Physiology 129: 265-1275.

Balciunas, J. K., & Center, T.D. 1988. Australian insects to control Hydrilla, an update.

Baker. K.F. 1962. Principles of disinfestations of heat-treated soil and planting material. J. of the Australian Institute of Agricultural Sciences 28: 118-126.

Baker, K.F. & Cook, R.J. 1974. Biological control of plant pathogens. San Francisco: W. H. Freeman and Company.

Ballare, C.L., Barnes, P.W. & Flint, S.D. 1995. Inhibition of hypocotyls elongation by ultraviolet-B radiation in de-etiolating tomato seedlings. I. The photoreceptor. Physiol. Plant 93: 584-592.

Balzer-Graf, U. (1987). Vitalaktivität von Nahrungsmitteln im Spiegel bildschaffender Methoden. Elemente der Naturwissenschaft 46, 69-92.

Banthorpe, D.V. 1991. Terpenoids classification of terpenoids and general procedures for their characterization. In Terpenoids of Methods in Plant Biochemistry Vol. 7. Academic Press, London. pp. 1-41.

Barakat, R.M. 1987. comparative effect of different colors of polyethylene tarping on soil borne pathogens. University of Jordan, Amman. (M.Sc. thesis)

Barakat, A. R, Al-Khwaldeh, M. Zobaidi., Heyari, M., Faza'a, S. Abduljabbar,Y., Salameh, Z., Al-Mahamid, & Sa'eed, W. 2001. GTZ-IPM and phase-out of the use of MeBr in Jordan. The Third Farmers' Visits for 2001 Season in the Jordan Valley. GTZ-NCARTT. 29 pp. Amman, Jordan.

Basold, A. (1968). Potenzforschung als Weg zum Erfassen der Substanzbildekräfte. Elemente der Naturwissenschaft 8, 32-43.

Bastide, M. (1998). Information and Communication in Living Organisms. In: Fundamental Research in Ultra High Dilution and Homoeopathy. J. Schulte and P.C. Endler (Eds.). Dordrecht, Kluwer Academic Publishers, 229-239.

Baumgartner, S.M., Heusser, P., Thurneysen, A., 1998, Methodological Standards and Problems in Preclinical Homeopathic Potency Research, Forsch Komplementärmed 5, 27-32.

Baumgartner, S.M., 1999. Präklinische homöopathische Potenzforschung als soziale und wissenschaftliche Herausforderung, in: Heusser, P. (ed.),

1999, Akademische Forschung in der Anthroposophischen Medizin. Beispiel Hygiogenese: Natur- und geisteswissenschaftliche Zugänge zur Selbstheilungskraft des Menschen. Peter Lang, Bern

Baumgartner, S.M., Shah, D., Heusser, P., Thurneysen, A., 2000. Homeopathic dilutions: Is there a potential for application in organic plant production?, in „IFOAM 2000 — The World Grows Organic". T. Alföldi, W. Lockeretz and U. Niggli. Zürich, vdf Hochschulverlag: 97-100.

Beatrix, (2001) Besluit van 19 januari 2001. houdende vaststelling van het warenwetbesluit kruidenpreparaten. Staatsblad van het koninkrijk der Nederlanden, 56, 1-12

Becker-Witt et al. Effectiveness and costs of Homeopathy compared to conventional medicine - a prospective multicenter cohort study. London: The Royal Homeopathic Hospital, 2003.

Bekkering GM, van den Bosch W, van den Hoogen H. Bedriegt schone schijn? Een onderzoek om de gerapporteerde werking van een homeopathisch middel te objectiveren. Huisarts en wetenschap 36, 1993: 414-415

Bell IR, Lewis DA2nd, Brooks AJ, Lewis SE, Schwartz GE, «Gas discharge visualisation evaluation of ultramolecular doses of homeopathic medicines under blinded, controlled conditions», J Altern Complement med, 9 : 25-38, 2003.

Bellavite P., Andrioli G., Lussignoli S., Bertani S., Conforti A. «Homeopathy in the perspective of scientific research», Ann.Ist. Super Sanita, 35 : 517-527, 1999.

Bellavite, P. and Signorini, A. (1995). Homoeopathy: A Frontier In Medical Science. Berkeley, North Atlantic Books.

Benbrook C.M. 2001. Trouble times amid commercial success for Roundup Ready soybeans. AgBioTech InfoNet technical paper number 4. May 3, 2001, 6 pp.

Bennett, C. A. & Buckingham, G.R. 1991. Laboratory biologies of Bagous affinis and B. laevigatus (Coleoptera: Curculionidae) attacking tubers of Hydrilla verticillata Hydocharitaceae). Ann. Entomol. Soc. Amer. 84 (4): 421-428.

Berkowitz, A.R. 1988. Competition for resources in weed-crop mixtures. In Altiera, M.A. and Liebman, M. eds. Weed management in agrosystems: ecological approaches. Boca Raton, Florida, CRC Press. pp. 89-119.

Betti L, Brizzi M, Nani D, Peruzzi M. Effect of high dilutions of Arsenicum album on wheat seedlings from seeds poisoned with the same substance, Br Hom J, 86 : 86-89, 1997.

Betti, L., Brizzi, M., Nani, D. and Peruzzi, M. (1994). A pilot statistical study with homoeopathic potencies of Arsenicum album in wheat germination as a simple model. British Homoeopathic Journal 83, 195-201.

Betti L; Lazzarato L; Trebbi G; Brizzi M; Calzoni GL; Borghini F; Nani D. Effects of homeopathic arsenic on tobacco plant resistance to tobacco mosaic virus. Theoretical suggestions about system variability, based on a large experimental data set. Homeopathy, 92: 195-202, 2003.

Bockemühl J., (1982). Levensprocessen in de natuur. Vrij Geestesleven, Zeist (NL)

Bockemühl J., (2000). Ein Leitfaden zur Heilpflanzenerkenntnis. Verlag am Goetheanum, Dornach (CH)

Boekaerts M., Pintrich P.R. en Zeidner M., (2000). Handbook of Self-Regulation. Academic Press

Boericke W. 1923 USA. Handbuch der homöopathischen Arzneimittellehre. 2. überarbeitete Neuauflage 2008. Narayana-Verlag.

Bonner, J. 1950. The role of toxic substances in the interactions of higher plants. The Botanical Review 16: 51-65.

Bortoft H., (1996) The Wholeness of Nature: Goethe's Way toward a Science of Conscious Participation in Nature. Lindisfarne Press, New York

Boucher, Jude. 2000. Setting a Trap. American Vegetable Grower. January. p. 20, 22.

Boyd W.E., (1954) Biochemical and biological evidence of the action of high potencies. Br Hom J, 43, 6-44

Brennan R.F. 1991. Effect of copper application on take-all severity and grassyield of wheat. Australian journal of experimental agriculture 31/255-8

Brennan R.F. 1992. Effect of super and Nitrogen on take-all and yield of wheat. Fertiliser Research. 31/43-49

Brennan R.F. 1992. The role of manganese and nitrogen in susceptibility of wheat to take-all. Fertiliser research. 31 /35-41

Braun, M. 1987. Solarization for sanitation – Possibilities and limitations, based on experiments in southern Germany and Sudan. Gesunde Pflanzen (Germany, F.R.) 39: 30-309.

Brazelton, R. W. 1968. Sterilizing soil mixes with aerated steam. pp.35. In Hartman, H.T. and Kester, D.E. 1975. Plant propagation, Principles and Practices. 3rd ed. Prentice-Hall, Inc. New Jersey, USA.

Brighenti, A. M., Gazziero, D. L. P., Voll, E., Adegas, F.S. & Val, W.M.C. 2001. Análise de crescimento de biótipos de amendoim-bravo (Euphorbia heterophylla) resistente e suscetível aos herbicidas inibidores da ALS. Planta Daninha 19: 51-59.

Brizzi M, Nani D, Peruzzi M, Betti L, «Statistical analysis of the effect of high dilutions of arsenic in a large dataset from a wheat germination model», Br Hom J, 89 :63-67, 2000.

Brock, T.D. 1978. Thermophylic Microorganisms and Life at High Temperatures. Springer-Verlag, New York.

Brostoff J. Low Dose Desensitisation. Comm Br Homoeopath Res Grp 1986; 16: 21–24.

Bryant, R. 1999. Agrochemicals in perspective: Analysis of the worldwide demand of agrochemical active ingredients. The Fine Chemicals Conference, Kensington, London, 29-30 November, 1999.

Buchanan C. 1997. Brother Crow, Sister Corn. Ten Speed Press, Berkeley, California.

Buhler, D. D. 2002. Challenges and opportunities for integrated weed management. Weed Sci. 50: 273-280.

Buhler, D. D., Hartzler, R.G. & Forcella, F. 1997. Implications of weed seedbank dynamics to weed management. Weed Sci. 45: 329-336.

Burnet, M. W. M., Hart, Q., Holtum, J.A.M. & Powles, S.B. 1994. Resistance to nine herbicide classes in a population of rigid ryegrass (Lolium rigidum). Weed Sci. 42: 369-377.

Burrows, W.C. & Larson, W.E. 1962. Effect of amount of mulch on soil temperature and early growth of corn. Agronomy J. 54: 19-23.

Bussler W. 1962 Germany. Comparative examinations of plants suffering from potash deficiency. Reprint Verlag Chemie Germany.

Butler G.W. en Baily R.W. (eds), (1973). Chemistry and Biochemistry of Herbage. London/New York

C

Caduto M J. and Burchac, J. 1996. Native American Gardening. Fulcrum Publishing, Golden, Colorado. p. 70-93.

Camazine S., Deneubourg J.L., Franks N.R., Sneyd J., Theraulaz G. en Bonabeau E., (2001) Self-Organization in Biological Systems. Princeton University Press

Campbell D.T. en Stanley J.C., (1966) Experimental and quasi-experimental designs for research. Rand McNally, Chicago

Canel, C. 1999. From genes to phytochemicals: the genomics approach to the characterization and utilization of plant secondary metabolism. Acta Hortic. 500: 51-57.

Carmona, R. & da C. Villas-Bôas, H.D. 2001. Dinâmica de sementes de Bidens pilosa no solo. Pesquisa Agropecuaria Brasileira 36: 457-463.

Carpenter, J.E. & Gianessi, L.P. 2001. Agricultural biotechnology: Updated benefit estimates. Report from the National Center for Food and Agricultural Policy. Washington DC, 46 pp.

Caseley, J. C., Leah, J.M., Riches, C.R. & Valverde, B.E. 1996. Combating propanil resistance in Echinochloa colona with synergists that inhibit acylamidase and oxygenases. Proc. of the Second Int. Weed Control Congress, Copenhagen, Denmark. 2: 455-460.

Cerda A. Martinez V. 1988. Nitrogen fertilisation under saline conditions in tomatoes and cucumbers. Journal of horticultural science 63/451-8

Chaves, L., Valverde, B.E. & Garita, I. 1994. Resistencia del pasto Honduras (Ixophorus unisetus) a herbicidas inhibidores de la sintetasa del acetolactato. Resúmenes V Congreso Internaci-onal de Manejo Integrado de Plagas. San José, Costa Rica, p. 197.

Chellemi, D.O. 1997. Contribution of soil solarization to integrated pest management systems for field production. pp. 322-332. In Stapleton, J.J., DeVay, J.E. & Elmore, C.L., eds. Proc. of the Second Int. Conference on Soil Solarization and Integrated Management of Soil-borne Pests. Aleppo, Syrian Arab Republic. 16-21 March, 1997. FAO. Plant Protection and Production Paper No.147. Rome, 1998.

Chen R., McKeever S.W.S. Theory of Thermoluminescence and Related Phenomena, World Scientic, Singapore, 1997, pp. 1-559.

Chen, Y. & Katan, J. 1980. Effect of solar heating of soil by transparent polyethylene mulching on their chemical properties. Soil Science 130: 271-277.

Chin, D. V. 2001. Biology and management of barnyardgrass, red sprangletop and weedy rice. Weed Biology and Management 1: 37-41.

Chhokar, R. S. & Malik, R.K. 2002. Isoproturon-resistant littleseed canarygrass (Phalaris minor) and its response to alternate herbicides. Weed Tech. 16: 116-123.

Christoffoleti, P. J. 2002. Curvas de dose-resposta de biótipos resistente e suscetível de Bidens pilosa L. aos herbicidas inibidores da ALS. Scientia Agricola 59: 513-519.

Christoffoleti, P. J. 2001. Análise comparativa do crescimento de biótipos de picão-preto (Bidens pilosa) resistente e suscetível aos herbicidas inibidores da ALS. Planta Daninha 19: 75-83.

Christoffoleti, P. J., Kehdi, C. A. & Cortez, M.G. 2001. Manejo da planta daninha Brachiaria plantaginea resistente aos herbicidas inibidores da ACCase. Planta Daninha 19: 61-66.

Christensen, S. 1993. Weed suppression in cereal varieties. Min. Agric. Statens Planeavlsforsog. Denmark. No. 1. p. 104. (Ph.D. thesis)

Chou, C.H., Chang, F.J. & Oka, H.I. 1991. Allelopathic potential of wild rice Oryza perennis. Taiwania 36 (3) 201-210.

Clarke J.H. 1900 UK. Dictionary of practical Materia medica. Reprint B. Jain 1991 India.

Cochrane Collaboration, (2002). Cochrane reviewers handbook online (downloads van de website)

Coleman, R. K., Gill, G. S. & Rebetzke, G.J. 2001. Identification of quantitative trait loci for traits conferring weed competitiveness in wheat (Triticum aestivum L.). Australian J. of Agricultural Res. 52: 1235-1246.

Coles P. Benveniste controversy rages on in the French press. Nature 1988; 334(6181): 372.

CONAB. Companhia Nacional de Abastecimento, 2002. Acompanhamento da safra 2001/02. Sexto levantamento. Julho/2002.

Conacher J. 1979 Australia Pests predators and pesticides. Reprint Organic growers ass. 1991 Australia

Cook D. en Campbell D., (1979) Quasi- experimentation: design & analysis for field settings. Rand McNally, Chicago

Cortez, M. G., Christoffoleti, P.J., Victoria Filho, R. & de Prado, R. 2000. Resistência cruzada e mecanismo de resisência em biotipos de Brachiaria plantaginea resistentes a herbicidas inibidores da ACCase. Resumos. XXII Congreso Brasileiro da Ciência das Plantas. Daninhas. Foz do Iguaçu, Brasil, p. 498.

COST Action B4, Final report supplement, «Basic Research Literature Review », Office for Official Publication of the European Committee Publisher, 158-161, 1999.

Courtois, B. & Olofsdotter, M. 1998. Incorporating the allelopathy trait in upland rice breeding programs. In Olofsdotter, M. ed. Allelopathy in Rice. Manila, Philippines: Int. Rice Research Institute. pp. 57-68.

CSIRO Soil and plant analysis. Special Edition 1993. Australia

Cucherat M., Haugh M.C., Gooch M. en Boissel J.-P. (2000). Evidence of clinical efficacy of homeopathy. Eur J Clin Pharmacol, 56, 27-33

Cunningham S J. Great Garden Companions: A Companion-Planting System for a Beautiful, Chemical-Free Vegetable Garden. 1998. Rodale Press, Emmaus, PA.

D

Daar, S. 1988. Mixing Broccoli Cultivars Reduces Cabbage Aphids. IPM Practitioner. May. p. 12.

deBairachi Levy J. 1952. UK Herbal Handbook For Farm and Stable. Reprint Rodale press 1976 USA

Del Giudice E., "Is the memory of water a physical impossibility", 117-119, 5-19, in Ultra High Dilution, Physiology and Physics, Endler and Schulte Eds, Kluwer Academic Publisher, Dordrecht, ISBN 0-7923-2676-81994.

Demangeat J.L., C.Demangeat, P.Gries, B.Poitevin, A. Constantinesco, «Modifications des remps de relaxation RMN à 4 MHz des protons du solvant dans les très hautes dilutions salines de silice/ lactose», J.Med.Nucl.Biophys, 16 :135-145, 1992.

Demangeat J.L., P.Gries, B.Poitevin, "Modification of 4 MHz N.M.R. water proton relaxation times in very high diluted aqueous solutions", in Signal and Images, M.Bastide Ed, Kluwer Academic Publisher, Dordrecht, ISBN 0-7923-4466-9, 95-110, 1997.

Demangeat J.L., et al. (1992) Modifications des temp de relaxation RMN B 4 MHz des protons du solvant dans les très hautes dilutions salines de silice/ lactose. J Med Nucl Biophys, 16, 135-145

De Schipper S., (2002) Rups luistert af in wapenwedloop met plant. Noorderlicht (VPRO) 21.10.02 (via website www.vpro.nl/wetenschap/)

DeVay, J.J. 1990. Historical review and principles of soil solarization. In DeVay, J.E., Stapleton, J.J. & Elmore, C.L., eds. Proc. of the First Int. Conference on Soil Solarization, Amman, Jordan, 19-25 February 1990. FAO Plant Protection and Production Paper No. 109. Rome, 1991.

DeVay, J.E., Stapleton, J.J. & Elmore, C.L. eds. 1991. Proc. of the First Int. Conference on Soil Solarization. Amman, Jordan, 19-25 February 1990. FAO. Plant Protection and Production Paper No. 109. Rome, 1991.

Dilday, R.H., Nastasi, P., Lin, J. & Smith, R.J., Jr. 1991. Allelopathic activity in rice (Oryza sativa L.) against ducksalad (Heteranthera limosa (sw.) Willd.). In D. Hanson, M.J. Shaffer. D.A. Ball. and C.V. Cole., eds. Symposium Proc. on Sustainable Agriculture for the Great Plains. USDA, ARS-89. pp. 193-201.

Dilday, R. H., Yan, W.G., Moldenhauer, K.A.K. & Gravois, K.A. 1998. Allelopathic activity in rice for controlling major aquatic weeds. In Olofsdotter, M., ed. Allelopathy in Rice. Manila, Philippines: Int. Rice Research Institute. pp. 7-26.

Dubois, P. 1978. Plastic in Agriculture. App. Sci. Publ. Ltd., London.

Du Bois-Reymond E., (1918) Jungendbriefe an Eduard Hallmann. Reimer Verlag, Berlin

Duke, S.O. 2001. Herbicide-resistant crops. In Pimentel, D., ed. Encyclopedia of Pest Management. Marcel Dekker, Inc., New York (in press).

Duke, S.O., Scheffler, B.E., Dayan, F.E., Weston, L.A. & Ota, E. 2001. Strategies for using transgenes to produce allelopathic crops. Weed Tech.15: 826-834.

Duke, S. O., ed. 1996. Herbicide resistant crops. Agricultural, environmental, regulatory, and technical aspects. CRC Press, Boca Raton, Florida, USA. 420 pp.

Dyer, W. E., Chee, P.W. & Fay, P.K. 1993. Rapid germination of sulfonylurea-resistant Kochia scoparia L. accessions is associated with elevated seed levels of branched chain amino acids. Weed Sci. 41: 18-22.

E

Eames-Sheavly M. No date. The Three Sisters: Exploring an Iroquois Garden. Cornell University Cooperative Extension. p. 7.

Ebana, K., Yan, W., Dilday, R.H., Namai, H. & Okuno, K. 2001. Variation in the allelopathic effect of rice with water soluble extracts. Agronomy J. 93: 12-16.

Egley, G.H. 1983. Weed seed and seedling reduction by soil solarization with transparent polyethylene sheets. Weed Sci.31: 404-409.

Einhehelig, F.A., Leather, G.R. & Hobbs, L. 1985. Use of Lemma minor L. as a bioassay in allelopathy. J. Chemical Ecology 11(1): 65-72.

Eldad, Y., Katan, J. & Chet, I. 1980. Physical, biological, and chemical control integrated for soil-borne diseases in potatoes. Phytopathology 70: 119-121.

Emde, A. (1994). Übertragbarkeit homöopathischer Prinzipien auf die Krankheitsbehandlung von Pflanzen. Diplomarbeit im Fachbereich Landwirtschaft. Witzenhausen, Universität Gesamthochschule Kassel. This publication can be obtained from the author: Andrea Emde, Am Sande 6, D-37213 Witzenhausen.

Emde, A. (1995). Homöopathie für Pflanzen. Röthenbach/Allgäu, Fachverlag Hannelore Snoek.

Erney D. 1996. Long live the Three Sisters. Organic Gardening. November. p. 37-40.

Eskinazi D., (1999). Homeopathy re-revisited: is homeopathy compatible with biomedical observations? Arch Intern Med, 159(17), 1981-7

Estevão E., Bonamin LV. A homeopatia tratando distúrbios de comportamento: cães agressivos e/ou destrutivos. Anais do VIII SINAPIH, 20-22 may, 2004. p. 29. (http//climed.epm.br/ sinapih/index).

EU. 2000. Economic impacts of genetically modified crops on the agrifood sector - A synthesis. Working document Directorate-General for Agriculture.

Explanation of Benveniste. Nature 1988; 334(6180): 85–6.

F

Fasoula, D. A. & Fasoula, V.A. 1997. Competitive ability and plant breeding. Plant Breeding Reviews 14: 89-138.

Fay, P.K. & Duke, W.B. 1977. An assessment of allelopathic potential in Avena germplasm. Weed Sci. 25: 224-228.

Feigin A. 1985 Fertilisation management of crops irrigated with saline water. Plant and Soil 89/285-99

Filliat C. Particularité de l´utilization de l´homeopathie en production avicole. Annals of the « Entretiens Internationaux de Monaco 2002», October 5th-6th, 2002.

Fischer A. J. 1996. Integrated red rice management in Latin American rice fields. Proc.of the Second Int. Weed Control Congress. Copenhagen, Denmark, 2: 53-664.

Flowerdew B. Bob Flowerdew's Complete Book of Companion Gardening. 1995. Kyle Cathie, London, GB.

Fischer, A., Ramírez, J., H. V. & Lozano, J. 1997. Suppression of junglerice (Echinochloa colona) (L.) Link by irrigated rice cultivars in Latin America. Agronomy J. 89: 516-521.

Floyd R. 1986 Molybdenum deficiencies in vegetables. Farmnote 88/86 Agdex 250/632

Forcella, F., Benech Arnold, R. L., Sanchez, R. & Ghersa, C.M. 2000. Modeling seedling emergence. Field Crops Res. 67: 23-139.

Ford Denison, R. 1999. Ecological risks of genetically-engineered crops. University of California, Davis. 25-28 June 1996: Vol. 1-4, pp: 623-628. Brown, H., Cussans, G. W., Devine,

M.D., Duke, S.O., Fernandez-Quintanilla, C., Helweg, A., Labrada, R., Landes, M., Kudsk, P. & Streibig, J. C. eds.

Forth W., (1985). Pharmakotherapie in Homöopathie und Schulmedizin. Die Inkompatibilität der Konzepte. In: Volrad-Deneke J.F., et al. (eds.). Aktuelle Fragen der Sozialmedizin. Bochum, 313-324

Fredshavn, J.R., Poulsen, G.S., Huybrechts, I. & Rudelsheim, P. 1995. Competitiveness of transgenic oilseed rape. Transgenic Res. 4: 142-8.

Frohne D. en Jensen U., (1992). Systematik des Pflanzenreichs: unter besonderer Berücksichtigung chemischer Mermale und pflanzlicher Drogen. Stuttgart

Fujii, Y. 1992. The potential biological control of paddy weeds with allelopathy: allelopathic effect of some rice varieties. In Proc. Int. Symposium on Biological Control and Integrated Management of Paddy and Aquatic Weeds in Asia. Tsukuba, Japan. National Agricultural Research Center. pp. 305-320.

Fujiyoshi P. 1998. Mechanisms of Weed Suppression By Squash (Cucurbita spp.) Intercropped in Corn (Zea mays L.). Dissertation University of California Santa Cruz.

Fuller H.J. and Ritchie D.D. 1941 USA. General Botany. Reprint Harper and Row 1967 USA

G

Gabarino M S. and Sasso R F. 1994. Native American Heritage. Waveland Press, Prospect Heights, Illinois. p. 308

Gamliel, A., Hadar, E. & Katan, J. 1989. Soil solarization to improve yield of gypsophila in monoculture systems. Acta Horticulturae 255: 131-138.

Gamliel, A., & Stapleton, J.J. 1993a. Characterization of anti-fungal volatile compounds evolved from solarized soil amended with cabbage residues. Phytopathology 83: 899-905.

Gamliel, A. & Staplelton, J.J. 1993. Effect of soil amendment with chicken compost or ammonium phosphate and solarization on pathogen control, rhizosphere microorganisms, and lettuce growth. Plant Disease 77: 886-891.

Gamliel, A. & Staplelton, J.J. 1997. Improvement of soil solarization by colatile compounds generated from organic amendments. Phytoparasitica 25 (supplement): 315-385.

Garita, I., Valverde, B. E., Chacón, L.A., de la Cruz, R., Riches, C.R. & Caseley, J.C. 1995. Occurrence of propanil resistance in Echinochloa colona in Central America. Proc. Brighton Crop Protection Conference - Weeds 1: 193-196.

Garro, J. E., de la Cruz, R. & Shannon, P.J. 1991. Propanil resistance in Echinochloa colona populations with different herbicide use histories. Proc. Brighton Crop Protection Conference - Weeds 3: 1079-1083.

Garrity, D.P., Movillon, M. & Moody, K. 1992. Differential weed suppression ability in upland rice cultivars. Agon. J. 84: 586-591.

Gaudet, C.L. & Keddy, P.A. 1988. A comparative approach to predicting competitive ability from plant traits. Nature 334: 242-243.

Gazziero, D. L. P., Brighenti, A. M., Maciel, C.D.G., Christofolleti, P.J., Adegas, F.S. & Voll, E. 1998. Resistência de amendoim - bravo aos herbicidas inibidores da enzima ALS. Planta Daninha 16: 117-125.

Gazziero, D. L. P., Christoffoleti, P. J., Brighenti, A. M., Prete, C.E.C. & Voll, E. 2000. Resistência da planta daninha capimmarmelada (Brachiaria plantaginea) aos herbicidas inibidores da enzima accase na cultura da soja. Planta Daninha 18: 169-184.

Gealy, D.R & Dilday, R.H. 1997. Biology of red rice (Oryza sativa L.) accessions and their susceptibility to glufosinate and other herbicides. Weed Sci. Soc. Am. Abstr. 37: 34.

Gelmini, G. A., Victória-Filho, R., Soares-Novo, M. C. S. & Adoryan, M.L. 2001. Resistência de biótipos de Euphorbia heterophylla L. aos herbicidas inibidores da enzima ALS utilizados na cultura de soja. Bragantia 60: 93-99.

Gelmini, G.A., Victória Filho, R., Novo, M.C.S.S. & Adoryan, M.L. 2002. Resistência de Bidens subalternans aos herbicidas inibidores da enzima acetolactato sintase utilizados na cultura da soja. Planta Daninha 20: 319-325.

Gershenzon, J. & Croteau, R. 1993. Terpenoid biosynthesis: the basic pathway and formation of monoterpenes, sesquiterpenes, and diterpenes. In T.S. Moore., ed. Lipid Metabolism in Plants. CRC Press, Boca Raton, Florida, USA. pp. 340-388.

Gill, G. S. 2001. Resistance management in Australian wheat and Indian rice/wheat cropping systems. Japan-Australia Seminar, Utsunomiya University, 5-7 November 2001, pp. 33-37.

Gloy K., (1996). Die Geschichte des ganzheitlichen Denkens, Verlag CH Beck, München

Göbel T., (1988). Die Pflanzenidee als Organon. Neifern-Öschelbronn, Tycho Brahe Verlag

Greco, N., Di Vito, M. & Saxena, M. 1990. Soil solarization for control of Pratylenchus thornei on chickpea in Syria. pp. 182-188. In DeVay, J.E., Stapleton, J.J. & Elmore, C.L., eds. Proc. of the first Int. Conference on Soil Solarization. Amman, Jordan, 19-25 February 1990. FAO Plant Protection and Production Paper No.109. Rome, 1991.

Gressel, J. 2002. Molecular Biology of Weed Control. Taylor and Francis Publishers, London. Hahlbrock, K. and D. Scheel 1989. Physiology and molecular biology of phenylpropanoid metabolism. Ann. Rev. Plant Physiol. Plant Mol. Biol. 40: 347-369.

Grieve M.A. 1931 UK. A modern Herbal. Reprint Dover Publications 1964 USA.

Griggs B., (1981) Green Pharmacy: The History and Evolution of Western Herbal Medicine. Rochester

Grossman J. and Quarles W. „Strip intercropping for biological control." 1993. The IPM Practitioner. April. p. 1-11.

Gruys, K. J., Biest-Taylor, N. A., Feng, P. C. C., Baerson, S. R., Rodriguez, D. J., You, J., Tran, M., Feng, Y., Kreuger, R.W., Pratley, J.E., Urwin, N.A. & Stanton, R.A. 1999. Resistance of glyphosate in annual ryegrass (Lolium rigidum). II Biochemical and molecular analyses. Weed Sci. Society of America Abstracts 39: 163.

H

Haidar, M. A. & Iskandarani, N. 1977. Soil solarization for control of dodder (Cuscuta spp.) and other weeds in cabbage. pp. 264-274. In Stapleton, J.J., DeVay, J.E.& Elmore C.L., eds. Proc. of the Second Int. Conference on Soil Solarization and Integrated Management of Soil-borne pests. Aleppo, Syrian Arab Republic. 16-21 March, 1997. FAO, Plant Protection and Production Paper No. 147. Rome, 1998.

Hall, J.C., Donnelly-Vanderloo, M.J. & Hume, D.J. 1996. Triazine-resistant crops: The agronomic impact and physiological consequences of chloroplast mutation. In Duke, S.O. ed., Herbicide-resistant crops. Agricultural, Environmental, Economic, Regulatory and technical aspects. USA, CRC Press. pp. 107-126.

Hall, L., Topinak, K., Huffman, J. & Davis, L. (2000). Pollen flow between herbicide-resistant Brassica napus is the cause of multiple-resistant B. napus volunteers. Weed Sci. 48, 688-694.

Hancock, M. 1988. Mineral additives for thermal barriers plastic films. Plasticulture 79: 4-14.

Hartmann N., (1941). Zur Lehre vom Eidos bei Platon und Aristoteles. Abhandlungen der Preußischen Akademie der Wissenschaften. Verlag der Akademie der Wissenschaften, Berlin

Hasse, V. 2001. Quarterly Status Report and Activity Forecast Phase-Out of the Use of MeBr in Jordan. Period 1 October 2001 to 31 December 2001. GTZ- NCARTT. Amman, Jordan. 10 pp.

Hasson, A.M., T. Hassaballah, R. Hussain & Abbas, L. 1977. Effect of soil sterilization on nitirification in soil. J. of Plant Nutrition 10: 1805-1809.

Hauser, T.P., Jørgensen, R.B. & Østergård, H. 1998. Fitness of backcross and F2 hybrids between weedy Brassica rapa and oilseed rape (B. napus). Heredity 81: 436-443.

Hawthorn, B.T. 1975. Effect of mulching on the incidence of Sclerotinia minor on lettuce. New Zealand J. of Experimental Agriculture 3: 73-27.

Heap, I. & LeBaron, H. 2001. Introduction and overview of resistance. pp. 1-22, In S. B. Powles &. Shaner, D.L., eds. Herbicide resistance in world grains. CRC Press, Boca Raton, Florida, USA.

Heimlich, R.E., Fernandez-Cornejo, J.F., McBride, W., Klotz-Ingram, C., Jans, S. & Brooks, N. 2000. Adoption of genetically engineered seed in U.S. agriculture. In Proc. of 6th Intl. Symposium on the Biosafety of GMOs. eds. Fairbairn, C., Scoles, G. & McHughen, A. Saskatoon, Canada. pp. 56-63.

Hemphill J. & R. 1991 Australia Hemphill's Book of herbs. Child and associates. Australia.

Hering C. 1848 USA. The Guiding symptoms of our Materia Medica. Reprint B. Jain 1992 India

Hidayat, I. & Preston, C. 2001. Cross-resistance to imazethapyr in a fluazifop-P-butyl-resistant population of Digitaria sanguinalis. Pesticide Biochemistry and Physiology 71: 190-195.

'High-dilution' experiments a delusion. Nature 1988; 334: 287– 90.

Hill A.B., (1965). The environment and disease: Association and causation. In: Proceedings of the Royal Society Medicine, 58

Hillborn, M.T., Helper, P.R. & Cooper, G.R. 1957. Plastic film aids control of lettuce diseases. Marine Farm Res. V: 11-17.

Hill, J.E., Roberts, S.R., Scardaci, S.C. & Williams, J.F. 1997. Rice herbicides and water quality. A Califonia success story in government and industrial coordination. Proc. of 16th Asian Pacific Weed Society Conference (Kuala Lumpur, Malaysia). Asian-Pacific Weed Science Society, Kuala Lumpur, pp. 388-392.

Horowitz, M., Rogers, Y. & Herlinger, G. 1983. solarization for weed control. Weed Sci.31: 70-179.

Howard Garret J. Howard Garret's Organic Manual. 1993. Lantana Publishing Co., Dallas, TX.

Howe H.F., en Westley (1988). Plant Defense and Animal Offense. Hfdst 3 uit Ecological Relationships of Plants and Animals. Oxford

Hrobjartsson A. en Gotzsche P.C., (2001). Is the Placebo powerless? - An analysis of clinical trials comparing placebo with no treatment. New Engl J Med, 344, 1594-1602

Hussey N.W. 1981. Cultural innovation: its implications for mushroom pestcontrol. The Congress Australia.

Hussey N.W. and Scopes N.E.A. 1985 UK. Biological Pestcontrol. Blandford Press UK

Hylton W. H. Editor 1974 USA. The Rodale Herbbook. Rodale Press USA.

Hyvönen, T. & Salonen, J. 2002. Weed species diversity and community composition in cropping practices at two intensity levels - a six-year experiment. Plant Ecology 154: 73-81.

I

Inderjit. 1996. Plant phenolics in allelopathy. Bot. Rev. 62: 186-202.

Iragavarapu T.K. and Randall G.W. „Border effects on yields in a strip-intercropped soybean, corn, and wheat production system." 1996. Journal of Production Agriculture. Vol. 9, No. 1. p. 101-107.

Ismail, B. S., Chuah, T. S. & Khatijah, H.H. 2001. Metabolism, uptake and translocation of 14C-paraquat in resistant and susceptible biotypes of Crassocephalum crepidioides (Benth.) S. Moore. Weed Biology and Management 1: 176-181.

Ismail, B. S., Chuah, T.S. & Salmijah, S. 2001. Germination, emergence and growth of glyphosate resistant and susceptible biotypes of goosegrass (Eleusine indica). Proc.II, 18th Asian-Pacific Weed Sci. Society Conference, The Asian-Pacific Weed Science Society, Beijing, pp. 471-481.

Itoh K. 2000. Importance of biodiversity of aquatic plants in agro-ecosystem for rice production. In Abstracts of the Int. Symposium on Weed Biodiversity (National Sun Yatsen University, Kaohsiung, Taiwan, 28-30 November, 2000). Weed Science Society of the Republic of China and National Sun Yatsen University, Kaoshing, p. 10.

Itoh, K., Uchino, A., Wang, G.X. & Yamakawa, S. 1997a. Distribution of Lindernia spp. resistant biotypes to sulfonylurea herbicides in Yuza Town, Yamagata Prefecture. J. of Weed Sci. and Tech. 42 (supplement): 22-23.

Itoh, K., Wang, G. X. & Uchino, A. 1997b. Non-effective problems of Lindernia weeds to one-shot application herbicides including sulfonylureas in Tohoku area. J.of Weed Science and Technology 42 (supplement): 12-13.

Itoh, K., Azmi, M. & Ahmad, A. 1992. Paraquat resistance in Solanum nigrum, Crassocephalum crepidioides, Amaranthus lividus and Conyza sumatrensis in Malaysia. Proc. 1st Int. Weed Control Congress, Melbourne, Australia, 17-21 February, 1992. 2: 224-228.

J

Jacobson, R., Greenberger, A., Katan, J., Levi, M. & Alon, H. 1980. control of Egyptian Broomrape (Orobanche aegyptiaca) and other weeds by means of solar heating of the soil by polyethylene mulching. Weed Sci. 28: 312-316.

Jahr 1855. Therapeutischer Leitfaden. Lieth Verlag, unveränderter Nachdruck der Ausgabe von 1869, 2003

James, C. 2001. Global GM Crop Area continues to grow and exceeds 50 million hectares for first time in 2001. Intl. Service for the Acquisition of Agri-Biotech Applications.

James, C. 2001. Global review of commercialized transgenic crops: 2001. ISAAA Briefs, 24. Ithaca, NY: Int. Service for the Acquisition of Agri-Biotech Applications. 20 p.

James, E. H., Kemp, M.S. & Moss, S.R. 1995. Phytotoxicity of trifluoromethyl- and methyl-substituted dinitroaniline herbicides on resistant and susceptible populations of black-grass (Alopecurus myosuroides). Pesticide Science 43: 273-277.

Jarvis, W., 1994, Homeopathy: A Position Statement By the National Council Against Health Fraud, Sceptic, 3 (1), 50-57;

Jasieniuk, M., Brûlé-Babel, A.L. & Morrison, I.N. 1996. The evolution and genetics of herbicide resistance in weeds. Weed Sci. 44: 176-193.

Jeavons J. How To Grow More Vegetables Than You Ever Thought Possible On Less Land Than You Can Imagine, 5th edition. 1995. Ten Speed Press, Berkeley, CA.

Jenkins G.L. Hastung W.H. 1949 USA. Chemistry of Organic Medical Products. John Wing and Sons Inc. USA

Jensen, J.E. 1993. Fitness of herbicide-resistant weed biotypes described by competition models. In Proc. of the 8th EWRS Symposium Quantitative approaches in weed and herbicide Res. and their practical application, Braunschweig. 25-32.

Jensen, L.B., Courtois, B., Shen, L., Li, Z., Olofsdotter, M. & Mauleon, R.P. 2001. Location genes controlling rice allelopathic effects against barnyardgrass in upland rice. Agron. J. 93: 21-26.

Johns T., (1996). The Origins of Human Diet and Medicine. (With bitter herbs they shall eat it). Arizona

Jouanny J. The essential of homeopathic therapeutics. Lyon : Laboratoires Boiron, 1995.

Jugl M., Zitterl-Eglseer K., Beier Th., Spegser J., Schilcher F., Gabler C., Schuh M., Franz Ch. en Bucher A. (2000). Carrot Pectines – Acidic Oligosaccharides – Versus Antibiotic Feed Additives In The Rearing Of Pigs. München

Julian O.A. 1982. France Treatise on Micro- immunotherapy. Reprint B.Jain 1989 India.

Junker H., (1925). Über die Wirkung hochverdünnter Substanzen auf Paramäcien. Biol Zentralbl, 45, 1, 26

Junker H., (1928). Die Wirkung extremer Potenzverdünnungen auf Organismen. Pflugers Arch ges Phys 219B, 5/6, 647-672

K

Kanampiu, F. & Friesen, D. 2002. Striga weed control with herbicide-coated maize seed. International Maize and Wheat Improvement Center (CIMMYT).

Kaplan R.C. and Gergman E.L. 1985 Virus infection and nutrient elemental content of the host plant. Communications in soil science and plant analysis 16/439-65

Katan, J. 1981. Solar heating (solarization) of soil for control of soil borne pests. Annual Review of phytopathology 19: 211-236.

Katan, J., Greenberger, A., Alon, H. & Grinstein, A. 1976. Solar heating by polyethylene mulching for the control of diseases caused by soilborne pathogens. Phytopathol. 66: 683-688.

Katan, J. 1985. Solar disinfestations of soils. P. 274-278. In Proc. 4th Int. Conress of Plant Pathol. Parker, C.A., Rovira, A.D., Moore, K.J. & Wong, P.T.W., eds. The Amer. Phytopathol. Press, St. Paul, MN, USA.

Katan, J. 1987. Soil solarization, pp. 77-105, In Innovative approaches to plant disease management, I. Chet, ed., John Wiley and Sons, New York.

Kaviraj, V.d. Homoeopathy for Farm and Garden. Mark Moodie Publications. UK 2006.

Kirkwood, R., Singh, S. & Marshall, G. 1997. Resistance of Phalaris minor to isoproturon: Mechanism and management implications. Proc. 16th Asian-Pacific Weed Sci. Society Conf., Kuala Lumpur, Malaysia, 8-12 September 1997. pp. 204-207.

Khanna, K.K. and Chandra, S. (1976). Control of tomato fruit rot caused by Fusarium Roseum with homoeopathic drugs. Indian Phytopathology 29, 269-272.

Khanna, K.K. and Chandra, S. (1978). A homoeopathic drug controls mango fruit rot caused by Pestalotia mangiferae Henn. Experientia 34, 1167-1168.

Khush, G.S. 1966. Genetic improvement of rice for weed management. In Naylor, R., ed. Herbicides in Asian rice: transitions in weed management. Palo Alto (California):Institute for Int. Studies, Stanford University, and Manila (Philippines): Int. Rice Research Institute. pp. 201-207.

Kiang JG, Marotta D, Wirkus M, Wirkus M, Jonas WB, «External bioenergy increases intracellular free calcium concentration and reduces cellular response to heat stress », J Invest Med, 50: 38-45, 2002.

Kienle G.S., (1995) Der sogenannte Placeboeffekt - Illusion, Fakten, Realität. Schattauer Verlag, Stuttgart/New York

Kim, K.U. & Shin, D.H. 1998. Rice allelopathy research in Korea. In M. Olofsdotter, ed. Proc. of the Workshop on Allelopathy in Rice, 25-27 November 1996. Manila (Philippines): Int. Rice Research Institute. pp. 39-44.

Kim, K.U., Shin, D.H., Kim, H.Y., Lee, I.J. & Olofsdotter, M. 1999. Evaluation of allelopathic potential in rice germplasm. Korean J. of Weed Sci.9 (2): 1-9.

Kim, K. U. 2000. Weed management implication and trends of direct seeding in Asia. Third Int. Weed Science Congress (Foz do Iguassu, Brazil, 6-11 June 2000). Int. Weed Science Society, Corvallis, Manuscript no. 508, pp. 1-10.

Kim, H.Y., Shin, H.Y., Sohn, D.S., Lee, I.J., Kim, K.U., Lee, S.C., Jeong, H.J. & Cho, M.S. 2000a. Enzyme activities and compounds related to selfdefense in UV-challenged leaves of rice. Korean J. Crop Sci. 46 (1): 22-28.

Kim, K.W., Kim, K.U., Shin, D.H., Lee, I.J., Kim, H.Y., Koh, J.C. & Nam, S.H. 2000b. Searching for allelochemicals from the allelopathic rice cultivar, Kouketsumochi. Korean J. of Weed Sci. 20 (3): 197-207.

King, G. (1988). Experimental Investigations for the Purpose of Scientific Proving of the Efficacy of Homoeopathic Preparations. Thesis, Institut für Physiologische Chemie. Hannover, Tierärztliche Hochschule.

Kleijnen J., Knipschild P. en Ter Riet G., (1991). Clinical trials of homoeopathy. University of Limburg, BMJ volume 302, 316-23

Knowles et al. 1991. Improved nitrogen management in irrigated durum wheat. Agronomy journal 83/346-52

Kolisko, L. (1923). Physiologischer und physikalischer Nachweis der Wirksamkeit kleinster Entitäten. Stuttgart, Verlag Der Kommende Tag AG.

Kovac, H., Muhry, F., Novic, S. and Moser, M. (1991). Das Wachstum von Weizenkeimlingen nach Zugabe von toxischen Substanzen. Mitteilungen des Instituts für Strukturelle Medizinische Forschung 3, 43-63.

Kramers C.W., (1998). Klinische toetsing van de homeopathie. Nearchus CV, Hemrik (NL)

Kremer, E. & Lotz, L.A.P. 1998. Germination and emergence characteristics of triazine-susceptible and triazine-resistant biotypes of Solanum nigrum. J. of Applied Ecology 35: 302-310.

L

Lagache A, «What is Information?» in Signal and Images, Bastide M ed., Dordrecht Kluwer Academic Publisher, ISBN 0-7923-5051-0, 279-293, 1997a.

Lagache A, Echos du sensible, Alpha Bleue Publisher, Paris, 1988.

Lagache A, „Notes on the conceptual basis of Science“, in Signal and Images, M.Bastide Ed, Kluwer Academic Publisher, Dordrecht, ISBN 0-7923-5051-0, 269-279, 1997b.

Lai, R. 1974. Soil temperature, soil moisture, and maize yield from mulched and unmulched tropical soils. Plants and soils 40: 129-143.

Lauppert, E. (1995). Auswirkung von „homöopathisch“ zubereitetem Kupfersulphat auf das Wachstum von Weizenkeimlingen. Diplomarbeit im Institut für Pflanzenphysiologie. Graz, Karl- Franzens-Universität.

Lee L. J. & Ngim, J. 2000. A first report of glyphosate-resistant goosegrass (Eleusine indica (L) Gaertn) in Malaysia. Pest Management Science 56: 336-339.

Leeser O. 1932 Germany. Textbook of Homoeopathic Materia Medica. Reprint B.Jain 1983 India.

Lemerle, D., B. Verbeek & Orchard, B. 2001. Ranking the ability of wheat varieties to compete with Lolium rigidum. Weed Res. 41: 197-209.

Le Moigne J.L., «La théorie du système général, théorie de la modélisation», 2ème ed.,3ème ed. augmentée, PUF Publisher Paris, 1977, 1990.

Le Moigne J.L., Carée H., „on modelling complex system applied to homeopathy“, in: Signal and Images, M.Bastide Ed, Kluwer Academic Publisher, Dordrecht, ISBN 0-7923-5051-0, 203-214, 1997.

Levin, D. D. 2001. The recurrent origin of plant races and species. Systematic Botany 26: 197-204.
Lewis D.C. and Sparrow L.A. 1991 Implications of soiltype, pasture composition and mineral content. Australian journal of experimental agriculture 31/609-15

Leather, G.R. 1983. Sunflowers (Helianthus annuus) are allelopathic to weeds. Weed Sci. 31: 37-42.

Lin, W., Kim, K.U., Liang, K. & Guo, Y. 2000. Hybrid rice with allelopathy, In K.U. Kim and hin, D.H. eds. Rice Allelopathy. Proc. of the Int. Workshop in Rice Allelopathy (Kyungpook National University, Taegu, Korea, 17-19 August 2000). Institute of Agricultural Science and Technology, Kyungpook National University, Taegu, pp. 49-56.

Linde K., Clausius N., Ramirez G., Melchart D., Eitel F., Hedges L.V. en Jonas W.B., (1997). Are the clinical effects of homoeopathy placebo effects? A meta-analysis of placebo-controlled trials. The Lancet, Vol. 350, 834-43

Linde K., Scholz M., Ramirez G., Clausius N., Melchart D. en Jonas W.B., (1999). Impact of Study Quality on Outcome in Placebo-Controlled Trials of Homeopathy. J. Clin Epidemiol, Vol.52, (7), 631-636. Elsevier Science Inc.

Linde K., Jonas W.B., Melchart D. en Willich S., (2001) The methodological quality of randomized controlled trials of homeopathy, herbal medicine and acupuncture. International Journal of Epidemiology, 30, 526-531

Linde, K., Jonas, W.B., Melchart, D., Worku, F., Wagner, H. and Eitel, F. (1994). Critical Review and Meta-Analysis of Serial Agitated Dilutions in Experimental Toxicology. Human & Experimental Toxicology 13, 481-492.

Linde W; Melchart D; Jonas WB; Hornung J. Ways to enhance the quality and acceptance of clinical and laboratory studies in homeopathy. British Homeopathic Journal, 83: 3-7, 1994.

Liu, D.L. & Lovett, J.V. 1993. Biologically active secondary metabolites of barley. 1. Developing techniques and accessing allelopathy in barley. J.of Chemical Ecology 19 (10): 2217-2230.

Liu, L., Gitz, D.C. & McClure, M.W. 1995. Effect of UV-B on flavonoids, ferulic acid, growth and photosynthesis in barley primary leaves. Physiol. Plant 93: 725-733.

Looijen R., (1998) Holism and reductionism in biology and ecology. The mutual dependence of higher and lower level research programmes. Doctoral thesis University Groningen, The Netherlands

Lovett, J.V. & Hoult, A.H.C. 1995. Allelopathy and self-defense in barley. Am. Chem. Soc. Symp. Ser. 582: 170-183.

M

Madsen, K.H. 1994. Weed management and impact on ecology of growing glyphosate tolerant sugarbeets (Beta vulgaris L). Royal Veterinary and Agricultural University, Denmark. (Ph.D. thesis)

Madsen, K.H., Poulsen, G.S., Fredshavn, J.R., Jensen, J.E., Steen, P. & Streibig, J.C. 1998. A method to study competitive ability of hybrids between seabeet (Beta vulgaris ssp. maritima) and transgenic glyphosate tolerant sugarbeet (Beta vulgaris ssp. vulgaris). Acta Agriculturæ Scandinavica, Section B, Soil and Plant Science 48: 170-74.

Madsen, K.H. & Jensen, J.E. 1998. Meeting and training on risk analysis of HRCs and exotic plants. Course material for the UN Food and Agricultural Organization (FAO) in Piracicaba, Brazil 19-22 May 1998.

Madsen, K.H. & Streibig, J.C. 2000. Simulating weed management in glyphosate-tolerant crops: Greenhouse and field studies. Pesticide Management Science 56: 340-344.

Madsen, K.H. & Sandøe, P. 2001. Herbicide resistant sugar beets - What is the problem? J. of Agricultural and Environmental Ethics 14 (2): 161-168.

Madsen, K.H., Sandøe, P. & Lassen, J. 2002a. Genetically modified crops: A US farmer's versus an EU citizen's point of view. Acta Agriculturae Scandinavica (in press).

Madsen, K.H., Valverde, B.E. & Jensen, J.E. 2002b. Risk assessment of herbicide resistant crops: A Latin American perspective using rice (Oryza sativa) as a model. Weed Tech. 16 (1), 215-223.

Mahrer, Y. 1979. Prediction of soil temperature of a soil mulched with transparent polyethylene. J. Appl. Metrerol. 18: 1263-1267.

Maier N.A. et al. 1989. Potassium nutrition of irrigated potatoes in South Australia. Australian journal of experimental agriculture 29/419-32

Majerus, M. (1990). Kritische Begutachtung der wissenschaftlichen Beweisführung in der homöopathischen Grundlagenforschung. Institut für Physiologische Chemie. Hannover, Tierärztliche Hochschule Hannover.

Malik, R. K. & Singh, S. 1995. Littleseed canarygrass (Phalaris minor) resistance to isoproturon in India. Weed Tech. 9: 419-425.

Malik, R. K. & Yadav, A. 1997. Potency of alternative herbicides against isoprotyron-resistance littleseed canary grass. Proc. 16th Asian-Pacific Weed Sci. Society Conf., Kuala Lumpur, Malaysia, 8-12 September 1997, pp. 208-210.

Mason and Gartrell (undated). Symptoms of Nutrient deficiencies in rape. Farmnote (No number) Agdex (no number)

Mattice, J.D., Lavy, T., Skulman, B.W. & Dilday, R.H. 1998. Searching for allelochemicals in rice that control ducksalad. In M. Olofsdotter., ed. Allelopathy in rice. Proc. Workshop on Allelopathy in Rice. Manila, Philippines, 25-27 Nov. 1996. IRRI, Manila, Philippines. pp. 81-98.

Mattice, J.D., Dilday, R.H., Gbur, E.E. & Skulman, B.W. 2001. Barnyardgrass growth inhibition with rice using high-performance liquid chromathography to identify rice accession activity. Agron. J. 93: 8-11.

Maturana H., (1982). Erkennen. Die Organisation und Verkörperung von Wirklichkeit, Braunschweig.

McClure and Roth. Rodale's Successful Organic Gardening: Companion Planting. 1994. Rodale Press, Emmaus, PA.

McLachlan K.D. and Norman B.W. 1962 Effects of previous superfosfate applications on pasture. Australian Journal of Agricultural Research. 13/5 832-52

McMaugh J. 1986 Australia. What Garden pest or disease is that? Landsdown Publishing 1995 Australia

McPharlin I and Phillips D. 1989. Nitrogen and Phosphorus disorders of vegetable crops. Bulletin no 4175 Agdex no 250/236

Melhorança, A. L. & Pereira, F. A. R. 2000. Eficiência do herbicida lactofen no controle de Euphorbia heterophylla resistente aos herbicidas inibidores da enzima acetolactato sintasa (ALS). Revista Brasileira de Herbicidas 1: 53-56.

Merotto, A., Jr., Vidal, R.A. & Fleck, N.G. 1999. Soybean tolerance to synthetic auxin and potential of mixtures with protox-inhibiting herbicides. Proc. British Crop Protection Conference - Weeds 1: 319-324.

Millspaugh C.F. 1892 USA. Medicinal plants. Yorston USA.

Minotti, P.L. & Sweet, R.D. 1981. Role of crop competition in limiting losses from weeds. In D. Pimental ed. Handbook of pest management in agriculture. Vol. II. Boca Raton Florida, USA. CRC Press. pp. 351-367.

Monqueiro, P. A. & Christoffoleti, P.J. 2001a. Bioensaio rápido de determinação da sensibilidade da acetolactato sintase (ALS) a herbicidas inibidores. Scientia Agricola 58: 193-196.

Monqueiro, P. A. & Christoffoleti, P.J. 2001b. Manejo de populações de plantas daninhas resistentes aos herbicidas inibidores da aceto- lactato sintase. Planta Daninha 19: 67-74.

Monqueiro, P.A., Christoffoleti, P. J. & Dias, C.T.S. 2000. Resistência de plantas daninhas aos herbicidas inibidores da ALS na cultura da soja (Glycine max). Planta Daninha 18: 419-425.

Moody, K. 1991. Weed management in rice. In Handbook of Pest Management in Agriculture 2nd edition. Pimenteal, D. ed. CRC Press Boca Raton, Florida, USA. pp. 301-328.

Moreno-Conzales, J. & Cubero, J.I. 1993. Selection strategies and choice of breeding methods. In Hayward, M.D., ed. Plant Breeding. Chapman and Hall, pp. 296-297.

Moreno, R. E. 2001. Soybean weed management in Argentina [abstract]. In Abstracts of the Third Int. Weed Sci. Congress, 2000 June 6-11; Foz do Iguassu, Brazil, pp. 520. CD-ROM. Available from the Int. Weed Science Society, Oxford, MS, USA.

Mortensen, D. A., Bastiaans, L. & Sattin, M. 2000. The role of ecology in the development of weed management systems: an outlook. Weed Res. 40: 49-62.

Muller C.H. & W.H. Haines B.L. 1964 Effect of Salvia on growth of grass. Science Newsletter UCA. USA

Muniappan, R, 1994. Chromolaena odorata. In Weed management for Developing Countries. eds. Labrada, R., Caseley, J.C. & Parker, C. FAO, Plant Production and Protection Paper No. 120, Rome, pp.93-94.

N

Nash E.B. 1890 UK. Leitsymptome in der homöopathischen Therapie. Aktualisierung der Neuübersetzung 2004 der 4. Ausgabe (Haug-Verlag)

Navarez, D. & Olofsdotter, M. 1996. Relay seeding procedure as screening method in allelopathy research. Proc. 2nd Int. Weed Control Conf. 4: 285-1290.

Newhall, A.G. 1955. Soil disinfestations of soil by heat, hot water, flooding and fumigation. Botanical Review 21: 189-233.

Nimbal, C.I., Yerkes, C.N., Weston, L.A. & Weller, S.C. 1996. Herbicidal activity and site of action of the natural product sorgoleone. Pestic. Biochem. Physiol. 54: 73-83.

Nelson A.J. et al. 1971. Some chemical properties of soils from areas of barleygrass infestation. New Zealand journal of agricultural research 14/334-51

Novic, S., Muhry, F., Lehner, E., Kovac, H., Pongratz, W., Grivertz, S., Moser, M., Maier, A. and Malli, K. (1990). Untersuchung der Wirkung von potenziertem Gold (Aurum met. praep.) auf das Wachstum von Weizenkeimlingen. Mitteilungen des Instituts für Strukturelle Medizinische Forschung 2, 14-43.

O

Ojala J.C. et al. 1983. Influence of Mycorrhizal fungi on mineral nutrition. Agronomy journal 75/255-9

Oliveira, M. F., Prates, H.T., Brighenti, A.M., Gazziero, D.L.P., Vidal, R.A., Vargas, L., Oliveira, R.S., Jr. & Purcino, A. A. C. 2002. Atividade da acetolactato sintase de plantas de milho e de amendoim-bravo (Euphorbia heterophylla) resistentes e suscetíveis ao imazaquin. Planta Daninha 20: 77-82.

Olofsdotter, M., Jensen, L.B. & Courtois, B. 2002. Improving crop competitive ability using allelopathy - an example from rice. Plant Breeding 121: 1-9.

Olofsdotter, M., Valverde, B. E. & Madsen, K.H. 2000. Herbicide resistant rice (Oryza sativa L.): Global implications for weedy rice and weed management. Annals of Applied Biology 137: 279-295.

Olofsdotter, M., Navarez, D., Rebulanan, M. & Streibig, J.C. 1999. Weed suppressing rice cultivars - does allelopathy play a role? Weed Res. 39: 441-454

Olofsdotter, M. 2001a. Getting closer to breeding for competitive ability and the role of allelopathy - an example from rice (Oryza sativa). Weed Tech. 15: 798-806.

Olofsdotter, M. 2001b. Rice - A step toward use of allelopathy. Agron. J. 93: 3-8.

Olofsdotter, M., Rebulanan, M., Madrid, A., Dali, W., Navarez, D. & Olk, D.C. 2001. Why phenolic acids are unlikely allelo-chemicals in rice. J. Chem. Ecol. (in press).

Only the smile is left. Nature 1988; 334(6181): 375–6.

Oost H., (1999) De kwaliteit van probleemstellingen in dissertaties. Drukkerij Elinkwijk B.V., Utrecht

Osman, A.A. 1990. The role of soil solarization in the scope of Meloidogyne spp. Integrated control under sandy soil conditions. pp. 189-194. In DeVay, J.E., Stapleton, J.J. & Elmore, C.L., eds. Proc. of the First Int. Conference on Soil Solarization. Amman, Jordan, 19-25 February 1990. FAO Plant Protection and Production Paper No. 109. Rome, 1991.

P

Pandy, S. & Pingali, P.I. 1996. Economic aspects of weed management. In Auld, B.A. & Kim, K.U. eds. Weed Management in Rice. FAO, Plant Production and Protection Paper 139. Food and Agriculture Organization of the United States, Rome. pp.55-73.

Patrick, A.Q., Toussoun, T.A. & Snyder, A. 1963. Phytotoxic substances in arable soils associated with decomposition of plant residues. Phytopathology 53: 152-161.

Patten et al. 1988. Nitrogen sources effects on rabbit-eye blueberry plant and soil interaction. Communications in soil science and plant analysis 19/1065-74

Payne, S.A. & Oliver, L.R. 2000. Weed control programs in drilled glyphosate-resistant soybean. Weed Tech. 14: 413-422.

Pelikan W., (1980). Heilpflanzenkunde. Dornach (CH)

Pelikan W., en Unger G., (1971). The activity of potentised substances – experiments on plant growth and statistical evaluation. Br Hom J, 60, 233-266

Pelikan, W. (1968). Können potenzierte Lösungen unbeschadet ihrer Wirkung filtriert werden? Elemente der Naturwissenschaft 9, 62-67.

Pelikan, W. and Unger, G. (1965). Die Wirkung potenzierter Substanzen. Dornach, Philosophisch-Anthroposophischer Verlag am Goetheanum.

Penzlin H. (1994). Leben – was heißt das? Biologie in unserer Zeit, 6

Philbrick H. and Gregg B. 1966 USA. Companion-plants. Reprint Robinson and Watkins 1972 UK

Pickett, J. A. 2000. Striga control by intercropping with Desmodium species. Haustorium, Parasitic Plants Newsletter, August, No. 37.

Ponchio, J. A., Victoria-Filho, R. & Christoffoleti, P.J. 1997. Resistencia de biotipos de Bidens pilosa aos herbicidas inibidores da ALS/AHAS. Resumos. XXI Congresso brasileiro da sciencia das plantas daninhas. Caxambu, MG, pp. 126.

Pongratz W. P.C.Endler, "Reappraisal of a classical botanical experiment in ultra high dilution research. Energetic coupling in a wheat model", 19-26, in Ultra High Dilution, Physiology and Physics, Endler and Schulte Eds, Kluwer Academic Publisher, Dordrecht, ISBN 0-7923-2676-8, 1994.

Pool R. Unbelievable results spark a controversy. Science 1988; 241(4864): 407.

Poulsen, G.S. 1995. Weediness of transgenic oilseed rape – Evaluation methods. The Royal Veterinary and Agricultural University, Dept. of Agric. Sciences (Weed Science), Denmark. (Ph.D. thesis)

Powles, S. B. 1997. Success from adversity: herbicide resistance can drive changes to sustainable weed management systems. Proc. Brighton Crop Protection Conference - Weeds.3: 119-1126.

Powles, S. B. & Shaner, D.L. eds. 2001. Herbicide resistance in world grains. CRC Press, Boca Raton, Florida, USA. 308 pp.

Preston, C. & Mallory-Smith, C.A. 2001. Biochemical mechanisms, inheritance, and molecular genetics of herbicide resistance in weeds. pp. 23-60 In S. B. Powles & Shaner, D.L. eds. Herbicide resistance in world grains. CRC Press, Boca Raton, Florida, USA.

Preston, C. & Powles, S.B. 1998. Amitrole inhibits diclofop metabolism and synergises diclofop-methyl in a diclofop-methyl-resistant biotype of Lolium rigidum. Pesticide Biochemistry and Physiology 62: 179-189.

Preston, C. & Powles, S.B. 2002. Evolution of herbicide resistance in weeds: initial frequency of target site-based resistance to aceto-lactate synthase-inhibiting herbicides in Lolium rigidum. Heredity 88: 8-13.

Proc. of the 22th Annual Aquatic Plant Control Res. Program and Operations Review, pp. 312-319. Miscellaneous Paper A-88-5. US Army Engineer Waterways Experiment Station, Vicksburg, MS, USA.

Pullman, G. S., DeVay, J.E. & Garber, R.H. 1981. Soil solarization and thermal death: A logarithmic relationship between time and temperature for four soil-borne plant pathogens. Phytopathology 71: 959-964.

Putnam, A.R. & Duke, W.B. 1974. Biological suppression of weeds: Evidence for allelopathy in accessions of cucumber. Science 185: 370-372.

Pyle & Reese. Raising With The Moon: The Complete Guide to Gardening and Living by the Signs of the Moon. 1993. Down Home Press, Asheboro, NC.

R

Randall et al. 1990. Effect of additions of nitrogen and sulfur to irrigated wheat at heading. Australian journal of experimental agriculture 30/95-101

Ransom, J. K. 1996. Integrated management of Striga spp. in the agriculture of sub-Saharan Africa. Proc. of the Second Int. Weed Control Congress, Copenhagen,

Reilly DT, Taylor MA, Beattie NGM, Campbell JH. Is evidence for homoeopathy reproducible? Lancet 344, 1994: 1601-1606.

Reilly DT, Taylor MA, McSharry C, Aitchison T. Is Homoeopathy a Placebo Response? - Controlled Trial of Homoeopathic Potency - With Pollen in Hayfever as Model. Lancet II.2, 1986: 881-886

Reilly DT, Taylor MA. Potent Placebo or Potency? - A Proposed Study Model with Initial Findings Using Homoeopathically Prepared Pollens in Hayfever. Brit Hom J 74(2), 1985: 65-75

Reilly D.T., Taylor M.A., Mc Sharry C., Aitchison T., «Is homeopathy a placebo response? Controlled trial of homeopathic potency with pollen in hayfever as model », The Lancet, 881-886, 1986.

Retzinger, E. J. & Mallory-Smith, C. 1997. Classification of herbicides by site of action for weed resistance management strategies. Weed Tech.11: 384-393.

Reynolds, S.G. 1970. The effect of mulches on southern blight (Sclerotium rolfsii) in dwarf bean (Phaseolus vulgaris) Tropical Agriculture 47: 137-144.

Rice-Wheat Consortium for the Indo-Gangetic Plains & CIMMYT. 2003. Tillage and Crop Establishment. Richardson, D.R. & William, G.B. 1988. Allelopathic effects of shrubs of the sand pine scrub on pines and grasses of the sandhills. Forest Science 34: 592-605.

Riches, C. R. & Valverde, B.E. 2002. Agricultural and biological diversity in Latin America: Implications for development, testing and commercialization of herbicide resistant crops. Weed Tech.16: 200-214.

Riches, C. R., Caseley, J.C., Valverde, B.E. & Down, V.M. 1996. Resistance of Echinochloa colona to ACCase inhibiting herbicides. pp. 14-16, In de Prado, R., Jorrín, J., García-Torres, L. & Marshall, G. eds. Proc. of the Int. Symposium on Weed and Crop Resistance to Herbicides, 3-6 April 1995. University of Cordoba, Spain.

Riches, C. R., Knights, J.S., Chaves, L., Caseley, J.C. & Valverde, B.E. 1997. The role of pendimethalin in the integrated management of propanil-resistant Echinochloa colona in Central America. Pesticide Science 51: 341-346.

Rice, E.L. 1987. Allelopathy: An overview. Allelochemical: Role in agriculture in forestry. In American Chemical Society Symposium Series No. 330. pp. 8-22.

Rimando A.M., Dayan, F.E., Czarnota, M.A. Weston, L.A. & Duke, S.O. 1998. A new photosystem. II. Electron transfer inhibitor from Sorghum bicolor. J. Nat. Prod. 61: 927-930.

Rimando, A.M., Olofsdotter, M., Dayan, F.E. & Duke, S.O. 2001. Searching for rice allelochemicals: an example of bioassay-guided isolation. Agron. J. 93: 16-20.

Riotte L. Carrots Love Tomatoes: Secrets of Companion Planting for Successful Gardening, 2nd edition. 1998. Storey Communications, Pownal, VT.

Riotte L. Roses Love Garlic: Companion Planting and Other Secrets of Flowers. 1998. Storey Communications, Pownal, VT.

Robson A.D. and Snowball K. 1990. The effect of chlorsulfuron on the uptake of copper and zinc in wheat. Journal of the American Society of Horticultural Science 118/526-32

Robson A.D. Pitman M.G. 1983. Interactions between nutrients in higher plants. Springer Verlag. Germany

Robson A.D. Snowball K. 1986. Plant analysis, an interpretation manual. Inkata Press Australia

Rogachev, I., Kampel, V., Gusis, V., Cohen, N., Gressel, J. & Warshawsky, A. 1998. Synthesis, properties, and use of copper-chelating amphiphilic dithiocarbamates as synergists of oxidant- generating herbicides. Pesticide Biochemistry and Physiology 60: 133-145.

Rosenthal, E. 1993. Amazing maize! Cultivate colorful corns. Organic Gardening. March. p. 30-35

Rubin, B. & Benjamin, J. 1984. Solar heating of the soil: involvement of environmental factors in the weed control process. Weed Sci. 32: 138-142.

Rudert B.D. and Locascio S.J. 1979. Growth and tissue composition of sweet corn as affected by nitrogen source. Journal of the American Society of Horticultural Science 104 /520-3

Rutten A.L.B., (2002). Dwalingen in de methodologie (slot). XXXIX. De ultieme waarheid. Ned. Tijdschrift Geneeskunde, 146 (16)

S

Saghir, A.R. 1997. Soil solarization: an alternative technique for weed management in hot climates. pp. 206-211. In Stapleton, J.J., DeVay, J.E. & Elmore, C.L., eds. Proc. of the Second Int. Conference on Soil Solarization and Integrated Management of Soil-borne pests. Aleppo, Syrian Arab Republic. 16-21 March 1997. FAO, Plant Protection and Production Paper No.147. Rome, 1998.

Salisburry, F.B. & Ross, C. 1980. Plant physiology. Wadsworth Publishing Company, Inc., Belmont, California.

Santos, J. B., Procópio, S.O., Silva, A.A. & Costa, L.C. 2002. Produção e características qualitativas de sementes de plantas daninhas. Planta Daninha 20: 237-241.

Sattin, M., Berto, D., Zanin, G. & Tabacchi, M. 1999. Resistance to ALS inhibitors in weeds of rice in north-western Italy. Proc. Brighton Crop Protection Conference Weeds, Brighton, UK, 3: 783-790.

Schüßler, W. 1984. The Bio-chemic System of Medicine. 1884 Germany Reprint B.Jain India

Scofield, A.M. (1984). Homoeopathy and its Potential Role in Agriculture – A Critical Review. Biological Agriculture and Horticulture 2, 1-50.

Selawry, A. (1975). Samenkeimung und Metallpotenzen im Kristallisationstest. Darmstadt, Forschungsring für biologisch-dynamische Wirtschaftweise.

Shaner, D.L. 2000. The impact of glyphosate- tolerant crops on the use of other herbicides and on resistance management. Pest Management Science 56: 320-326.

Shibaike, H., Uchino, A. & Itoh, K. 1999. Genetic variation and relationships of herbicide-resistant and -susceptible biotypes of Lindernia micrantha. Proc. Brighton Crop Protection Conference - Weeds 1: 197-202.

Shin, D.H.,. Kim, K.U., Sohn, D.S., Kang, S.U., Kim, H.Y., Lee, I.J. & Kim, M.Y. 2000. Regulation of gene expression related to allelopathy. In Kim, K.U. & Shin, D.H., eds. Proc. of the Int. Workshop in Rice Allelopathy (Kyungpook National University, Taegu, Korea, 17-19 August 2000). Institute of Agricultural Science and Technology, Kyungpook National University, Taegu, pp. 109-124.

Shorter N.H. and Cripps J.E.L. 1985. Trace elements and magnesium treatments for apple and peartrees. Farmnote 45/85 Agdex 211/541

Singh, S., Kirkwood, R.C. & Marshall, G. 1999. Biology and control of Phalaris minor Retz. (littleseed canarygrass) in wheat. Crop Protection 18: 1-16.

Singh, S., Kirkwood, R. C. & Marshall, G. 1997a. Effects of isoproturon on photosynthesis in susceptible and resistant biotypes of Phalaris minor and wheat. W ed Res. 37: 315-324.

Singh, S., Kirkwood, R. C. & Marshall, G. 1997b. New management approaches for isoproturon-resistant Phalaris minor in India. Proc. Brighton Crop Protection. Conference - Weeds. 1: 357-362.

Singh, S., Kirkwood, R.C. & Marshall, G. 1998b. Effect of ABT on the activity and rate of degradation of isoproturon in susceptible and resistant biotypes of Phalaris minor and wheat. Pesticide Sci. 53: 123-132.

Singh, S., Kirkwood, R. C. & Marshall, G. 1998. Effect of the mono-oxygenase inhibitor piperonyl butoxide on the herbicidal activity and metabolism of isoproturon in herbicide resistant and susceptible biotypes of Phalaris minor and wheat. Pesticide Biochemistry and Physiology 59: 143-153.

Singh, S., Kirkwood, R. C. & Marshall, G. 1998. Control of isoproturon resistant biotypes of Phalaris minor by chorotoluron and clodi-nafop-propargyl. Resistance Pest Management 10: 5-18.

Singh, S., Kirkwood, R. C. & Marshall, G. 1996. Uptake, translocation and metabolism of isoproturon in wheat, susceptible and resistant biotypes of Phalaris minor. Proc. Second Int. Weed Control Congress, Copenhagen, Denmark, 25-28 June 1996, 2: 529-534.

Smith R.B. en Boericke G.W., (1968). Changes caused by succusion on NMR patterns and bioassay of bradykinin triacetate (BKTA) successions and dilutions. J Am Inst Hom, 61, 197-212

Southam C.M., J.Erlich, „Effects of extracts of western red-cedar heartwood on certain wood-decaying fungi in culture", Phytopathology, 33 : 515-524, 1948.

Spencer K et al. 1977. Diagnostic indices for sulfur status of sub-terranean clover. Australian Journal of Agricultural Research. 28/401-12

Standifer, L.C., Wilson, W. & Porche-Sorbet, R. 1984. Effects of solarization on soil weed populations. Weed Sci. 32: 569-573.

Stankiewicz, M., Gadamski, G. & Gawronski, S.W. 2001. Genetic variation and phylogenetic relationships of triazine-resistant and triazine-susceptible biotypes of Solanum nigrum-analysis using RAPD markers. Weed Res. 41: 287-300.

Stallings, G. P., Thill, D, & Mallory-Smith, C.A. 1994. Sulfonylurea-resistant Russian thistle (Salsola iberica) survey in Washington state. Weed Tech. 8: 258-264.

Stapleton, J.J. 1981. Population dynamics of soil-borne bacteria and fungi as influenced by soil solarization with emphasis on (UY) Agrobacterium spp. University of California, Davis, USA. (M.Sc. thesis)

Stapleton, J.J. 1990. Physical effects of soil solarization-thermal inactivation of crop pests and pathogens and other soil changes caused by solarization. In DeVay, J.E., Stapleton, J.J. & Elmore, C.L., eds. Proc. of the First Int. Conference on Soil Solarization. Amman, Jordan, 19-25 February 1990. FAO, Plant Protection and Production Paper No. 109. Rome, 1991.

Stapleton, J.J. 1997. Modes of action of solarization and bio-fumigation. pp. 78-88. In Stapleton, J.J., DeVay, J.E. & Elmore, C.L., eds. Proc. of the Second Int. Conference on Soil Solarization and Integrated Management of Soil-borne pests. Aleppo, Syrian Arab Republic. 16-21 March 1997. FAO, Plant Protection and Production Paper No. 147. Rome, 1998.

Stapleton, J.J. & DeVay, J.E. 1984. Thermal components of soil solarization as related to changes in soil and root microflora and increased plant growth response. Phytopathol. 74: 255-259.

Stapleton, J.J. & DeVay, J.E. 1986. Soil solarization: a non-chemical approach for management of plant pathogens and pests. Crop Protection 5: 90-198.

Stapleton, J.J., Quick, J. & DeVay, J.E. 1985. Soil solarization: effect on soil properties, fertilization, and plant growth. Soil biology and biochemistry 17: 369-373.

Stapleton, J.J., J.E. DeVay & C. L. Elmore., eds. 1997. Proc. of the Second Int. Conference on Soil Solarization and Integrated Management of Soil-borne pests. Aleppo, Syrian Arab Republic. 16-21 March 1997. FAO Plant Protection and Production Paper No.147 Rome, 1998.

Stapleton, J.J., DeVay, J.E. & Lear, B. 1990. Simulated and field effects of ammonia-based fertilizers and soil solarization on pathogens control, soil fertility and crop growth. pp. 331-342. In DeVay, J.E., Stapleton, J.J. & Elmore, C.L., eds. Proc. of the First Int. Conference on Soil Solarization. Amman, Jordan, 19-25 February 1990.

Stark et al. 1983. Nitrogen use of trickle irrigated tomatoes. Agronomy journal 75/672-6

Stebbing A.R.D., „Hormesis- Stimulation of colony growth in Campanularia flexuosa, (hydrozoa) by copper, cadmium and other toxicants", Aquatic Tox., 1 : 227-238, 1981.

Steiner R. (1998). De Filosofie der Vrijheid, Vrij Geestesleven, Zeist.

Steiner, R. (1920). Elfter Vortrag, Dornach, 31. März 1920. In: Geisteswissenschaft und Medizin (GA 312, 4. Auflage 1961). H.W. Zbinden (Ed.). Dornach, Rudolf-Steiner Nachlassverwaltung, 210-227.

Swaider J.M. et al. 1988. Nitrate monitoring for pumpkin production on dry land and irrigated soils. Journal of the American Society of Horticultural Science 113/684-9

Swanton, C.J., Shrestha, A., Chandler, K. & Deen, W. 2000. An economic assessment of weed control strategies in no-till glyphosate- resistant soybean (Glycine max). Weed Tech. 14: 755-763.

T

Talavaya Center. No date. Talavaya Seed and Planting Manual. Espanola, New Mexico. p. 5–11.

Tanaka, F., Ono, S. & Hayasaka, T. 1990. Identification and evaluation of toxicity of rice root elongation inhibitors in flooded soil with added wheat straw. Soil Sci. Plant Nutr. 36: 97-103.

Tevini, M., Braun, J. & Fieser, G. 1991. The protective function of epidermal layer of rye seedlings against ultraviolet-B radiation. Photochem. and Photobiol. 53: 329-333.

Thill, D. C. & Mallory-Smith, C.A. 1997. The nature and consequence of weed spread in cropping systems. Weed Sci. 45: 337-342.

Thompson, C. R., Thill, D. C. & Shafii, B. 1994. Germination characteristics of sulfonylurea- resistant and -susceptible Kochia (Kochia scoparia). Weed Sci. 42: 50-56.

Thill, D. C. & Mallory-Smith, C.A. 1997. The nature and consequence of weed spread in cropping systems. Weed Sci. 45: 337-342.

Thompson, C. R., Thill, D. C. & Shafii, B. 1994. Germination characteristics of sulfonylurea- resistant and -susceptible Kochia (Kochia scoparia). Weed Sci. 42: 50-56.

Tjamos, E.C. & Fravel, D.R. 1995. Detrimental effects of sub-lethal heating and Talaromyces flavus on microsclerotia of Verticillium dahliae. Phytopathology 85: 388-392.

Tjitrosemito Soekisman. 1996. Introduction of Procecidochares connexa (Diptera: Tephritidae) to Java island to control Chromolaena odorata. Proc. of the Fourth Int. Workshop on Biological Control and Management of C. odorata, Bangalore, India.

Tribe I. 1970 UK The plant Kingdom. Hamlin UK

Tuesca, D. & Nisensohn, L. 2001. Resistencia de Amaranthus quitensis a imazetapir y clorimurónetil. Pesquisa Agropecuaria Brasileira 36: 601-606.

V

Valverde, B.E., Riches, C.R. & Caseley, J.C. 2000. Prevention and management of herbicide resistant weeds in rice. Published by Grafos, S.A., Cartago, Costa Rica. pp. 25-30.

Valverde, B. E. 2002. Weed Management in Latin America. Pesticide Outlook 13: 79-81.

Valverde, B. E. 1996. Management of herbicide resistant weeds in Latin America: The case of propanil resistant Echinochloa colona in rice. Proc. Second Int. Weed Control Congress, Copenhagen, pp. 415-420.

Valverde, B. E. & Itoh, K. 2001. World rice and herbicide resistance. pp. 195-249. In Powles, S. R. & Shaner, D. eds. Herbicide Resistance in World Grains. CRC Press, Boca Raton, Florida, USA.

Valverde, B., Garita, I., Vargas, E., Chaves, L., Ramírez, F., Fischer, A.J. & Pabón, H. 1999. Anilofos as a synergist to propanil for controlling propanil-resistant jungle-rice, Echinochloa colona. WSSA Abstracts 39: 318.

Valverde, B. E., Chaves, L., Garita, I., Ramírez, F., Vargas, E., Carmiol, J., Riches, C.R. & Caseley, J.C. 2001a. Modified herbicide regimes for propanil-resistant junglerice control in rainfed rice. Weed Sci. 49: 395-405.

Valverde, B. E., Madsen, K. H., Streibig, J. E. & Labrada, R. 2001b. Assessment of environmental hazards of herbicide and insect-resistant crops. Preparation of Guidelines. VALDOR - Values in Decisions On Risk. Proc. Stockholm. Sweden. pp. 132-141.

Valverde, B. E., Chaves, P., Garita, I., Vargas, E., Riches, C.R. & Caseley, J.C. 1997. From theory to practice: Development of piperophos as a synergist to propanil to combat herbicide propanil resistance in Junglerice, Echinochloa colona. WSSA Abstracts 37: 33.

Valverde, B. E., Riches, C.R. & Caseley, J.C. 2000. Prevention and management of herbicide-resistant weeds in rice: Experiences from Central America with Echinochloa colona. Cámara de Insumos Agropecuarios, Costa Rica, pp. 123.

Van Genderen H., Schoonhoven, L.M. en Fuchs, A. (1996) Chemisch-ecologische Flora van Nederland en België. Utrecht

Van Wijk R. and F.A.C.Wiegant, „Physiological effects of homeopathic medicines in closed phials; a critical evaluation", 81-95, in Ultra High Dilution, Physiology and Physics, Endler and Schulte Eds, Kluwer Academic Publisher, Dordrecht, ISBN 0-7923-2676-8, 1994.

Van Wijk R., (1992). Homeopathic medicines in closed phials tested by changes in the conductivity of the skin: a critical evaluation. Blind testing and partial elucidation of the mechanisms. Homint.

Van Wijk R. en Wiegant F.A.C., (1989). Homeopathic remedies and pressure induced in the galvanic resistance of the skin. Utrecht

Van Wijk R. en Wiegant F.A.C., (1994). Physiological effects homeopathic medicines in closed phials. In: Endler P.C. en Schulte J., (eds.). Ultra high dilutions. Kluwer Academic Publishers, Dordrecht, 81-95

Vargas, L., Borém, A. & Silva, A.A. 2001. Herança da resistência aos herbicidas inibidores da ALS em biótipos da planta daninha Euphorbia heterophylla. Planta Daninha 19: 331-336.

Verhoog H., Matze M., Lammerts van Bueren E. en Baars T., (2002). Hoe natuurlijk is de biologische landbouw? Onderzoek naar de vraag of biologische landbouw een 'natuurlijke' landbouw is of zou moeten zijn. Nederlandse Organisatie voor Wetenschappelijk Onderzoek (NWO), Den Haag, The Netherlands

Vidal, R. A. & Fleck, N.G. 1997. Three weed species with confirmed resistance to herbicides in Brazil. WSSA Abstracts 37: 251.

Vidal, R. A. & Merotto, A., Jr. 1999. Resistência de amendoim-bravo aos herbicidas inibidores da enzima aceto-lactato sintase. Planta Daninha 17: 367-373.

Vidal, R. A. & Trezzi, M.M. 2000. Análise de crescimento de biótipos de leiteira (Euphorbia heterophylla) resistentes e suscetível aos herbicidas inibidores da ALS. Planta Daninha 18: 427-433.

Virchow R., (1907). Über das Bedüfrnis und die Richtigkeit einer Medizin vom mechanischen Standpunkt. Arch. Path. Anat. 188: 7

Vitta, J., Tuesca, D., Puricelli, E., Nisensohn, L., Faccini, D. & Leguizamon, E. 2001. Glyphosate-tolerant soybean and weed management in Argentina: present and prospects [abstract]. In Abstracts of the Third Int. Weed Sci. Congress, 2000, June 6-11; Foz do Iguassu, Brazil, pp. 343. CD-ROM. Available from the Int. Weed Science Society, Oxford, MS, USA.

Voll, E., Torres, E., Brighenti, A.M. & Gazziero, D.L.P. 2001. Dinâmica do banco de sementes de plantas daninhas sob diferentes sistemas de manejo de solo. Planta Daninha19: 171-178.

W

Waggoner, P.E., Miller, P.M. & De Roo, H.C. 1960. Plastic mulching: principles and benefits. Conn. Agricultural Experimental Station Bulletin, 643.

Walia, U. S., Bar, L. S. & Dhaliwal, B.K. 1997. Resistance to isoproturon in Phalaris minor Retz. In Punjab. Plant Protection Quarterly 12: 138-140.

Walker, S. R., Medd, R. W., Robinson, G.R. & Cullis, B.R. 2002. Improved management of Avena ludoviciana and Phalaris paradoxa with more densely-sown wheat and less herbicide. Weed Res. 42: 257-270.

Watson, A. K., Ciotola, M. & Peden, D. 1998. A non-toxic method of controlling the noxious weed Striga, the bane of farmers in Africa's Sahel region. International Development Research Centre.

Whiteley K.T. 1983. Causes of fruitdrop. Farmnote 71/83 Agdex 210/20

Wilcut, J.W., Coble, H.D., York, A.C & Monks, D.W. 1996. The niche for herbicide-resistant crops in U.S. agriculture. In Duke, S.O., ed., Herbicide-resistant crops, agricultural, environmental, economic, regulatory, and technical aspects. CRC Press Inc., Boca Raton, Florida, USA. pp. 213-230.

Wilson, C.G. & Widayanto, E. B. 1996. A technique for spreading the Chromolaena gall-fly Procecidochares connexa to remote locations. Proc. of the Fourth Int. Workshop on Biological Control and Management of C. odorata, Bangalore, India.

Wilson G L. 1917. Agriculture of the Hidatsa Indians. Minnesota Historical Society Press, St. Paul, Minnesota.

Wrubel, R. P. & Gressel, J. 1994. Are herbicide mixtures useful for delaying the rapid evolution of resistance? A case study. Weed Tech. 8: 635-648.

Wu, H., Pratley, H., Lemerle, D. & Haig, T. 1999. Crop cultivars with allelopathic capability. Weed Res. 39: 171-180.

Y

Ye, B. & Gressel, J. 2000. Transient, oxidant-induced antioxidant transcript and enzyme levels correlate with greater oxidant-resistance in paraquat-resistant Conyza bonariensis. Planta 211: 50-61.

Ye, B., Faltin, Z., Ben-Hayyim, F., Eshdat, Y. & Gressel, J. 2000. Correlation of glutathione peroxidase to paraquat/oxidative stress resistance in Conyza determined by direct fluorometric assay. Pesticide Biochemistry and Physiology 66: 182-194.

Yussefi, M. & Willer, H. 2002. Organic agriculture worldwide, 2002. Statistics and future prospects. Bad Dürkheim, SÖL-Sonderausgabe No. 74, 159 pp.

Abbildungsverzeichnis

Abb. 1	http://en.wikimedia.org/wiki/File:Wheat_leaf_rust_on_wheat.jpg
Abb. 2	Narayana Verlag
Abb. 3, 15, 21, 30, 31, 82, 87, 93	Howard F. Schwartz, Colorado State University, Bugwood.org
Abb. 4, 9, 90	Minnesota Department of Natural Resources Archive, Minnesota Department of Natural Resources, Bugwood.org
Abb. 5, 36, 69	Jonathan D. Eisenback, Virginia Polytechnic Institute and State University, Bugwood.org
Abb. 6, 8, 13, 18, 19, 38, 39, 40, 46, 48, 51, 63, 71, 80, 83, 84, 88, 89, 96, 97, 101, 102	Clemson University - USDA Cooperative Extension Slide Series, Bugwood.org
Abb. 7, 12, 22, 29 1-2, 86, 92, 100, 105	William M. Brown Jr., Bugwood.org
Abb. 10	M.E. Bartolo, Bugwood.org
Abb. 11, 25, 33, 104	R.J. Reynolds Tobacco Company Slide Set, R.J. Reynolds Tobacco Company, Bugwood.org
Abb. 14, 37 1-3, 95	University of Georgia Plant Pathology Archive, University of Georgia, Bugwood.org
Abb. 16	Haruta Ovidiu, University of Oradea, Bugwood.org
Abb. 17, 106,	Robert L. Anderson, USDA Forest Service, Bugwood.org
Abb. 20	Gerald J. Lenhard, Bugwood.org
Abb. 23, 34, 35, 41, 42, 44, 45, 55, 64, 94	Whitney Cranshaw, Colorado State University, Bugwood.org
Abb. 24	S. K. Mohan, , Bugwood.org
Abb. 26	David J. Moorhead, University of Georgia, Bugwood.org
Abb. 27, 85, 103, 107, 110-112	Division of Plant Industry Archive, Florida Department of Agriculture and Consumer Services, Bugwood.org
Abb. 28	H.J. Larsen, Bugwood.org
Abb. 32	Joseph O'Brien, USDA Forest Service, Bugwood.org
Abb. 43, 52	Frank Peairs, Colorado State University, Bugwood.org
Abb. 47	Merle Shepard, Gerald R.Carner, and P.A.C Ooi, Insects and their Natural Enemies Associated with Vegetables and Soybean in Southeast Asia, Bugwood.org
Abb. 49, 57, 60, 61, 67, 68, 72	Jerry A. Payne, USDA Agricultural Research Service, Bugwood.org
Abb. 50	Howard Ensign Evans, Colorado State University, Bugwood.org
Abb. 53	http://upload.wikimedia.org/wikipedia/commons/e/ee/Chrysoperla_carnea_larva02.jpg Copyright: Eric Steinert, Lizenz unter: http://de.wikipedia.org/wiki/GNU-Lizenz_f%C3%BCr_freie_Dokumentation
Abb. 54	Carl Dennis, Auburn University, Bugwood.org
Abb. 56, 59, 65	Scott Bauer, USDA Agricultural Research Service, Bugwood.org
Abb. 58	Copyright: California Department of Food and Agriculture
Abb. 62	United States National Collection of Scale Insects Photographs Archive, USDA Agricultural Research Service, Bugwood.org
Abb. 66	http://commons.wikimedia.org/wiki/File:Sawfly_003.jpg Copyright: Bruce Marlin, Lizenz unter: http://creativecommons.org/licenses/by-sa/2.5/
Abb. 70	William M. Ciesla, Forest Health Management International, Bugwood.org
Abb. 73	iStock_000001965118Large_Schneckenplage
Abb. 74	wikimedia commons © Alexander R. Jenner
Abb. 75	wikimedia commons © downtowngal
Abb. 76	wikimedia commons © Jürgen Schoner
Abb. 77	wikimedia commons © tato grasso
Abb. 78	wikimedia commons © Thomas Hahmann
Abb. 79	wikimedia commons © Katrin-die-Räuberbraut
Abb. 81, 91	H.J. Larsen, Bugwood.org
Abb. 98	USDA Forest Service - Ogden Archive, USDA Forest Service, Bugwood.org
Abb. 99	Ida Paul, Small Grain Institute, Bugwood.org
Abb. 108	H C Ellis, University of Georgia, Bugwood.org
Abb. 109	Department of Plant Pathology Archive, North Carolina State University, Bugwood.org
Abb. 113	William Jacobi, Colorado State University, Bugwood.org

Christiane Maute®

Homöopathie für Pflanzen - Der Klassiker in der 15. Auflage

Der praktische Leitfaden für Zimmer-, Balkon- und Gartenpflanzen

Mit Ergänzungen von Cornelia Maute

244 Seiten, geb., € 28.-

Neue Dosierungstabelle zum Herausnehmen

Mit dem Erscheinen von Homöopathie für Pflanzen ist eine grüne Revolution losgetreten worden. Das Buch wurde über 76.000 mal verkauft und in viele Sprachen übersetzt.

Es ist ein handlicher Ratgeber über die häufigsten Pflanzenerkrankungen, Schädlinge und Verletzungen und deren homöopathische Behandlung. Christiane Maute® ist eine der Vorreiterinnen, die seit vielen Jahren bei ihren Nutz- und Zierpflanzen Homöopathie einsetzt.

Ob bei Blattflecken-Krankheit der Rosen, Braunfäule der Tomaten, Feuerbrand an Obstbäumen, Blattläusen, Kräusel-Krankheit, Krebs, Mehltau, Monilia-Fruchtfäule, Schneckenbefall, Sternrußtau oder schwachem Wachstum – Frau Maute erläutert zu den häufigsten Erkrankungen die bewährten Mittel. Auch bei Folgen von Frost, Hagelschäden, Verletzungen, Schnittwunden nach Baum- und Strauchschnitt, Hitzeschäden und Umtopfen sind die Anweisungen klar und für Laien leicht umsetzbar.

Christiane Maute®

Homöopathie für Rosen

Ein praktischer Leitfaden für die wichtigsten Erkrankungen und Schädlinge. Mit Rosenporträts, Hinweisen zur Dosierung und vielen Tipps rund um die Rose

208 Seiten, geb., € 29.-

Rosen beleben unsere Sinne und kaum jemand kann sich ihrem Charme entziehen. Rosen sind jedoch auch anfällig für Krankheiten und oft kommen chemische Pflanzenschutzmittel zur Anwendung.

Die Pionierin Christiane Maute® hat einen Ratgeber speziell für Rosen geschrieben. Ihre Tipps kann auch der Laie sehr gut umsetzen. Das Werk ist ein umfassender Leitfaden – angefangen bereits bei der Auswahl der passenden Rosensorte, der Pflanzung, Düngung und Pflege.

So hilft Arnica nach Hagelschaden, Aconitum bei Frost, Rhus toxicodendron bei Sternrußtau und Belladonna oder Cuprum metallicum bei Echtem Rosenmehltau. Mit eindrücklichen Abbildungen zum schnellen Bestimmen der einzelnen Erkrankungen.

Der Ratgeber gibt auch informative Porträts der verschiedensten Rosenarten und endet mit einer Übersicht der wichtigsten homöopathischen Mittel für Rosen, die in einer Gartenapotheke nicht fehlen dürfen. Ein Standardwerk der beliebten Autorin, das die Rosenpflege revolutionieren wird.

William Boericke

Handbuch der homöopathischen Arzneimittellehre

Hochwertige Taschenbuchausgabe mit Dünndruckpapier, Format 12x17 cm (25mm dick) 808 Seiten, geb., € 35.-

Lexikonformat 14,8x21 cm 768 Seiten, geb., € 35.-

„Der Boericke" ist eine sehr umfangreiche Arzneimittellehre, die in der Anzahl der beschriebenen Mittel auch von mehrbändigen Enzyklopädien oft nicht erreicht wird und trotzdem handlich geblieben ist. Man staunt immer wieder, wie viele seltenste und kleinste Mittel hier zu finden sind. Erreicht wurde dies, indem sich der Autor bei jedem Mittel kurz fasste und auf das Wesentliche konzentrierte. Nicht umsonst ist es weltweit seit Jahrzehnten das beliebteste homöopathische Nachschlagewerk.

Die vorliegende Neuübersetzung ist die preislich günstigste und gleichzeitig umfassendste Boericke-Ausgabe. Sämtliche kleinen Mittel, die Boericke entweder im Anhang oder unter anderen Mitteln nur als Querverweise nannte, wurden in dieser Ausgabe alphabetisch integriert und mit einem Sternchen als solche kenntlich gemacht.

James Tyler Kent

Repertorium der homöopathischen Arzneimittel

Taschenbuchausgabe 12x17 cm (25 mm dick) 1486 Seiten., geb., € 65.-
Lexikonformat 17x24 cm 1504 Seiten., geb., € 95.-

Das Kent'sche Repertorium war das Hauptwerkzeug von Generationen klassischer Homöopathen und ist wegen seiner klaren Gliederung zum Strukturgeber der gängigsten neueren Repertorien geworden. Als Basis für solide Repertorisation ist es unverändert gut geeignet. Besonders wegen seiner Verlässlichkeit wird es auch heute noch von vielen Homöopathen benutzt. Das Repertorium war das Lebenswerk von James Tyler Kent. Er arbeitete daran jahrzehntelang bis zu seinem Lebensende, wobei er es beständig mit Arzneimittelprüfungen und klinischen Erfahrungen ergänzte.

William Boericke / James Tyler Kent

Boerickes Arzneimittellehre und Kents Repertorium im Paket

Taschenbuchausgabe € 130.-

Lexikonformat € 95.-

Brendan Brazier

Vegan in Topform

Der vegane Ernährungsratgeber für Höchstleistungen in Sport und Alltag - Die Thrive-Diät des berühmten kanadischen Triathleten

400 Seiten, geb., € 26.-

Brendan Brazier, kanadischer Triathlet und Ironman, ist ein führender Pionier für vegane Ernährung. Dieses Werk ist ein Kultbuch der weltweiten Veganbewegung.

Bereits im Alter von 15 Jahren entschied er sich, Profisportler zu werden. Im Laufe seiner Karriere erforschte er minutiös, welche Ernährung seine Leistung und vor allem die Regenerationsphase optimierte. Das Ergebnis ist die legendäre Thrive-Diät, die bereits viele Spitzensportler zu einer olympischen Medaille geführt hat. Die Thrive-Diät richtet sich nicht nur an Profisportler, sondern an jeden, der optimale Gesundheit und Leistungsfähigkeit erlangen und Krankheiten vorbeugen möchte.

Brendan Brazier hat die vegane Ernährung revolutioniert und achtet dabei auf eine ausgewogene Kost mit ausreichend Proteinen und anderen Nährstoffen. Hier setzt er auch auf Superfood wie die Andenwurzel Maca, die legendäre Alge Chlorella oder das nahrhafte Hanfprotein.

Rosina Sonnenschmidt

Die Saft-Therapie

Natürlich gesund Neue Heilrezepte mit Rohsäften, Smoothies und Latte macchiati

168 Seiten, geb., € 29,50

Frische Obst- und Gemüsesäfte sind gesund. Wie können wir diese jedoch gezielt als Heilmittel bei Krankheiten einsetzen?

Die beliebte Autorin und Heilpraktikerin Rosina Sonnenschmidt verfügt über langjährige Erfahrung mit der Heilkraft von Säften bei den großen Krankheiten der heutigen Zeit. In Ihrem Werk erläutert sie detailliert, wie Rohsäfte, Smoothies und die innovativen Latte macchiati optimal zur Vorbeugung und Unterstützung der ganzheitlichen Therapie eingesetzt werden können.

Rohsäfte regen den Leber-, Nieren- und Hautstoffwechsel an, aktivieren das Drüsen- und Nervensystem und befreien aus der Regulationsstarre. Obstsäfte helfen beim Entsäuern und Entschlacken. Gemüsesäfte bauen den entkräfteten Organismus auf. Der therapeutische Einsatz von Milchschaumgetränken – der Latte macchiati – wurde von Rosina Sonnenschmidt neu entwickelt. Diese stießen bei ihren Patienten auf große Begeisterung.

Das Buch ist eine Quelle an Inspirationen für jeden Therapeuten und Laien, der die Heilkraft der Rohsäfte einsetzen möchte.

Matthew Kenney

Everyday Raw Express

Köstliche Rohkost in unter 30 Minuten

152 Seiten, geb., € 19.80

Aus Rohkost wird rohköstlich!

Matthew Kenney begeistert mit einfallsreichen, leckeren veganen und dabei einfachen und schnellen Rezepten, die in ein Geschmacksparadies der Frische und Vitalität entführen.

Im Nu werden marktfrische Zutaten in belebend-exotische Getränke wie Zitronengras-Birne-Tonic oder Rote-Bete-Sangria, aromatische Hauptgerichte wie Zucchini-Spaghetti mit Mais-Pesto und Minze oder Frühlingsgemüse-Couscous, leckere Smoothies, knackig-frische Salate oder verführerische Desserts wie Bananen-Gelato oder Ananas mit Rosenwasser und Pistazien verwandelt.

Everyday Raw Express ist der beste Beweis dafür, dass es nicht zeitraubend und kompliziert sein muss, Rohköstliches zuzubereiten, und dabei gleichzeitig Gaumen und Körper auf gesunde und überraschend delikate Weise zu verwöhnen.

Mark Reinfeld

Europa isst vegan

150 vegane Spezialitäten aus Italien, Frankreich, Spanien, Irland & Co

352 Seiten, geb., € 24,-

Europa beherbergt eine große kulinarische Vielfalt, viele Rezepte sind weltberühmt.

Der preisgekrönte Autor und Chefkoch Mark Reinfeld präsentiert bekannte italienische, französische, spanische, englische, griechische, skandinavische, ungarische, deutsche und viele weitere Gerichte – auf rein pflanzlicher Basis.

Neben den unwiderstehlichen Rezepten, die sich in nur 30 min. zubereiten lassen und mit ihren Aromen auch Feinschmeckern gerecht werden, wartet Reinfeld zusätzlich mit glutenfreien Varianten, Tipps zu den jeweils passenden Weinen und Bieren, Hinweisen zu Vorräten und Küchenkräutern auf. Das nach Ländern und Regionen geordnete Buch vereint eine Fülle europäischer Lieblingsklassiker – von der herzhaften Minestrone mit Rösttomaten, gefüllten Weinblättern, Quiche Monet, Seitan Bourguignon, Pot Pie, Artischockenherzen mit Safran-Paella, Moussaka und Tempeh-Sauerbraten bis hin zu süßen Verführungen wie Rosinen-Scones, Schwarzwald-Parfait, Baklava oder veganem Gelato.

Ruth Raspe

Homöopathische Eselsbrücken

Homöopathie in Merksätzen

176 Seiten, geb., € 9,80

Homöopathie einmal anders. In gängigen Lernsprüchen bringt uns die Heilpraktikerin Ruth Raspe über 80 der wichtigsten homöopathischen Mittel nahe.

Ob Aconitum „Schreck lass nach", Arsenicum album „Preußische Werte", Calcium carbonicum „Barockengel", Gelsemium „Häschen in der Grube" oder Gnaphalium „Mich hat die Hexe angeschossen" – humorvoll und kurzweilig prägen sich die Mittelbilder ein und sind einfach wiederzuerkennen.

Die Beschreibungen umfassen neben den Merksätzen auch wichtige geistige Merkmale und Leitsymptome, Modalitäten und ungewöhnliche Tipps.

Das Büchlein ist eine ideale Ergänzung zu den gängigen Arzneimittelbildern und erleichtert die Mittelwahl mit Hilfe der anschaulichen Eselsbrücken enorm.

Jean-Lionel Bagot

Krebs und Homöopathie

Natürliche Hilfe bei den häufigsten Nebenwirkungen von Chemo-, Strahlentherapie und Operation

472 Seiten, geb., € 34,-

Die Therapie von Krebserkrankungen hat in den letzten Jahren enorme Fortschritte gemacht. Jedoch müssen die Betroffenen während der Therapien oft vielfältige Nebenwirkungen inkaufnehmen, die die Lebensqualität sehr einschränken können.

Dr. Jean-Lionel Bagot behandelt seit vielen Jahren in einem Team mit Onkologen an einer Klinik in Strassbourg die verschiedensten Nebenwirkungen nach Chemotherapie, Radiotherapie, Hormontherapie und operativen Eingriffen mit großem Erfolg. Dabei kann er mit Homöopathie als zusätzliche Behandlung oft eine erstaunliche Linderung der Nebenwirkungen und krankheitsbedingter Beschwerden erzielen.

In seinem Standardwerk erklärt Dr. Bagot detailliert und systematisch, welche homöopathischen Mittel sich bei welchen Beschwerden bewährt haben - sei es bei Übelkeit, Empfindungsstörungen, Haarausfall oder Aphthen während Chemotherapie, Müdigkeit nach Operationen, Schmerzen, psychischen Problemen, Schwächung des Immunsystems und Hautreizungen bei Strahlentherapie.

Dr. Bagot verfügt über eine immense klinische Erfahrung bei den verschiedensten Beschwerden, was in seiner Art wohl einmalig ist.

S.R. Phatak

Das große Schüßler-Repertorium

Der Klassiker mit Symptomen von A-Z und einer umfangreichen Beschreibung der zwölf Salze

400 Seiten, geb., € 39.-

S. R. Phatak war einer der bedeutendsten indischen Homöopathen, seine Werke gehören zu den großen Klassikern. Nun ist auch erstmals sein Schüßler-Repertorium auf Deutsch erhältlich.

Phatak verfügte über eine ungeheure klinische Erfahrung. Neben der klassischen Homöopathie setzte er häufig auch die Schüßler-Salze ein. Das Potenzial der Salze bei schweren Erkrankungen wird oft unterschätzt. Der indische Homöopath konnte mit den zwölf Salzen – einzeln oder in Kombination – oft erstaunliche Heilerfolge auch bei chronischen Krankheiten erzielen.

Phatak fehlte seinerzeit ein kompaktes und gleichzeitig vollständiges Nachschlagewerk für diese zwölf Salze. So erstellte er dieses auf Basis von Werken wie Boger, Boericke und Kent und ließ dabei seine eigene große Erfahrung in das Werk einfließen. Das Ergebnis ist ein Schüßler-Repertorium, welches an Übersichtlichkeit und Ausführlichkeit einmalig ist.

Prakash Vakil

Träume in der Homöopathie

Leitfaden zur homöopathischen Trauminterpretation einschließlich eines Repertoriums der Traummittel

488 Seiten, geb., € 39,-

Träume sind ein Ausdruck des Unbewussten und unserer Persönlichkeit. So haben sie auch eine große Bedeutung für die Mittelfindung in der Homöopathie.

Der bekannte Arzt Prakash Vakil hat viele Jahre über Träume, ihre Deutung und Anwendung in der Homöopathie geforscht. In vielen Fällen waren für ihn die üblichen Repertoriumsrubriken nicht ausreichend. So musste er seine eigene Arbeitsmethode entwickeln.

Basierend auf Erkenntnissen der Psychologie und des Ayurveda erörtert Vakil die Bedeutung von Träumen in homöopathischen Arzneimittelprüfungen und in der Praxis. Besonders lehrreich sind über 100 klinische Fälle, in denen Vakil meisterhaft zeigt, wie man Träume in Anamnese und Fallanalyse nutzen kann.

Vakil hat die Traumrubriken der Repertorien um wertvolle Zusätze erweitert. Er untersucht die Träume auch im Kontext der Miasmen. Eine Pionierarbeit, welche die homöopathische Mittelfindung deutlich bereichert.